F. MODE

VENTILATORANLAGEN

VENTILATOR ANLAGEN

MIT ANWENDUNGSBEISPIELEN AUS DEM GESAMTEN VENTILATORWESEN

HANDBUCH FÜR INGENIEURE, ARCHITEKTEN UND STUDIERENDE

von DIPL.-ING. FRITZ MODE

2., verbesserte und erweiterte Auflage

Mit 232 Abbildungen und 19 Tabellen im Text, Reibungstafel und Mollier I - x -Tafel

1957

WALTER DE GRUYTER & CO., BERLIN

vormals G. J. Göschen'sche Verlagshandlung · J. Guttentag, Verlagsbuchhandlung

Georg Reimer · Karl J. Trübner · Veit & Comp.

vormals G. J. Göschen'sche Verlagshandlung, J. Guttentag, Verlagsbuchhandlung,

Georg Reimer, Karl J. Trübner, Veit & Comp., Berlin W 35.

Archiv-Nr. 521957. Printed in Germany. Druck: Otto von Holten, Berlin.

Vorwort zur zweiten Auflage

Sämtliche Abschnitte der neuen Auflage sind dem heutigen Stand der Technik angepaßt, ergänzt und zum großen Teil erweitert. Dem Fortschritt in der Entwicklung der Ventilatoren selbst wurde Rechnung getragen.

Für die Berechnung der Be- und Entfeuchtungs- sowie der Kühl- und Klimaanlagen ist eine Molliertafel zusätzlich beigefügt, so daß es dem Leser überlassen bleibt, ob er nach dieser Tafel oder mit den algebraischen Formeln unter Benutzung der belassenen Tabellenwerte arbeiten will.

Durch Hinzufügung von zahlreichen neuen Anwendungsbeispielen in allen Abschnitten, besonders aber in dem heute so wichtigen Abschnitte der Entstaubung, ist das Buch noch umfassender geworden als bisher und umschließt ziemlich alle in der Praxis vorkommenden Anlagen, bei denen Ventilatoren benutzt werden.

130 neue Abbildungen sind in dieser Auflage neben den belassenen zum Abdruck gelangt und es sei an dieser Stelle den zahlreichen Firmen für die Bereitstellung von neuestem Material, Herrn Dipl.-Ing. Bruno Wiehr für die Hilfe bei der Durchsicht des Manuskriptes und dem Verlage für die Bereitstellung der zahlreichen neuen Klischees und die vorzügliche Ausstattung besonders gedankt.

Frankfurt a. M., im Winter 1956/57 *Fritz Mode*

INHALTSVERZEICHNIS

I. Einführung

A. Haupteigenschaften aller Lüfter

Unter Ventilatoranlagen sollen alle diejenigen Anlagen verstanden werden, die als Hauptmaschine eines Ventilators, im folgenden auch Lüfter genannt, bedürfen.

Die Lüfter zerfallen in zwei Hauptgruppen: Fliehkraftlüfter oder Radialventilatoren und Schraubenlüfter oder Axialventilatoren.

Obwohl die allgemeine Wirkungsweise dieser Maschinen und ihre Theorie als bekannt vorausgesetzt werden, sollen ihre Haupteigenschaften und die besonderen der erwähnten Gruppen kurz beschrieben werden.

Alle Lüfter bezwecken die Förderung eines Gases.

Ihre Leistung ist bestimmt durch das von ihnen in der Zeiteinheit zu fördernde Luft- oder Gasvolumen und den bei dieser Förderung zu überwindenden Druck.

Das Volumen wird in der Ventilatortechnik in m^3 angegeben und in der Regel auf die Sekunde als Zeiteinheit bezogen. Der Druck wird als Über- oder Unterdruck gegenüber dem Atmosphärendruck angegeben und in mm WS ausgedrückt (S. 6).

Alle Lüfter unterliegen dem Proportionalitätsgesetz, nach dem bei gleichbleibenden äußeren Belastungszustand (Leitungsnetz) aber Veränderung der Drehzahl gilt:

I. 1. Die Luftmenge ist proportional mit der ersten Potenz der Drehzahl. $\frac{V_1}{V_2} = \frac{n_1}{n_2}$

2. Der Druck ist proportional mit der zweiten Potenz der Drehzahl. $\frac{p_1}{p_2} = \frac{n_1^2}{n_2^2}$

3. Der Leistungsbedarf ist proportional mit der dritten Potenz der Drehzahl. $\frac{N_1}{N_2} = \frac{n_1^3}{n_2^3}$

II. Ferner gilt bei Anordnung von mehreren Lüftern:

Bei Hintereinanderschaltung zweier gleicher Lüfter übernimmt jeder Lüfter die Hälfte des Druckes, bei Parallelschaltung die Hälfte des Volumens. (Über Pendelgefahr im letzten Falle vgl. S. 5).

III. Bei veränderter Wichte des Fördergases, aber sonst gleichen Bedingungen fördert der Lüfter das gleiche Luftvolumen wie vorher. Der Druck und der Leistungsbedarf ändern sich jedoch proportional mit der Wichte. (Wichtig für Saugzuganlagen, vgl. S. 149.)

IV. Sind Volumen, Druck und Leistungsbedarf eines Lüftermodells bekannt, so ändern sich diese Werte für geometrisch ähnliche Ausführungen (bezogen auf die Maße der Luftwege) wie folgt:

Die Luftmenge ändert sich proportional mit der 3. Potenz,
der Druck proportional mit der 2. Potenz,
der Leistungsbedarf proportional mit der 5. Potenz
irgend einer Hauptabmessung des Lüfterrades oder Gehäuses, die als Vergleichsgröße dienen kann.

B. Besondere Merkmale der Fliehkraftlüfter und der Schraubenlüfter

Der Fliehkraftlüfter (Abb. 1a u. 2) ist gekennzeichnet durch ein schneckenförmiges Gehäuse, in dem sich das Flügelrad befindet. Die Luft tritt axial ungefähr in der Mitte einer oder beider Gehäusewände ein, durchströmt das Lüfterrad im ganzen genommen radial und verläßt das Gehäuse tangential, d. h. am Umfange der Gehäuseschnecke. Für die Ausbildung der Schnecke wird fast ausschließlich die Form einer archimedischen Spirale gewählt.

Abb. 1a. Einseitig saugender Sirocco-Fliehkraftlüfter (Trommelläufer). (Davidson & Co., Belfast).

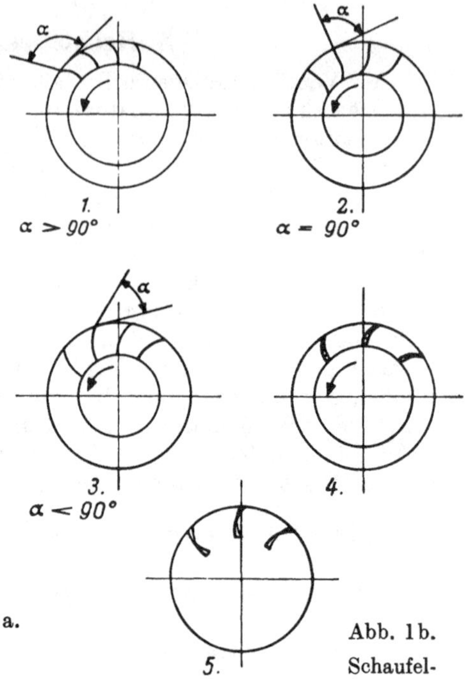

Abb. 1b. Schaufelformen von Radialventilatoren.

Der Schraubenlüfter als Überdruck-Hochleistungslüfter in seiner bisherigen Bauart besteht aus einem Flügelrad mit tragflächenförmigen Schaufeln oder solchen mit Kreisbogenprofil, meist 5 bis 10 an Zahl, mit zylindrischer Nabe und zylindrischem Gehäuse, an das sich oft eine diffusorartige Erweiterung anschließt. Daneben wird noch der weniger wirkungsvolle Schraubenlüfter mit Blattflügeln verschiedenster Form und einem Ringgehäuse ausgeführt, das jedoch nur zur Aufhängung des Antriebsmotors dient. Letztere Art wird fast ausschließlich nur noch als Wandlüfter und Tischfächer gebaut (Abb. 3).

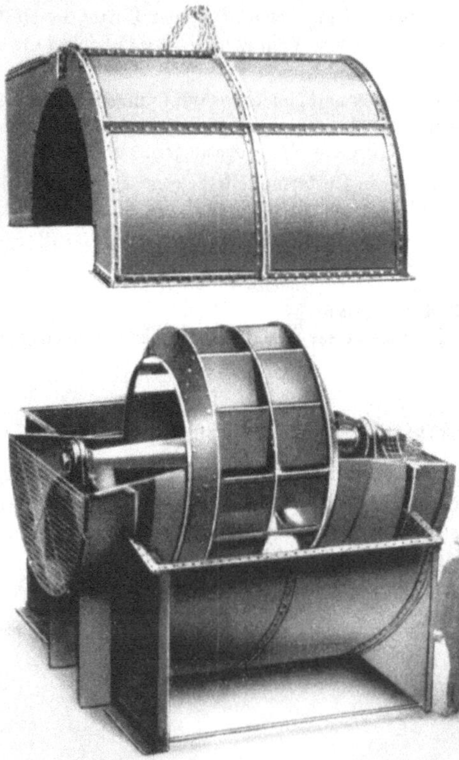

Abb. 2. Zweiseitig saugender Fliehkraftlüfter (Rückw. gekr. Schaufeln). (Davidson & Co., Belfast.)

Ein neuartiger Hochleistungs-Axiallüfter mit stark meridianbeschleunigtem Laufrad ist als Gleichdruckmaschine, Bauart Schicht DRP., entwickelt worden. Das Charakteristische dieses Lüfters ist, daß sich der Strömungsquerschnitt im Rad bei stetig zunehmendem Nabenquerschnitt wesentlich verringert. Die leicht gewölbten Schaufeln des Flügelrades sindvon gleichbleibender Dicke aus Blech mit angeschärften Vorder- und Hinterkanten hergestellt, also nicht tragflächenförmig ausgebildet. Hinter dem nachgeschalteten Leitrad ist ein Diffusor mit sehr kleinem Steigungswinkel, aber sehr großer Länge angeordnet. Dieser ist erforderlich, da gemäß der Eigenart dieses Lüfters die gesamte Umsetzung der Geschwindigkeit in Druck ausschließlich im Diffusor erfolgt (Abb. 4). In jüngster Zeit hat Dr. Eck einen ebenfalls meridianbeschleunigten Axiallüfter DRP. durchgebildet der jedoch im Gegensatz zur Bauart Schicht als Überdruckmaschine arbeitet. Näheres Glückauf 1956 Heft 5/6.

Abb. 3.
Schraubenlüfter mit Blattflügeln.
(Siemens-Schuckert-Werke.)

Die Luft tritt bei allen Schraubenlüftern ebenfalls axial ein, aber im Unterschied zum Fliehkraftlüfter in der gleichen Richtung axial aus.

Im Betriebe verhalten sich beide Lüfterarten insofern verschieden, als

V. die Luftmenge und der Leistungsbedarf des Fliehkraftlüfters bei verringertem äußeren Widerstand und gleichbleibender Drehzahl steigt,

VI. während bei allen Schraubenlüftern der Leistungsbedarf bei verringertem äußeren Widerstand und gleichbleibender Drehzahl trotz steigender Luftmenge konstant bleibt oder sinkt.

Fliehkraftlüfter können eingeteilt werden in Niederdrucklüfter bis zu etwa 100 mm WS und Hochdrucklüfter bis zu etwa 800 mm WS Druck. Die Flügelräder der Hochdrucktype weisen meist eine größere radiale, aber kleinere axiale Tiefe ihrer Schaufeln auf.

Radialmaschinen für höhere Drücke bis zu 2000 mm WS und darüber, die gewöhnlich als Gebläse oder Verdichter bezeichnet werden, gehören nicht zu den in diesem Buch behandelten Maschinen.

Je nach der Austrittsrichtung der Schaufeln des Lüfterrades in bezug auf die Drehrichtung unterscheidet man Fliehkraftlüfter mit vorwärts gekrümmten, geraden und rückwärts gekrümmten Schaufeln, so daß sich ein Austrittswinkel von (Abb. 1b)

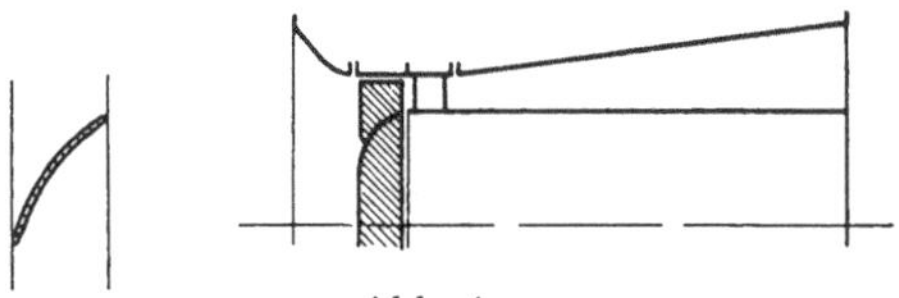

Abb. 4.
Schaufelform der Gleichdruck-Axiallüfter

$$a_2 < 90°, \; a_2 = 90°, \text{ und } a_2 > 90°$$

ergibt. Für den Eintritt wird meistens ein Winkel $a_1 > 90°$ für alle drei Formen gewählt, um den Eintrittsstoß nach Möglichkeit zu verringern.

Neben diesen Flügelradtypen sind in letzter Zeit zwei neue Ausführungsarten in Erscheinung getreten (Abb. 5 u. 6).[1]) Bei der einen zeigen die Flügelräder tragflächenförmig ausgebildete, meist rückwärts gekrümmte Schaufeln. Sie sind aus Blech geschweißt und meist im Hohlraum durch Querstreben verstärkt. Abbildung 6 zeigt ein solches Rad von $2^1/_2$ m Durchmesser für Grubenventilation.

[1]) siehe auch Abb. 1 b (4 u. 5).

Abb. 5. Fliehkraftlüfter DBP. mit verwundenen Schaufeln. (Paul Pollrich & Co., M.-Gladbach.)

Die andere Art, System Dr. Eck,[1]) besteht aus Flügelrädern mit sogenannten verwundenen Blechschaufeln. Die am Eintritt meist rückwärts gekrümmten Schaufeln werden nach dem Umfang zu in ihrer Fläche verwunden, um am Schaufelaustritt eine gleichmäßigere Geschwindigkeitsverteilung der Luft zu erreichen.

Die Auswahl des passenden Fliehkraftlüfters hinsichtlich Krümmung, Anzahl der Schaufeln und radialer Tiefe der Schaufeln richtet sich nach dem Verwendungszweck des Lüfters.

Für die Förderung von atmosphärischer Luft oder verhältnismäßig sauberen Gasen werden bei kleineren Drücken fast allgemein Trommelläufer (Abb. 1a) mit 60 und mehr vorwärts gekrümmten Schaufeln gewählt, da diese Typen bei verhältnismäßig gutem Wirkungsgrad praktisch ruhig arbeiten. Daneben kommen Laufräder mit 12 bis 30 rückwärts gekrümmten Schaufeln besonders da in Betracht, wo größere Leistungen und bester Wirkungsgrad verlangt wird.

Für staubhaltige Gase und Materialtransport werden fast ausschließlich gerade und radial tiefeSchaufeln verwendet, deren Zahl zwischen 6 und 10 liegt, allerdings auf Kosten des Wirkungsgrades. Neuerdings hat Dr. Eck mit seinen besonderen Schaufeln unter Hinzufügung verstellbarer Vorleitsschaufeln einen Hochleistungslüfter für steilere Schaufelwinkel (staubfrei) herausgebracht.[2])

Abb. 6. „Sirocco"-Flügelrad mit rückw. gekr. Schaufeln mit Tragflächen-Profil. (Davidson & Co., Belfast.)

Um gleiche Luftleistung zu erzielen, bedürfen Fliehkraftlüfter mit vorwärts-gekrümmten Schaufeln kleinerer Umfangsgeschwindigkeiten und somit entweder niedrigerer Drehzahlen oder kleinerer Flügelraddurchmesser, als solche mit geraden oder rückwärts gekrümmten Schaufeln.

Der Vorteil von rückwärts gekrümmten Schaufeln liegt in ihrem meist besseren Wirkungsgrade, der geringeren Veränderung des Leistungsbedarfs bei veränderter Belastung und in der Möglichkeit, Parallelschaltung mehrerer Lüfter vorzunehmen, ohne daß Pendelgefahr besteht (Abb. 7a).

[1]) siehe Abb. 5. [2]) siehe Eck, Ventilatoren Springer 1957 S. 130.

Die Wirkungsgrade der Fliehkraftlüfter liegen bei guten Konstruktionen zwischen 70 und 85 %, bezogen auf den Gesamtdruck. Die Hochleistungs-Fliehkraftlüfter System Dr. Eck erreichen solche von 89 %.

Die erwähnte Pendelgefahr bei Parallelschaltung wird, gemäß Dr. Berlowitz, durch Abbildung 7b veranschaulicht. In ihr ist für eine bestimmte Drehzahl eines Lüfters

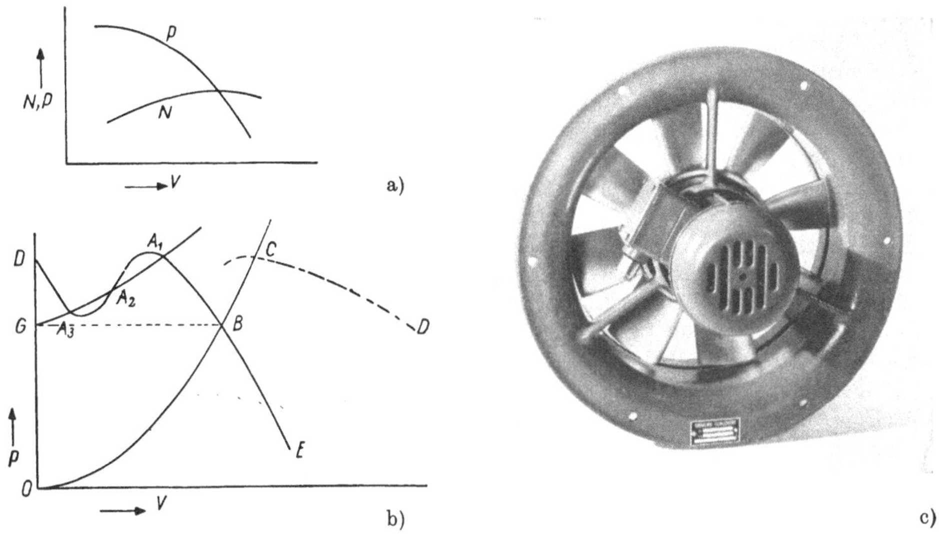

Abb. 7a. Charakteristik und Leistungsbedarf eines Lüfters mit rückw. gekr. Schaufeln.
Abb. 7b. Parallelschaltung von 2 Lüftern mit vorw. gekr. Schaufeln.
Abb. 7c. Siemens Hochleistungs-Schraubenlüfter für Wandeinbau.

mit vorwärts gekrümmten Schaufeln die Drosselkurve DBE, auch Charakteristik genannt, eingetragen. Sie zeigt die jeweilige Einstellung von Druck und Volumen bei verändertem äußeren Widerstand. Der quadratisch sich ändernde Widerstand für die verschiedenen Volumen wird durch die parabelförmige Düsenkennlinie OBC gekennzeichnet. Der Schnittpunkt B dieser Kennlinie mit der Druckkurve gibt den Arbeitspunkt des Lüfters an, so lange ein Lüfter in Betrieb ist. Sobald ein zweiter gleicher Lüfter hinzugeschaltet wird, muß sich der Arbeitspunkt beider Lüfter infolge des erzielten höheren Druckes über den Punkt B nach links verschieben. Er gelangt somit in das unstetige Gebiet der Kurve und die neue Düsenkennlinie GA_1 schneidet die Drosselkurve unter Umständen in drei Punkten, wodurch ein völlig labiler Zustand bedingt ist. Da unter solchen Verhältnissen ein einwandfreies Arbeiten nur möglich wäre, wenn der Betriebspunkt bei Parallelbetrieb in gehöriger Entfernung vom unsteten Gebiet der Kurve läge, kann ein Lüfter mit solcher Charakteristik nicht als geeignet für Parallelbetrieb angesprochen werden.

Bei allen Lüftern, bei denen die Drosselkurve einen stetigen Verlauf nimmt ohne stark abfallenden Ast nach der Ordinate hin, ist daher eine Pendelgefahr nicht vorhanden.

Dies trifft zu bei allen Fliehkraftlüftern mit rückwärtsgekrümmtenSchaufeln, allen Schraubenlüftern mit tragflächenförmigen Flügelrädern und kleinem Anstellwinkel sowie in der Regel auch bei den Gleichdruckaxiallüftern.

Allgemein haben Schraubenlüfter wegen ihrer axialen Fortführung der Luft den Vorzug bequemen Einbaus in Rohrsysteme und Apparate. Sie können auch mit senkrechter Achse zum Einbau gelangen, was bei Fliehkraftlüftern nur als Sonderbauart bei kleinen Ausführungen möglich ist.

Der Schraubenlüfter hat den weiteren Vorzug durch Wechsel der Drehrichtung die Förderrichtung umkehren zu können. Wenn auch die Förderleistung hierbei zurückgeht, so ist doch diese Umkehrung für manche Betriebe wertvoll (S. 41).

Der Wirkungsgrad der modernen Hochleistungsschraubenlüfter erreicht etwa 75 % und mit Leitapparat und Diffusor 85 % und darüber.

Der Überdruck-Schraubenlüfter (Abb. 7c) ist für große Volumen, aber nicht für hohe Drücke geeignet. Etwa 50 mm WS ist die Grenze für einstufige Schraubenlüfter dieser Art ohne Leitvorrichtung. Ausführungen mit Leitapparaten und Diffusor und evtl. mit mehreren Stufen können jedoch einen statischen Druck von 200 mm WS und darüber erzielen.

Gleichdruck-Schraubenlüfter können Drücke von 400 mm WS und darüber hergeben.

Die Regelung kann bei Überdruck-Schraubenlüftern durch Verstellung des Schaufelwinkels des Laufrades und bei Gleichdruckmaschinen durch einen aus verstellbaren Schaufeln vor dem Lüfterrade eingebauten Leitapparat, dem sogenannten Drallregler, erfolgen, der den Winkel der ankommenden Strömung und damit die Leistung verändert (S. 212).

In der Geräuschfrage bleibt der Fliehkraftlüfter dem Schraubenlüfter überlegen (S. 222).

C. Physikalische Grundlagen der Gase

1. Drücke

Der Druck der Gase kann gemessen werden in Atmosphären (at), in Torr (= mm QS bei 0° C) und in mmWassersäule (WS). Dabei ist

$$\begin{aligned} 1 \text{ at (techn.)} &= 1 \text{ kg/cm}^2 \\ &= 735{,}5 \text{ Torr} \\ &= 10000 \text{ mm WS von } 4^\circ \text{ C} \\ \text{mithin } 1 \text{ mm WS} &= 1 \text{ kg/m}^2. \end{aligned}$$

in englischen Druckeinheiten:

$$\begin{aligned} 1 \text{ lb/sq. in} &= 0{,}07 \text{ at} \\ &= 51{,}7 \text{ Torr} \\ &= 703 \text{ mm WS} \\ 1 \text{ in. of mercury} &= 0{,}0345 \text{ at} \\ &= 25{,}4 \text{ Torr} \\ &= 345{,}33 \text{ mm WS} \\ 1 \text{ in. of water} &= 25{,}4 \text{ mm WS.} \end{aligned}$$

In der Ventilatorentechnik sind die Drücke verhältnismäßig klein. Sie werden als absolute Drücke (P) oder meistens als positive oder negative Differenzdrücke (p) in mm WS mit Hilfe des U-rohr-Manometers in bezug auf Atmosphärendruck gemessen.

2. Spezifische Gewichte oder Wichten

Alle Gase können als elastisch flüssige Körper angesehen werden. Das spezifische Gewicht oder die Wichte eines Gases ist das Gewicht der Raumeinheit bei 760 Torr und da als Raumeinheit das m³ gilt, wird es in kg/m³ ausgedrückt.

Die Wichte der trockenen Luft bei 0° C 760 Torr ist

$$\gamma_0 = 1{,}293 \text{ kg/m}^3.$$

Bei veränderter Temperatur, aber konstantem Druck verhalten sich nach Gay-Lussac die Volumen wie die absoluten Temperaturen,

$$\text{also} \quad \frac{V_1}{V_2} = \frac{T_1}{T_2}$$

$$V_2 = \frac{V_1 \cdot T_2}{T_1}$$

Da $T = 273 + t$ ist, wird

$$V_2 = \frac{V_1 (273 + t_2)}{273 + t_1}$$

$$\text{oder auch} \quad = V_1 \left[\frac{1 + \frac{1}{273} t_2}{1 + \frac{1}{273} t_1} \right]$$

Der Wert $\frac{1}{273}$ wird mit a bezeichnet und stellt dar, um welchen Teil des Volumens sich das Gas bei jedem Grad Temperaturerhöhung vergrößert,

$$\text{m.thin} \quad V_2 = V_1 \left(\frac{1 + a t_2}{1 + a t_1} \right)$$

Die Wichte der Luft in größeren Höhen bis 10 km ist angenähert $\gamma = \gamma_0 \cdot 0{,}9^{H}$, wenn H die Höhe in km über dem Meeresspiegel und γ_0 die Wichte auf dem Meeresspiegel bei 0° C ist.

Sie ist bei 500 m üb. M = 1,17 kg/m³
1000 m üb. M = 1,1 kg/m³
5000 m üb. M = 0,76 kg/m³
10000 m üb. M = 0,44 kg/m³

3. Feuchte Luft

Feuchte Luft ist ein Gemisch von trockener Luft und Wasserdampf. Der Druck p des Gemisches ist gleich der Summe der Teildrücke[1]) der Trockenluft p_L und des Wasserdampfbestandteils p_D:

$$p = p_L + p_D = \text{Barometerstand.}$$

Die Drücke für Luft und Wasserdampf werden in diesem Falle in Torr ausgedrückt.

Bei Rechnungen mit feuchter Luft ist es zweckmäßig, mit dem Gewicht der trockenen Luft in kg zu rechnen, da bei den technischen Verfahren mit feuchter Luft (Kühlung, Trocknung usw.) in der Regel nur das Gewicht der trockenen Luft unverändert bleibt. Es entfallen dann x kg Dampf auf 1 kg trockene Luft.

Bei einer bestimmten Temperatur $t°$ kann 1 kg Luft immer nur ein bestimmtes Höchstgewicht x' an Wasserdampf enthalten, das dem Teildruck p'_D des Wasserdampfes bei dieser Temperatur entspricht und mit wachsender Temperatur steigt.

4. Taupunkt

Ist das Höchstgewicht x' tatsächlich in 1 kg Trockenluft enthalten, nennt man die Luft vollgesättigt und x' die absolute Feuchtigkeit der Luft in kg per kg Trockenluft.

Die Temperatur $t°$, bei der dieser Zustand eintritt, d. i. bis zu der feuchte Luft bei konstantem Druck abgekühlt werden muß, damit sie sich sättigt, nennt man Taupunkt. Es ist zu bemerken, daß der Wasserdampf, enthalten in ungesättigter Luft, eine höhere Temperatur als der bei voller Sättigung hat.

---

[1]) Teildruck eines Bestandteils einer Mischung ist der Druck, der sich einstellt, wenn dieser Bestandteil allein bei unveränderter Temperatur das gleiche Volumen der Mischung einnimmt.

Ist daher nur ein Teil dieses jeweiligen Höchstgewichts x' an Wasserdampf in der Luft enthalten, dann ist der Wasserdampf überhitzt.

Das Verhältnis dieses Teils zum Höchstgewicht nennt man die relative Feuchtigkeit $\varphi = \frac{x}{x'}$ in %. Also bedeutet z. B. $\varphi = 0{,}5$, daß 1 kg Luft 50 % ihres dem Taupunkt entsprechenden maximalen Wassergehalts x' enthält.

Aus der Zustandsgleichung für vollkommene Gase

$$p \cdot V = G \cdot R \cdot T \text{ bzw. } G = \frac{p \cdot V}{R \cdot T}$$

und den Gaskonstanten

für Luft $R_L = 29{,}27$ bzw. auf Torr $= 2{,}15$
für Wasserdampf $R_D = 47{,}06$ bzw. auf Torr $= 3{,}46$

ergibt sich die Wichte für

trockene Luft $\gamma_{tr} = \frac{p_L}{T} \cdot 0{,}465$ mit $V = 1\ \text{m}^3$

und für Wasserdampf $\gamma_D = \frac{p_D}{T} \cdot 0{,}289$ mit $V = 1\ \text{m}^3$

und für feuchte Luft

$$\gamma_\varphi = \gamma_{tr} + \gamma_D = \frac{1}{T}(0{,}465\, p_L + 0{,}289\, p_D)$$
$$= \frac{1}{T}(0{,}465\, p - 0{,}176\, p_D) \text{ in kg/m}^3.$$

Hierin ist p_D der Teildruck des Wasserdampfes, der aus nachstehender Tabelle zu entnehmen ist, bei der Temperatur $t°$ und rel. F. φ.

Tab. 1[1]). Über Dampfspannung, Dampfgehalt und Wärmeinhalt von feuchter Luft

t^0	p mm QS (Torr)	x' kg/kg	i kcal/kg	t^0	p mm QS (Torr)	x' kg/kg	i kcal/kg	t^0	p mm QS (Torr)	x' kg/kg	i kcal/kg
—20	0,77	0,00065	—4,42	21	18,65	0,0162	14,8	45	71,88	0,067	52,2
—10	1,95	0,00165	—1,43	22	19,83	0,0172	15,7	46	75,65	0,071	55,0
— 5	3,01	0,00255	+0,31	23	21,07	0,0183	16,6	47	79,60	0,075	57,9
0	4,58	0,00390	2,32	24	22,38	0,0195	17,6	48	83,71	0,080	60,8
+ 1	4,93	0,0042	2,74	25	23,76	0,0208	18,6	49	88,02	0,085	64,0
2	5,29	0,0045	3,17	26	25,21	0,0221	19,6	50	92,51	0,089	67,3
3	5,69	0,0048	3,61	27	26,74	0,0235	20,7	51	97,20	0,095	70,8
4	6,10	0,0052	4,06	28	28,35	0,0249	21,9	52	102,1	0,100	74,6
5	6,54	0,0056	4,50	29	30,04	0,0265	23,1	53	107,2	0,106	78,4
6	7,01	0,0060	5,01	30	31,82	0,0281	24,3	54	112,5	0,112	82,6
7	7,51	0,0064	5,52	31	33,70	0,0299	25,6	55	118,0	0,119	87,0
8	8,05	0,0069	6,04	32	35,66	0,0317	27,0	56	123,8	0,126	91,9
9	8,61	0,0074	6,57	33	37,73	0,0336	28,4	57	129,8	0,133	96,5
10	9,21	0,0079	7,13	34	39,90	0,0357	29,9	58	136,1	0,141	101,7
11	9,84	0,0084	7,70	35	42,18	0,038	31,5	59	142,6	0,149	107,2
12	10,52	0,0090	8,30	36	44,56	0,040	33,2	60	149,4	0,158	113,0
13	11,23	0,0096	8,91	37	47,07	0,042	34,9	65	187,5	0,213	148,6
14	11,99	0,0103	9,56	38	49,69	0,045	36,7	70	233,7	0,290	198,7
15	12,79	0,0110	10,2	39	52,44	0,048	38,6	75	289,1	0,403	272
16	13,63	0,0117	10,9	40	55,32	0,051	40,6	80	355,1	0,580	386
17	14,53	0,0125	11,6	41	58,34	0,054	42,7	85	433,6	0,894	587
18	15,48	0,0134	12,4	42	61,50	0,057	45,0	90	525,8	1,559	1014
19	16,48	0,0142	13,2	43	64,80	0,060	47,3	95	633,9	3,88	2500
20	17,54	0,0152	14,0	44	68,26	0,064	49,8	100	760	—	—

[1]) Für Zwischenwerte siehe Hütte, Bd. I 1955.

Feuchte Luft ist immer leichter als trockene Luft und am leichtesten, wenn sie vollgesättigt ist.

Kühlgrenze bezeichnet man die Temperatur, die feuchte Luft erreicht, wenn sie sich bei konstantem Druck durch Aufnahme von Wasser sättigt.

5. Spezifische Wärme

Als technische Einheit gilt die Kilokalorie (kcal)[1]) oder Wärmeeinheit (WE) und es ist die Wärmemenge, die erforderlich ist, um ein kg Wasser bei 760 Torr von 14,5° C bei konstantem Druck (c_p) oder konstantem Volumen (c_v) um 1° C zu erwärmen.

Da in der Ventilatortechnik fast immer mit annähernd konstantem Druck der Luft oder Gase gerechnet werden kann, kommt für die meisten Rechnungen die spezifische Wärme (c_p) in kcal/kg in Betracht. Die spezifische Wärme kann auch auf 1 m³ des Gases bei konstantem Druck bezogen werden und ist dann mit $\mathfrak{c}_p$ in kcal/m³ bezeichnet. Die spezifische Wärme ist abhängig:

1. von der Atomzahl im Molekül,
2. von der Temperatur des Gases.

Man unterscheidet die wahre spezifische Wärme, die nötig ist, um Gas von einer bestimmten Temperatur $t°$ um 1° C zu erwärmen von der mittleren spezifischen Wärme, die im Mittel nötig ist, um in einem größeren Temperaturbereich 1 kg oder 1 m³ des Gases um 1° C zu erwärmen.

Für die Praxis genügt vollauf die mittlere spezifische Wärme. Unter Zugrundelegung der Atomzahl 2 ergibt sich für trockene Luft von 0° und 760 Torr

$$c_p = 0{,}237 \sim 0{,}24 \text{ kcal/kg}$$
$$\mathfrak{c}_p = 0{,}306 \sim 0{,}31 \text{ kcal/m}^3.$$

Mit steigender Temperatur erhöht sich die spezifische Wärme zu

$$c_p = 0{,}237 + 0{,}000018 \cdot t°$$
$$\mathfrak{c}_p = 0{,}306 + 0{,}000022 \cdot t°.$$

Eine wesentliche Wertänderung tritt demnach erst bei Temperaturen über 100° C ein.

6. Spezifische Wärme der feuchten Luft

Die spezifische Wärme für feuchte Luft $(1 + x)$ kg ergibt sich aus derjenigen für trockene Luft und für Wasserdampf.

Für trockene Luft ist $c_{pl} = 0{,}237$ kcal/kg

Für Wasserdampf $c_{pw} = 0{,}46$ kcal/kg.

Mithin für das Gemisch $c_{p\text{feucht}} = (0{,}237 + x \cdot 0{,}46)$ kcal/$(1 + x)$ kg.

Wobei x der jeweilige effektive Wassergehalt in kg ist (Tab. 1).

Es wird bemerkt, daß der Wert für Wasserdampf bei steigender Temperatur nach Grubenmann von 0° bis 500° C noch um 0,02 wächst, also $c_{pw} = 0{,}48$ bei 500° C.

7. Wärmeinhalt

Der Wärmeinhalt i eines Gases ist diejenige Wärmemenge, die nötig ist, um die Temperatur von 1 kg des Gases bei konstantem Druck von 0° auf $t°$ C zu erhöhen. Also $i = c_p \cdot t°$ kcal/kg

Für trockene Luft ist $i_{tr} = 0{,}237 \cdot t$

Für Wasserdampf $i_w = 0{,}46 \cdot t + 595$, wobei 595 die Verdampfungswärme von 1 kg Wasser bedeutet.

Demnach ist für das Gemisch also feuchte Luft

$$i_{\text{feucht}} = 0{,}237\, t + x\,(0{,}46\, t + 595) \text{ in kcal/}(1 + x)\text{ kg}).$$

---

[1]) Br. Therm. Unit = 1 kcal/kg ° C (spez. Wärme), aber 1 BTU als Wärmemenge = 0,252 kcal per pound ° F.

8. Wärmeübertragung

Allgemein ist Wärme als eine Bewegung der Moleküle zu verstehen, die um ihre Gleichgewichtslage schwingen. Die Wärmeübertragung kann in drei Hauptarten auftreten: Als Leitung, Konvektion und als Strahlung.

Unter *Leitung* versteht man die Fortpflanzung der Wärme von einem materiellen Punkt zu seinem unmittelbar daneben befindlichen Nachbarpunkt.

Bei der *Konvektion* befindet sich ein materielles Teilchen mit seinem Wärmeinhalt in Bewegung und führt ihn im Raum zu einem neuen Punkt, in dessen Nähe ein Wärmeaustausch mit einem anderen materiellen Teilchen stattfindet. Diese Bewegung ist hervorgerufen entweder durch Dichteunterschiede oder durch künstliche Bewegung der Luft.

Bei der *Strahlung* tritt die von einem Wärmeträger ausgehende Wärme in anderer Energieform durch den Raum und erscheint erst beim Auftreffen auf ein materielles Teilchen an anderer Stelle des Raumes in Form von Wärme wieder.

Diese Strahlungswärme kann von dem anderen Körper entweder absorbiert oder reflektiert werden.

In der Praxis treten alle drei Arten der Wärmeübertragung meist mehr oder weniger gemeinsam in Erscheinung.

D. Luft- und strömungstechnische Grundlagen

1. Allgemeines über Strömung in Rohren oder Kanälen

1. Man unterscheidet schlichte oder laminare Strömung, bei der die Stromlinien parallel zu den Wänden der Kanäle verlaufen, von der wirbeligen oder turbulenten Strömung, bei der starke Quer- und Kreisbewegungen auftreten. Die Art der Strömung ist abhängig von der Strömungsgeschwindigkeit w_o, der Größe des Rohrdurchmessers d und der kinematischen Zähigkeit ν des Gases, die zusammengefaßt sind in der dimensionslosen Reynoldschen Zahl

$$R_e = \frac{w_o \cdot d}{\nu}$$

wobei w_o = Geschwindigkeit in cm/s
d = Rohrdurchmesser in cm
ν = kinematische Zähigkeit
(für Luft von 760 Torr = 0,133).

Der kritische Zustand, d. h. der Übergang von laminarer in turbulente Strömung tritt ein, wenn $R_e = 3200$ ist.

2. Nach der Kontinuitätsgleichung ist das in der Zeiteinheit geförderte Volumen V in einem Kanal mit veränderlichem Querschnitt F unter Annahme gleichbleibender Wichte

$$V = F \cdot w$$

wobei F = Querschnitt in m²
w = Geschwindigkeit in m/s
V = Volumen in m³/s.

2. Statischer, dynamischer und Gesamtdruck

Man unterscheidet drei Hauptarten von Drücken in der Ventilatortechnik.

1. Der statische Druck p_{st} ist der innere Druck, den ein ruhendes Gas auf seine Gefäßwand oder ein strömendes Gas auf ein mit gleicher Geschwindigkeit und in gleicher Richtung in demselben Kanal fortbewegtes Gasdruckmeßgerät ausübt. Ein parallel zur Kanalwand strömendes Gas übt auf diese ebenfalls einen Druck aus, der als statisch bezeichnet wird.

In der Praxis fallen unter den Begriff statischer Druck in der Regel alle diejenigen Widerstände, die ein Gas beim Durchströmen eines Kanalnetzes zu überwinden hat.

2. Der dynamische Druck p_d ist die in Druck umgesetzte Geschwindigkeit des strömenden Gases. Er entspricht derjenigen größten Drucksteigerung, die in einem mit der Geschwindigkeit w bewegten Gasstrom vor dem Mittelpunkt eines Hindernisses auftritt.

Demgemäß $p_d = \frac{\gamma w^2}{2g}$

Für mittelfeuchte Luft von 20° C ist $\gamma = 1{,}2$ kg/m³ und $p_d = 0{,}061\ w^2$ kg/m².

Der dynamische Druck ist mithin die zur Aufrechterhaltung der Förderung nötige, in Druck umgesetzte Geschwindigkeit des Gases.

3. Der Gesamtdruck ist die algebraische Summe des statischen und dynamischen Druckes.

$$p_{ges} = p_{st} + p_d \text{ in kg/m}^2.$$

Dieser Gesamtdruck ist als Maß der mechanischen Gesamtenergie des strömenden Gases für die Volumeneinheit der Berechnung des Leistungsbedarfes zugrunde zu legen.

3. Reibungswiderstand und Einzelwiderstände

Man rechnet zum statischen Druck alle Widerstände, die entstehen durch

1. Reibung des Gases an der Wandung des Kanals,
2. alle sogenannten Einzelwiderstände, verursacht
   a) durch Richtungsänderungen
   b) „ Verzweigungen
   c) „ Querschnittsveränderungen.

Die Reibung des Gases an der Wandung ist abhängig von der Geschwindigkeit der Durchströmung, von der Oberflächenbeschaffenheit der vom Gas berührten Kanalwand, dem sogenannten Rauheitsgrad, und von der Temperatur des Gases.

Über die Abhängigkeit von der Geschwindigkeit haben u. a. Biel, Bläß, Rietschel und Brabbé Versuche angestellt und ermittelt, daß der Rohrleitungswiderstand mit der zweiten Potenz der Geschwindigkeit steigt, und zwar z. B. bei Bläß nach der Formel

$$R_R = \lambda \cdot \frac{l}{D} \cdot \frac{\gamma \cdot w^2}{2g},$$

worin $\lambda = 0{,}0125 + \frac{0{,}0011}{D}$

l = Länge ⎫ des Rohrs in m
D = Durchmesser ⎭
w = Geschwindigkeit in m/s.

Von Brabbé sind später ein wenig veränderte Werte durch Versuch festgestellt worden, die der am Schluß des Buches beigelegten Reibungstafel zugrunde gelegt sind. Mit ihrer Hilfe kann für einen bestimmten Rohrdurchmesser bei einem gegebenen Luftvolumen oder einer gegebenen Luftgeschwindigkeit der entsprechende Rohrreibungswiderstand für den lfd. m Rohr abgelesen werden. Gleichzeitig sind die Werte p_d, d. i. der zu jeder Geschwindigkeit gehörige dynamische Druck, aufgetragen.

Die Tafel gilt für glatte Blechrohre, für gemauerte oder Betonkanäle sind die abgelesenen Werte praktisch hinreichend genau zu verdoppeln.

Ferner ist zu berücksichtigen, daß die Werte der Tafel für Luft oder ähnliche Gase mit einem spezifischen Gewicht $\gamma = 1{,}2$ (mittelfeuchte Luft von 20°, 760 mm QS) gelten. Für abweichende Temperaturen bzw. spezifische Gewichte sind die abgelesenen Werte entsprechend zu verändern, und zwar durch Multiplikation mit dem Faktor

$$f = \frac{\gamma}{1{,}2}.$$

Bei rechteckigen Kanälen muß vor Benutzung dieser Tafel eine Umrechnung auf den äquivalenten Durchmesser vorgenommen werden, d. i. derjenige, für dessen runden Querschnitt das Verhältnis von Umfang zur Querschnittsfläche dasselbe bleibt wie beim rechteckigen. $\frac{U}{F} = \frac{\pi D_g}{\frac{\pi D_g^2}{4}} = \frac{4}{D_g}$

$$\text{äquiv. Rohr } \varnothing \; D_g = \frac{4 \cdot F}{U} = \frac{2 \cdot a \cdot b}{a + b}.$$

Hierin sind a und b die beiden Seiten des Rechtecks. Die Umrechnung nach der Gleichung ist so einfach, daß eine besondere Kurve hierfür nicht erforderlich scheint.

Bei der Überwindung eines Einzelwiderstandes, sei es in Form von Richtungsänderungen oder Querschnittsänderungen, sei es in Form von Ein- oder Austrittswiderständen, geht immer Bewegungsenergie des Gases verloren. Sie muß also gewissermaßen jedesmal vom Lüfter wieder neu erzeugt werden. Daher ist es berechtigt, den durch diese Einzelwiderstände entstehenden Verlust in Abhängigkeit von der in Druck umgesetzten Geschwindigkeit oder kurz gesagt der Geschwindigkeitshöhe zu setzen. Mithin $R_o = \zeta \cdot p_d = \zeta \cdot \frac{w_2}{2g} \gamma$.

Für die gebräuchlichsten Einzelwiderstände sind für den Beiwert ζ in der nachfolgenden Tabelle 2 die Werte zusammengestellt.

Tab. 2. Einzelwiderstände

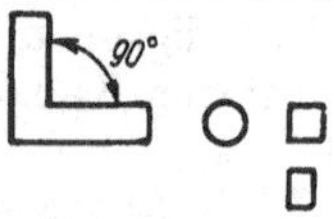	1,5	Knie, Ecke scharf	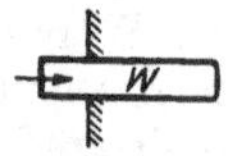	0,6	Eintritt scharfkantig im Rohr
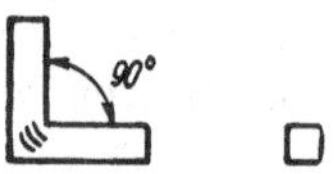	0,5	Knie mit Leitschaufeln	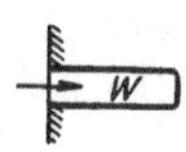	0,4	Eintritt scharfkantig in Wand
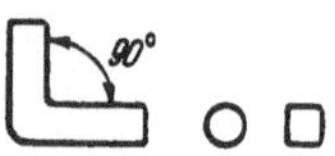	1,0	Knie mit abgerundeten Ecken		0	Einströmkonus
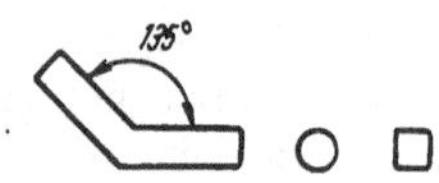	0,6	Knie mit scharfer Ecke	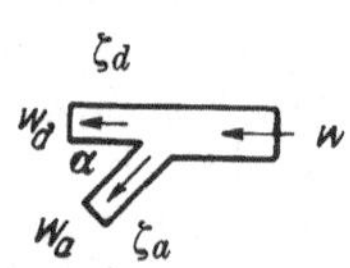		Abzweig $\zeta_d = 0$, wenn $W \simeq W_d \simeq W_a$ $\zeta_a = 0{,}01$ bis $0{,}3$
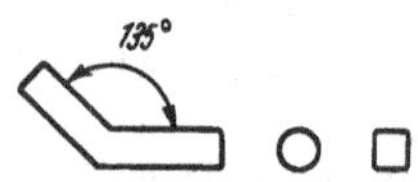	0,2	Knie mit abgerundeten Ecken	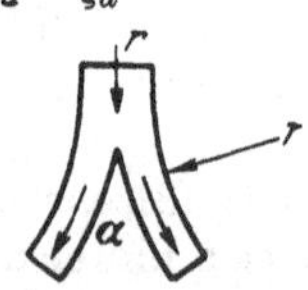	1	$\alpha \leqq 20°$ Hosenstück
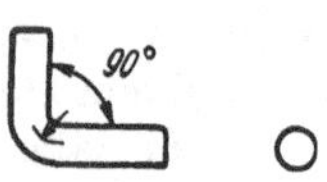	0,3 0,15 0,01	Bogen 90° r = d r ≧ 2d r ≧ 6d			
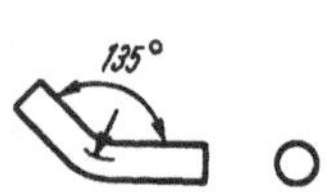	0,05	Bogen 135° r ≧ 2d	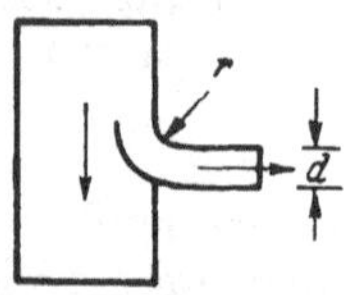		Krümmungsradius r = Kxd K = | 0 | 0.5 ζ = | 1 1 | 0,28 K = | 2 | 4 | 6 ζ = | 0,14 | 0,07 | 0,02

4. Erläuterung der Drücke und ihre Beziehungen untereinander

Der dynamische Druck p_d ist durch seine schon erwähnte Definition hinlänglich klargestellt.

Ist keine Strömung mehr vorhanden, so ist wie bei einem ruhenden Gase der dynamische Druck gleich Null. Dieser Fall würde z. B. eintreten, wenn der Schieber eines an einen drückenden Ventilator angeschlossenen Rohres geschlossen ist. Eine Luftförderung tritt nicht ein. Vor dem Schieber läßt sich alsdann nur der statische Druck feststellen, der allerdings meist nicht das Maximum für den betreffenden Lüfter darstellt. Das erreichbare Maximum des statischen Druckes wird in der Regel bei geringer Öffnung des Schiebers, d. i. bei kleiner Fördermenge, erzielt.

Bei weiterem Öffnen des Schiebers wird der dynamische Druck bis zu einem dem System entsprechenden Maximum steigen, während gleichzeitig der statische Druck abnimmt.

Am Ende einer Druckleitung ist der statische Druck gleich Null. Es ist nur noch der der Austrittsgeschwindigkeit w entsprechende dynamische Druck vorhanden, der also in diesem Falle gleich dem Gesamtdruck ist.

Der statische Druck auf der Saugseite ist gegenüber der Atomsphäre ein Unterdruck und ergibt als solcher einen negativen Wert, auf der Druckseite dagegen ein Überdruck mit positivem Zeichen von wenigen Ausnahmen abgesehen.

Am Lüfter selbst erreicht der statische Druck sowohl auf der Druckseite wie auf der Saugseite zahlenmäßig seinen Höchstwert.

Der dynamische Druck ist als Geschwindigkeitsdruck immer positiv.

Der Gesamtdruck kann als algebraische Summe von statischem und dynamischem Druck positiv oder negativ sein; er muß bei gleichzeitig saugenden und drückenden Lüftern für jede Lüfterseite besonders errechnet werden. Seine Bestimmung ist maßgebend für die Berechnung der Lüfterleistung.

5. Lüfterleistungsbedarf

Die Nutzleistung eines Lüfters errechnet sich aus dem Produkt von Luftvolumen und der Differenz der Gesamtdrücke hinter und vor dem Lüfter. Hiernach ist

$$L = V \cdot (p_2 - p_1) \text{ in mkg/s}$$

worin p_1 = Gesamtdruck vor dem
und p_2 = Gesamtdruck hinter dem Lüfter } in kg/m²
V = Luftvolumen in m³/s

bedeutet.

Um nun für die verschiedenen Fälle eines Lüfters, nur mit Saugleitung, mit Saug- und Druckleitung und nur mit Druckleitung die Rechnung zu vereinheitlichen, betrachtet man in der Praxis alle drei Arten unter dem ideellen Falle einer angenommenen Druckleitung, die jedesmal alle Widerstände in sich vereinigt.

Dies kann man tun, solange die Geschwindigkeiten der Luft auf der Saug- und Druckseite, wie es meist der Fall ist, gar nicht oder nur unwesentlich voneinander abweichen. Man setzt dann

$$L = V \cdot p_{ges}$$

worin $p_{ges} = \Sigma p_{st} + p_d$

und Σp_{st} die Summe aller statischen Drücke des ganzen Systems ist, ganz gleichgültig, ob sie auf der Saug-, Druckseite oder beiden Seiten liegen, während p_d die am Lüfterdruckstutzen aufzubringende Geschwindigkeitshöhe darstellt.

Der Leistungsbedarf ergibt sich alsdann mit 1 PS = 75 mkg/s zu

$$L = \frac{V \cdot p_{ges}}{\eta \cdot 75} \text{ in PS}$$

oder mit 1 PS = 0,736 kW, der Leistungsbedarf

$$N = \frac{V \cdot p_{ges}}{\eta \cdot 102} \text{ in kW.}$$

6. Diffusorwirkung

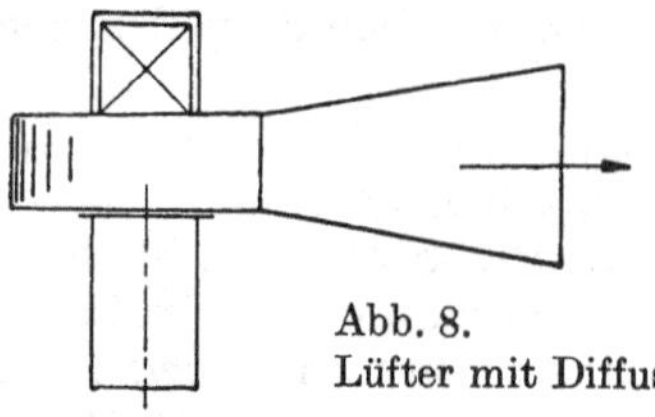

Abb. 8.
Lüfter mit Diffusor.

Unter Diffusor versteht man die allmähliche Erweiterung eines Kanals auf einen größeren Querschnitt (Abb. 8). Er kommt zur Anwendung innerhalb von Kanalnetzen beim Übergang von einem Querschnitt zu einem größeren, für bestimmte Zwecke jedoch besonders am Ende eines Druckkanals oder am Ausblas eines Lüfters (wie z. B. bei Grubenventilatoren, S. 41).

Tritt z. B. aus einem Druckrohr oder dem Lüfterausblas das Gas mit einer Geschwindigkeit w_1 in die freie Atmosphäre, dann wäre diese Geschwindigkeit ein Verlust für das System. Setzt man jedoch an das Ende des Rohres oder den Ausblas einen Diffusor mit allmählich sich erweiterndem Querschnitt, so wird die Geschwindigkeit des strömenden Gases sich bis zu einem Minimum w_2 am Ende des Diffusors vermindern. Es findet dabei eine Umsetzung von Geschwindigkeit in Druck statt. Praktisch wirkt sich das dahin aus, daß der Lüfter bei Verwendung eines Diffusors schon bei geringerer Drehzahl und damit kleinerer Antriebsleistung dieselbe Luftmenge fördert wie bei der höheren Drehzahl ohne Diffusor. Oder aber die geförderte Luftmenge steigt, sobald ein Diffusor angeschlossen wird.

Ein Diffusor bringt somit immer einen Gewinn, sofern praktisch noch eine Geschwindigkeitsverminderung der aus dem Druckrohr oder dem Ausblas strömenden Gase möglich ist.

Man berücksichtigt in der Rechnung den Gewinn des Diffusors dadurch, daß man den sonst auf den Lüfterausblas zu berechnenden Geschwindigkeitsdruck nunmehr auf den größten Querschnitt des Diffusors bezieht.

Es hat sich aber durch Versuche gezeigt, daß sich die Luft beim Eintritt in den Diffusor und auch beim weiteren Durchströmen nicht gleichmäßig und völlig dem sich erweiternden Querschnitt anpaßt, sondern hauptsächlich durch Wirbelbildung an der Wandung von diesem loslöst. Wäre diese sogenannte Randablösung nicht vorhanden, dann würde sich die Geschwindigkeit w_1 entsprechend ihrer Verminderung am Diffusorende w_2 vollkommen in Druck umsetzen. Es wäre dann der Druckgewinn

$$p = \frac{\gamma}{2g}(w_1^2 - w_2^2) = p_{d_1} - p_{d_2}$$

Durch die angegebene Randablösung ist jedoch nur mit einem Druckgewinn von

$$p = \eta \cdot (p_{d_1} - p_{d_2}),$$

wenn η der Diffusorwirkungsgrad ist, zu rechnen. Bei richtig gebauten Diffusoren mit einem Steigungswinkel von $\alpha \leqq 15^\circ$ kann nach neueren Versuchen mit einem η von etwa 75 bis 80 % gerechnet werden.

Der Gesamtdruck, den der Lüfter unter diesen Umständen aufbringt, ist

$$p_{ges} = p_{st} + p_{d_2} + (p_{d_1} - p_{d_2}) \cdot (1 - \eta),$$

wobei das letzte Glied $(p_{d_1} - p_{d_2}) \cdot (1 - \eta)$ den Diffusorverlust darstellt.

Da somit p_{ges} kleiner wird, ist auch der Leistungsbedarf des Lüfters geringer.

7. Neutrale Zone [1])

Alle üblichen gemauerten oder betonierten Wände sind mehr oder weniger luftdurchlässig.

In einem von solchen Wänden allseitig umschlossenen Raum, der innen eine Temperatur aufweist, die von derjenigen der äußeren Umgebung wesentlich abweicht,

[1]) Näheres Rietschel Heiz- und Lüftungstechnik, Springer 1952.

findet ein dauernder Luftaustausch mit der äußeren Umgebung statt, der z. B. im Winter bei 20° Temperaturdifferenz etwa eine Erneuerung des Luftinhalts im Raume in 1 bis 2 Stunden mit sich bringen kann.

Es stellt sich nun infolge der Verschiedenheit der Temperaturen und der spezifischen Gewichte der Luft außen und innen, etwa in der Mitte des Raumes der Höhe nach gerechnet, eine neutrale Zone ein, innerhalb welcher ein Druckausgleich stattfindet, während z. B. bei innen wärmerer Temperatur unter dieser ein Überdruck von außen nach innen und über dieser ein solcher von innen nach außen auftritt (Abb. 9a). Zu diesen durch Temperaturdifferenzen erzeugten Drücken kommt noch

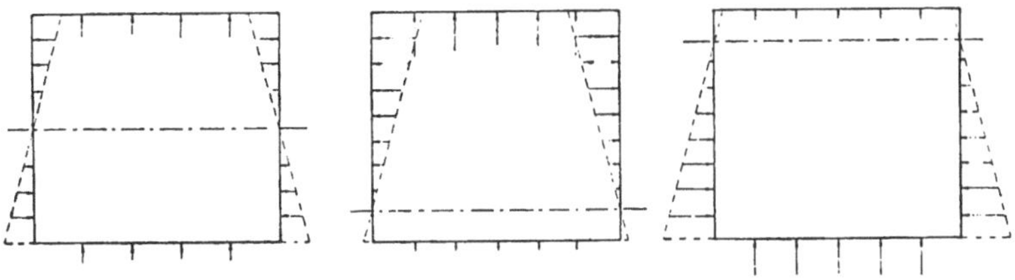

Abb. 9a—c. Neutrale Zone bei Innenerwärmung, Überdruck und Unterdruck.

der durch Winde hervorgerufene Druckunterschied, der den natürlichen Luftaustausch zeitweilig erhöht.

Steht der Raum unter künstlicher Lüftung, so verschiebt sich die neutrale Zone bei Druckluft (S. 17) nach unten. Es tritt also keine Außenluft in den Raum ein, sondern nur warme Luft von innen nach außen (Abb. 9b).

Bei Saugluft (S. 18) tritt der umgekehrte Fall ein. Die neutrale Zone verschiebt sich nach oben, es tritt mithin keine Luft von innen nach außen, sondern nur von außen nach innen, und zwar am Fußboden am stärksten (Abb. 9c).

Diese lange bekannten Vorgänge sind für die im nächsten Abschnitt behandelten Lufterneuerungsanlagen von Wichtigkeit.

8. Luftwechsel

Der Luftwechsel eines Raumes wird in der Regel auf die Stunde bezogen und gibt an, wieviel mal in einer Stunde der Luftinhalt eines Raumes erneuert wird. Es bedeutet also z. B. 4facher Luftwechsel, daß alle 15 Minuten die den Raum ausfüllende Luft vollständig erneuert wird.

9. Saug- und Druckwirkung an Rohr- und Düsenaustritten

Verläßt ein Gas das Rohr oder den Kanal (Abb. 10) mit einer gewissen Austrittsgeschwindigkeit w_a und findet im Raume, in den das Gas austritt, keine störende Luftbewegung statt, so bleibt in der nächsten Umgebung der Austrittsstelle der Strahl zunächst geschlossen auf eine Entfernung, die bis zu einem Maximalwerte etwa direkt mit der Austrittsgeschwindigkeit steigt. Alsdann breitet sich der Strahl aus und die Strahlbreite nimmt proportional der Entfernung von der Austrittsstelle unter einem Winkel von 24° für runde und 33° für ebene Strahlen zu, während die

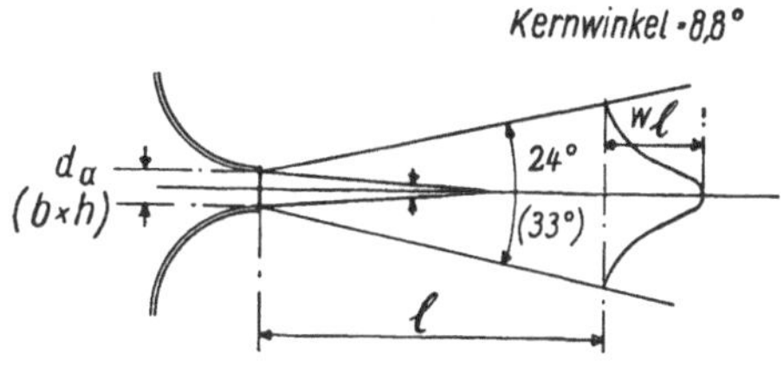

Abb. 10. Geschwindigkeitsverteilung eines austretenden Luftstrahls.

mittlere Geschwindigkeit allmählich abnimmt. Dabei bleibt jedoch die in der Mittellinie des Austrittsquerschnittes herrschende Zentralgeschwindigkeit immer die größte. Es ist nach Becher[1])

Die Geschwindigkeit $w_e = k \cdot \frac{w_a \cdot d_a}{l \cdot \sqrt{\varepsilon}}$ für runde Strahlen und $w_e = k \cdot \frac{w_a \cdot \sqrt{h \cdot b}}{l \cdot \sqrt{\varepsilon}}$ für ebene Strahlen

wobei
w_a = Geschwindigkeit im Austrittsquerschnitt m/s
d_a = Durchmesser des Rohres in m
l = Entfernung von der Luftaustrittsstelle in m
k = Konstante
ε = Kontraktionsziffer
h = Höhe } des Kanals in m
b = Breite } des Kanals in m

ist. Für k gibt Becher einen Wert von 6,5 und für $\varepsilon = 0{,}64$ bis 1. Es muß noch erwähnt werden, daß auf der ganzen Länge der Wirkung des Strahles neue Gasmengen aus der Umgebung mitgerissen werden.

Jedenfalls kann die Wirkung des austretenden Strahles auf eine verhältnismäßig große Entfernung hin als Hilfsmittel bei Entlüftungs- und Entstaubungsanlagen benutzt werden, z. B. zum Abblasen von Staub an unzugänglichen Stellen oder zum Hinleiten von Gasen in die Richtung einer Absaugwirkung.

Beim Saugen dagegen, d. h. also, wenn Luft in ein Rohr oder eine Haube eintritt, strömt das Gas unregelmäßig und unter Wirbelbildung um die Eintrittskanten herum in das Rohr oder die Haube ein. Es kann daher nicht mit einer großen Saugweite beim Ansaugen gerechnet werden. Die Saugwirkung sinkt etwa proportional mit dem Quadrat der Entfernung von der Mündung oder dem Eintrittsquerschnitt. Bei noch so stark vergrößerter Eintrittsgeschwindigkeit wird sich in weiterem Abstande vom Eintrittsquerschnitt keine gleichmäßige und kräftige Saugwirkung feststellen lassen.

Aus diesem Grunde muß z. B. bei Staubluft etwa von 50 mm Entfernung an die Druckwirkung der Saugwirkung vorgezogen oder wenn es sich um Hauben handelt, eine Unterstützung durch Druckwirkung vorgenommen werden (S. 165).

II. Lufterneuerungsanlagen

A. Allgemeine Wirkungsweise

Bei allen Lufterneuerungsanlagen handelt es sich darum, die in einem Raum durch irgendwelche Umstände unbrauchbar gewordene Luft in einem bestimmten, möglichst kurz zu bemessenden Zeitraum durch bessere bzw. frischere Luft zu ersetzen. Dies geschieht dadurch, daß entweder ein Lüfter (Schrauben- oder Fliehkraftlüfter) bessere Luft in den Raum hineinbläst oder die unbrauchbare Luft aus dem Raum absaugt oder schließlich in gegenseitiger Unterstützung ein saugender und ein drückender Lüfter gleichzeitig Verwendung finden.

Wie nun auch die Wahl zwischen diesen Möglichkeiten getroffen wird, in jedem Falle ist lufttechnisch die richtige Lösung einer Lufterneuerungsanlage erst gefunden, wenn an allen Stellen, an denen schlechte Luft sich ansammelte bzw. störend empfunden wurde, Frischluft zur Verfügung steht. Dieser so selbstverständlich klingende Grundsatz wird leider oftmals vernachlässigt, so daß vielfach mit an sich guten

[1]) Ges. Ing. 1950 S. 141 Heft 9/10.

Mitteln nicht der gewünschte Endzweck erreicht wird. Hieraus geht hervor, daß bei jeder Lufterneuerungsanlage sorgfältige Überlegungen nicht nur über Art und Ort der Entstehung der unbrauchbaren Luft, sondern auch über die Strömungsrichtung der abziehenden und der eintretenden Luft angestellt werden müssen. Je zwangsläufiger daher der Luftdurchsatz durch den Raum in dem einmal als richtig erkannten Sinne erfolgt, desto besser wird stets die Anlage arbeiten. Hierbei ist zu berücksichtigen, daß die Luft, von Temperatureinflüssen zunächst abgesehen, immer den Weg des geringsten Widerstandes erstrebt, so daß in allen Fällen, in denen die Luft Punkte berühren soll, die nicht in der Bahn des geringsten Widerstandes liegen, die Strömung durch zwangläufige Führung in Form von Kanälen oder Rohrleitungen bzw. durch zweckmäßige Anordnung der Zu- und Abluftöffnungen gerichtet werden muß.

B. Ausführungsformen

Man unterscheidet drei Hauptsysteme der Lufterneuerung: die Drucklüftung, die Sauglüftung und die ausgeglichene Lüftung.

1. Drucklüftung

Bei der Drucklüftung kann ein drückender Lüfter allein oder daneben noch ein saugender Lüfter Verwendung finden. Das Grundsätzliche beruht darauf, daß der zu belüftende Raum unter einen leichten Überdruck gegenüber der Atmosphäre gesetzt wird. Dieser kann um so leichter erzielt werden, je besser der betreffende Raum abgedichtet ist. Zweck dieses Systems ist entweder 1. das Eindringen von anders temperierter Außenluft besonders im Winter an unerwünschten Stellen zu verhindern und damit Zugerscheinungen zu vermeiden, oder 2. den Eintritt staubiger oder hinsichtlich des Feuchtigkeitsgehaltes anders gearteter Luft unmöglich zu machen. Verwendet man nur einen drückenden Lüfter, so bieten bei geschlossenen Fenstern und Türen lediglich die unvermeidlichen Undichtigkeiten der Türen- und Fensterspalten und die mehr oder weniger luftdurchlässigen Wände, Fußböden und Decken oder Dachkonstruktionen der Luft die Möglichkeit zu entweichen. Man unterschätzt oftmals die Gesamtgröße dieser Austrittsmöglichkeiten. Sie wird beispielsweise in einer großen elektrischen Zentrale mit vielen Fenstern, Türen und Oberlichtern so groß sein, daß Luftmengen, die an sich schon groß erscheinen, nicht hinreichen, um auch nur den geringsten Überdruck zu erzielen. Man muß daher in solchen Räumen meist einen mindestens 20fachen Luftwechsel aufbieten, um einen spürbaren Überdruck zu erreichen.

Im allgemeinen wird ein Überdruck von 0,5 mm WS schon genügen, während anderseits 3 mm WS als Grenze gelten können, da sonst die in diesem Falle von innen nach außen wirkenden Gegendrücke z. B. beim Öffnen von Fenstern und Türen zu stark werden (3 kg/m^2) und unliebsame Störungen hervorrufen.

Die Anordnung auch eines saugenden Lüfters bei Drucklüftung ist nur wirksam und erforderlich bei dichtschließenden Räumen, in denen man auf eine allseitig gute Belüftung besonderen Wert legt, wie z. B. in Theatern (S. 67). In diesen Fällen hat der saugende Lüfter die Aufgabe, die Strömungsrichtung in Verbindung mit dem drückenden Lüfter in einem gewünschten Sinne zu beeinflussen.

Die Drucklüftung wird bei dieser Anordnung dadurch erreicht, daß man den drückenden Lüfter in seiner Luftleistung größer als den saugenden bemißt. Erfahrungsgemäß wird eine um etwa 30 bis 50 % größere Luftmenge für den drückenden Lüfter im allgemeinen ausreichen, sofern der damit erzielte Luftwechsel den etwa vorhandenen Undichtigkeiten des Raumes angepaßt ist.

Die neutrale Zone (S. 15) verschiebt sich bei der Drucklüftung in die Nähe des Fußbodens, so daß auf besonders gute Abdichtung der obenliegenden Undichtigkeiten, Dächer und Oberlichter, Wert zu legen ist.

2. Sauglüftung

Bei der Sauglüftung liegt der zu belüftende Raum im Gebiet des Unterdrucks gegenüber der Atmosphäre, in den meisten Fällen auch gegenüber dem vorherrschenden Druck in Nebenräumen desselben Gebäudes.

Das System der Sauglüftung wird daher überall da notwendig, wo gesundheitsschädliche Gase auftreten oder der Übertritt schlechter Luft aus dem zu lüftenden Raum in einen Nebenraum vermieden werden soll. Hier genügen ebenfalls ganz geringe Unterdrücke von etwa 0,1 bis 0,5 mm WS, um die Nebenräume vor dem Eindringen der unerwünschten Luft zu schützen.

Dieses System wird daher in allen Räumen anzuwenden sein, in denen aufdringliche Gerüche entstehen, wie z. B. in Laboratorien, Küchen, Baderäumen und Aborten.

Oft wird auch bei diesem System, besonders wenn es in bewohnten Räumen zur Anwendung gelangt, ein drückender Lüfter vorgesehen werden müssen mit etwa 30 bis 40 % geringerer Luftleistung. Die neutrale Zone rückt allerdings über Mitte Raum oft bis hoch unter die Decke oder das Dach, so daß gerade in den unteren Teilen des Raumes die Luft durch Undichtigkeiten und bei jedesmaligem Öffnen der Türen stark nachströmt und Zugstörungen hervorrufen kann. Durch zweckmäßige Anordnung der Druckluftanlage, gegebenenfalls mit Warmluftnachschub oder auch durch Luftschleusen, können diese Störungen wesentlich vermindert werden.

3. Ausgeglichene Lüftung

Eine ausgeglichene Lüftung findet statt, wenn in den zu belüftenden Räumen keinerlei Druckunterschied gegenüber der Außenatmosphäre oder auch einem Nebenraume auftritt. Meist sind daher Saug- und Drucklüfter für die gleiche Luftleistung eingerichtet.

Dieses System ist zu wählen, wenn weder die angegebenen Gründe für eine Drucklüftung noch die für eine Sauglüftung vorliegen, andererseits eine möglichst zugfreie, gleichmäßig wirkende Lüftung gewünscht wird.

Bedeutung gewinnt das System in allen den Fällen, bei denen sich in den Räumen größere, Luft benötigende Maschinen und Geräte befinden, z. B. in Gießereien, in denen Schmelzöfen größere Mengen von Luft dem Raume entnehmen, oder Werkstätten, in denen der Staub von Holz oder Eisen verarbeitenden Maschinen durch Absaugeeinrichtungen unter Mischung mit Raumluft ins Freie befördert wird. In diesen Fällen muß die Menge der entweichenden Luft sorgfältig ermittelt und die Drucklüfter müssen dementsprechend bemessen werden. Die einzuführende Luftmenge ist zweckmäßig im Winter vorzuwärmen, um die mit der entweichenden Luft entstehenden Wärmeverluste zu decken und Zugluft auszuschließen.

4. Methoden der Lufteinführung

Die Einführung der Druckluft in den Raum kann auf zwei verschiedene Arten erfolgen: die eine Art, die sogenannte *Verdrängungslüftung* besteht darin, daß die Luft meist in dem oberen Teil der Wände durch eine große Anzahl gut verteilter Gitter mit kleiner Geschwindigkeit von 0,2 bis 2 m/s in den Raum eintritt und die Raumluft zu den Austrittsstellen oder Absaugepunkten drängt. Die andere Methode ist die sogenannte *Strahllüftung*, bei der im kurzen Abstand von der Decke an einigen Stellen der Wand schmale Öffnungen vorgesehen werden, durch die die Druckluft mit verhältnismäßig großer Geschwindigkeit, die je nach der Entfernung der gegenüberliegenden Wand 4 bis 6 m/s betragen kann, in den Raum eintritt. Die eingeblasene Luft mischt sich alsdann mit der Raumluft und kehrt durch die mittleren und unteren Schichten des Raumes zu den meist an der gleichen Wand unten befindlichen Austrittsstellen zurück. Als Stromrichtung für die Luft wird in diesem Falle die Längsrichtung des Raumes gewählt.

Diese Strahlmethode wird häufig für die Lüftung oder Klimatisierung von Theatern und Lichtspielhäusern verwendet.

C. Berechnungsart

Bei allen Lufterneuerungsanlagen sind zu bestimmen:

a) Die notwendige Luftmenge V
b) Die Abmessung der Kanäle und Rohrleitungen
c) Der Widerstand des Kanalsystems für die unter a) gegebene Luftmenge V
d) Die Auswahl des Lüfters.

Für die Bestimmung der Luftmenge sind maßgebend die Ursachen der Luftverschlechterung und die Grenzen der Behaglichkeit, wenigstens soweit Menschen in den zu lüftenden Räumen wohnen oder sich aufhalten (S. 90).

1. Bestimmung der Luftmenge

Die Ursachen der Luftverschlechterung können sein:

1. Wärmeabgabe von Menschen (einschließlich Kohlensäure- und Wasserdampfabgabe),
2. Wärmeabgabe der Beleuchtung,
3. Wärmeabgabe von Maschinen und Geräten,
4. Wärmeabgabe von benachbarten, nicht belüfteten Räumen,
5. Wärmeabgabe, durch Sonnenbestrahlung der Wände,
6. Aufdringliche Gerüche,
7. Störende Dünste und Gase,
8. Staub.

Aus der *Wärmeabgabe* (1 bis 4) ist die nötige Luftmenge zur Aufnahme der Wärme nach folgender *Grundgleichung* zu errechnen:

$$Q = G \cdot c_p \cdot (t_2 - t_1)$$

oder hieraus:

$$G = \frac{Q}{c_p \cdot (t_2 - t_1)}$$

Hierin ist:

Q = Wärmemenge, die an die Luft abgegeben wird, in kcal/h,
G = Luftgewicht in kg/h,
c_p = spezifische Wärme der Luft kcal/kg = 0,24,
t_1 = Temperatur der Luft vor Eintritt in den Raum (Frischluft),
t_2 = Temperatur der warmen Raumluft in ° C, welche noch als zulässig erachtet wird.

Die obige Grundgleichung lautet auf das Luftvolumen V umgerechnet entsprechend:

$$V = \frac{Q\,(1 + a\,t_1)}{\mathfrak{c}_p \cdot (t_2 - t_1)}$$

Hierin ist:

V = Luftmenge in m³/h von t_1 ° C,
a = Ausdehnungskoeffizient für Gase = 1/273,
$\mathfrak{c}_p$ = spezifische Wärme der Luft in kcal/m³ = 0,31.

Die Werte für Q betragen hinsichtlich der Wärmeabgabe für den erwachsenen Menschen im Ruhezustande 100 bis 130 kcal/h, in Bewegung 120 bis 160 kcal/h und für Kinder etwa die Hälfte dieser Werte.

Hieraus ergibt sich nach der Grundgleichung bei 10° Temperaturdifferenz für den Menschen in Ruhe im Mittel 40 m³/h, und in Bewegung etwa 50 m³/h Frischluftbedarf.

Eine Nachrechnung des Frischluftbedarfs nach dem *CO_2-Gehalt* der ein- und ausgeatmeten Luft (20 l/h pro Kopf) ergibt eine geringere Luftmenge. Nach Bürgers berechnet sich bei Zulassung von nur 1 v. T. CO_2 die erforderliche Luftmenge mit 32 m³/h für einen Menschen.

Aus diesem Grunde ist die Berechnung nach der Wärmeabgabe bei der Bestimmung der Luftmenge vorzuziehen.

Über *Wasserdampfabgabe* des Menschen (S. 91).

Für *Beleuchtung* kommt praktisch nur noch elektrische Beleuchtung in Betracht. Die Werte hierfür ergibt nachfolgende Tabelle:

Tab. 3. Wärmeabgabe der Beleuchtung

Gasgefüllte Glühlampen bis	100 Watt	etwa 95% Wärme
Gasgefüllte Glühlampen bis	2000 Watt	etwa 90% Wärme
Quecksilberdampflampen		etwa 80—85% Wärme.

Soweit *elektrische Maschinen* wie Generatoren, Umformer, Transformatoren, Gleichrichter, Elektromotoren und andere in Frage kommen, ergibt sich die Wärmeabgabe allgemein durch den Wirkungsgrad dieser Maschinen, da die Verluste sich fast restlos in Wärme umsetzen.

Hieraus ergibt sich:

$$Q = N \cdot \left(\frac{100}{\eta} - 1\right) \cdot 860, \text{ darin bedeutet}$$

N = abgegebene Leistung (Schildleistung in kW)
η = Wirkungsgrad in %
860 = Umrechnungzahl von kW in kcal/h.

Als gebräuchliche Werte von η von elektrischen Maschinen kann man bei Vollast setzen:

Tab. 4. Wirkungsgrade elektrischer Maschinen

Generatoren > 100 kW		etwa 90—94 %
Einanker-Umformer		„ 90—95 %
Motorgeneratoren		„ 78—86 %
Transformatoren		„ 98—99 %
Gleichrichter		„ 85—92 %
Elektromotoren unter	1 kW	„ 60—78 %
Elektromotoren bis	10 „	„ 70—87 %
Elektromotoren bis	100 „	„ 80—93 %
Elektromotoren über	100 „	„ 90—94,5%.

Bei wärmeabgebenden Maschinen anderer Art wie Dampfmaschinen, Dampfturbinen und Verbrennungsmaschinen sind die Werte für Q nicht allgemein festzulegen, sie müssen von den Lieferanten erfragt werden. Für Dampfturbinenanlagen könnte man vielleicht für die Wärmeabgabe des Dampfteils einschließlich der unmittelbar anschließenden Rohrleitungen 2 bis 3% der Effektivleistung zugrunde legen.

Sind in einem *Nebenraum* des zu belüftenden Raumes Wärmequellen wie Heizkessel oder Maschinen vorhanden, so muß die Wärmeübertragung auf den zu belüftenden Raum nach den Regeln der Transmissionsrechnung berücksichtigt werden (S. 65).

Desgleichen müssen in den Fällen, in denen die *Sonneneinstrahlung* besonders berücksichtigt werden muß, also vor allem in tropischen Gegenden, gewisse Übertemperaturen bei der Transmissionsrechnung eingesetzt werden, wie sie ebenfalls S. 66 beschrieben sind.

In der angegebenen Grundgleichung ist für t_1 zweckmäßig die höchste Temperatur einzusetzen, die in der äußeren Umgebung des Raumes im Sommer herrscht, abgesehen von vorübergehenden Höchsttemperaturen in der Sonne.

Für den Wert t_2 ist die noch zulässige Übertemperatur in dem zu lüftenden Raume einzusetzen. Hierbei ist zu beachten, daß bei dieser Art der Kühlung, also ohne besondere Kühlgeräte, wie sie auf S. 19 beschrieben werden, der Raum niemals auf eine tiefere Temperatur als diejenige der Frischluft gebracht werden kann. Es kann sogar nicht einmal diese Temperatur erreicht werden, da bei gleicher Außen- und Innentemperatur $t_2 - t_1 = 0$ und das Luftgewicht $G = \frac{Q}{0}$ unendlich groß werden würden.

Es ergibt sich somit, daß man immer mit einer gewissen Übertemperatur im Raume rechnen und die noch zulässige Raumtemperatur t_2 nach den jeweils vorliegenden Verhältnissen bemessen muß.

Um nicht zu große Werte für die Luftmengen und damit allzu große und teure Ventilationsanlagen zu erhalten, wird man im allgemeinen besonders bei industriellen Anlagen mit einer Übertemperatur von $t_2 - t_1 = 10°$ C eine ausreichende Lüftung bzw. Kühlung erzielen. Wird dagegen eine bestimmt einzuhaltende höchste Raumtemperatur verlangt, so muß die Anlage hierauf gegebenenfalls unter Verwendung von Kühlmitteln (S. 66, 102) abgestimmt werden.

Bei $t_2 - t_1 = 10°$ und $t_1 = 20°$ wird die stündliche Luftmenge $V = \frac{Q}{2,9}$ und bei elektrischen Maschinen $V = 300 \times \mathrm{kW}$, wenn kW die Verluste in Kilowatt darstellen.

Für die Beseitigung von üblen Gerüchen lassen sich naturgemäß bestimmte Berechnungen nicht aufstellen. Man kann hier ebenso wie für die Entfernung von Dünsten Vorlagen von aktiver Kohle anordnen, die durch Adsorption wirken. Üble Gerüche können auch durch Mischung mit künstlich erzeugter ozonisierter Luft verdeckt werden.

Für die Entfernung von Staub sind Filteranlagen dem Drucklüfter vorzuschalten oder aber es müssen besondere Absaugeanlagen vorgesehen werden, wie sie auf S. 112 und S. 161 behandelt werden.

In den genannten Fällen der Luftmengenberechnung aus der Wärmeabgabe ist es zweckmäßig, eine Kontrolle der errechneten Luftmengen nach dem Luftwechsel vorzunehmen.

Je nachdem der zu belüftende Raum ausgenutzt ist, sei es durch enge Anordnung der wärmeabgebenden Maschinen oder durch dichte Besetzung mit Menschen, wird der Luftwechsel bei gleichen Raumabmessungen verschiedene Werte annehmen. Außerdem wird natürlich hierbei die Höhe eines Raumes eine wesentliche Rolle spielen. Es haben sich so für die verschiedenen Arten von Räumen Erfahrungswerte für den stündlichen Luftwechsel herausgebildet, die eine gewisse Kontrolle für die errechneten Luftmengen bilden können. Allerdings spielen die Art der Einführung der Luft und das Lüftungssystem eine so wesentliche Rolle, daß gewisse Abweichungen von dem normalen Luftwechsel durchaus vorkommen können.

Die Werte für den stündlichen Luftwechsel sind für eine Reihe von Raumarten in den nachstehenden Abschnitten angegeben.

2. Kanalabmessungen

Die Luftkanäle bzw. Rohrleitungen sind unter Zugrundelegung einer von Fall zu Fall festzulegenden Luftgeschwindigkeit in ihren Abmessungen zu bestimmen.

Hierbei ist die erwähnte Kontinuitätsgleichung anzuwenden, wonach das Produkt aus Geschwindigkeit und Querschnitt konstant bleiben muß (S. 10).

Bei der Bemessung dieser Kanäle ist bei großen Anlagen die Wirtschaftlichkeit zu berücksichtigen, wobei Anlagekosten gegen Betriebskosten abzuwägen sind. Große, teure Kanäle geben kleine Geschwindigkeiten und damit geringe Widerstände, während Kanäle von kleinerem Querschnitt infolge ihres größeren Widerstandes auch größere Ventilatorleistung bedingen. Sie werden daher hauptsächlich bei Platzmangel (wie z. B. auf Schiffen) oder bei geringem Strompreis in Frage kommen.

Um eine Vorstellung der Größenverhältnisse der verwendbaren Geschwindigkeiten zu geben, sind diese nachstehend in einzelne Gruppen eingeteilt:

geringe Geschwindigkeiten	= 0,15—1,5	m/s	
kleine ,,	= 2—4	,,	
mittlere ,,	= 4—6	,,	
große ,,	= 6—12	,,	
Förder- ,,	= 12—25	,,	und mehr

Die geringen und kleinen Geschwindigkeiten sind zu wählen, wenn es sich um störungsfreien Luftein- und -austritt bei Kanalöffnungen bzw. um geräuscharme Luftströmung und um Erzielung möglichst geringer Widerstände handelt. Sie werden also im allgemeinen für gewerbliche Betriebe wie Gaststätten. Theater und Versammlungsräume in Betracht kommen, wenn kein Raummangel besteht. Die mittleren und besonders die großen Geschwindigkeiten kommen für die erwähnten Betriebe nur dann in Frage, wenn z. B. bei nachträglichen Einbauten Ersparnisgründe oder Platzmangel zum Bau knapper Kanäle oder Rohrleitungen zwingen, oder wenn es sich um sehr große Luftmengen handelt. Sonst werden die großen Geschwindigkeiten nur in industriellen Anlagen zuzulassen sein, in denen bei geringem Strompreis die Vergrößerung des Leistungsbedarfes und andererseits ein gewisses Luftgeräusch keine bestimmende Rolle spielen.

Die darüber hinausgehenden Geschwindigkeiten (als Fördergeschwindigkeiten bezeichnet) sollen bei Lüftungsanlagen fast nie Verwendung finden. Sie werden sich vielmehr nur auf Entstaubungs-, Absauge- und Förderanlagen beschränken, wie sie auf S. 161 und 197 dargestellt sind. Soweit die Kanäle aus Blechrohrleitungen bestehen, sind ihre Innenwände schon durch die Materialart glatt. Aber auch alle anderen Kanäle sollen in ihren Innenwandungen so weit wie möglich geglättet werden, also durch Putz oder Anstrich. Alle Kanäle, insbesondere solche in horizontaler Lage, sollen Reinigungsöffnungen mit leicht abnehmbaren Deckeln erhalten, um sie in gewissen Zeitabständen von etwa sich ansammelndem Staube befreien zu können. Bei sämtlichen Richtungs- und Querschnittsänderungen sind allmähliche Übergänge und Abrundungen mit möglichst großem Radius vorzusehen.

Durch diese Maßnahmen können die Reibungs- und Einzelwiderstände der Kanäle auf ein Minimum verringert werden.

Ihre Widerstandsrechnung läßt sich am besten an folgendem Beispiel erklären:

3. Berechnungsbeispiel

Vier Räume (*I* bis *IV*) eines Hauses sollen entlüftet werden (Abb. 11). Die Luftmenge für jeden Raum sei auf Grund der auf S. 19 gegebenen Richtlinien ermittelt zu

$$V_1 = 0{,}4\ \mathrm{m^3/s}$$
$$V_2 = 0{,}6\ ,,$$
$$V_3 = 0{,}1\ ,,$$
$$V_4 = 0{,}2\ ,,$$

Als Saugkanal soll eine Blechrohrleitung dienen, während der Druckkanal durch einen vorhandenen gemauerten Schacht von 500 × 400 mm Querschnitt und 12 m Höhe gebildet sei.

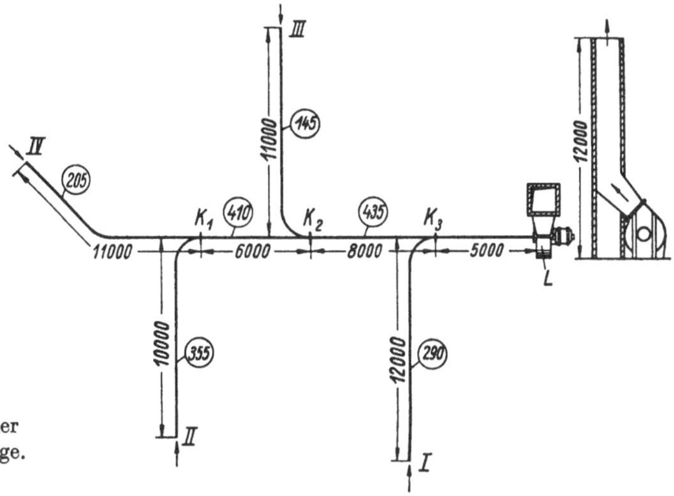

Abb. 11.
Rohrplan einer Lüftungsanlage.

Zu bestimmen sind die Rohrdurchmesser und der Widerstand des ganzen Systems. Da die Anlagekosten nicht zu hoch werden sollen, wird zunächst eine Rohrgeschwindigkeit von $w = 6$ m gewählt und aus den gegebenen Luftmengen und der Kontinuitätsgleichung

$$F = \frac{V}{w} = \frac{\pi d^2}{4}$$

jeder einzelne Rohrdurchmesser festgelegt. Man beginnt zweckmäßig mit dem äußersten Rohrstrang des Netzes, also in diesem Falle bei *IV*, und schreitet dann zum Lüfter *L* am Hauptstrang in der Reihenfolge vor, wie sich die anderen Nebenzweige anschließen, also Richtung $IV - K_1 - K_2 - K_3 - L$. Dann ergeben sich die in nachstehender Tabelle angegebenen Rohrdurchmesser *d* in mm.

$W = 6$ m/s

	V	F	d
V_4	0,2	0,033	205
V_2	0,6	0,1	355
V_{4+2}	0,8	0,133	410
V_3	0,1	0,0166	145
V_{4+2+3}	0,9	0,15	435
V_1	0,4	0,066	290
$V_{4+3+2+1}$	1,3	0,216	525

Die obigen Werte lassen sich mit dem Rechenschieber schnell ermitteln, zumal bei gleicher Geschwindigkeit *w* die Flächen proportional den Luftmengen sind:

$$\frac{F_2}{F_4} = \frac{V_2}{V_4} \text{ usw.}$$

Die Rohrdurchmesser sind in der letzten Stelle auf 0 und 5 abgerundet. Nunmehr werden nach der am Ende beigefügten Reibungstafel und der Tabelle 2 die Widerstände ermittelt (S. 12). Auf der Saugseite wird zunächst der Linienzug des größten überhaupt auftretenden Widerstandes durch Nachrechnung oder bei einiger Übung durch Erfahrung ermittelt. Dieser braucht durchaus nicht dem längsten Weg zu entsprechen. Tatsächlich tritt hier im Wege $III - K_2 - K_3 - L$ der größte Widerstand auf, nicht etwa in dem längeren Wege $IV - K_1 - K_2 - K_3 - L$. Alsdann ergeben sich für Weg $III - L$ folgende Widerstände:

	R_R/m	l	R_R ges.	ζ	p_d	R_0	
III Eintr.-Verlust				0,7	2,2	1,55	
III—K_2 (Reibung)	0,37	11	4,1				
„ (Krümmer)				0,2	2,2	0,44	$K_2 = 9{,}39$
„ (Abzweig)				1,5	2,2	3,3	$K_3 = 12{,}39$
K_2—K_3 (Reibung)	0,1	8	0,8				
K_3 (Abzweig)				1	2,2	2,2	
K_3—L (Reibung)	0,07	5	0,35				
			5,25			7,49	

Der gesamte vom Lüfter auf der Saugseite zu überwindende Widerstand ist mithin $5{,}25 + 7{,}49 = 12{,}74$ mm WS.

Jetzt müssen jedoch noch die Knotenpunkte K_1, K_2, K_3 auf Druckausgleich geprüft werden. Da an jedem dieser Punkte nur ein einziger Druck herrschen kann, müssen die Widerstände aller in einem Knotenpunkte sich vereinigenden Rohrstänge gleich groß sein. Die Drücke in K_2 und K_3 sind aus der Rechnungstabelle unmittelbar abzulesen, und zwar mit $K_2 = 9{,}39$ und $K_3 = 12{,}39$.

Es muß mithin der Widerstand $I - K_3 = 12{,}39$ mm WS sein. Es ergibt sich aus der Reibungstafel und der ζ-Tabelle jedoch bei $d = 290$ nur ein gesamter Widerstand von 6,53 mm WS; infolgedessen muß dieser Rohrstrang auf 250 mm verengt werden.

Auf dieselbe Weise muß der Rohrstrang $IV - K_1$ und $II - K_1$, sowie $K_1 - K_2$ nachgeprüft werden. Es ergeben sich bei *II* und *IV* die Rohrdurchmesser von 330 und 200 mm.

Um den Widerstand der Druckseite zu berechnen, muß für den Schachtquerschnitt von 400×500 mm der äquivalente Durchmesser d_g ermittelt werden:

$$\text{zu } d_g = \frac{2\,a \cdot b}{a + b} = \frac{0{,}4}{0{,}9} = 0{,}445 \text{ m},$$

alsdann aus der Reibungstafel für d_g und der Geschwindigkeit im Schacht der zugehörige Wert R_R/m mit $0{,}085 \times 2$ und bei 12 m Höhe = 2 mm WS. Ein Übergangsverlust zwischen Lüfter und Schacht wird bei schlanker Ausbildung des Übergangsstückes mit 1 mm angenommen, so daß der ganze vom Lüfter zu überwindende Widerstand

$$p_{st} = 12{,}74 + 3 = 15{,}74 \text{ mm}$$

$$\text{und bei } w = 6 \text{ m } p_{ges} = 15{,}74 + 2{,}2 = 17{,}94 \sim 18 \text{ mm WS}$$

vom Lüfter aufzubringen ist.

Es ist bekannt, daß der Widerstand von Rohrleitungen und Kanälen oftmals von Fabrikanten geschätzt wird, die sicherlich eine lange Erfahrung besitzen mögen. Es ist aber doch zu empfehlen, sich der kleinen Mühe der Berechnung, wie sie hier gezeigt wurde, zu unterziehen. Wenn die Rechnung auch nicht den Anspruch einer 100prozentigen Genauigkeit macht, so kommt sie sicher der Wirklichkeit näher als die geschätzte Widerstandsbestimmung.

Immerhin ist bei sehr komplizierten Rohrnetzen ratsam, an geeigneten Stellen Drosselvorrichtungen, wie Klappen, Schieber oder Verengungen vorzusehen, durch die die gewünschten Luftmengen bei Inbetriebsetzung gegebenenfalls genauer eingeregelt werden können.

4. Kanalabmessungen bei Injektorlüftung[1])

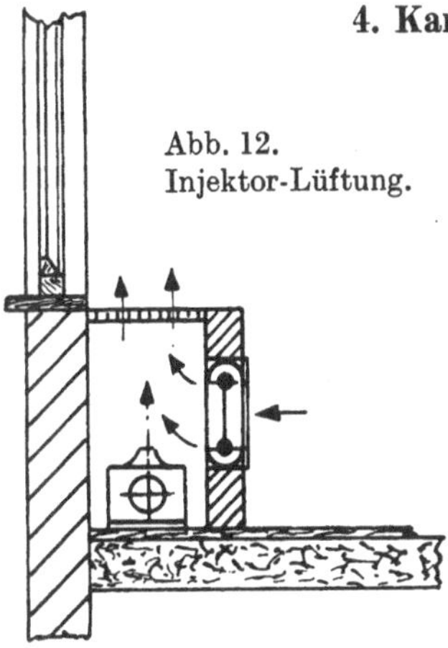

Abb. 12. Injektor-Lüftung.

Da es sich gezeigt hat, daß in sehr großen Gebäuden mit einer Vielzahl von zu belüftenden Räumen die Unterbringung der Kanäle oder Rohre unter Einhaltung der mittleren Geschwindigkeiten von etwa 6 m/s auf Schwierigkeiten stößt, hat man in Amerika begonnen, die aus dem Freien angesaugte Luft nach ihrer Behandlung durch Rohre kleinen Durchmessers mit Geschwindigkeiten bis zu 20 m/s hindurchzudrücken. Die Luft wird dann an der jeweiligen Verwendungsstelle durch eine Injektordüse ausgelassen, wobei Raumluft über Kühl- oder Heizregister als Zweitluft angesaugt und mit der Hauptluft gemischt nach oben austritt[2]) (Abb. 12).

Durch die hohen Luftgeschwindigkeiten und die damit verbundenen Drücke von 150 mm WS und mehr entstehen jedoch im Ventilator, in den Rohren und nicht zuletzt an der Austrittsstelle störende Geräusche, deren Überwindung oftmals Schwierigkeiten bereitet.

D. Anwendungsgebiete

1. Schulen

Da Zugluft in jedem Falle in einer Schule vermieden werden muß, ist in den meisten Fällen Drucklüftung oder ausgeglichene Lüftung (S. 18) unter Verwendung von Zu- und Abluftlüftern anzustreben. Die Luftmenge für die Erneuerungsanlage ergibt sich aus der Wärmeabgabe der Schüler bei maximaler Klassenbesetzung. Hierbei ist angenommen, daß Sonneneinstrahlung entweder durch die Lage der Klassenräume oder gegebenenfalls durch Jalousien oder Vorhänge auf ein Minimum beschränkt bleibt und nicht besonders berücksichtigt zu werden braucht.

Als Wärmemenge ist je Kopf 60 bis 100 kcal je nach Alter der Schüler einzusetzen.

Da die Klassen im allgemeinen für eine Höchstzahl von 40 bis 50 Schülern eingerichtet sind, ergibt sich

$$\text{mit } V = \frac{Q\,(1 + \alpha t_1)}{c_p\,(t_2 - t_1)} \quad \text{und} \quad \left.\begin{array}{l} t_1 = 15^\circ \text{ C} \\ t_2 = 25^\circ \text{ C} \end{array}\right\} \text{angenommen}$$

eine Luftmenge von 1100 bis 1400 m³/h und Klassenraum.

Angenommen eine durchschnittliche Größe des Klassenzimmers von etwa 220 m³, so würde sich ein Luftwechsel von 5 bis $6^1/_2$ bzw. 28 m³/h je Kopf ergeben.

Zweckmäßig wird ein 6facher Luftwechsel in keinem Falle zu überschreiten sein. Man wird im Gegenteil durch Einrichtung von Klappen oder aber durch Abwärtsregelung der Antriebsmotoren der Lüfter es so einrichten, daß man während der Pausen mit stärkster Lüftung fährt und während des Unterrichtes auf etwa 4fachen Luftwechsel zurückgeht.

Die Anordnung der Anlage kann z. B. nach Abbildung 13 erfolgen.

Jedes Klassenzimmer wird an einen senkrechten Schacht angeschlossen und mehrere solcher Schächte im Keller durch einen horizontalen Kanal zu einem Lüfter zusammengezogen. Es ist auch nichts dagegen einzuwenden, wenn, um Baukosten zu sparen, mehrere übereinanderliegende Räume an denselben Schacht angeschlossen werden. Etwaige Geräuschübertragung von einem Raum zum anderen kann durch

[1]) vgl. Recknagel-Sprenger, Heizung und Lüftung 1955.

[2]) auch Hochdrucklüftung genannt.

schallschluckende Prallplattenanordnung vermieden werden (S. 114). Das gleiche gilt für die Entlüftung. Hier müssen jedoch Laboratorien und Aborte, falls sie in demselben Gebäude untergebracht sind, besondere Schächte erhalten (S. 28). Gegebenenfalls ist eine völlig getrennte Entlüftungsanlage für diese Räume erforderlich.

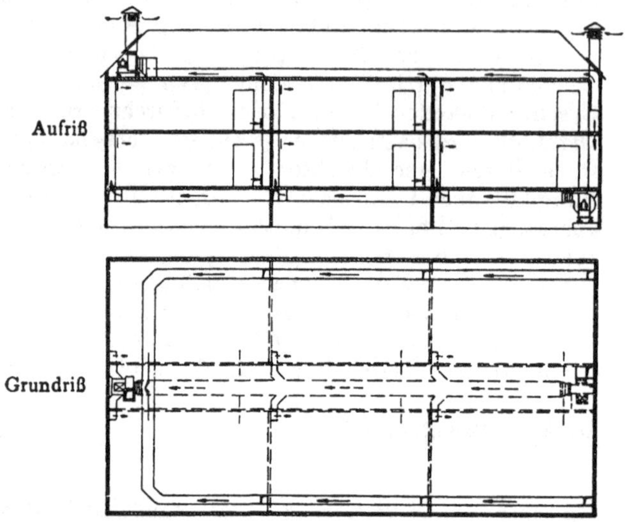

Abb. 13.
Schema einer Schullüftung.

Falls die Mittel es erlauben, sollte die frische Zuluft gefiltert werden, aber nur, wenn eine periodische Reinigung der Filter gewährleistet werden kann. Sonst ist es vorzuziehen, die Zuluft durch einen senkrechten Schacht so hoch wie möglich zu entnehmen, um das Einsaugen von Straßenstaub und Benzindünsten zu vermeiden.

Im Raum selbst wird man die Lüftung von oben nach unten bevorzugen, um die ruhig sitzenden Schüler nicht der kühlen Luftströmung unmittelbar auszusetzen, und andererseits eine Staubaufwirbelung am Fußboden zu vermeiden. Die Zuluftöffnungen sind daher im oberen Teile und die Abluftöffnungen im unteren Teile der Wände anzubringen. Alle Öffnungen sollten mit bequem bedienbaren, leicht zu reinigenden Jalousieklappen ausgerüstet werden.

Die Luftkanäle sind, wenn möglich, für eine Höchstgeschwindigkeit von 4 m/s zu wählen. Um Übertragung von Luftgeräuschen in den Klassenraum zu verringern, sind die Lüfter selbst zur Schalldämpfung auf elastische Platten oder Schwingungsdämpfer zu setzen und die Saugöffnungen ebenso wie die Drucköffnungen mit den Kanälen durch elastische Zwischenstücke zu verbinden.

Reinigungsöffnungen müssen an geeigneten Stellen der Kanäle vorgesehen werden.

Die Lüfter selbst sollen der ruhiglaufenden Gruppe angehören.

Sind die Mittel ausreichend vorhanden, so wird man, um die Lüftung ohne schädliche Folgen für die Schüler auch im Winter betreiben zu können, die Frischluft vorwärmen (S. 70).

Eine Kühlanlage einzubauen, wird sich in unserem Klima und bei den hier üblichen Maßnahmen erübrigen, da bei sehr hohen Außentemperaturen der Unterricht ausfällt.

Wenn die bereitstehenden Mittel sehr beschränkt sind, kann man notfalls auch nur eine *Ent*lüftungsanlage vorsehen. Diese wäre in den Pausen bei geöffneten Fenstern anzustellen, um Zugluft beim Unterricht auszuschließen. Die Luftmenge muß man dann jedoch *mindestens* für 6fachen Luftwechsel wählen, um in 10 Minuten die Raumluft in allen Klassenzimmern einmal ganz erneuern zu können.

2. Büroräume

Die künstliche Lüftung von vollbesetzten Büroräumen wird vielfach noch, wenn sie überhaupt vorgesehen wird, einfach durch nachträglichen Einbau von Wandschraubenlüftern in die Fenster als ausreichend betrachtet. Da diese Schraubenlüfter meist saugend arbeiten, d. h. also die Luft aus dem Raume absaugen, entsteht bei jedesmaligem Öffnen der Türen ein Zug, der besonders den in der Nähe der Türen sitzenden Personen höchst unliebsam ist und nur bei größter Hitze erträglich ist. Aber auch bei geschlossenen Türen tritt eine gute Luftzirkulation im Raum nicht ein, weil die Luft auch durch die unteren Schichten der Wände und insbesondere durch die größten Undichtigkeiten, die unteren Fensterspalten, nachströmt (vgl. S. 15). Dadurch werden auch die Plätze in der Nähe der Fenster von Zugluft getroffen.

Arbeitet der erwähnte Wandlüfter drückend, d. h. drückt er die Frischluft von außen in den Raum hinein, so werden die in der Nähe dieses Lüfters sitzenden Personen von dem drückenden Luftstrom belästigt, da immerhin erhebliche Luftmassen an einer Stelle eindringen.

Eine zweckentsprechende Lüftung, die modernen Ansprüchen genügt, muß nach Möglichkeit von vornherein beim Bau des Hauses unter Zusammenarbeit von Architekt und Lüftungstechnikern berücksichtigt werden.

Wird in den Büroräumen Schreib- oder Zeichenarbeit geleistet, so wird man auch hier im allgemeinen zur Drucklüftung schreiten. Die Drucklüfter werden in Nebenräumen oder im Dachgeschoß Aufstellung finden. Die Aufstellung des Lüfters in den Räumen selbst muß wegen der unvermeidlichen Geräusche vermieden werden. Die Einströmung muß an mehreren Stellen mit kleiner Geschwindigkeit erfolgen.

Ein Anordnungsbeispiel zeigt Abbildung 14. Hier wird die Luft durch einen längs dem Raume oben an der Wand entlang laufenden Kanal durch einzelne Schlitze eingeführt. Die Zuführung erfolgt durch einen Schraubenlüfter von der Flurseite her. Handelt es sich um eine Gruppe von Büroräumen, so wird man wieder ähnlich wie bei den Schulen die Luft vom Keller oder vom Dachboden in senkrechten Schächten den Räumen zuführen. Auf besondere Abluftventilatoren wird man allgemein verzichten können. In den Räumen selbst ist die Lüftung von oben nach unten zu wählen, bei der die kühlere Luft in den oberen Teil des Raumes eintritt, sich langsam mit der wärmeren Raumluft mischt und herunterströmt, um durch die Undichtigkeiten von Fenstern, Türen und Wänden nach außen zu entweichen.

Empfehlenswert ist es, die Luft an der dem Fenster gegenüberliegenden Seite, wenn

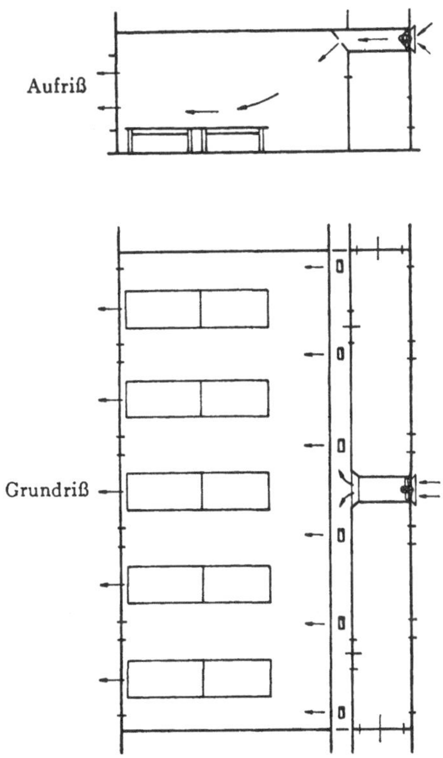

Abb. 14. Schema einer Bürolüftung.

nicht anders möglich, auch an den Querseiten einzuführen, niemals jedoch an der Fensterwand selbst. Im Winter kann die eingeführte Luft gewärmt werden (S. 56).

Die Luftaustrittsöffnungen sind vorteilhaft durch Schlitze längs der ganzen Wände so auszubilden, daß eine Austrittsgeschwindigkeit von 1 bis 2 m/s nicht überschritten wird. Bei solcher Einrichtung kann eine Lüftungsanlage ohne weiteres im Sommer und auch im Winter, strenger Frost ausgenommen, in Betrieb sein, da durch die feinverteilte Einführung der Frischluft und durch ihre Mischung mit der wärmeren Raumluft eine störende Wirkung auf die im Raum anwesenden Personen nicht eintreten wird. Hierbei ist natürlich vorausgesetzt, daß für den Winter eine nicht zu knapp bemessene Raumheizung zur Verfügung steht.

Die benötigte Luftmenge kann wiederum aus der Grundgleichung (S. 19) nach Zahl und Alter der beschäftigten Personen errechnet werden. Wenn es sich nicht um besonders anfällige Personen handelt, wird man einen fünffachen Luftwechsel unbedenklich zulassen können.

Die Kanäle sind für kleine Geschwindigkeiten, also etwa 4 m/s zu berechnen und hiernach die Widerstände zu ermitteln (S. 23).

Bemerkt sei noch, daß die künstliche Belüftung von Büroräumen immer dann wünschenswert erscheint, wenn für den einzelnen weniger als 18 m³ Luftraum zur Verfügung steht.

Über Lüftung von Bürohäusern, Verwaltungsgebäuden vgl. S. 73.

3. Aborte und Bedürfnisanstalten

Aborte und Bedürfnisanstalten sind ausnahmslos nach dem Sauglüftungssystem (S. 18) einzurichten. Kleinere Abortanlagen wird man lediglich durch Wandschrauben-Lüfter entlüften, die oftmals mangels besseren Platzes in die oberen Fenster eingebaut werden. Man muß jedoch dann dafür sorgen, daß das Fenster möglichst geschlossen gehalten wird, da sonst ein kurzgeschlossener Luftkreislauf einsetzt, der dem Raum selbst nicht zugute kommt. Für das Nachströmen von Luft muß durch Öffnungen in einer gegenüberliegenden Wand oder auch durch Jalousieklappen in der Tür Vorsorge getroffen werden.

Bei größeren Abortanlagen, wie z. B. in Gaststätten, Hotels, Warenhäusern sowie in Bedürfnisanstalten, wird man die schlechten Dünste durch senkrechte Schächte möglichst hoch über Dach ins Freie abführen. Der Lüfter wird daher zweckmäßig an der Wand unterhalb der Decke oder auch, wenn mehrere Geschosse zur Verfügung stehen, unter dem Dach zur Aufstellung gelangen. Es steht nichts im Wege, gleichartige Räume auch in verschiedenen Stockwerken an denselben Lüfter anzuschließen.

Grundsätzlich falsch ist es jedoch, auch andere bewohnte Räume in die gleiche Entlüftungsanlage einzubeziehen, da auf diese Weise leicht schlechte Gerüche bei stillstehendem Lüfter infolge von Windstößen oder sonstigen Druckschwankungen in die erwähnten Räume eindringen können.

Da man wegen des nur vorübergehenden Aufenthalts der Personen in diesen Räumen auf Zugstörungen nicht so sehr bedacht sein braucht, wird man die Lüfter für 8- bis 10fachen Luftwechsel bemessen. Die Kanäle sind für mittlere Geschwindigkeiten festzulegen. In der Regel werden für diese Anlagen Fliehkraftlüfter, die man ebenso wie etwaige Rohrleitungen wegen der Säure enthaltenden Gase aus verbleitem Blech oder mit säurefestem Anstrich herstellt, in Frage kommen.

Um die schlechten Gerüche, die etwa noch entstehen sollten, zu überdecken, empfiehlt es sich, kleine Ozongeräte[1]) in den Räumen aufzustellen.

[1]) Ozon wird erzeugt durch Glimmentladung hochgespannten Wechselstroms. Es genügt für Lüftung etwa 0,1 mg je m³ Luft.

4. Kleine und mittlere Küchen

Küchen, in denen Gerüche und geringe Dampfbildungen auftreten, wird man ebenfalls nach dem Sauglüftungssystem behandeln (größere Küchen S. 18). Bei ganz billigen Ausführungen wird man Wandlüfter in den Fenstern vorsehen. Besser ist es jedoch, die Dämpfe möglichst unmittelbar an ihrer Entstehungsstelle zu erfassen. Aus diesem Grunde sieht man über dem Herde eine Saughaube vor und schließt diese durch ein Rohrsystem an den Fliehkraftlüfter an, der im Flur oder einem sonstigen Nebenraum Aufstellung finden kann. Die Abluft ist auf dem nächsten Wege ins Freie zu befördern.

6- bis 8facher Luftwechsel soll im allgemeinen nicht überschritten werden. Rohrleitungen bzw. Kanäle sind für eine Geschwindigkeit von 6 bis 8 m/s auszuführen, wobei auf eine Saughaube für je 1 m² größtem Querschnitt ein Anschlußrohr von 200 mm Ø zu rechnen ist. Die beifolgende Abbildung 15 zeigt die Anordnung eines Fliehkraftlüfters in Verbindung mit einer Saughaube schematisch.

Man kann auch in die Rohrleitung eingebaute Schraubenlüfter verwenden, die jedoch mit einer leicht zu bedienenden Reinigungsklappe versehen sein müssen.

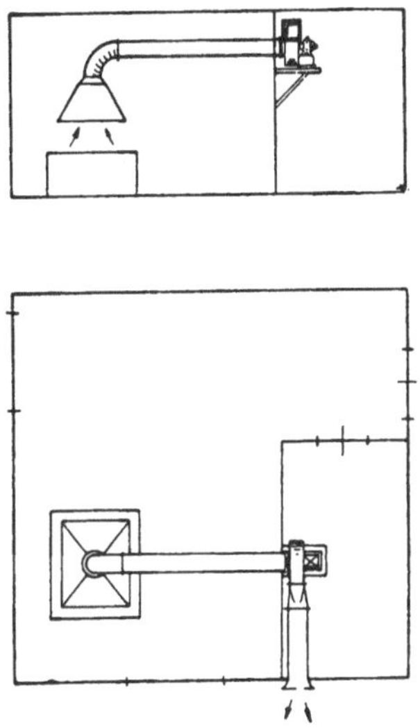

Abb. 15. Schema einer Küchenentlüftung.

Da derartige Küchen meist offenstehende Türen oder Bedienungsöffnungen besitzen, sind besondere Vorrichtungen zum Nachströmen der Luft in der Regel nicht erforderlich.

5. Kirchen

Kirchen werden im allgemeinen mit Drucklüftungsanlagen ausgestattet. Man muß dafür sorgen, daß die Luft möglichst unmittelbar in der Nähe der Sitzbänke ausströmt. Man wird daher den Lüfter in der Sakristei oder einem anderen Nebenraum, meist zur ebenen Erde, aufstellen und die von außen über eine möglichst staubfreie Stelle angesaugte Frischluft in das Hauptschiff und einen Abzweig nach oben zur Empore führen (Abb. 16). Die Luft tritt durch perforierte Bleche mit geringer Geschwindigkeit von etwa 0,5 bis 1 m/s unter den Sitzen aus.

Aufriß

Grundriß

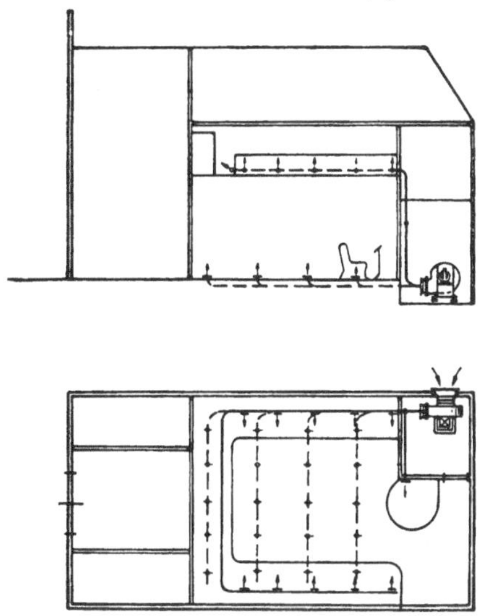

Abb. 16. Schema einer Kirchenlüftung.

Trotz der Raumhöhe genügt bei solcher Anordnung ein 1,5- bis 2facher Luftwechsel bzw. etwa 20 m³ je Person. Die Kanäle sind möglichst groß für kleine Geschwindigkeiten von 2 bis 3 m/s einzurichten. Der Lüfter muß besonders ruhiglaufend sein und ist zweckmäßig auf geräusch-dämpfende Unterlagen zu stellen (S. 223). Im Winter ist die Frischluft vorzuwärmen (S. 64).

6. Kleine Gast- und Vergnügungsstätten

Kleine Gaststätten, ebenso kleinere Versammlungssäle und kleine Lichtspieltheater, die im allgemeinen größere Kosten für die Lüftungsanlage nicht aufbringen, sind zweckmäßig nur mit Sauglüftern auszustatten. Der Einbau von Wandlüftern in den Fenstern ist jedoch nicht zu empfehlen (S. 27). Eine möglichst gleichmäßige Entlüftung des ganzen Raumes muß in jedem Falle angestrebt werden. Diese läßt sich nur durch feine Verteilung der Abluftöffnungen über den ganzen Raum erreichen. In der Regel wird man daher zunächst die meist vorhandenen senkrechten Abzugsschächte benutzen und sie durch einen horizontalen Kanal über Dach zu einem Fliehkraftlüfter zusammenziehen. Stehen solche senkrechten Schächte nicht in genügender Zahl zur Verfügung, so ist ein horizontaler Kanal durch den ganzen Raum zu verlegen, der durch irgendwelche Verkleidungen oder Verzierungen in seiner äußeren Form dem Raum angepaßt werden kann. Dies kann z. B. erfolgen in Form von Eckverkleidungen aus Rabitzgewebe mit Eintrittsöffnungen nach Abbildung 17a oder mit Hilfe von Doppeldecken nach Abbildung 17b für Absaugung aus der Mitte und 17c für Absaugung von den Seiten her. An diese Kanäle wird man dann den Fliehkraftlüfter, der in einem Nebenraum Aufstellung findet, anschließen und die Abluft ins Freie befördern.

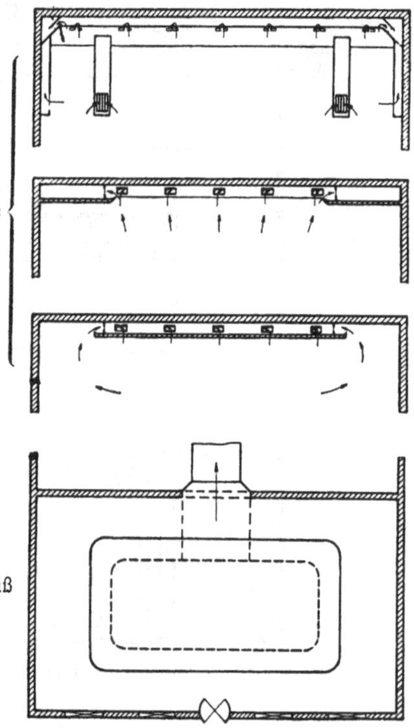

Abb. 17a—c. Kanalanordnungen für Gaststättenlüftung.

Die Absaugeöffnungen soll man im Falle 17a in etwa 2 bis 3 m Höhe über dem Fußboden anordnen. Auf diese Weise wird man z. B. in Lokalen, in denen viel geraucht wird, den wie eine Wolke in gewisser Höhe unter der Decke schwebenden Rauchdunst am besten erfassen. Allerdings müssen für das Nachströmen der Luft Zuluftöffnungen möglichst in gleicher Höhe vorgesehen werden (Abb. 17a).

Bei dem ganzen System ist auf besonders gute Dichtung von Fenstern und Türen Wert zu legen, desgleichen müssen die Heizkörper, wie auch meist üblich, unter den Fenstern angeordnet sein.

3- bis 5facher Luftwechsel ist angängig. Kanäle sind für mittlere Geschwindigkeiten von 4 bis 6 m/s, die Ansaugeöffnungen für eine Eintrittsgeschwindigkeit von 1 bis 2 m/s auszubilden.

Über Belüftung mit gefilterter Warmluft s. S. 64.

7. Elektrische Zentralen

Als bestes Lüftungssystem für elektrische Zentralen kann in den allermeisten Fällen die Drucklüftung angesehen werden (S. 17). Alle Wicklungsteile elektrischer Maschinen, alle Kollektoren und Schleifringe, Schaltapparate und Stromschienen sind gegen Staub besonders empfindliche Körper. Die Lüftung muß also so eingerichtet sein, daß diesen Teilen nach Möglichkeit nur staubfreie Luft zugeführt und ein Eindringen von staubiger Außenluft verhindert wird. Dies läßt sich nur durch Drucklüftung erreichen, bei welcher die dem Raum zugeführte Frischluft durch vorherige Filterung (S. 114) soweit wie möglich gereinigt und im Raum ein kleiner Überdruck erzielt wird. Dringend notwendig erscheint daher die Anwendung dieses Systems in Gegenden, in welchen die äußere Luft stark mit Staub durchsetzt ist, also z. B. in Kohlengebieten.

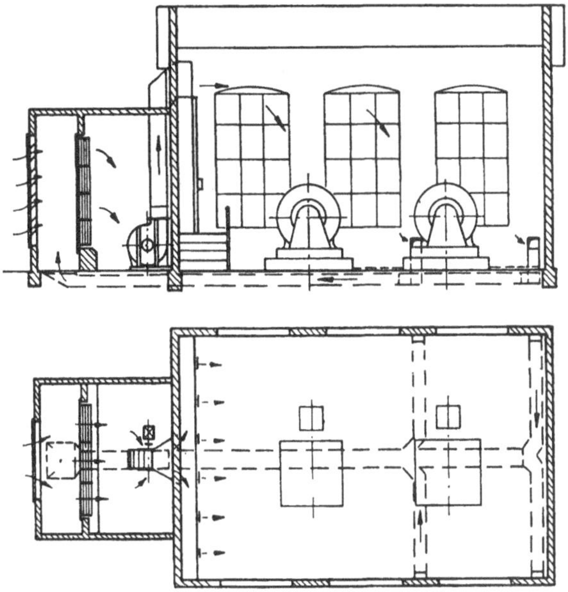

Abb. 18. Schema einer Zentralenbelüftung.

Die Anordnung derartiger Lüftungsanlagen wird meist so getroffen, daß der Lüfter die Frischluft durch ein Filter ansaugt und durch einen Kanal dem Raume zuführt. Eine Ausführungsform zeigt Abbildung 18. Filter und Lüfter sind in einem kleinen Anbau aufgestellt, der ein- oder auch zweiseitig saugende Lüfter drückt die gefilterte Luft durch einen senkrechten Schacht in einen horizontalen Luftkanal oberhalb der Schaltanlage und aus diesem durch Schlitze, die über die ganze Breite des Raumes verteilt sind, in die Zentrale. Im Winter kann mit Umluft gearbeitet werden, indem der Lüfter die warme Luft aus der Zentrale in den Rohluftraum zurücksaugt. Von hier kann sie allein oder mit Frischluft gemischt nach erneuter Filterung dem Zentralenraum zugeführt werden.

Die Verwendung von hochwertigen Schraubenlüftern kann häufig bei Zentralenbelüftungen recht günstige Anordnungen ermöglichen. Der Schraubenlüfter kann z. B. in eine Wand eingebaut werden, während auf einem Konsol oder auch zur ebenen Erde in einem kleinen Anbau das Filter angeordnet wird (Abb. 19).

Auch kann die Belüftung von der Decke aus vorgenommen werden. In diesem

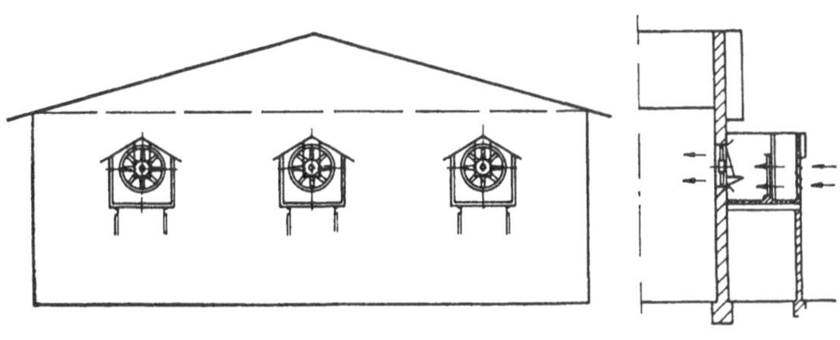

Abb. 19. Belüftung einer Zentrale mit Axiallüftern.

Falle kann z. B. ein Schraubenlüfter mit senkrechter Welle unmittelbar in der Decke eingebaut werden, während ein den Lüfter umschließender Kanal zu einem auf dem Dachboden errichteten Filterhäuschen führt. Eine derartige Anordnung hat u. a. den Vorteil, daß die Luft leicht aus höher gelegenen Punkten entnommen werden kann, so daß die in der Luft enthaltenen Staubmengen geringer sind. Aus diesem Grunde kann man bei dieser Anordnung unter Umständen auf das Filter verzichten.

Soll die Lüftungsanlage auch im Winter arbeiten, so kann die Anordnung auch hier so getroffen werden, daß ein Teil der angesaugten Luft wieder aus dem Raum entnommen, mit der gleichzeitig angesaugten Frischluft gemischt dem Raume wieder zuströmt (Abb. 20).

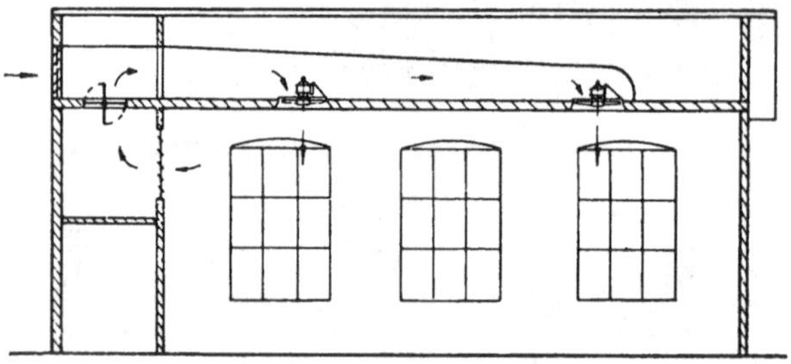

Abb. 20. Belüftung mit Axiallüfter von oben nach unten.

Durch diese Ausführungsform der sogenannten Verwendung von Umluft erübrigt sich in den meisten Fällen eine besondere Vorwärmung der Luft im Winter.

Gehören die in der Zentrale arbeitenden Maschinen der geschlossenen Type an, bei welcher die Luft durch die Wicklungen des Stators tritt, so kann diese Maschinenbelüftung in das Drucklüftungssystem eingeschlossen werden (Abb. 21). Auch bei offnen Maschinen läßt sich dies unter Abdeckung der Maschinengruben durchführen. Die Frischluft tritt genau wie in den vorher beschriebenen Anordnungen, nachdem sie auf der Saugseite des Lüfters das selbstreinigende Filter passiert hat, in ein geschlossenes Kanalsystem unter Zentralen-Flur. Aus diesem führen einzelne kurze Stichkanäle unmittelbar in die Gruben der Maschinen, so daß die Luft durch die Maschinen tritt und von hieraus weiter in den Raum strömt. Es ist selbstverständlich, daß bei einer solchen

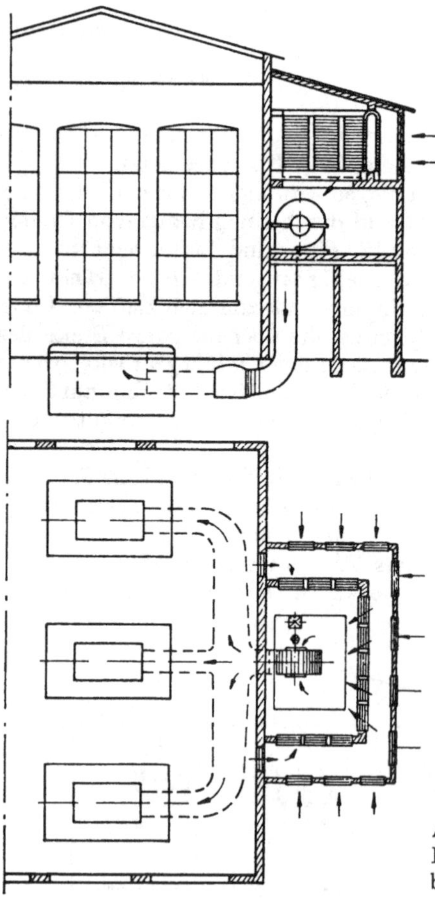

Abb. 21. Drucklüftung in Verbindung mit unmittelbarer Belüftung elektrischer Maschinen.

Belüftungsart die Luftmenge sehr reichlich gewählt werden muß, wenn sie im Raume selbst noch kühlend wirken und ein Überdruck im Raume erzielt werden soll.

Ausgeführte Anlagen dieser Art bestätigen die praktische Durchführbarkeit derartiger Anordnungen.

Die Berechnung der Luftmenge erfolgt auf Grund der Wärmeabgabe der elektrischen Maschinen unter Berücksichtigung ihrer Wirkungsgrade und Hinzufügung sonstiger Wärmequellen nach der Grundgleichung (S. 19). Wenn nicht bestimmte Temperaturen vorgeschrieben sind, kann als Temperaturdifferenz $t_2 - t_1 = 10°$ eingesetzt werden, wobei sich also bei einer Höchstaußentemperatur von 30° eine Innenmindesttemperatur von 40° einstellen würde.

Für Zentralen mit Drucklüftung ist mindestens ein 20facher Luftwechsel vorzusehen, während man eine Höchstgrenze von 50 nur in seltensten Fällen anwenden wird, da hierbei schon sehr störende Luftbewegungen im Raume auftreten. Andrerseits vermindert sich mit Vergrößerung des Luftwechsels die Gefahr der Kondenswasserbildung.

Die Kanäle werden infolge der großen Luftmengen auch für große Geschwindigkeiten von etwa 10 bis 12 m/s zu bemessen sein, um nicht zu große Querschnitte zu erhalten.

Für das Entweichen der Luft dürfen besondere Öffnungen nicht vorgesehen werden, da sonst der gewünschte Überdruck nicht auftritt. Dieser wird im Gegenteil um so größer sein, je dichter der Raum gehalten wird.

Eine besondere Vorwärmung der Luft ist, wie schon erwähnt, bei Umluftbetrieb im Winter nicht erforderlich. Dagegen wird es vorkommen können, daß eine besondere Kühlung der zugeführten Luft notwendig wird, besonders dann, wenn die Maschinen stark überlastet werden müssen, oder durch Neuaufstellung von Maschinen der Raum sehr beengt wird. Als Mittel für die Kühlung kommen Verdunstungskühler oder Oberflächenkühler in Frage (S. 99).

8. Akkumulatorenräume

Akkumulatorenräume sind durchweg nach dem Sauglüftungssystem zu lüften.

Aus den Batterien entströmen verschiedenartige Gase, die sich zum Teil infolge ihres hohen spezifischen Gewichtes, wie z. B. Schwefelsäure, in der Nähe des Fußbodens ablagern, während andere, wie z. B. Wasserstoffgase, sich in dem oberen Teil der Räume ausbreiten. Durch letztere können unter Umständen bei Mischung mit Luft Explosionen entstehen. Aus diesen Gründen muß ein Kanalsystem vorgesehen werden, das sich sowohl am Fußboden entlang wie auch unterhalb der Decke erstreckt. Diese Kanäle sind alsdann an den stets außerhalb des Akkumulatorenraumes aufzustellenden Fliehkraftlüfter unter Vermeidung sackartig sich vergrößernder Luftwege anzuschließen. Eine bewährte Anordnung dieser Art zeigt die Abbildung 22.

Im allgemeinen wird es nicht möglich sein, Zweigkanäle zwischen den Zellen durchzuführen. Wenn es jedoch geschehen kann, ist es für die Anlagen nur günstig. Die Kanäle selbst sind aus Rabitzgewebe, Holz oder verbleitem Eisenblech herzustellen, ebenso ist der Fliehkraftlüfter zu verbleien.

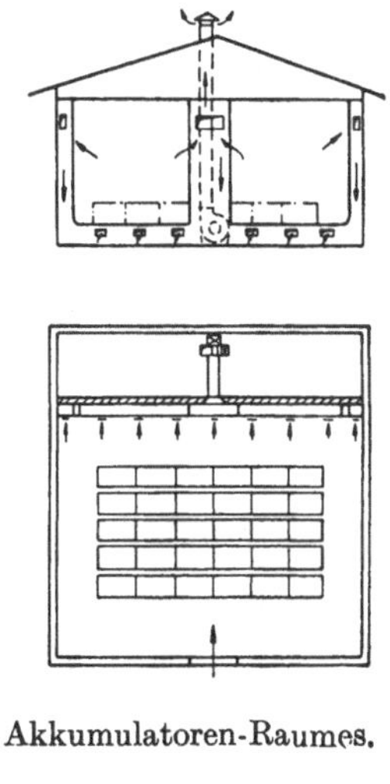

Abb. 22. Schema der Entlüftung eines Akkumulatoren-Raumes.

Es ist zweckmäßig, falls Fenster nicht vorhanden sind, für die nachströmende Luft auf der der Absaugseite gegenüberliegenden Wand Zuluftöffnungen einzubauen. Dagegen ist die Verwendung von Drucklüftern für Zuluft nicht ratsam, um in jedem Falle ein Übertreten der Gase in einen Nachbarraum zu vermeiden.

Die Verwendung von Schraubenlüftern mit Motoren, die dem Abluftstrom ausgesetzt sind, muß in allen Fällen vermieden werden.

Ein 10- bis 15facher Luftwechsel kann als ausreichend gelten. Die Kanäle können für große Geschwindigkeiten von 10 bis 12 m/s ausgebildet werden. Der Druckkanal hinter dem Lüfter soll möglichst hoch über Dach münden. Ist das nicht möglich und sind Belästigungen der Nachbarschaft durch die ausströmenden Gase zu befürchten, so ist der Einbau eines Säureabscheiders auf der Saugseite des Lüfters notwendig (S. 120). Flammen, glühende Stoffe oder funkenbildende Teile sind von der Austrittstelle des Luftgasgemisches fernzuhalten.

9. Transformatorenräume

Für die Lüftung bzw. Kühlung der Transformatorenräume ist das Drucksystem als ganz besonders wirksam zu empfehlen. In manchen Fällen wird jedoch auch Sauglüftung angewendet werden müssen.

Die Transformatoren befinden sich bei modernen Anlagen meist einzeln in besonders abgeschlossenen Zellen. Eine Seitenwand ist als Tür ausgebildet, durch welche der Transformator auf Schienen ein- und ausgefahren wird. Man sieht nun zweckmäßig unterhalb des Transformators zwischen den Schienen eine Grube vor, die durch einen horizontalen Kanal mit der Außenluft in Verbindung gebracht wird. Am Ende des Kanals baut man einen Lüfter, wohl am besten einen Schraubenlüfter ein, der die Frischluft unmittelbar von außen ansaugt und unter den Transformator drückt. Um zu verhindern, daß die angeblasene Luft nach dem Aufprallen auf den Boden des Transformators allseitig in den Raum tritt, hat es sich besonders gut bewährt, eine etwa 1 bis 1,5 m hohe, abnehmbare Blechverkleidung an allen vier Seiten des Transformators anzuordnen. Auf diese Weise wird die Luft gezwungen, an den Rippen des Transformators hochzuströmen und seine Wärme aufzunehmen (Abb. 23). Durch die in der Decke der Zelle einzubauende Abluftöffnung zieht die Luft alsdann ins Freie ab.

Damit etwa überlaufendes Öl abfließen kann, ist der Kanal leicht ansteigend auszuführen und mit einem Ölabfluß zu verbinden.

Da bei einem gewöhnlichen Transformator äußere besonders staubempfindliche Teile nicht vorhanden sind, erübrigt sich eine Filterung der zugeführten Frischluft.

Bei Drehtransformatoren dagegen, bei welchen die Luft von unten her den beweglichen Teil des Transformators durchströmt, und unmittelbar mit den Wicklungen in Berührung kommt, empfiehlt es sich, die Frischluft durch Filterung von Staub zu befreien. Das Filter wird hierbei in einem kleinen Anbau, am besten vor dem Lüfter zur Aufstellung gebracht (S. 112).

Eine gleiche oder ähnliche Anordnung kann natürlich auch getroffen werden, wenn mehrere Transformatoren zu belüften sind. Man wird in solchem Falle eine Reihe von

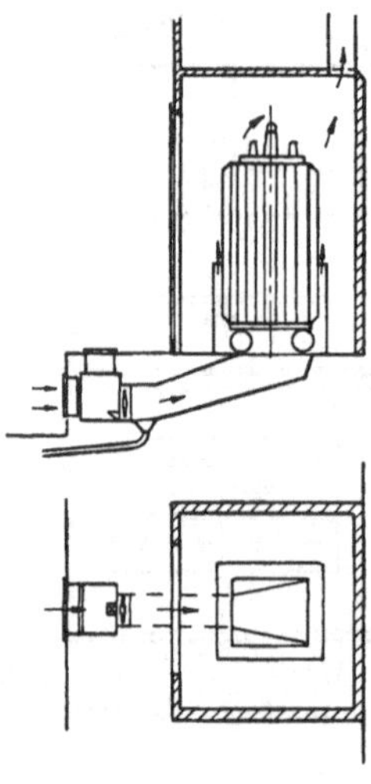

Abb. 23. Belüftung eines Transformatorenraumes.

hintereinanderliegenden Zellen durch einen unter diesen entlangführenden Kanal durch einen gemeinsamen Lüfter kühlen. Um eine möglichst gleichmäßige Luftverteilung zu erhalten, wird man diesen Kanal reichlich bemessen, also etwa für eine Geschwindigkeit von 4 m/s, und bei größeren Geschwindigkeiten eine Regelungsmöglichkeit gegebenenfalls durch Einbau von einzelnen Schiebern oder noch einfacher durch verschiebbare Deckbleche schaffen.

Ist die Möglichkeit der Unterkellerung nicht gegeben, dann kann man entweder Schraubenlüfter unmittelbar unter dem Transformator anbringen, wie es Abbildung 24

Abb. 24.
60-MVA-Transformator belüftet durch kleine Siemens-Hochleistungs-Axial-Ventilatoren.

zeigt. Hier kühlen 16 Schraubenlüfter von 350 mm Durchmesser einen 60 MVA-Transformator. Oder man geht zur Sauglüftung über. Der Lüfter wird in den an der Decke vorzusehenden Abzugsschacht zu setzen sein und auf diese Weise die Warmluft aus dem Raum absaugen. Für das Nachströmen der Frischluft sind zweckmäßig in der unteren Hälfte der Tür oder aber einer anderen Wand Öffnungen mit Jalousieklappen vorzusehen. Man wird gut tun, bei dieser Art der Entlüftung gegenüber der vorher beschriebenen Belüftung einen erhöhten Luftwechsel zugrunde zu legen, da Leitbleche, welche die nachströmende Kühlluft in Richtung auf den Transformator zu strömen zwingen, meist nicht angebracht werden können und die Außenluft durch alle Undichtigkeiten einströmt.

Die Berechnung der Luftmenge geschieht wiederum nach der Grundgleichung (S. 19) unter Benutzung des Wirkungsgrades der Transformatoren. Dieser ist, wie aus Tabelle 4 Seite 20 hervorgeht, bei modernen Ausführungen mit etwa 98 bis 99 % einzusetzen. Eine Erwärmung der Zulufttemperatur um 10 bis 15° gibt fast immer ausreichende Werte für die Festlegung der Luftmenge. Die Kanäle sind, wenn es sich um Einzelbelüftung handelt, für Geschwindigkeiten von 6 bis 8 m/s, bei gemeinsamer Belüftung von mehreren Transformatoren jedoch, wie erwähnt, besser auf kleine Geschwindigkeiten abzustimmen.

10. Gießereien

In Gießereien ist die Raumlüftung in der Regel nach dem Saugsystem oder dem ausgeglichenen System anzulegen (S. 18).

Die Ursachen der Luftverschlechterung sind in der Gießerei verschiedenster Art. Die Hauptquelle ist die Formsand-Aufbereitung, bei der durch Schüttelsiebe, Mischtrommeln und Schleudermaschinen eine große Menge Staub entsteht, die allerdings zum Teil durch besondere Absaugung beseitigt wird (S. 181). Die aus den Schmelzöfen sowohl wie aus den Gußtiegeln aufsteigenden Gase müssen gleichfalls durch besondere Absaugung erfaßt werden (S. 194). Schließlich entstehen beim Eingießen des Gußmaterials in die Formen Gase, die auch in den Raum treten, da infolge ihrer Verteilung über den Boden eine besondere Absaugung sich schwer anbringen läßt. Daneben erfüllt natürlich der feine Staub vom Einformen und alle diejenigen Verunreinigungen, die bei den oben erwähnten Absaugeeinrichtungen nicht miterfaßt werden, den ganzen Raum mit für die Atmung schädlichen Staub- und Gasteilchen, so daß eine besonders wirksame Entlüftung am Platze ist.

Eine zweckmäßige Anordnung der Entlüftung besteht in der Verteilung eines horizontalen Rohrsystems in mittlerer Höhe, von welchem senkrecht nach unten führende Abzweigrohre an denjenigen Stellen vorzusehen sind, die besonders als Staub- oder Verunreinigungsquellen in Betracht kommen (Abb. 25). Unterhalb der Kranbahn arbeiten an den beiden Längsseiten je ein Schraubenlüfter auf ein Rohrsystem. In den senkrechten Abzweigen sind unten und oben einstellbare Öffnungen für schweren Staub und leichte Gase vorgesehen.

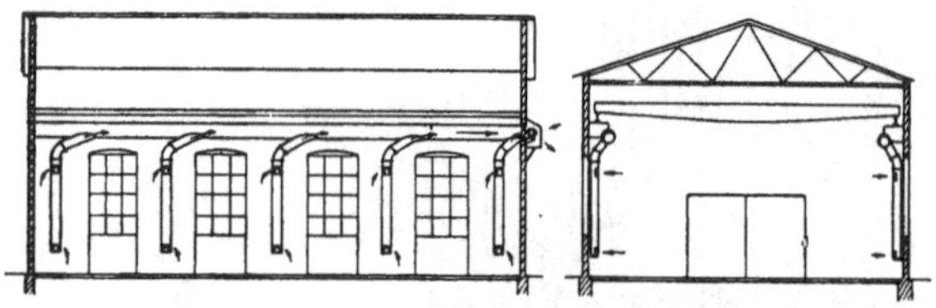

Abb. 25. Schema einer Gießereientlüftung.

Ist der zu lüftende Raum von einer oder mehreren Seiten frei, dann läßt sich oft auch eine gute Absaugung durch Einbau kräftiger Schraubenlüfter seitlich in den sonst gut geschlossenen Fenstern erzielen. Hierbei ist es ratsam, die Höhe dieser Einbauten nicht über 2,5 bis 3 m über Flur vorzusehen, da sonst der wirksame Saugbereich der Lüfter infolge der Undichtigkeiten der Räume zu gering ist. Aus diesem Grunde ist auch der Einbau der Schraubenlüfter in die Decke bei sehr hohen Räumen nicht besonders zu empfehlen.

Irgendeine Berechnung der Luftmenge läßt sich bei derartigen Anlagen natürlich nicht vornehmen. Bei gut verteilter Anordnung der Absaugstellen kann ein 15facher Luftwechsel im allgemeinen als Richtschnur dienen.

Da die neutrale Zone (S. 15) stark nach oben verschoben wird, ist die Zuführung von vorgewärmter Luft in den unteren Teil im Winter erforderlich, falls nicht die von den Gußstücken oder Maschinen abgegebene Wärme genügend Raumlufterwärmung mit sich bringt. Rohrleitungen können für große Geschwindigkeiten von 8 bis 10 m/s, Absaugeöffnungen für 5 bis 6 m/s bemessen werden.

Vorsicht ist geboten in den Räumen, in denen sich die Schmelzöfen befinden. Wenn auch die getrennte Anordnung der Rauchabsauganlage dieser Öfen eine verhältnismäßig große Saugwirkung mit sich bringt, so darf doch die allgemeine Entlüftung des Raumes nicht einen derartigen Unterdruck ergeben, daß die entweichenden Ofengase in ihrem Abzug gestört werden. Bei verschiedenen Ofensystemen, z. B. bei rotierenden Schmelzöfen, ist der Ofen vom Absaugkanal durch eine etwa 3 bis 6 cm breite Spalte getrennt. Ist der Unterdruck im Raum zu groß, so treten hier leicht Teile der heißen Abgase anstatt in den Abzugskanal in den Raum über. Wenn nicht ein ausgeglichenes Lüftungssystem gewählt werden kann, ist es besser, in diesem Falle von einer Raumentlüftung abzusehen und das Nachströmen der Frischluft durch Anordnung von hochgelegenen Luftklappen zu regeln.

Das gleiche gilt für Gießereien mit elektrischen Schmelzöfen, deren Rauchabsaugung (S. 195) behandelt ist.

11. Heizkeller und Kesselhäuser

Unter *Heizkellern* sollen hier solche Räume verstanden sein, in welchen die für die Zentralheizung größerer Häuser nötigen Heizkessel Aufstellung finden. Diese Heizkeller sind zweckmäßig nach dem Saugsystem zu lüften.

Ursache für die Lüftungsnotwendigkeit solcher Keller ist die Staubbildung durch das meist im gleichen Raume befindliche Kohlenlager, vielfach aber auch Bildung von Rauch oder CO beim Anheizen oder schlechter Verbrennung oder entweichende Gase bei Oelfeuerung. Da häufig diese Keller in der Nähe bewohnter Räume liegen, ist eine gute Entlüftung auch aus diesem Grunde notwendig. Andererseits darf die für die Verbrennung nötige Luftzufuhr nicht unterbunden werden. Man wird daher zweckmäßig in eine nach außen führende Wand oder in einen in die Decke einmündenden Schacht einen Schraubenlüfter einbauen. Für bequemes Nachströmen von Frischluft ist auf der entgegengesetzten Seite unten, durch Anordnung von unverschließbaren Öffnungen, die möglichst den doppelten Querschnitt des Abzugkanals besitzen, zu sorgen.

Bei größeren Anlagen wird man vielfach auch einen Rohrstrang hinter den Kesseln vorsehen und diesen mit Schlitzen versehen, um auf diese Weise etwa im Raum vorhandene schädliche Gase durch einen am Ende der Rohrleitung angebrachten Lüfter ins Freie zu befördern. Ist eine besonders gute Entstaubung, wie z. B. in Lungenheilstätten nötig, so wird man das erwähnte Saugrohr mit senkrecht nach unten führenden Abzweigen ausstatten und die am Boden sich bildende Staubluft mit den Abgasen hoch über Dach ins Freie fördern. Derartige Anlagen wird man meist mit Fliehkraftlüftern betreiben.

Um die Zugverhältnisse der Kessel nicht zu beeinflussen, soll ein 3- bis 5facher Luftwechsel im allgemeinen nicht überschritten werden.

Auch in größeren *Kesselhäusern* sieht man in neuester Zeit häufig eine Entlüftung vor. Die Wärme staut sich in den Zonen oberhalb der Kessel zu solchen Temperaturen, daß eine Begehung der Kessel in Frage gestellt wird. Sind Unterwindanlagen (S. 149) am Kessel erforderlich, so kann man die Saugseite dieser Unterwindlüfter durch einen Rohrstrang zu den besonders warmen Teilen des Raumes führen, saugt die Warmluft dort ab und drückt sie in die Kessel. Infolge vorhandener Undichtigkeiten wird eine Anordnung von besonderen Frischluftöffnungen nicht erforderlich sein.

Sind Unterwindlüfter nicht vorhanden, so müssen besondere Schraubenlüfter in die oberen Teile der Wände oder in die Decken eingebaut werden. Für diesen Fall sind allerdings dann wieder große Öffnungen zum Nachströmen der Frischluft vorzusehen, um Störungen des Kesselzuges zu vermeiden.

12. Laboratorien von Atomforschungsinstituten

Die Entlüftung von chemischen Laboratorien, die meist mit Warmluftzufuhr verbunden ist, wird ausführlich (S. 78) behandelt. Hier sollen nur die besonderen Maßnahmen für Laboratorien von Atomforschungsinstituten[1]) besprochen werden.

[1]) Journ. Inst. Heat & Vent Eng. 1952. Vol. 20 No 205.

Von größter Wichtigkeit ist hier, daß alle Behälter, in denen radioaktive Stoffe, wie z. B. Uranium, aufbewahrt oder behandelt werden, unter besonderen Ventilationsschutz gestellt werden. Sonst würden die von dem Stoffe ausgesandten Strahlen (α-, β- und γ-Strahlen) dem menschlichen Körper gefährlich werden. Es besteht daher die Aufgabe, die in der Luft enthaltenen kleinen Staubteilchen, die radioaktiv geladen sein können, vom menschlichen Körper fernzuhalten. Zu den Behältern gehören der Trockenkasten (dry-box) und das Digestorium (fume-cupboard). In beiden Behältern werden nur verhältnismäßig kleine Mengen der radioaktiven Stoffe gehalten.

Der Trockenkasten ist rechteckig und dicht geschlossen. Er besteht aus glattem, leicht zu säubernden und korrosionsfestem dichten Material. Die Vorderseite ist aus Glas, Perspex oder anderem durchsichtigen Stoff hergestellt. Dieser Kasten ist im einzelnen oder auch zu mehreren Stücken mit zwei sehr wirkungsvollen Saug- und Filtersystemen auszurüsten. Diese sollen erstens das Entweichen von mit radioaktiven Staubteilchen verunreinigter Luft beim Öffnen verhindern und zweitens die Konzentration der Radioaktivität im geschlossenen Kasten auf einem Minimum halten.

Zu diesem Zwecke hält ein saugender Lüfter einen kräftigen Unterdruck im Innern des Kastens aufrecht, saugt die Luft durch ein Filter hindurch und drückt sie in einen hohen Schornstein (von 2- bis 3facher Höhe des Gebäudes) ins Freie. Es wird ein möglichst hoher Unterdruck von 50 bis 75 mm WS entsprechend der Dichtigkeit des Kastens empfohlen.

Daneben soll ein zweiter Lüfter auf ein Umluftsystem arbeiten, indem er die stark aufgeladene Luft dem einen Ende des Kastens entnimmt, durch ein Filter saugt und dann wieder dem anderen Ende des Kastens zuführt. Für die Bemessung dieses Lüfters wird ein 20facher Luftwechsel im Kasten für ausreichend erachtet. Während bei dem ersten System das Entweichen der aufgeladenen Luft in den Raum bei der Benutzung verhindert wird, soll das zweite System die Konzentration innerhalb des Kastens vermindern. Die Abbildung 26 zeigt die Anordnung der beiden Systeme.

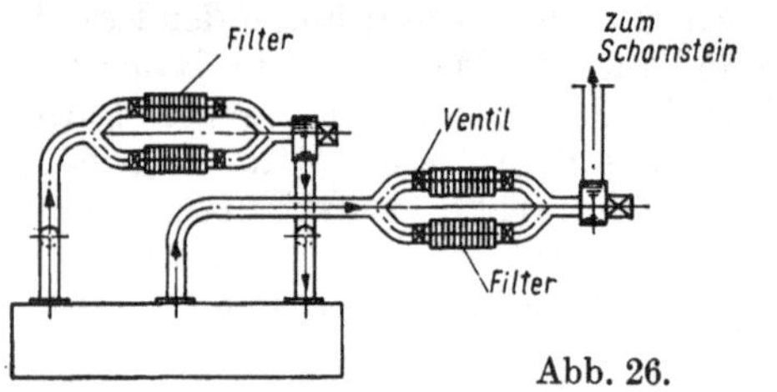

Abb. 26.
Trockenkasten für radioaktives Material.

Als Filter, die zwecks Auswechselung zu zweit anzuordnen sind, werden Watte, Papier, Asbest, Kunstharz und besonders auch elektrostatische Filter verwendet. Auch können mehrere Arten hintereinander geschaltet werden.

Die *Digestorien* sind ähnlich den in Laboratorien benutzten Schränken (S. 191) zu behandeln, nur ist besonderer Wert auf eine allseitig umfassende Entlüftung des Schrankes zu legen.

Der Übergang vom Schrank zum Abzugsrohr, das entweder oben oder an der Rückseite des Schrankes anzubringen ist, muß einen über die ganze Breite des Schrankes gehenden Übergangskonus erhalten. Tote Ecken und Kanten müssen mit stromlinienförmigen Deckblechen verkleidet werden, damit sie im Bereiche der Luftströmung bleiben und keine Ansammlung radioaktiven Staubes ermöglichen. Die vorn vorzusehende Schiebetür soll oben und unten verstellbare Jalousieklappen erhalten, um die Luftströmung über die ganze Höhe des Schrankes regeln zu können.

Als Anhalt für die Luftmenge kann dienen, daß eine Eintrittsluftgeschwindigkeit von 0,75 bis 1 m/s bei geöffneter Tür zweckdienlich ist.

Die Entlüftung der Digestorien kann natürlich, wenn eine Reihe von Laboratorien in einem Gebäude bestehen, zu einer Anlage zusammengefaßt werden. Daneben wird eine Drucklüftung für das ganze Gebäude, wie sie (S. 79) beschrieben ist, nötig. Eine besonders wirksame Filterung dieser Zuluft ist erforderlich, da immerhin mit Radioaktivität der Luft in der nahen Umgebung des Gebäudes zu rechnen ist. Es ist zweckmäßig, das Zuluftaggregat dicht neben den Schornsteinsockel der Absaugeanlage zu setzen.

Das Kanalnetz für die frische *Druckluft* soll in folgender Reihenfolge durch die einzelnen Räume geführt werden:

1. Reiner Umkleidungsraum.
2. Unsauberer Umkleidungsraum.
3. Zugangskorridor.
4. Laboratorium.

Alle Leitungen müssen mit Reinigungsöffnungen versehen sein, die zur bequemen Bedienung und zur Sicherheit möglichst in nicht-radioaktiven Räumen verlegt werden.

Die Leitungen der *Absaugeanlage* sollen in einem besonderen Kanal untergebracht werden, der mit Warmluft durchspült wird, damit im Winter auf jeden Fall Kondensation vermieden ist. Alle Drosselorgane müssen absolut dicht schließen und sind am besten mit Gummidichtungen zu versehen.

13. Pferde- und Viehställe

Pferde- und Viehställe sind nach dem Saugsystem zu lüften. In diesen Räumen gilt es in erster Linie, die durch die starken Gerüche der Exkremente der Tiere und

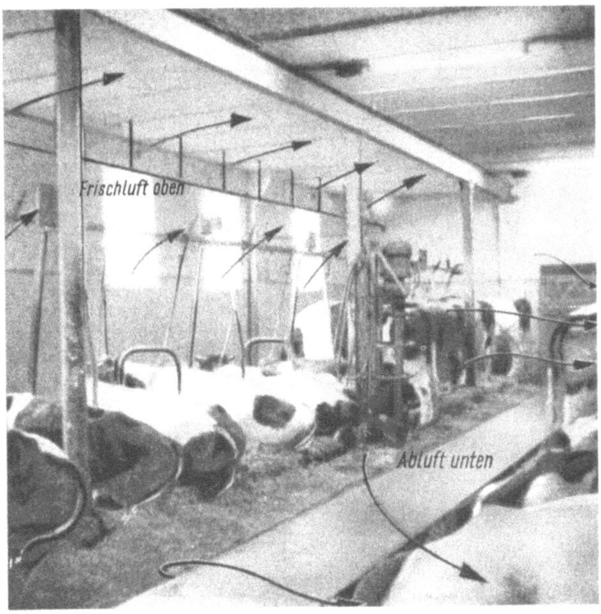

Abb. 27. Stallentlüftung.

ihre Wasserabgabe entstehenden Dünste zu beseitigen. Auch soll im allgemeinen die Temperatur im Stall 18° C nicht übersteigen.

Man wird bis etwa $^1/_2$ m über dem Flur einen oder mehrere senkrechte Kanäle herunterführen und unten mit regelbaren Öffnungen versehen. Man kann diese entweder zusammenfassen durch einen hochgelegenen horizontalen Kanal, an den man dann einen Sauglüfter anschließt, oder aber man kann die senkrechten Kanäle direkt mit je einem Schraubenlüfter verbinden und die schlechte Luft auf dem schnellsten Wege hinausbefördern.

Für das Einführen der Frischluft kann man oben unterhalb der Decke einzelne Öffnungen oder einen Kanal mit Öffnungen vorsehen, so daß die von außen nachströmende Luft mit der wärmeren Raumluft gemischt den unteren Zonen des Stalles zuströmt. Auf diese Weise vermeidet man Zugstörungen, gegen die besonders viele Pferde im ruhenden Zustande sehr empfindlich sind. Wenn es sich um sehr wertvolles Pferdematerial handelt, wird man sogar für den Winter einen Zuluftventilator mit Lufterhitzer einbauen. Man wird einen 3- bis 5fachen Luftwechsel zugrunde legen.

Für Großvieh, d. h. eine Großvieheinheit (G.V.E.), gleichbedeutend mit 500 kg Lebendgewicht oder 5 Schweinen bzw. 10 Schafen, ist maximal 100 cbm/h ausreichend.

Etwaige Rohrkanäle sind zweckmäßig aus verbleitem Blech herzustellen und auch der Sauglüfter, falls ein Radiallüfter gewählt wird (Abb. 27).

14. Bergwerke

Die Lüftung der Bergwerke, Bewetterung genannt, zerfällt in drei Hauptarten: Die Hauptbewetterung, die Zusatzbewetterung und die Sonderbewetterung.

Bei der Anlage von Bergwerken sieht man in der Regel zwei senkrechte Hauptschächte vor. Diese Hauptschächte sind durch horizontal gelegte Wetterwege in einzeln übereinander liegenden Sohlen miteinander verbunden (Abb. 28). Bezeichnet

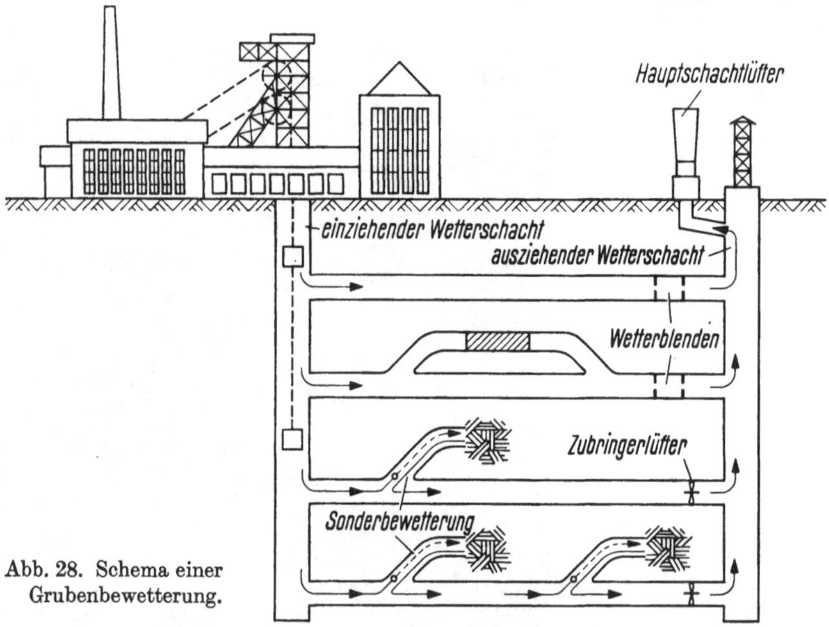

Abb. 28. Schema einer Grubenbewetterung.

man a) als den einziehenden, b) als den ausziehenden Schacht und läßt man an b) einen Lüfter mit der Saugseite anschließen, so wird dieser Lüfter die Luft durch den einziehenden Schacht unter Benutzung der übereinanderliegenden horizontalen Verbindungswege von außen her hindurchsaugen, um sie alsdann auf der Druckseite des Lüfters ins Freie zu befördern. Eine solche grundsätzliche Anordnung bezeichnet man mit *Hauptbewetterung*. Von dieser Lüftungsart werden mithin vorzugsweise alle diejenigen Stellen berührt, die in unmittelbarer Verbindung mit den beiden vertikalen Schächten stehen.

Die horizontalen Strecken haben jedoch durchaus nicht immer den gleichen Widerstand, sei es, daß ihr Querschnitt infolge der Einbauten verschieden ist oder daß sie verschieden lang sind. Außerdem mag sich auch während des Ausbaus ihre Beschaffenheit ändern oder es mag die Anlage neuer Strecken erfolgen. Dieser ungleiche Widerstand bedingt ungleiche Luftmengen in den einzelnen Strecken und oft ist der Hauptbewetterungslüfter nicht mehr in der Lage, die gewachsenen Widerstände zu überwinden. In solchen Fällen können sogenannte *Zubringerlüfter* (Booster-Fans) eingeschaltet werden.

Werden ferner auf irgendeiner Sohle von den Strecken Querschläge oder Abbaustrecken in das Gebirge vorgetrieben, so würden diese tote Punkte bilden und von den Luftmassen nicht berührt werden. Da aber gerade beim Ausbau des Bergwerks an diesen Stellen hauptsächlich gearbeitet wird, muß die Luft von der Hauptstrecke durch besondere Lüfter mit angeschlossenen Rohrleitungen zu diesen Punkten zwangsweise geführt werden (Abb. 29a). Eine derartige Belüftung wird *Sonderbewetterung* genannt.

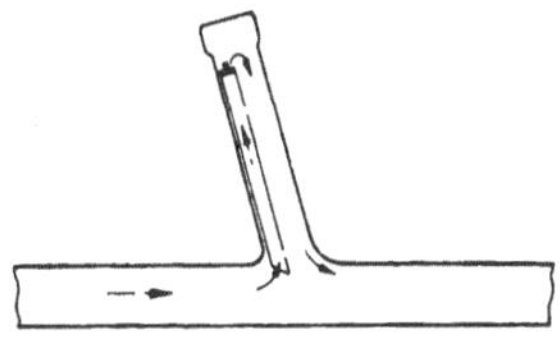

Abb. 29a. Schema einer Sonderbewetterung.

a) Hauptbewetterung

Die Hauptbewetterung wird in den überaus meisten Fällen nach dem Saugsystem ausgeführt. Die Gründe für dieses System sind nicht lufttechnischer Art, sondern rein äußerlich dadurch gegeben, daß bei Wahl der Drucklüftung der einziehende Schacht geschlossen sein müßte. Da aber dieser meist auch für die Hauptförderung des Abbaugutes benutzt wird, muß er nach außen offen bleiben. Aus diesen Gründen zieht man es meist vor, den Lüfter an den ausziehenden Schacht anzuschließen und läßt ihn an dieser Stelle saugen.

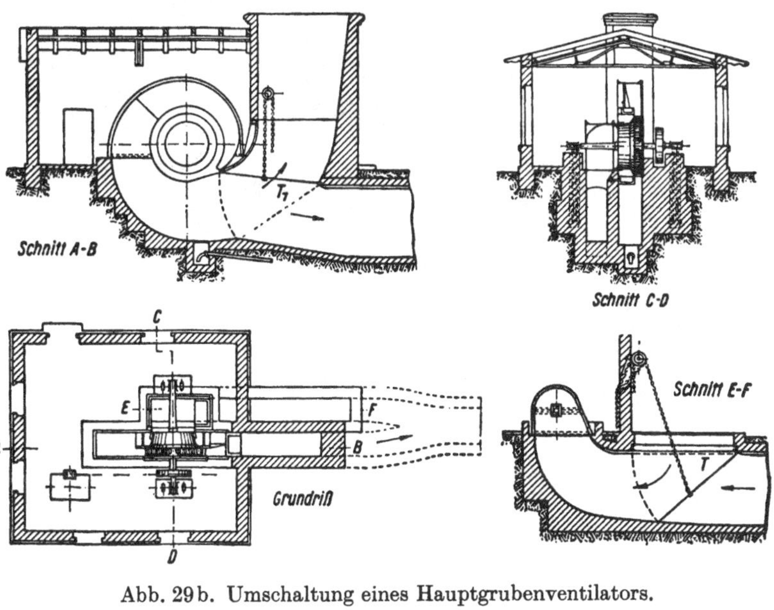

Abb. 29b. Umschaltung eines Hauptgrubenventilators.

Für die Hauptgrubenbewetterung kamen bis vor einigen Jahren fast ausschließlich Radialventilatoren in Betracht. In der letzten Zeit hat jedoch die Verwendung der Axiallüfter sehr zugenommen. Da, wo Radiallüfter Verwendung finden, muß besonders in schlagwettergefährdeten Gruben eine besondere Umschaltungsmöglichkeit der Saugwirkung auf Druckwirkung vorgesehen werden, um einen Brand von dem ausziehenden Schacht fernzuhalten, oder aber um Abbaustellen, die in der Nähe des ausziehenden Schachtes liegen, mit frischen Wettern zu versorgen. Eine Einrichtung dieser Art ist in Abbildung 29b dargestellt. Durch Umsteuerung der Klappen T und T_1 saugt der Lüfter statt aus dem Schachte aus dem Freien an und drückt die Luft in den Schacht statt in den Diffusor.

Da es sich bei der Hauptbewetterung um sehr große Luftmengen und Depressionen handelt, ist der Leistungsbedarf ebenfalls sehr hoch. Man wird daher die besten Wirkungsgrade sowohl für Radial- wie für Axialventilatoren verlangen.

Die Konstruktionen für *Radialventilatoren* sind besonders auch durch die Einführung der Flügelräder mit Schaufeln in Tragflächenform wesentlich verbessert worden (S. 2, 3) und erreichen einen Wirkungsgrad von 75 % und mehr.

Häufig werden Radialventilatoren auch noch mit Dampfmaschinen angetrieben. Ein Beispiel einer solchen Anlage zeigt Abbildung 30a u. b. Es ist ein zweiseitig saugender Lüfter mit 4,5 m Flügelraddurchmesser. Die Wettermenge beträgt 213 m^3/s bei einer Depression von 263 mm WS. Der Lüfter ist auf der einen Seite über ein Zahnradvorgelege mit einem Elektromotor und auf der anderen wechselweise mit einer stehenden Dreizylinder-Dampfmaschine verbunden mit einer Leistung von 900 PS.

Abb. 30a. Hauptgruben-Radialventilator mit elektr. und Dampfmaschinenantrieb. (Schüchtermann & Kremer Baum, Dortmund.)

Die Hochleistungs-*Axiallüfter* mit *tragflächenförmigen* Profilen werden für Hauptgrubenbewetterung mit Leitapparat und wenn erforderlich, in mehreren Stufen in horizontaler und vertikaler Bauart ausgeführt. Sie können in ihrer Drehrichtung und damit in ihrer Luftbewegungsrichtung umgeschaltet werden. Damit fällt die vorher beschriebene immerhin komplizierte mechanische Umschaltvorrichtung fort, wie sie im Falle eines Feuers nötig ist. Antrieb erfolgt meist durch Kurzschlußmotor.

Abb. 30b.

Diese Lüfter werden für maximal etwa 300 mm WS gebaut.

Abbildung 31 zeigt einen Hochleistungsschraubenlüfter als Hauptgrubenventilator, mit 125 kW-Antriebsmotor über Winkelradgetriebe und im Stillstand zentralverstellbaren Laufradschaufeln zur Leistungsregelung.

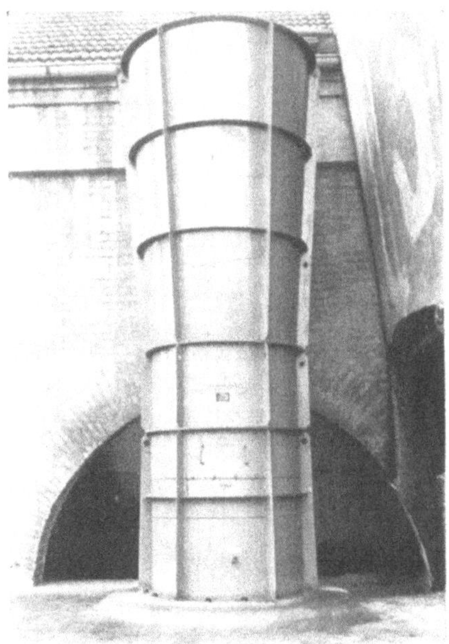

Abb. 31. Hauptschacht-Axialventilator. (Siemens-Schuckertwerke, Erlangen.)

Besonders geeignet für Hauptgrubenbewetterung sind die *Gleichdruck-Axiallüfter, Bauart Schicht.* Eine Ausführung für senkrechte Anordnung zeigt Abbildung 32. Der Diffusor ist, wie ersichtlich, außerordentlich schlank und hoch gemäß der Eigenart dieser Lüfter (S. 3). Der elektrische Antrieb ist auch hier durch Kegelradgetriebe mit der Lüfterwelle verbunden. Da die Drehzahlen dieser Bauart niedriger als die der Überdruck-Axiallüfter liegen, können sie leichter für hohe Drücke bzw. Depressionen, wie sie oft im Bergbau verlangt werden, ausgeführt werden, die 400 mm und mehr erreichen. Sie können auch in horizontaler Anordnung zum Einbau gelangen. In dem Falle wird die Strömung durch diagonal verlegte Leitbleche rechtwinklig umgelenkt zum Übergang in den vertikalen Diffusor.

Die Regelung dieses Lüfters entsprechend der jeweiligen Betriebslage erfolgt durch den Drallregeler, der die Anströmrichtung gegen das Laufrad verändert. Sie kann während des Betriebes vorgenommen werden. Der Antrieb erfolgt auch durch Kurzschlußmotor.

Die Berechnung der Ventilatorluftmenge könnte bei der Hauptbewetterung auch wieder vom theoretischen Luftbedarf der unter Tage arbeitenden Personen, der sich aus ihrer Wärmeabgabe ergibt, ausgehen. Daneben würde die vom Gestein und der Kohle ausgestrahlte Wärme und die Wärmeabgabe von elektrischen Maschinen und Kompressoren zu berücksichtigen sein. (Über Kühlanlagen S. 85.) Neben der Versorgung der Menschen und Tiere mit Luft dient die Bewetterung auch noch zur Verminderung der Explosionsgefahr. Auch ist oft eine Verdünnung der Grubenluft wegen der in den Gruben vorkommenden CO_2- und CH_4-Ausbrüche sowie anderer schädlicher Gase, die durch Sprengung und Verwesung der Grubenhölzer entstehen, nötig.

Aus all diesen Gründen geht man mit der Luftmenge unter Verwendung von Erfahrungszahlen an die Grenze, wie sie durch Wirtschaftlichkeit noch gegeben ist. Obwohl die bergbehördlich vorgeschriebene Wettermenge nur etwa 3 m^3/min je Kopf vorschreibt, geht man heutzutage wesentlich über diesen Betrag. Man rechnet heute in der Regel mit etwa 3000 m^3/min Wettermenge für je 1000 t täglicher Förderung.

Eine zweite wesentlich schwierigere Aufgabe ist die Bestimmung des Widerstandes des ganzen Kanalnetzes. Eine Berechnung ist unmöglich durch die kaum bekannten Reibungskoeffizienten an Wänden, Böden und Decken in den Strecken und Querschlägen, zu denen die Widerstände für Hunte, Luttenrohre und Maschinen kommen würden. Man nimmt daher Vergleichungen mit grubenähnlichen Querschnitten vor und stimmt beide aufeinander ab.

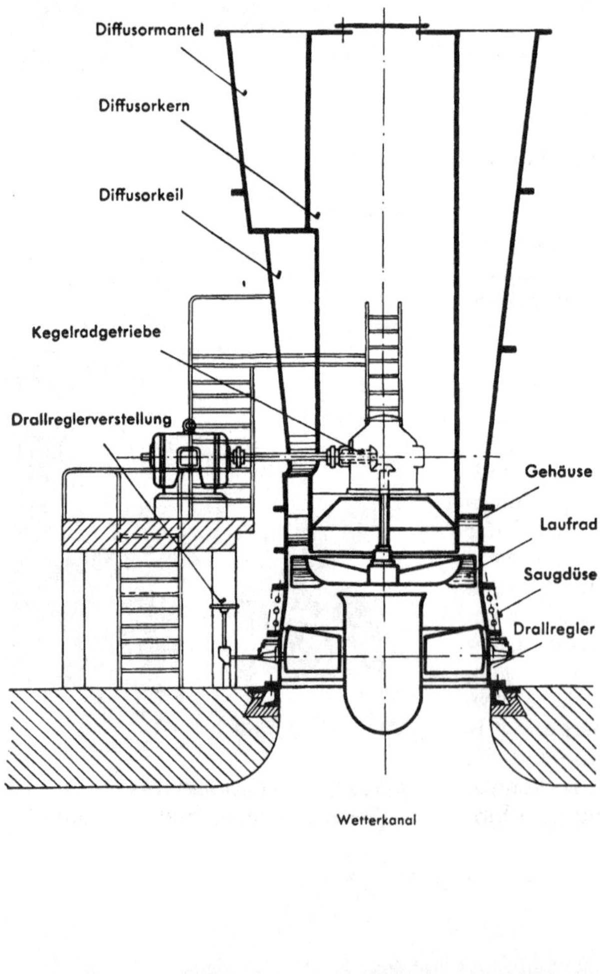

Abb. 32. Hauptgruben-Axialventilator, Bauart Schicht. (Kühnle, Kopp & Kausch, Frankenthal.)

Der erwähnte Widerstandsvergleichswert für Gruben wird durch die sogenannte Grubenweite ausgedrückt:

$$F_A = 0{,}38 \frac{V}{\sqrt{p_2 - p_1}} \text{ in m}^2; \quad \begin{array}{l} V \text{ in m}^3/\text{s} \\ p_2 - p_1 \text{ in mm WS} \end{array}$$

Dieser Wert, der von dem Werte der „gleichwertigen Düse" abgeleitet ist, bedeutet den Querschnitt einer Öffnung in einer dünnen Wand, bei der eine Luftmenge V von einem Raum höheren Druckes p_2 in einen niederen Druckes p_1 strömt und die dem Durchfluß dieser Luftmenge den gleichen Widerstand bietet wie das Grubennetz. F_A ist für schon bestehende Gruben ermittelt und wird von Zeit zu Zeit durch weitere Messungen ergänzt, da durch den fortschreitenden Ausbau der Gruben oder durch Änderungen der Luftwege der Widerstandswert $p_2 - p_1$, auch Depression genannt, sich ändert. Vielfach sind umfangreiche Modellversuche im Maßstab 1 : 10 unter Berücksichtigung von Haupt- und Seiteneinstrichen, Leitbäumen und Rohrleitungen gemacht worden, um brauchbare Werte zu erhalten. Auch wird neuerdings ein elektrisches Netzmodell zur Ermittlung des Einflusses von Änderungen im Bewetterungssystem verwendet.

Die gebräuchlichen Werte für F_A schwanken zwischen 1 und 5 m², die Depression zwischen 100 und 600 mm WS. Die in Frage kommenden Luftmengen liegen zwischen 20 und 300 m³/s und darüber. Daher erreichen auch wohl die Lüfter für Hauptbewetterung die größten Abmessungen, die überhaupt für Lüfter in Betracht kommen.

Die Luftgeschwindigkeiten in der Grube schwanken zwischen 0,5 und 2 m/s. Man geht gelegentlich bei besonders ungünstigen klimatischen Bedingungen (in sehr tiefen Gruben) darüber hinaus. Es ist aber zu bedenken, daß bei Geschwindigkeiten über 2 m die Unbehaglichkeit wächst und die Aufwirbelung von Gesteinsstaub zu stark zunimmt.

Bei dieser Gelegenheit möge noch erwähnt sein, daß der natürliche Auftrieb, der vorzugsweise im Winter durch die Temperaturdifferenz zwischen äußerer Luft und der Temperatur im Bergwerk entsteht, im allgemeinen die Wirkung des künstlichen Zuges unterstützt, wenn nicht gerade große Höhendifferenzen zwischen ein- und ausziehendem Schacht bestehen, die eine bestimmte Zugrichtung bedingen. Bei gleicher Höhenlage, oder annähernd gleicher, wird die Auftriebsrichtung durch den einmal eingeleiteten Wetterstrom beeinflußt. Andernfalls kann der Auftrieb dem künstlichen Zug entgegenwirken.

Da im übrigen die Temperaturdifferenzen nicht allzuhoch sind, von 25 m Tiefe ab steigt die Temperatur bei weiteren je 33 m um etwa 1°, so daß also bei 1200 m auch erst eine zusätzliche Temperatur von 36° zustande käme, — und andererseits die Widerstandswege recht lang sind, wird sich eine Berücksichtigung des Auftriebes bei der Bemessung der

Abb. 33.
Hochleistung-Axialventilator als Zubringerlüfter.
(Siemens-Schuckertwerke, Erlangen.)

Lüfter nicht empfehlen, zumal im Sommer durch die höheren Außentemperaturen die Verhältnisse wesentlich ungünstiger liegen und oftmals sogar ein Umschlag in der Auftriebsrichtung erfolgt.

b) Zusatzbewetterung

Der für die Zusatzbewetterung nötige sogenannte Zubringerlüfter wird mit dem Hauptschachtlüfter in Reihe geschaltet und unter Tage aufgestellt. Wie bereits erwähnt, ist er erforderlich, wenn der Hauptschachtlüfter bei weiterem Ausbau der Grube nicht mehr in der Lage ist, ausreichend oder wirtschaftlich zu arbeiten. Ein Überdruckaxiallüfter als Zubringerlüfter ist in Abbildung 33 dargestellt. Er wird in der Regel einstufig mit Leitrad und Diffusor, sowie im Stillstand einzeln oder zentral verstellbaren Flügeln hergestellt. Die Drücke schwanken zwischen 50 und 200 mm WS bei Luftmengen bis zu 6000 m³/min und Wirkungsgraden von 75 bis 85 %.

c) Sonderbewetterung

Für die Bewegung der Wetter durch Lutten, wie sie bereits S. 41 beschrieben ist, stehen zwei grundsätzlich verschiedene Einrichtungen zur Verfügung: Luttenlüfter, elektrisch oder durch Preßluft betrieben, oder Düsen.

Die letztere Art, deren Wirkung auf dem Injektorprinzip beruht, und die einen sehr schlechten isothermischen Wirkungsgrad aufweist, wird nur noch sehr selten gebraucht und soll hier nicht weiter behandelt werden. Sie wird heutzutage durch den Turbinenlüfter ersetzt, wie er in Abbildung 34 dargestellt ist.

Am Umfang der Luftflügel ist ein Turbinenschaufelkranz vorgesehen, der durch die mit dem zylindrischen Gehäuse verbundene Preßluftdüse beaufschlagt wird. Der isothermische Wirkungsgrad wird hierdurch auf 14 bis 16 % erhöht.

Abbildung 35 zeigt den Axiallüfter mit Leitapparat, Abströmkegel und druckfest gekapselten Motor als Luttenlüfter.

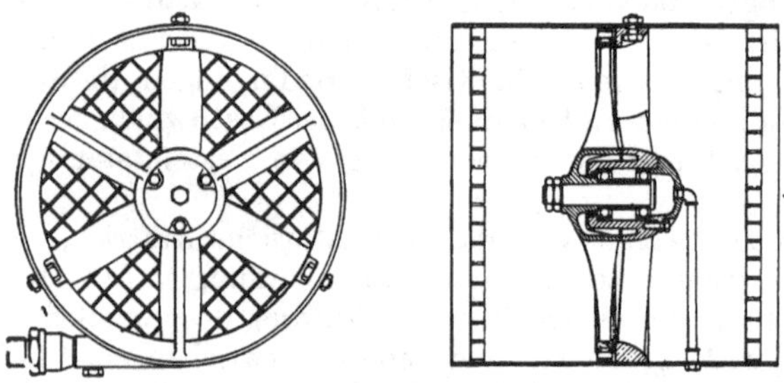

Abb. 34. Sparlüfter durch Preßluft betrieben. (Korfmann, Witten-Ruhr.)

Abb. 35 Siemens-Luttenlüfter. (Siemens-Schuckertwerke, Erlangen.)

Eine Sonderausführung für Elektro- und Preßluftantrieb ist in Abbildung 36a abgebildet. Bei örtlichen CH_4-Ansammlungen oder bei Schlagwettergefahr wird durch Abschaltung des elektrischen Stromes automatisch der Preßluftbetrieb eingeschaltet.

Mit dem schwenkbaren Luttenlüfter nach Abbildung 36 b kann durch Schwenkung des Aggregats um 180° wahlweise saugende oder blasende Bewetterung eingestellt werden.

Die Sonderbewetterung durch Lüfter besteht grundsätzlich in der Verbindung der Saug- oder Druckseite eines Luttenlüfters mit einer Rohrleitung, genannt Luttenleitung. Diese ist in der Regel aus glatten Blechrohren zusammengesetzt, in manchen Fällen auch aus Stoff oder Holzlutten, von etwa 200 bis 600 mm ⌀ bei Längen von 50 bis 500 m, ausnahmsweise auch darüber bis etwa maximal 1000 m.

Abb. 36a. Luttenlüfter für Elektro- und Preßluftantrieb. (Korfmann, Witten-Ruhr.)

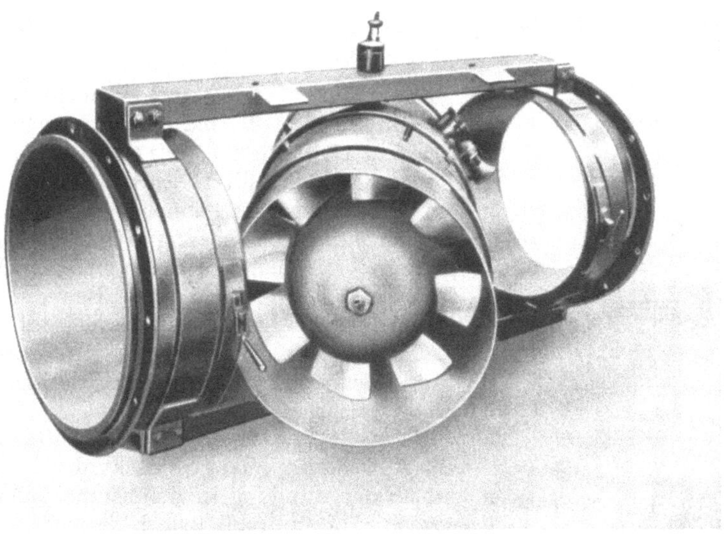

Abb. 36b. Schwenkbarer Luttenlüfter. (Korfmann, Witten-Ruhr.)

Da die gesamte Luttenleitung aus einzelnen Schüssen von 2 bis 4 m besteht, ist eine möglichst dichtschließende Verbindung durch verschmierte Muffen nötig. Trotzdem sind die Undichtigkeitsverluste in der Praxis so groß, daß für die Bemessung der Lüfter zur Erreichung einer bestimmten Luftmenge am Ende der Leitung ein erheblicher Zuschlag gemacht werden muß. Man kann bei einer Endgeschwindigkeit von 10 m/s für Längen bis 200 m mit etwa 50 %, bis 500 m bis 100 %, und darüber hinaus bis zu 200 % Zuschlägen rechnen, um vor Ort noch eine bestimmte Wettermenge zu erhalten.

Dient die Sonderbewetterung wie meist zur Frischluftversorgnug von Leuten vor Ort, so kann man heute für den Mann der Belegschaft 4 bis 6 m^3/min rechnen. Für die Berechnung des Widerstandes der Lutten ist jedoch nur eine mittlere Luftmenge von etwa dem arithmetischen Mittel zwischen effektiver Luftmenge vor Ort und derjenigen einschließlich Zuschlag einzusetzen. Es läßt sich auch eine genauere Berechnung ermöglichen dadurch, daß man an jedem Schuß unter Annahme eines bestimmten Spaltes von z. B. 0,25 mm einen Spaltverlust in Anrechnung bringt, und so Schuß für Schuß den Widerstand aus der jedesmal veränderten Luftmenge errechnet, wie es von Berlowitz vorgeschlagen und rechnerisch erfaßt wurde.

Die Frage, ob die saugende oder blasende Luttenbewetterung vorzuziehen ist, hängt von dem jeweiligen Zweck der Sonderbewetterung ab. Im allgemeinen wird dem drückenden Wetterstrom der Vorzug zu geben sein, wenn es sich darum handelt, den vor Ort arbeitenden Menschen dauernd gute und frische Luft zuzuführen. In diesem Falle wird der aus der Lutte geschlossen heraustretende Luftstrom auch auf eine größere Entfernung von mehreren Metern seine Wirkung ausüben, während bei der saugenden Bewetterung nur die in unmittelbarer Nähe des Luttenendes befindlichen Mannschaften eine Wirkung verspüren würden. Man wird daher allgemein den Luttenlüfter nur dann saugend anordnen, wenn es sich darum handelt, schädliche Gase, die sich angesammelt haben, z. B. beim Sprengen, zu entfernen.

Bei größeren Luttenlängen empfiehlt es sich, den Lüfter in der Mitte der ganzen Länge einzubauen, da auf diese Weise infolge der kleineren Drücke auch geringere Undichtigkeitsverluste auftreten.

Ist es nicht möglich, mit einem Luttenlüfter die gesamte Luttenlänge zu versorgen, so können auch zwei oder mehrere in entsprechenden Abtsänden hintereinandergeschaltet werden.

15. Tunnellüftung

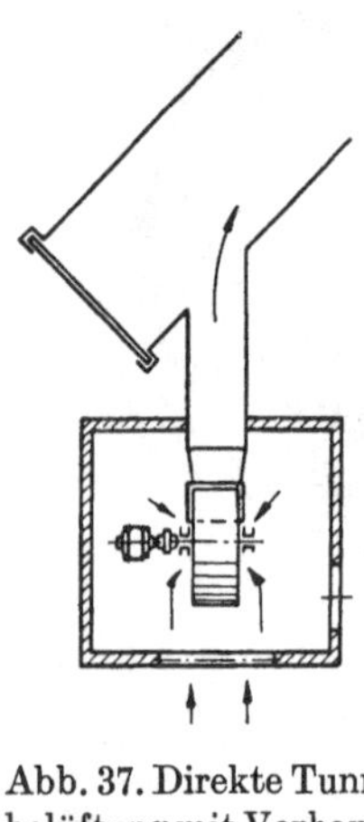

Abb. 37. Direkte Tunnelbelüftung mit Vorhang.

Man kann zwei Arten von Tunnellüftungen unterscheiden: Die direkte und die indirekte.

Bei der direkten Lüftung wird die Saugseite oder die Druckseite des Lüfters an den Tunnel angeschlossen und auf diese Weise der Tunnel in der Längsrichtung gelüftet. Bei der indirekten Lüftung drückt ein Lüfter Frischluft mit großer Geschwindigkeit durch eine Ringdüse in den Tunnel, wobei die in Druck umgesetzte Bewegungsenergie zur Überwindung des Reibungswiderstandes des ganzen Tunnels und gleichzeitig zur Erzeugung eines Unterdrucks am Tunneleingang dient, wodurch zusätzliche Frischluft durch den Tunnelmund nachgesaugt wird.

Bei der ersten Art, die heute in dieser Form kaum noch zur Anwendung gelangt, drückt der Lüfter Frischluft kurz hinter der Mündung in den Tunnel hinein, wie in Abb. 37 gezeigt. Hierbei muß jedoch die rückliegende Öffnung des

Tunnels geschlossen sein, da sonst die unter Überdruck stehende Luft durch die nahe gelegene Öffnung ausströmen würde. Ein solcher Verschluß durch einen Vorhang würde auch bei saugendem Anschluß des Lüfters notwendig werden, was für Durchgangsverkehr nicht angängig ist. Man wendet daher heute die andere Art der direkten Lüftung an, wie sie in Abbildung 38 gezeigt ist. Hier wird etwa in der Mitte des Tunnels ein senkrecht nach oben führender Schacht vorgesehen, an dessen oberen Ende ein Lüfter eingebaut wird. Dies kann auch vorzugsweise ein Axiallüfter sein. Er saugt die Luft von beiden Seiten aus dem Tunnel ab. Auf diese Weise können beide Tunnelmündungen dauernd offenstehen, und der Widerstand im Tunnel ist nur halb so groß.

Nach diesem System ist z. B. der Hauenstein-Tunnel bewettert, der eine Länge von 8134 m bei einem 130 m hohen Saugschacht aufweist. Als Lüfter dient in diesem Falle ein Radiallüfter.

Die indirekte Lüftung, die notwendig wird, wenn ein solcher senkrechter Schacht wegen allzu großer Höhe oder aus anderen Gründen nicht gebaut werden kann und Vorhänge nicht angängig sind, wurde früher durch die sogenannte Saccardo - Düse bewirkt. Bei ihr wurde die Luft, wie

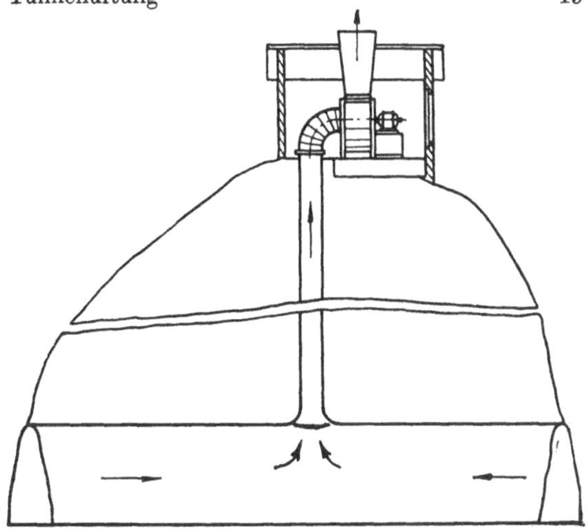

Abb. 38. Direkte Tunnelbelüftung ohne Vorhang.

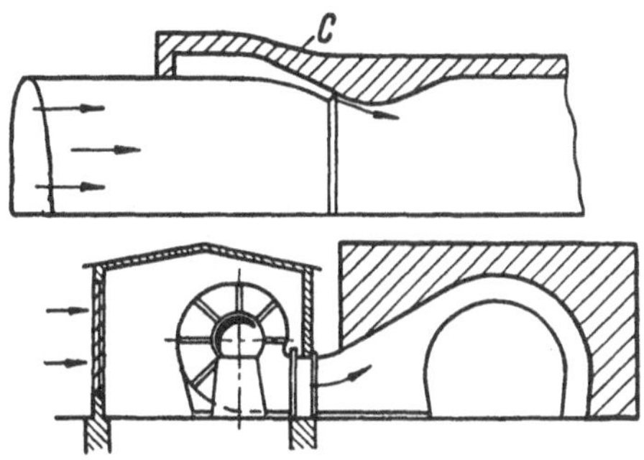

Abb. 39a. Indirekte Tunnelbelüftung (Saccardodüse).

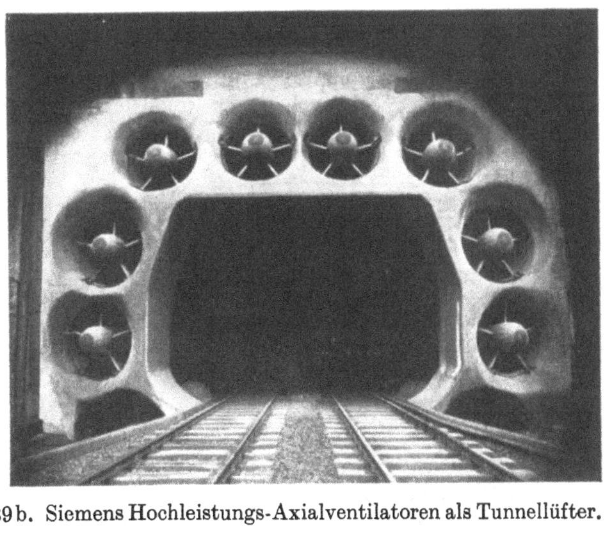

Abb. 39b. Siemens Hochleistungs-Axialventilatoren als Tunnellüfter.

vorher erwähnt, von einem seitlich des Eingangs stehenden Radiallüfter in einen rings um den Tunneleingang angeordneten Ringkanal gedrückt und trat aus ihm mit großer Geschwindigkeit von mehr als 20 m/s in den Tunnel ein. Durch die Injektorwirkung wurde gleichzeitig Frischluft durch den Tunnelmund nachgesaugt. Verschiedene Tunnel wurden besonders in der Schweiz nach diesem Prinzip gebaut (Abb. 39a). Auch der Kaiser-Wilhelm-Tunnel bei Cochem besaß eine solche Düse mit einem Radiallüfter von 400 kW Antriebsleistung.

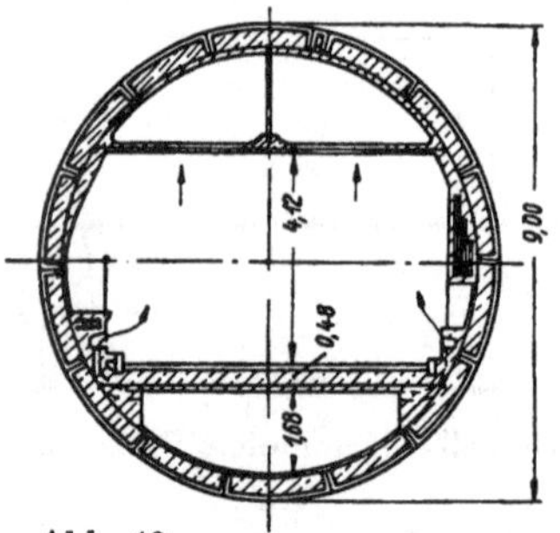

Abb. 40a.
Querschnitt des Hollandtunnels.

Heute wird statt dessen der Axiallüfter benutzt, der mit seinem Wirkungsgrad von 80 % und mehr eine wesentliche Energieersparnis mit sich bringt und einen leichteren Einbau ermöglicht. Abbildung 39b zeigt die Anordnung von 10 Axiallüftern, die rings um den Tunnel eingebaut sind und ebenfalls mit großer Austrittsgeschwindigkeit als Injektorlüfter wirken. Die Antriebsleistung aller Lüfter zusammen beträgt nur 150 kW bei 3facher Durchströmgeschwindigkeit durch den Tunnel gegenüber der bisherigen Saccardo-Düse. Der Tunnel dient als Bahntunnel.

Eine Sonderstellung in der Lüftung nehmen die Tunnel ein, die für Automobil- und Straßenverkehr eingerichtet sind.

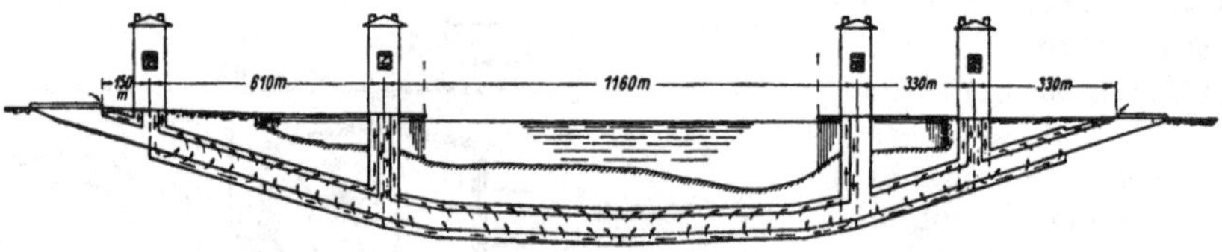

Abb. 40b. Längsschnitt des Hollandtunnels.

Bei ihnen spielt die Beseitigung der aus dem Kraftwagenmotor entweichenden Abgase eine so wichtige Rolle, daß schon beim Bau auf die Lüftung weitgehendst Rücksicht genommen werden muß.

Während bei den vorher behandelten Tunnellüftungsarten vorzugsweise solche der Längslüftung in Betracht kamen, wird hier die Querlüftung als die bessere bevorzugt. Hierunter ist zu verstehen, daß die Strömungsrichtung der Luft im Tunnel quer zur Tunnelachse erfolgt. Dies bedingt künstlich zu erstellende Zu- und Abführungskanäle für die Luft längs des ganzen Tunnels.

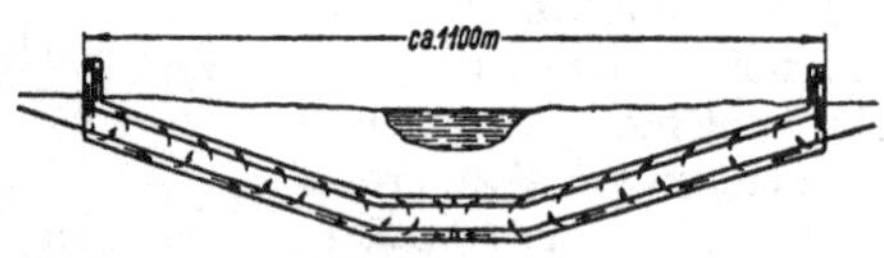

Abb. 41b. Längsschnitt des Tunnels zwischen Oakland und Alameda.

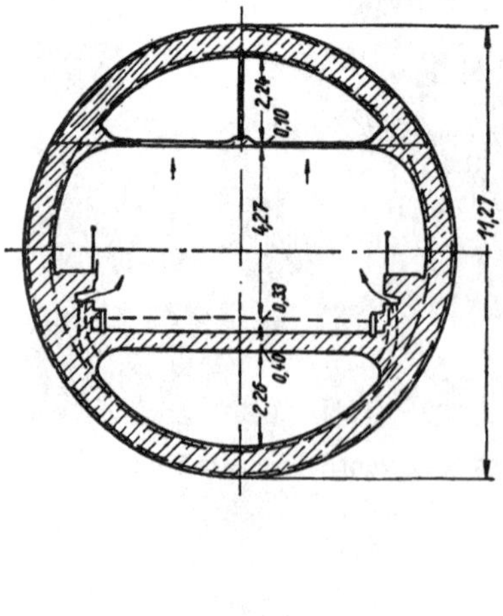

Abb. 41a. Querschnitt des Tunnels zwischen Oakland und Alameda.

Der erste größere Tunnel, der nach diesem System gebaut ist, ist der Hollandtunnel mit einer Länge von 2800 m in Amerika. Er führt von New Jersey nach New York unter dem Hudson-Fluß und besitzt für jede Fahrtrichtung ein besonderes Tunnelrohr. Für die Lüftung sind 4 senkrechte Schächte, je 2 an jeder Flußseite, vorgesehen, in denen insgesamt 84 Lüfter für Zuluft und Abluft sorgen (Abb. 40a und 40b). Abbildung 41 a u. b zeigt einen kürzeren Tunnel von 1500 m nach demselben System belüftet.

Infolge des überaus starken Verkehrs, der zu erwarten war, über 2000 Kraftwagen in der Stunde nach jeder Richtung, wurde beim Hollandtunnel nach eingehenden Modellversuchen ein 42facher Luftwechsel und eine Lüftung von unten nach oben gewählt. Als Grundlage galt ein max. CO-Gehalt von 0,0004 Raumteilen auf 1 Raumteil Luft.[1])

16. Untergrundbahnlüftung

Nach langen Versuchen mit dem Drucklüftungssystem, zeitweise sogar mit ozonisierter Luft, ist man heute bei der *Londoner* Untergrundbahn[2]) (tube) grundsätzlich zur ausgeglichenen Lüftung übergegangen. Hierbei wird die notwendige Luftmenge von den hochgelegenen Eingangsbahnhöfen über den Paternosteraufzug hinweg von außen her nach unten bewegt, so daß der heruntergehende Fahrgast mit der frischen Luft zusammen zum Bahnsteig gelangt, während er früher beim alten System der herausgedrückten, warmen und schlechten Luft entgegengehen mußte. Daneben wird eine gleich große Luftmenge von verbrauchter Luft am anderen Ende desselben Lüftungsbezirks ins Freie abgesaugt.

Ein dreifacher Luftwechsel ist für das ganze Untergrundbahnsystem vorgesehen, wofür 98 Lüfteranlagen arbeiten. Die Gesamtluftmenge beläuft sich auf 1200 m^3/s.

Da sich trotz des ausgeglichenen Lüftungssystems an manchen Stellen Zuglufterscheinungen bemerkbar machten, die auf die Bewegung der Bahnwagen im engumschließenden Tunnelrohr zurückgeführt wurden, hat man zusätzlich direkte Absaugung von diesen Tunnelrohren ins Freie vorgesehen. Für die Absaugung sind meist Schraubenlüfter mit vertikaler Welle eingesetzt.

Die *Moskauer* Untergrundbahn[3]), die zum Teil eine Unterpflasterbahn ähnlich der in Berlin ist, hat eine künstliche Lüftung nur für ihren tiefliegenden Teil, der bis zu 35 m unter dem Pflaster liegt.

Für die Lüftung werden Schraubenlüfter verwendet. Bei Temperaturen über 0° C saugt der Lüfter, der auf etwa $^2/_3$ der Streckenlänge zwischen zwei Stationen eingebaut ist, die Frischluft von den Stationen her von außen ein. Im Winter dagegen, also bei Temperaturen unter 0° C, drückt der Lüfter die von außen durch senkrechte Schächte auf der Strecke eingesaugte Luft zu den nächtgelegenen Haltestellen hinaus. Die Luft ist nicht vorgewärmt, soll sich aber durch die im Gewölbe aufgespeicherte und von den Zügen abgegebene Wärme im Mittel bis auf etwa 8 bis 10° C erwärmen. Es werden langsam laufende Schraubenlüfter mit 8 bis 12 Schaufeln, die um 180° verstellbar sind, benutzt, und zwar mit Durchmessern von 1,6 bis 2,5 m und 140 000 m^3/h Luftleistung im Winter und 310 000 m^3/h im Sommer per Lüftungsbezirk.

17. Festungsanlagen

Sofern in der modernen Kriegführung die Vergasung noch eine ausschlaggebende Rolle spielt, sind Mannschaftsunterstände ausnahmslos nach dem Drucksystem zu

[1]) Höchstwert an CO bei 101 amerikanischen Wagen mit 60 *l*/min ermittelt.

[2]) Heatg. & Ventil. Eng. Febr. 1954, S. 367.

[3]) Heizg. & Lüftg. 1934, Heft 7 S. 7.

lüften. Die Wände und Decken sind infolge ihrer Panzerung als fast luftdicht anzusehen, so daß schon ein geringer Luftwechsel von etwa fünfmal in der Stunde einen Überdruck hervorruft, der das Eindringen etwaiger gefährlicher Gase verhindert. Schwieriger ist die Frage der Filterung der einzublasenden Luft zu lösen, da diese natürlich auch gasfrei sein muß. Man muß zu chemischen Mitteln greifen, die auch dem Leitgedanken der Gasmasken zugrunde liegen.

Geschütztürme sind aus gleichen Gründen ebenfalls mit Drucklüftung zu versehen. Jedoch wird hier zweckmäßig ein wesentlich höherer Luftwechsel zu wählen sein, da mit größeren Undichtigkeiten zu rechnen ist. Außerdem können besondere Sauglüfter Verwendung finden, die in automatischer Kupplung mit dem Geschützverschluß die Explosionsrückstände nach dem Abschuß ins Freie befördern. Hinsichtlich des atomischen Krieges vergleiche das hierüber gesagte in Abschnitt 21 „Luftschutzräume“.

18. Schiffslüftung (allgemein)

Schon vor den großen Weltkriegen waren auf den meisten größeren Schiffen der Kriegs- und Handelsmarinen künstliche Lüftungsanlagen eingebaut. Die natürliche Lüftung unter Benutzung des Auftriebs und an Deck angeordneter drehbarer Lüfterköpfe war zu stark von Wind- und Wetterverhältnissen abhängig und den modernen Anforderungen bei weitem nicht mehr gewachsen und ist nur noch auf kleinere Schiffe beschränkt.

Die Gründe für die Luftverschlechterung an Bord von Schiffen sind zunächst die gleichen wie bei Landanlagen (S. 19). Zu ihnen kommen die schädlichen Beimengungen der Luft von Kohlenstaub, Öl, Dunst, Rauchgasen und von Pulvergasen bei Kriegsschiffen hinzu. Auch die oft hohe Sättigung der Seeluft mit Wasserdampf kann das Unbehagen in den Räumen vergrößern (S. 90). Besonders auf Frachtdampfern muß zudem eine bestimmte Feuchtigkeit in den Laderäumen aufrechterhalten werden, je nach der Art der zu befördernden Güter, zumal wenn es sich um weite Reisen durch tropische Gegenden und feuchtigkeitsempfindliche Waren, besonders Lebensmittel, handelt. Gerade für diese Schiffe ist eine große Zunahme von Lüftungs-, Kühl- und Klimaanlagen in den letzten Jahren feststellbar (S. 103). Auch Maschinen- und Kesselräume werden jetzt häufig mit künstlicher Frischluftzuführung versehen.

Die Anwendung der Druck- oder Sauglüftung für die einzelnen Räume hat unter den gleichen Gesichtspunkten zu erfolgen wie auf Seite 18 dargestellt. Danach sind die Kabinen und Kammern sämtlicher Klassen, ferner die Speisesäle, Restaurants und Gesellschaftsräume nach dem ausgeglichenen System und die Rauchsäle, Küchen, Vorrats-, Gepäck- und Provianträume, sowie Lazarette, Bäder und Waschräume und die Aborte nach dem Saugsystem zu lüften.

In den letzten Jahren hat sich der Schraubenlüfter durch seine bequeme und platzsparende Einbauart nicht nur für Verwendung in den Lüfterköpfen, sondern auch für Kühl- und Klimaanlagen gut eingeführt. Dabei sind Ausführungen mit senkrechter oder horizontaler Achse und mit und ohne Leitschaufeln gebräuchlich (Abb. 42a).

Die Zuluft wird bei erstklassigen Schiffen durch Dampflufterhitzer oder Thermotanks vorgewärmt, für die Tropen durch Verwendung von Seewasser oder Sole auch gekühlt, d. h. vollständige Klimaanlagen werden eingebaut (S. 103).

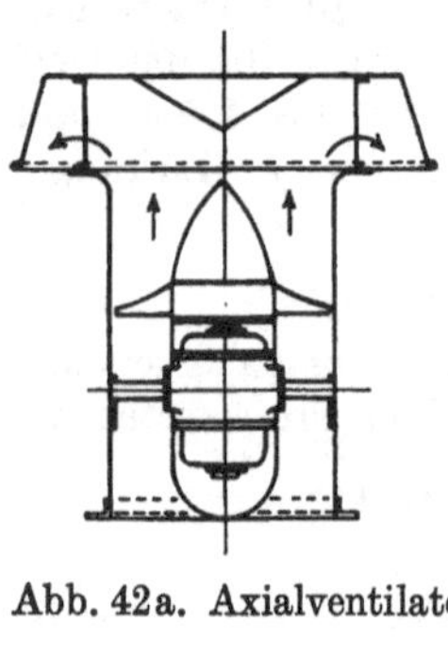

Abb. 42a. Axialventilator in Schiffslüfterkopf. (Davidson & Co., Belfast.)

Die Lüfter sind auf Deck oder auch unter Deck angeordnet und in Verbindung mit senkrechten Schächten gebracht, an die sich waagerechte Kanäle zu den einzelnen Räumen anschließen. Für Schiffsräume mit besonders empfindlicher Warenladung werden bisweilen Doppellüfter mit Umschaltung aufgestellt, um jederzeit eine betriebsfähige Reserve zu besitzen. Auch Ozonanlagen werden besonders bei Frachtschiffen eingebaut.

Beim Durchgang durch Schottwände, der unter Umständen nicht zu vermeiden ist, müssen leicht bedienbare wasserdichte Schieber in den Kanälen vorgesehen werden. Oft sind horizontale Schraubenlüfter in wasserdichten Abteilungen so angeordnet, daß ihr Antriebsmotor außerhalb der Schottwand arbeitet.

Tab. 5. Luftwechsel auf Schiffen

Handelsschiffe	stündl. Luftwechsel	Kriegsschiffe	stündl. Luftwechsel
Speisesäle	20	Maschinen u. Generatorräume	60
Rauchzimmer	15—20	Hilfsmaschinenräume	20—30
Gesellschaftsräume	15	Telefon- u. Funkräume	25
Luxuskabinen	12	Küchen u. Anrichten	20
Mannschaftskabinen	15	Mannschaftskabinen u. Messen	10—15
Telefon- u. Funkräume	25	Offizierskabine	7
Schwimmbad	20	Wäschereiräume	20
Türkisch. Bad	30	Magazine f. Lebensmittel	12
Turnhalle	15	Munitionsräume	20
Maschinenraum:		Gefechtsverbandpl. u. Lazarette	20
Dampfmaschinen	20	Kasematten	30
Dampfturbinen	30	Vorratsräume f. Taulasten usw.	6—10
Verbr. Maschinen	40	Bäder u. Waschräume	10—15
Wäschereianlagen	20	Aborte	20
Hospitäler	15		
Küchen	50		
Speisekammern	30		
Vorratskammern	15—25		
Lagerraum f. Apfelsinen u. Bananen	35		
Bäder u. Waschräume	20		
Aborte	30		

Sämtliche Fliehkraftlüfter müssen aus verzinktem Eisenblech und die Antriebsmotoren in wasserdichter Kapselung gebaut werden. Es empfiehlt sich, die Lüfter mit rückwärts gekrümmten Schaufeln zu versehen, um Überlastungen bei unvorhergesehenen Änderungen der Kanalführung zu vermeiden. Wenn Schraubenlüfter gewählt werden, müssen sie aus einer leichten und seewasserfesten Legierung hergestellt sein. Schalldämpfende Unterlagen oder elastische Zwischenstücke sind für alle Lüftungsanlagen vorzusehen.

Über Schiffskessellüfter s. S. 160.

Die Luftwechselraten für die einzelnen Räume der Schiffe sind aus der Tabelle 5 zu ersehen.

19. Lüftung in Öltankern

Die Lüftungseinrichtungen für die Ladeöltanks von Tankschiffen haben zwei Voraussetzungen gerecht zu werden, erstens, wenn die Tanks mit Öl gefüllt sind und zweitens, wenn sie leer sind und gereinigt werden müssen.

Wenn die Tanks voll sind, bilden sich Gase an der Oberfläche des Öls, die schädlich und feuergefährlich sind. Nach Lloyds Vorschriften müssen an jedem Tank, der meist 1000 t faßt, ein Luk von etwa 160 mm (6″) vorgesehen werden, das normalerweise durch eine Verschraubung geschlossen ist. Ein Hauptentlüftungsrohr wird auf Deck horizontal verlegt mit Abzweigen, die zu jedem Luk führen Das Hauptrohr wird dann am Mast emporgeführt, etwa bis zu Scheinwerferhöhe, und oben mit feiner Gase als Schutz gegen Entzündung abgedeckt und überdacht. Die Luks werden nun von Zeit zu Zeit geöffnet und mit dem Entlüftungssystem unter Öffnung des entsprechenden Ventils verbunden, so daß die sich bildenden Gase entweichen können und keine höheren Gasdrücke entstehen.

Wenn jedoch die Tanks leer sind, müssen sie zwecks Reinigung begangen werden. Dies ist nur möglich, wenn die etwa noch verbliebenen Gase vorher entfernt werden.

Abb. 42b.
Siemens Ladeöltanklüfter in Butterworth-Öffnung eingesetzt.

Hierfür wurden bisher Windsäcke benutzt, durch die Frischluft in die Tanks gedrückt wurde. Diese nicht sehr zuverlässige Methode wird neuerdings durch eine tragbare künstliche Belüftungseinrichtung ersetzt. Diese besteht in einem tragbaren Sonderlüfter axialer Bauart, der eine wesentlich wirksamere Belüftung gestattet. Er ist von einem druckfest gekapselten explosionsgeschützten Drehstrommotor angetrieben und auf einem Traggestell montiert. Er kann entweder in die Füllöffnung (Butterworth) des Tanks eingesetzt oder in die Einsteigöffnung eingehängt werden.

Die Leistung dieses Lüfters beträgt etwa 50 m^3/min, ausreichend für die völlige Entgasung eines 1000-t-Tanks in etwa 2 Stunden. Um die Luft bis auf den Tankboden drücken zu können, gehört zur Ausrüstung eine düsenförmige Verjüngung auf der Druckseite des Lüfters, während die Saugseite mit einer um 360° drehbaren Windhuze verbunden ist.

Die Anordnung eines solchen Lüfters in der Butterworth-Öffnung ist in Abbildung 42b dargestellt.

20. Flugzeuge

Für die Lüftung in Flugzeugen sind zwei Hauptbedingungen zu erfüllen. Das Gewicht der Anlage muß so niedrig wie möglich gehalten werden und es muß eine schnelle Einregelung der Wärmezufuhr möglich sein, damit der in veränderter Höhenlage schnell wechselnden Temperatur Rechnung getragen werden kann. Für das Luftvolumen ist 25 bis 30 m^3/h Luft je Kopf einzusetzen. Für die Erwärmung können zweckmäßig die Abgase der Motoren mit einer Temperatur von 600° C und darüber verwendet werden. Eine schnellwirkende Regelung kann durch Mischung von frischer mit vorgewärmter Luft erzielt werden. Warmlufteintritt ist zweckmäßig etwa 10 bis 15 cm über Fußboden vorzusehen.

Zu berücksichtigen ist ferner bei modernen Flugzeugen die Höhenlage und die damit verbundene Verdünnung der Luft. Während bis etwa 2500 m Höhe ein Unterschied kaum bemerkbar ist, wird bei größeren Höhen, die bekanntlich jetzt leicht 10 000 m und mehr erreichen, schweres Unbehagen bei den Fluggästen hervorgerufen. Aus diesem Grunde wird die Kabine abgedichtet und durch ein Gebläse nach Art des Rootes-Gebläses unter Druckluft gesetzt. Durch die Erhöhung des Druckes entsprechend der Höhenlage wird dadurch ein ausreichender Sauerstoffgehalt der Luft in der Kabine aufrechterhalten. Es soll z. B. nach englischen Vorschriften stets ein Luftgewicht von etwa 0,5 kg/min Luft je Person zur Verfügung stehen, womit ein gleichmäßiger und ausreichender Sauerstoffgehalt der Luft gewährleistet ist.

21. Luftschutzräume

Während im allgemeinen die für den Kriegsfall als Luftschutzraum ausgebauten Keller von Privathäusern keine besondere Lüftung benötigen, da sie nur von wenigen Personen aufgesucht werden, müssen die öffentlichen Sammelschutzräume mit besonderer Lüftung ausgestattet werden.[1]) Es werden hier elektrisch betriebene Radiallüfter verwendet, die gleichzeitig auch für Handbetrieb eingerichtet sind für den Fall des Versagens des elektrischen Stromes. Die Frischluft wird von außen her über ein Gasfilter (aktive Kohle) angesaugt. Gleichzeitig ist eine Umgehungsleitung parallel zum Filter mit Abschlußorgan vorgesehen.

Für jede Person wird eine Minimumluftmenge von 1,5 m^3/h angenommen, da man nur mit kurzfristigem Aufenthalt rechnet. Da das Gasfilter nur bei Gasalarm benötigt wird, kann durch die Einschaltung der erwähnten Umgehungsleitung die Luftmenge, die der Lüfter fördert, infolge Verminderung des Widerstandes für längeren Aufenthalt nicht unwesentlich verstärkt werden.

Für die Abluft sieht man besondere Überdruckventile vor, die sich bei einem Überdruck von etwa 2 mm WS im Raume automatisch öffnen.

Erwärmung dieser Räume findet mit elektrischen Heizgeräten statt.

Die bombensicheren Unterstände von Krankenhäusern werden unter Einhaltung von mindestens 3- bis 3,5fachen Luftwechsel belüftet. Auch hier wird die Frischluft über ein Gasfilter meist an zwei voneinander getrennt liegenden Stellen der Decke eingeführt. Um längere Zeit ohne Reinigung des Filters auszukommen, wird durch die Verwendung eines Mitteldruckventilators ein höherer Druck zugelassen und nur für die alarmfreie Zeit ein Niederdrucklüfter benutzt. Die Abluft wird hier durch

[1]) Ges. Ing. 1942 S. 282. Kämper, Lüftung von Luftschutzräumen.

besonderen Lüfter abgesaugt und durch einen Kanal hinausgedrückt. Sein Luftvolumen ist um etwa 20 % geringer als die Zuluftmenge zu bemessen.

Für den Fall des atomischen Krieges, der hoffentlich der Menschheit erspart bleibt, sind wirksame allgemeine Richtlinien hinsichtlich Ventilation erst noch festzulegen. Man wird hier wohl die Erfahrungen, wie sie bei der Belüftung von atomischen Forschungsinstituten gemacht werden, zugrunde legen (S. 38). Sicher ist, daß das Hauptgewicht bei diesen Anlagen auf die bautechnische Seite entfällt, und zwar sowohl hinsichtlich der Tiefenlage als auch der Umfassungswände.

III. Lufterwärmungs- und Luftheizungsanlagen

A. Allgemeine Wirkungsweise

Unter *Lufterwärmungsanlagen* sollen alle diejenigen Anlagen verstanden werden, bei denen die für die Lüftung des Raumes notwendige Frischluft in der kalten Jahreszeit auf irgendeine Weise vorgewärmt dem Raume zuströmt, während für die Heizung des Raumes Öfen, Radiatoren, Strahlungsheizung oder auch Einzelheizgeräte vorgesehen sind.

Bei *Luftheizungsanlagen* soll die ebenfalls irgendwie vorgewärmte Luft nicht nur die Lüftung, sondern auch die volle Heizung des Raumes übernehmen. Örtliche Heizkörper sind auch daneben in diesem Falle nicht vorhanden. Als Vorteil der Luftheizung gegenüber anderer Heizung können gelten:

1. Die wesentlich kürzere Anheiz- und Abstellzeit. (Schnellere Erwärmung des ganzen Raumes infolge erhöhter Zirkulation gegenüber der durch natürlichen Auftrieb.)
2. Die Verbindung von Heizung und Lüftung.
3. Vermeidung von Staub im Raum durch Filterung der Warmluft.
4. Die Möglichkeit der besonderen Erwärmung einzelner Raumteile.
5. Möglichkeit der Luftkühlung im Sommer mit gleichen Geräten.
6. Verkleinerung der Heizfläche infolge besserer Wärmeausnutzung durch Konvektion.

Die Lufterwärmungsanlagen können nach dieser Unterscheidung als Lüftungsanlagen mit vorgewärmter Frischluft gelten und für alle die Fälle Anwendung finden, bei denen Lüfter für Zuluft angeordnet werden, also unter dieser Voraussetzung für alle drei Lüftungssysteme (S. 17).

Die allgemeine Wirkungsweise aller Lufterwärmungs- und Heizungsanlagen besteht darin, daß die von außen angesaugte Frischluft über einen sogenannten Lufterhitzer strömt, und sich durch Konvektion und Leitung erwärmt. Der Lufterhitzer kann entweder mit elektrischem Strom, Dampf, Warmwasser, Gas, Öl oder Koks arbeiten. Die so erwärmte Luft wird durch Kanäle oder Rohrleitungen dem Raume zugeführt. In der Regel wird sie noch durch ein Filter, das vor den Lufterhitzer geschaltet wird, geleitet (S. 112), um so möglichst staubfreie Luft dem Raume zuzuführen. Der wesentliche Bestandteil aller dieser Anlagen ist der Lufterhitzer. Daher soll auf ihn näher eingegangen werden.

1. Erwärmung durch elektrischen Strom

Der elektrische Lufterhitzer besteht aus einem Blechrahmen, in den Drähte einer besonderen Chromnickellegierung eingebaut sind, die durch Anschluß an das elektrische Netz zur Erhitzung gebracht werden. Statt der Drähte können auch Heizstäbe, z. B. sogenannte Pleronheizstäbe, benutzt werden, bei denen der Heizleiter sich im Innern eines nahtlos gezogenen, besonders gut isolierten Metallrohres befindet. Diese Stäbe bieten einen zuverlässigen Schutz gegen Berührung.

Die Luft streicht durch den Rahmen über die Heizdrähte oder Stäbe hinweg und nimmt die Wärme durch unmittelbare Leitung und Konvention auf. Die Temperaturen der Heizdrähte liegen sehr hoch und erreichen bei normaler Luftgeschwindigkeit etwa 600° C. Durch Wandverluste und solche an die notwendigen Übergangsstutzen kann mit einem Wärmeverlust von etwa 10 % gerechnet werden, während die gesamte restliche Wärme dem durchtretenden Luftstrom zugute kommt. Bei günstigen Stromkosten ist daher ihre Verwendung für Luftheizung zu empfehlen, da bei einfachster Bedienung ein sauberer Betrieb gewährleistet wird (Abb. 43).

Abb. 43. Elektrischer Lufterhitzer. (Siemens-Schuckertwerke, Erlangen.)

Abb. 44. Elektrisches Raumheizgerät. (Siemens-Schuckertwerke, Erlangen.)

Für zentrale Anlagen werden diese Erhitzer zweckmäßig mit Fliehkraftlüftern zusammengebaut. Als Einzelluftheizgeräte für industriellen Bedarf werden sie jedoch oft in Verbindung mit Schraubenlüftern in horizontaler oder vertikaler Anordnung hergestellt.

Ein elektr. Raumheizgerät mit Fliehkraftlüfter zeigt Abbildung 44 für 1000 bis 1200 m^3/h. Die Luft wird oben angesaugt und durch die Klappen mit 40 bis 60° C dem Raum zugeleitet.

2. Erwärmung durch Dampf, Warm- oder Heißwasser

Die gebräuchlichsten Lufterhitzer für Großraumerwärmung sind für Dampf, Warm- oder Heißwasser eingerichtet. Man verwendet runde (Abb. 45) oder elliptisch geformte (Abb. 46) Rohre für den Durchtritt des Wärmemittels in fluchtender oder versetzter Anordnung. Um die wirksame Heizfläche zu vergrößern, sind diese Rohre mit runden oder rechteckigen Lamellen unter inniger Berührung mit dem Rohre ausgestattet. Sämtliche Rohre münden meist in einen Sammelraum an einer oder zwei gegenüberliegenden Seiten. Die Luft tritt im Kreuzstrom durch das Gerät. Da im abfließenden Kondensat ein Teil der Flüssigkeitswärme noch enthalten ist, ist die Wärmeausnützung bei Dampf nicht so hoch wie bei elektrischem Strom. Die Rohre werden meist verzinkt oder auch aus rostbeständigem Material hergestellt.

Abb. 45. Lufterhitzer für Dampf oder Warmwasser mit runden Rohren. (Junkalor, Dessau.)

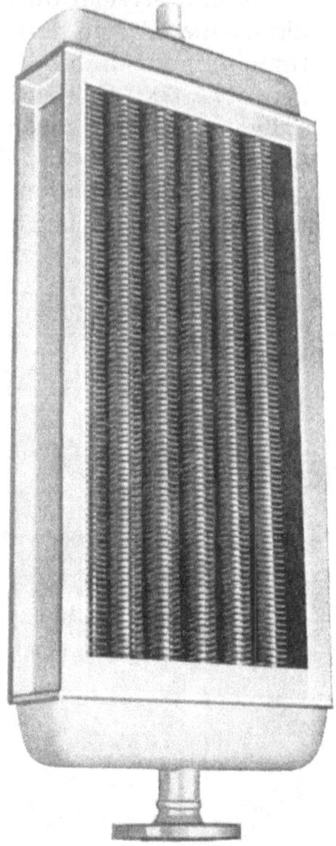

Abb. 46. Lufterhitzer für Dampf oder Warmwasser mit elliptischen Rohren. (GEA, Wanne-Eickel.)

3. Erwärmung durch Gas

Der Gaslufterhitzer bedient sich als Wärmequelle des brennenden Gases. Wo Dampf oder Warmwasser nicht zur Verfügung stehen, kann er als unabhängige Wärmequelle häufig Verwendung finden, z. B. in manchen Fabrikbetrieben, in denen keine Kesselanlage vorhanden ist, aber auch in Sälen und Kirchen. Durch die mit den Abgasen unverbraucht abziehende Wärme von etwa 150° C ist zwar sein Wirkungsgrad demjenigen des elektrischen Erhitzers unterlegen, immerhin beträgt er bei guten Konstruktionen noch etwa 80 bis 85 %, so daß er unter gewissen Umständen so günstig arbeiten kann wie der elektrische Erhitzer, wenn man von der Unannehmlichkeit der Rauchgasabführung absieht.

Die Anordnung eines Gaslufterhitzers kann z. B. so getroffen werden, daß die von den Gasbrennern aufsteigenden Verbrennungsgase an horizontal gelagerten Rohren außen vorbeistreichen, während die zu erwärmende Luft innen durch die Rohre geleitet wird. Die heißen Gase geben hierbei ebenfalls durch Leitung und Konvektion einen großen Teil ihrer Wärme durch die Wandung der Rohre an die Luft ab. Luftheizgeräte dieser Art können durch Fliehkraftlüfter oder Schraubenlüfter betätigt werden. Für zentrale Anlagen kommt meist der Fliehkraftlüfter in Betracht (Abb. 47).

Abb. 47. Gas-Lufterhitzer. (Kastrup KG., Düsseldorf.)

B. Ausführungsformen

1. Zentrale Anlagen

Lufterwärmungs- und Luftheizungsanlagen können in zwei verschiedenen Formen ausgeführt werden. Wird die gesamte Anlage, bestehend aus dem Lüfter *a*, dem Lufterhitzer *b* und gegebenenfalls dem Filter *c* (Abb. 48) in einem gemeinsamen Raum aufgestellt (Heizkammer), und die Warmluft von hier aus durch Verteilungskanäle den einzelnen zu belüftenden bzw. zu beheizenden Räumen zugeführt, so spricht man von einer zentralen Anlage. In diesem Falle brauchen die das Wärmemittel führenden Rohrleitungen nur bis zu der Heizkammer geführt zu werden.

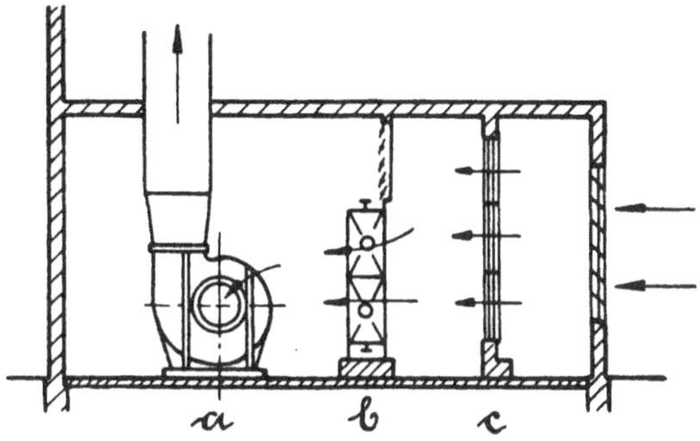

Abb. 48. Heizkammer für Luftheizung.

2. Einzelanlagen

Sind dagegen in den Räumen Einzelluftheizgeräte angeordnet, bei denen der Lufterhitzer unmittelbar mit dem Lüfter und gegebenenfalls auch mit einem Filter zu einem Aggregat vereinigt ist, so spricht man von Einzelanlagen. In diesem Falle müssen die das Wärmemedium führenden Leitungen und natürlich auch der elektrische Strom durch die verschiedenen Räume zu den Einzelgeräten geführt werden, dagegen fallen die Luftkanäle zur Heizkammer fort. Diese Form der Anordnung hat sich in vielen großen Werken durchgesetzt.

3. Umluftanlagen

Bei den zentralen wie bei den Einzelanlagen kann eine Einrichtung getroffen werden derart, daß neben oder statt der Frischluft Raumluft angesaugt wird. Solche Anlagen nennt man Umluftanlagen. Diese sind nur angängig in staubfreien Betrieben, es sei denn, daß die Umluft ein Filter zu passieren hat. Da die aus dem Raum entnommene Luft besonders beim Anheizen wärmer als die aus dem Freien angesaugte Frischluft ist, kann auf diese Weise Wärme gespart bzw. eine weitere Verkürzung der Anheizzeit erreicht werden.

4. Nachwärmeanlagen

Sind bei den zentralen Anlagen einzelne Räume ein und derselben Anlage mit verschiedenen Temperaturen zu versorgen, oder aber ist es erforderlich, auf genaue Einhaltung der Temperaturen in einigen Räumen besonders zu achten, so bemißt man häufig die Lufterhitzer in der Heizkammer für eine maximale Temperatur, die um einige Grad unter der tiefsten Temperatur liegt, die man in den Räumen zu erzielen wünscht. Alsdann schaltet man in die betreffenden Zweigkanäle möglichst kurz vor deren Eintritt in die zu heizenden Räume einen besonderen Lufterhitzer vor, der die schon erwärmt ankommende Luft auf die in dem jeweiligen Raum gewünschte Temperatur aufwärmt. Eine solche Anordnung kann gleichzeitig die Wärmeverluste in langen Kanälen vermindern und man hat neben einer genauen Temperatureinhaltung außerdem die Möglichkeit einer Zwischenbefeuchtung, um bestimmte Feuchtigkeitsgrade zu erzielen (S. 71).

C. Berechnungsart

1. Ermittlung von Luftmenge und Heizleistung bei Lufterwärmungsanlagen

Für die Berechnung der Frischluftmengen der Lufterwärmungsanlagen und ihrer Widerstände gelten zunächst dieselben Grundsätze wie für die Belüftung der betreffenden Räume (S. 19). Da jedoch diese Frischluftmenge in der kalten Jahreszeit dem Raume mit einer solchen Temperatur zugeführt werden soll, daß die Berührung der in den Raum eintretenden Luft mit dem menschlichen Körper nicht unbehaglich und lästig empfunden wird, muß die Luft erfahrungsgemäß mit einem über der Raumtemperatur liegenden Wärmegrad eingeführt werden. In der Regel läßt man auch, um die sofortige Abkühlung auszugleichen, einen Zuschlag von 10 bis 15° zu dieser Temperatur zu. Da die örtlichen Heizflächen meist auf Raumtemperaturen von 18 bis 20° abgestimmt sind, wird man also den Lufterhitzer für die Lufterwärmung für etwa 30° im Mittel berechnen.

Als geringste Temperatur ist streng genommen die tiefste in der betreffenden Gegend vorkommende Außentemperatur einzusetzen, also im Mittel in Deutschland z. B. — 15° C.

Um die Anlage- und Betriebskosten jedoch herabzusetzen, begnügt man sich häufig mit einem Temperaturbereich von etwa 25°, also z. B. von — 10 auf + 15, unter der Voraussetzung einer Drosselung der Luftmenge bei tieferen Außentemperaturen. Lufttechnisch ist diese Maßnahme nicht zu befürworten.

Die von dem Lufterhitzer abzugebende Wärmeleistung errechnet sich nach der Grundgleichung Seite 19).

$$V = \frac{Q \cdot (1 + a\,t_1)}{c_p\,(t_2 - t_{:})}$$

und $$Q = \frac{V \cdot c_p\,(t_2 - t_1)}{1 + a\,{}_{\cdot 1}}.$$

Hierbei ist t_2 die wärmere, t_1 die kältere Temperatur und V die Luftmenge in m³/h bzw. auf t_1^0. Unter Annahme von $t_2 = 30°$ und $t_1 = -15°$ ergibt sich

$$Q = \frac{V \cdot 0{,}31 \cdot (45)}{\frac{258}{273}}$$

$$Q \sim 15 \cdot V \text{ in kcal/h}$$

für normale Fälle in Deutschland.

Hier ist noch darauf hinzuweisen, daß bei genaueren Rechnungen die Feuchtigkeit der Luft berücksichtigt werden muß. Hierzu ist zweckmäßig die Grundgleichung auf das Luftgewicht zu beziehen.

Es ist dann

$$Q = G \cdot c_p\,(t_2 - t_1)$$

und $$c_p = 0{,}24 + x \cdot 0{,}46.$$

Für praktische Fälle tritt eine Veränderung der Wärmemenge gegenüber trockener Luft erst ein, wenn

$$t_1 \geqq + 20^0,$$

da der Wassergehalt der Luft bei geringen Temperaturen auch bei hoher Sättigung sehr klein ist.

Dies hat aber weiterhin die Folge, daß die relative Feuchtigkeit φ bei Entnahme der Luft von außen und nachheriger Erwärmung durch den Lufterhitzer im Winter oft sehr klein wird, so daß die Luft im Raum als zu trocken empfunden wird. In diesem Falle muß eine Befeuchtung vorgenommen werden z. B. durch angewärmtes Wasser (S. 81).

2. Wahl und Bestimmung der Lufterhitzer, Wärmedurchgang

Für die Bemessung des Lufterhitzers ist neben der soeben ermittelten Wärmeleistung noch der Widerstand festzulegen, den die Luft beim Durchgang durch den Lufterhitzer erleidet. Desgleichen muß insbesondere bei Warm- und Heißwasser der Widerstand berücksichtigt werden, den die Rohre des Erhitzers dem durchtretenden Wärmemittel bieten dürfen.

Der Luftwiderstand bewegt sich im allgemeinen in den Grenzen zwischen 5 und 15 mm WS. In seltenen Fällen sind bei sehr großen Anlagen aus Gründen von Raum- und Kostenersparnis höhere Luftwiderstände zulässig. Der Luftwiderstand hängt unmittelbar von der Geschwindigkeit der durchtretenden Luft ab, und wächst quadratisch mit ihr. Daher kann für die gleiche Wärmeleistung eine Verkleinerung des ganzen Erhitzerquerschnitts im allgemeinen nur auf Kosten einer Vergrößerung des Luftwiderstandes erzielt werden.

Andererseits wächst allerdings auch bei zunehmender Geschwindigkeit der durchtretenden Luft die Wärmeleistung des Erhitzers, jedoch nicht im gleichen Maße wie der Widerstand zunimmt. Ein guter Mittelwert für den zulässigen Widerstand ist etwa 10 mm WS. Hierbei erhält man Abmessungen der Heizflächen, die sich fast stets bequem unterbringen lassen.

Solange es sich um eine Dampfheizung oder aber um eine Warm- oder Heißwasser-Pumpenheizung handelt, spielen die durch das Rohrsystem des Erhitzers gebildeten Dampf- bzw. Wasserwiderstände keine wesentliche Rolle. Man geht daher ohne weiteres, z. B. bei Heißwasser-Hochdruckanlagen, bei welchen das Heißwasser durch eine Zirkulationspumpe im Umlauf gehalten wird, auf Werte von 1000 bis 5000 mm WS Widerstand in den Rohren und darüber.

Handelt es sich jedoch um Warmwasserschwerkraft-Heizung, bei welcher das Wasser lediglich durch den Auftrieb seiner wärmeren Teile, d. i. den Gewichtsunterschied der erwärmten und der kalten Wassersäule, zirkuliert, so stehen nur ganz geringe Drücke zur Verfügung. Daher müssen sich die zulässigen Widerstände der Rohrquerschnitte auf einer Höhe von nur einigen Millimetern, im Mittel 3 bis 5 mm WS, je nach Höhe der Häuser und der Temperaturdifferenz zwischen Vor- und Rücklauf halten.

Die Berechnung der Heizfläche eines Lufterhitzers soll hier nur kurz berührt werden. Den Ausgangspunkt bildet die Wärmedurchgangsgleichung für die Wärmeübertragung von einer Flüssigkeit an eine zweite durch eine feste Trennwand hindurch

$$Q = k \cdot F \cdot \triangle m.$$

Es bedeutet:
F = Heizfläche (äußere Rohrfläche) in m²
$\triangle m$ = mittleres Wärmegefälle zwischen Wärmemittel und Luft in ° C
k = Wärmedurchgangszahl
δ = Wandstärke in m.

Die Wärmedurchgangszahl k ist (Abb. 49) aus drei Teilen gebildet: α_1 dem Übergang der Wärme vom Wärmemedium an die Wand, λ der Wärmeleitung durch die Wand, und α_2 dem Wärmeübergang von der Wand an die Luft. Das Verhältnis von k zu diesen Werten ergibt sich aus der Formel

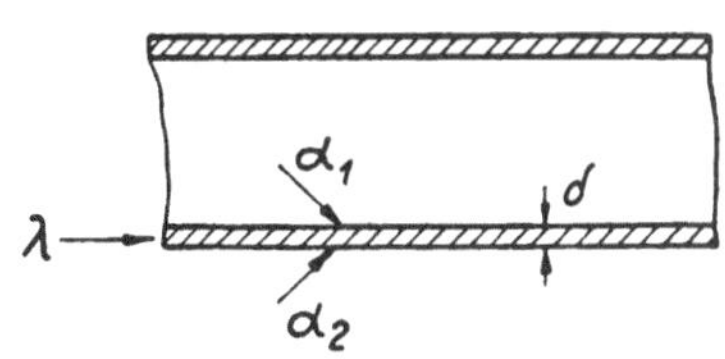

Abb. 49. Wärmedurchgang.

$$k = \frac{1}{1/\alpha_1 + 1/\alpha_2 + \delta/\lambda} \text{ kcal/m}^2\text{ h° C.}$$

Der Wärmedurchgangswert k wächst mit zunehmender Luftgeschwindigkeit[1]) und

[1]) Rietschel, Heiz- und Lüftungstechnik 1952, Verlag J. Springer, Berlin.

ist bei gleicher Luftgeschwindigkeit für Dampf größer als für Warmwasser. Erst bei höheren Wassergeschwindigkeiten von etwa 2 m nähern sich die beiden k-Werte. Da aber die Temperaturen des Warmwassers unter denen des Dampfes liegen, ergeben sich für Warmwasser selbst bei Zulassung größerer Wassergeschwindigkeiten, wie es die Pumpenheizung erlaubt, größere Heizflächen.

Die k-Werte liegen für Lufterhitzer mit Lamellenröhren, wie sie heute fast ausschließlich in Gebrauch sind, bei wirtschaftlichen Geschwindigkeiten

für Dampf etwa zwischen 23 und 50
für Warmwasser etwa zwischen 16 und 30.

Für Hochdruckheißwasser, mithin für Temperaturen von 150 bis 180° sind die Wärmedurchgangswerte etwa die gleichen, wie für diejenigen von Dampf der den Temperaturen entsprechenden Drücke. Für überhitzten Dampf sind nach Gröber[1]), so lange keine Kondensation eintritt, die Wärmeübergangswerte α und damit auch die Wärmedurchgangswerte k wesentlich kleiner als für Sattdampf.

Außerdem haben natürlich die einzelnen Lieferwerke für Lufterhitzer ihre besonders auf ihre Fabrikate zugeschnittenen Versuche vorgenommen und hieraus die k-Werte ermittelt.

Für die verschiedenen Wärmemittel sind folgende Temperaturgefälle für Ein- und Austritt aus dem Lufterhitzer gebräuchlich:

Warmwasser, Schwerkraftheizung 20°
„ Pumpenheizung 10 bis 20°
Heißwasser Hochdruck 25 bis 30°, manchmal bis 80°.

Für Dampf kommt die dem Sättigungsdruck entsprechende Temperatur in Betracht, da ein völliges Kondensieren des Dampfes im Heizkörper nicht erfolgt.

Das mittlere Wärmegefälle $\triangle_m$ errechnet sich dann hinreichend genau aus dem Unterschied der arithmetischen Mittel, wie sie sich für Ein- und Austritt der Luft und des Wärmemittels ergeben,

$$\text{also } \triangle_m = \frac{\vartheta_e + \vartheta_a}{2} - \frac{t_e + t_a}{2}$$

wenn ϑ die Temperaturen des Wärmemittels und t die der Luft sind.

3. Energiebedarf der Lufterhitzer

Der Gesamtverbrauch an Energie ergibt sich bei *Dampf* aus dem Verhältnis von abgegebener Gesamtwärmeleistung zu aufgenommener Wärme je kg Dampf; also z. B. für Niederdruckdampf von 0,3 atü sei die Eintrittstemperatur 106°, die Temperatur des Kondensats etwa 100°. Es wird somit insgesamt etwa 542 kcal/kg aufgenommen. Werden z. B. 50000 kcal abgegeben, so sind $\frac{50\,000}{542} = 920$ kg Dampf von 0,3 atü/h erforderlich. Bei höheren Dampfdrücken ist die entsprechend höhere Eintrittstemperatur zu berücksichtigen. Daher geben höhere Dampfdrücke für gleiche Wärmeleistungen kleinere und billigere Heizkörper. Da auch die Festigkeit aller Lufterhitzertypen in der Regel für höhere Drücke bemessen ist, hat es keinen Zweck den etwa vorhandenen Dampfdruck höherer Spannung vor den Heizgeräten abzudrosseln, es sei denn, daß Erwägungen anderer Art, wie die Verkokung der Staubteilchen bei höheren Temperaturen oder Berührungsgefahr eine Rolle spielen.

Bei *Warmwasser* errechnet sich der Energiebedarf aus dem Wärmegefälle zwischen Vor- und Rücklauf also z. B. $\frac{50\,000}{70 - 50} = 2500$ l/h.

[1]) Gröber, Wärmeübertragung 26, Verlag J. Springer, Berlin.

Für alle Lufterhitzer, die durch Dampf oder Warmwasser gespeist werden, ist zu beachten:

1. Ein Lufterhitzer, der für eine Lufttemperaturzunahme z. B. von — 20 auf + 30° berechnet ist, und hierbei 50 000 kcal abgibt, kommt für den Fall, daß die Lufteintrittstemperatur höher liegt, z. B. bei + 10°, nicht etwa auf 60°, Endtemperatur, sondern wegen des nunmehr geringeren mittleren Wärmeunterschiedes zwischen Luft und Dampf, nur auf etwa 48°, d. h. seine Wärmeleistung ist geringer. Bei Elektro- und bei Gaslufterhitzern, bei denen die mittlere Temperatur des Wärmemediums sehr hoch liegt, spielt dieser Unterschied der Wärmeleistung keine wesentliche Rolle.

Die Ermittlung der veränderten Endtemperatur erfolgt mit guter Annäherung nach:

$$\frac{\vartheta_e - t_e}{\vartheta_e - t_e} = \text{const.} = \frac{\vartheta_e - t'_e}{\vartheta_e - t'_a}$$

(Abb. 50), wobei t'_e und t'_a die veränderten Anfangs- und Endtemperaturen der Luft darstellen.

Beispiel:

$$\text{gegeben} \begin{cases} p = 0{,}3 \text{ atü} \\ \vartheta_e = 106° \\ t_e = -20° \\ t_a = +30° \\ t'_e = +10° \end{cases}$$

gesucht t'_a

$$\frac{\vartheta_e - t_e}{\vartheta_e - t_a} = 1{,}66 = \frac{\vartheta_e - t'_e}{\vartheta_e - t'_a}$$

$$t'_a = 48°.$$

2. Die Endtemperatur der Luft hängt außerdem von der durchströmenden Luftmenge ab. Sinkt die Luftmenge, so erhöht sich, und steigt die Luftmenge, so erniedrigt sich die Endtemperatur.

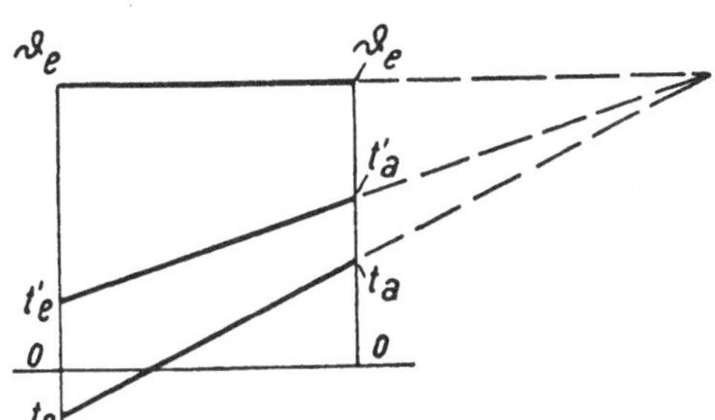

Abb. 50. Wärmeverlauf im Lufterhitzer.

Bei *elektrischen* Lufterhitzern ist die Wärmeleistung nur durch die zugeführte elektrische Energie gegeben. Die Drähte oder Stäbe geben fast die gesamte Wärme an die durchströmende Luft ab. Wie vorher erwähnt, kann man im allgemeinen mit einer Wärmeabgabe von 90% der aufgebotenen Energie rechnen. Soll der Heizkörper z. B. 50 000 kcal abgeben, so würden etwa

$$\frac{50000}{860 \cdot 0{,}9} = 64{,}5 \text{ KW}$$

nötig sein.

Bei Lufterhitzern für eine Durchströmgeschwindigkeit der Luft von über 2 m/s ist die Anordnung einer Sicherheitsvorrichtung zweckmäßig, um eine Überhitzung der Heizdrähte bei vermindertem Luftstrom zu vermeiden. Die Sicherheitsvorrichtung besteht in der Regel aus einer Windfahne in Verbindung mit einer Quecksilber-Kippröhre, durch die bei Verminderung des Luftzuges der Stromkreis unterbrochen wird.

Gaslufterhitzer arbeiten in der Regel mit einer Verbrennungstemperatur von 600 bis 700° C. Die Abgase verlassen den Erhitzer mit etwa 150°, so daß mit einem immerhin nicht geringen Abgasverlust gerechnet werden muß. Der Wirkungsgrad beläuft sich auf etwa 80 bis 85 %. Der Gasverbrauch ergibt sich somit unter der Annahme, daß der untere Heizwert von 1 m³ Gas 4000 kcal beträgt, für einen Lufterhitzer von 50 000 kcal zu

$$\frac{50000}{4000 \cdot 0{,}85} = 14{,}7\ \text{m}^3/\text{h Gas}.$$

Nach den angegebenen Energiebedarfsrechnungen kann somit leicht das für jeden Betriebsfall günstigste Wärmemedium ermittelt werden.

Es sei noch bemerkt, daß ähnlich wie bei dem elektrischen Lufterhitzer auch beim Gaslufterhitzer Vorsorge getroffen werden muß, daß der Lüfter selbst eingeschaltet wird, bevor der Brennersatz sich entzünden kann. Andernfalls würden die Luftrohre (S. 57) infolge der nicht abgeführten Wärme beschädigt werden.

4. Bestimmung von Heizleistung und Luftmenge bei Luftheizungsanlagen

Wie S. 56 hervorgehoben, ist bei reinen Luftheizungsanlagen keinerlei andere Heizung, sei es Zentralheizung oder einzelne Öfen, daneben vorhanden. Durch die Luftheizung sind mithin sämtliche Wärmeverluste zu decken, die der Raum erleidet. Für die Berechnung der erforderlichen Wärmeleistung sind daher zunächst die gleichen Gesichtspunkte zu beachten, die bei der Bemessung einer örtlichen Heizung vorliegen. Es muß eine Wärmebedarfs- oder -Transmissionsrechnung durchgeführt werden. Dies geschieht durch die allgemeine Wärmedurchgangsgleichung:

$$Q = k \cdot F \cdot (t_i - t_a) \text{ in kcal/h}$$

darin ist

t_i = Innentemperatur (gewünschte) in ° C
t_a = Außentemperatur (tiefste) in ° C
k = Wärmedurchgangszahl in kcal/m² h° C
F = Wärmeverlust-Fläche in m².

Der Wärmedurchgangskoeffizient k ist je nach der Materialart und Stärke der Wände verschieden. Außerdem sind für Dächer, Oberlichte, Decken, Fußböden, Türen und Fenster besondere Werte einzusetzen, wie sie für eine genauere Rechnung nach folgender Tabelle 6 angewendet werden können.

Zu den so ermittelten Werten kommen noch Zuschläge für Himmelsrichtung, Windanfall und Räume mit mehreren Außenflächen. Hierfür sind die Werte nach Tabelle 7 maßgebend.

Da nicht in allen Fällen genaue Zeichnungen mit sämtlichen Angaben zur Verfügung stehen, kann mit guter Annäherung der Wärmebedarf für Gebäude nach den Schaubildern in Tabelle 7a gewählt werden.

Sind in den Räumen besondere Absaugeanlagen irgendwelcher Art vorhanden, bei welchen die aus dem Raum entnommene Luft ins Freie tritt, so sind zu der oben erwähnten Gesamtverlustzahl noch diejenigen Wärmemengen zuzuschlagen, die mit der abgesaugten Luft den Raum verlassen.

Andererseits sind naturgemäß etwaige Wärmequellen, wie Öfen für industrielle Zwecke oder ähnliches in Abzug zu bringen.

Ist auf diese Weise die gesamte Wärmeleistung, die von der Luftheizung bzw. von dem zentral angeordneten Lufterhitzer oder der Gesamtzahl der einzeln verteilten Luftheizgeräte aufzubringen ist, zuzüglich der Lufterwärmung auf Raumtemperatur bei Frischluftheizung ermittelt, so ergibt sich die Luftmenge aus folgender Berechnung:

Die kälteste Außentemperatur war schon bei der Transmissionsrechnung berücksichtigt und betrage $t_a^0 = -15°$ im Mittel für Deutschland. Die Temperatur, mit der die Luft in den zu beheizenden Raum eintritt, soll nach allgemeinen Grundsätzen in der Regel 50° nicht überschreiten, da bei höherer Temperatur und etwaiger unmittelbarer Berührung der eintretenden Warmluft mit dem menschlichen Körper schon Unbehaglichkeit eintritt. Es muß alsdann wiederum die Grundgleichung erfüllt sein (S. 19):

$$V = \frac{Q \cdot (1 + a\, t_1)}{c_p\, (t_2 - t_1)}$$

Setzt man nunmehr einen Erfahrungswert von 25 kcal/m³ beheizten Wohnraum bei einer Außentemperatur von $-15°$ ein, so ergibt sich je m³ beheizten Raumes eine Luftmenge von etwa 1,16 m³/s, d. h. man kann im allgemeinen bei der Luftheizung, wenn man von dem Wärmebedarf ausgeht, mit einem ein- bis zweifachen Luftwechsel rechnen. Man wird auch einen zweifachen Luftwechsel nicht überschreiten, um nicht allzu große Heizflächen zu benötigen. Für Fabrikräume wird man allerdings auf 30 bis 35 kcal/m³ heraufgehen und damit einen 3fachen Luftwechsel erreichen.

Tab. 6. *k*-Werte zur Wärmebedarfsrechnung[1])

Wände (Ziegel)	12	25	38	51	64	77	90
einseitig verputzt Außenwand	2,6	1,8	1,38	1,11	0,93	0,8	0,7
beiders. „ „	2,5	1,7	1,34	1,09	0,91	0,79	0,69
„ „ Innenwand	1,9	1,33	1,04	0,85	0,71	0,62	0,55

Türen, Fenster, Oberlichte:	
Außentür Holz	3,5
„ Eisen	6,5
Innentür	2,5
Einfachfenster, Holz	6,0
Verbundfenster, Holz	3,0
Doppelfenster, Holz	2,8
Eisen- u. Stahl-Einfachfenster	6,5
„ „ „ -Verbundfenster	3,8
„ „ „ -Doppelfenster	3,5
Oberlicht, einfach	6,5
„ doppelt	3,0
Dächer, unverschalte: Ziegel, Wellblech, Zink- oder Kupferblech auf Latten	10
mit gedichteten Fugen	5
Schalung auf Sparren, Oberseite	2,4

Decken (Fußböden)	Wenn der Raum darüber kälter	wärmer ist
Holzbalken		
2,5 cm Brettstärke	2,1	1,7
3,5 „ „	1,8	1,45
6,0 „ „	1,28	1,11
Holzbalken, unten verputzt, 14 bis 26 cm hoch		
Dicke der Holzdielung 1,8 cm	1,22	1,04
„ „ „ 3,5 „	1,03	0,9
Holzbalken mit Einschub, Füllung 10 cm		
Lehm oder Sand	0,69	0,61
Schlacke	0,53	0,49
Kork oder Torfleichtplatten	0,63	0,49
Stahlbetondecken 7,5 cm	2,8—3	2,1—2,2
„ 15 „	2,3—2,4	1,8—1,9

[1]) DIN 4701 Juli 1947 für weitere Angaben.

Tab. 7. Zuschläge zur Wärmebedarfsrechnung

	Zuschlag in %	
I. Lage:		
Nach NW, N, NO	+ 5	
„ S, SO	— 5	
„ SW, W, O	0	
II. Windanfall		
normale Gegend, geschützt	7—13	Für Eckräume und Räume mitgegenüberliegenden Fenstern die höheren Werte
„ „ frei	14—27	
windstarke Gegend, geschützt	12—22	
„ „ frei	20—40	

Maximaler Wärmebedarf von Gebäuden (Anhaltszahlen) [1])

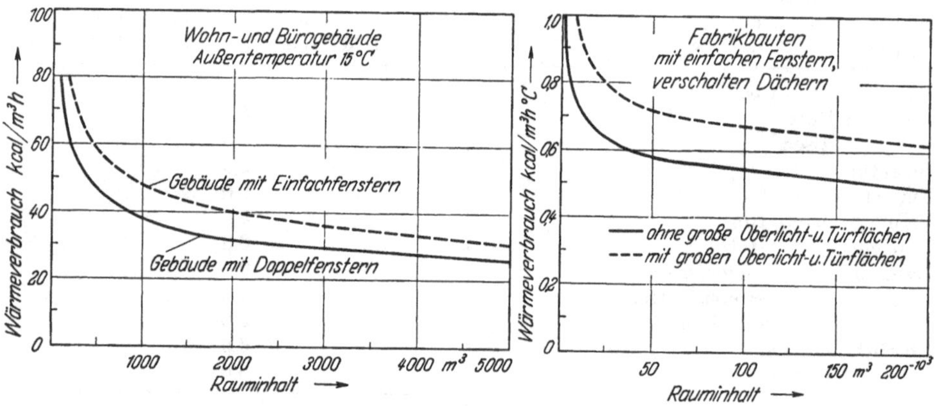

Im Sommer kann bei Sonneneinstrahlung auf weiße Oberflächen unter Annahme senkrechter Bestrahlung mit einer Übertemperatur von 15° C über die umgebende Lufttemperatur gerechnet werden.

5. Verwendung der Lufterhitzer als Kühlgeräte

In allen Räumen, in denen im Winter die gesamte oder zusätzliche Heizung durch die beschriebene Luftheizung mittels Warmwasser gedeckt wird, läßt sich im Sommer mit denselben Geräten eine gewisse Kühlung erzielen. Durch Anschluß der Lufterhitzer an das meist etwa 10grädige Leitungswasser kann die Raumtemperatur je nach Größe der Heizflächen um etwa bis zu 5° herabgesetzt werden, so daß die Behaglichkeit an heißen Tagen wesentlich erhöht wird. Wasserverbrauch hierbei etwa 0,5 l/h je m³ Raum bei Abführung von 5 kcal. Voraussetzung ist allerdings, daß die Luft bei der höheren Temperatur verhältnismäßig trocken ist, also eine relative Feuchtigkeit φ von nicht über 60 % aufweist, da sonst die Nähe des Taupunktes durch Empfinden der Schwüle die Behaglichkeit wieder herabsetzen würde.

[1]) Nach Recknagel-Springer S. 298, Oldenbourg.

D. Anwendungsgebiete

1. Theater, Großkinos und Konzertsäle

Die Lüftungsanlagen von Theatern, Lichtspielhäusern und Konzerthallen werden zweckmäßig entweder als Lufterwärmungsanlagen oder auch als Luftheizungsanlagen ausgebildet (S. 56), wenn nicht Klimaanlagen in Frage kommen.

Theater und Großkinos mit Bühnen und ähnliche Vergnügungsstätten, bei denen eine vom Zuschauerraum getrennte Bühne angeordnet ist, sollen nur nach dem Drucksystem belüftet werden. Dies verlangt schon eine baupolizeiliche Verordnung, um bei einem etwa im Bühnenhause ausbrechenden Brande das Feuer durch den im Zuschauerraum herrschenden Überdruck von den Zuschauern fernzuhalten und auf das Bühnenhaus zu beschränken. Auch die Einführung des eisernen Vorhangs hebt die Notwendigkeit der Drucklüftung nicht auf. In vielen Fällen wird es sich sogar außerdem noch empfehlen, den Bühnenraum zur Unterstützung der eben erwähnten Absicht unabhängig von der Belüftung des übrigen Theaterraumes mit einer Entlüftungsanlage nach dem Saugsystem zu versehen. Daneben ist die bekannte Rauchklappe, die im Bühnenhause 12 % der Bühnenfläche und im Zuschauerraum 3 % der Grundfläche groß sein soll, vorzusehen.

Lüftung von oben nach unten

Nachdem als Lüftungssystem für den Zuschauerraum somit die Drucklüftung gegeben ist, kann man noch zwischen einer Lüftung von oben nach unten oder von unten nach oben wählen.

Bringt man die Zuluft von oben her, also unterhalb der Decke, in den Theaterraum hinein, während man in der Höhe des Parketts oder dicht darüber die Absaugung vorsieht, so spricht man von einer Lüftung von oben nach unten. Diese Belüftungsart hat vorzugsweise im Theaterbau folgende Vorteile:

1. Die einströmende Luft kommt nicht unmittelbar nach Verlassen des Zuführungskanals mit den Zuschauern in Berührung, sondern erst nach einer entsprechend der Vergrößerung des Querschnitts verminderten Geschwindigkeit.
2. Eine Aufwirbelung von Staub am Fußboden des Parkettes, wie er bei einer unteren Zuführung der Luft auftreten würde, wird bei dieser Art vermieden.
3. Die von oben her eintretenden Luftmassen sind im Sommer und im Winter meist infolge ihrer geringeren Temperatur und größeren Trockenheit schwerer als die im Raum befindlichen und sinken infolgedessen bis zu einer gewissen Höhe herunter, wo sie eine gute Durchmischung mit der Raumluft und damit eine Anwärmung erfahren.
4. Eine gute Verteilung der Lufteintrittsöffnungen über den ganzen Raum ist an der Decke in der Regel einfacher als am Fußboden, wenn man im Fußboden Eintrittsöffnungen wegen etwaiger Staubanhäufung in den Kanälen vermeiden will.
5. Bei einem auf der Bühne ausbrechenden Brande entsteht ein starker Auftrieb im Bühnenhaus. Würde die Absaugung im Zuschauerraum oben stattfinden, so würde selbst beim Drucksystem der Übertritt des Feuers in den Zuschauerraum erleichtert werden. Bei der Lüftung von oben nach unten wird er erschwert.
6. Die Zuführung der Luft unter den Bänken bringt leicht Zugempfindungen an den Füßen mit sich, welche durch die Belüftung von oben ausgeschlossen wird.

Wie S. 18 beschrieben, kann die Zuführung der Luft von oben nach dem Verdrängungs- oder dem Strahlprinzip erfolgen. Beide Arten kommen in Theatern u. dgl. zur Anwendung. Wenn die Länge des Raumes genügend groß ist, wird in letzter Zeit vielfach das Strahlprinzip bevorzugt.

Lüftung von unten nach oben

Demgegenüber treten als Vorteile der Lüftung von unten nach oben, bei welcher also die Zuluft im Parkett oder dicht darüber eintritt und die Abluft an der Decke abgesaugt wird, in Erscheinung:

1. Die meist bequemere Einbaumöglichkeit der Zuluft-Aggregate in Verbindung mit den Kanälen im Erdgeschoß bzw. die Vermeidung langer Verbindungskanäle nach oben. Eine Anordnung der Heizkammer unterhalb der Decke dürfte wohl häufig nicht in Betracht kommen.
2. Die Zuführung der frischen unverbrauchten Luft, unmittelbar in die Nähe der Zuschauer.
3. Die Möglichkeit unter Berücksichtigung des Punktes 2) unter Umständen einen geringeren Luftwechsel zuzulassen.
4. Die Strömungsrichtung der Luft entspricht der Auftriebsrichtung.

Es ist aus den Betrachtungen zu ersehen, daß eine allgemein gültige Regel über die Richtung der Luftführung sich nicht aufstellen läßt. Wenn auch wohl in vielen Fällen die große Zahl der erwähnten Vorzüge für die Lüftung von oben nach unten spricht, können doch ebenso häufig Bedingungen eintreten, welche die entgegengesetzte Lüftungsart verlangen. Es muß daher an Hand des Bauplanes eine eingehende Untersuchung aller Möglichkeiten, insbesondere hinsichtlich der Verlegung der Kanäle, der Anordnung von Ein- und Austrittsöffnungen und des Aufstellungsplatzes für die gesamte Lufterwärmungsanlage vorgenommen werden.

In Anlehnung an das Gesagte soll eine Ausführungsform einer Lüftungsanlage von oben nach unten näher beschrieben werden:

Jede Seite des Hauses (links und rechts) bekommt eine getrennte Heizkammer, in welcher auch der Lüfter für Zuluft und gegebenenfalls ein Filter Aufstellung findet. Von den beiden Kammern steigen senkrechte Schächte nach oben zur Decke und münden dort in je einen waagerechten Kanal, der sich in der Längsrichtung des Theaters hinzieht. Aus dem Kanal, der architektonisch verkleidet werden kann, und an dem unter Umständen auch Beleuchtungskörper angebracht werden können, strömt die vorgewärmte Luft durch Schlitze, die über die ganze Länge verteilt sind, in den Zuschauerraum aus. Nachdem sie sich hier mit der Raumluft vermischt hat, strömt sie den seitlich angebrachten Abluftöffnungen, die sich etwa in 25 bis 30 cm Höhe über dem Fußboden an den Seitenwänden befinden, zu. Hier wird die Abluft alsdann durch je einen längslaufenden horizontalen Kanal mit einem Sauglüfter ins Freie befördert.

Um auch die in Rängen und Logen sich bildenden toten Ecken, in denen sich häufig die Wärme besonders staut, vom Luftstrom bestreichen zu lassen, ist es zweckmäßig, den Abluftkanal in seinen vorderen Teilen an zwei oder drei Stellen durch senkrechte Stichkanäle bis zum obersten Rang abzuzweigen und auf diese Weise einen Teil der Frischluft auch hierher zu leiten.

Es ist selbstverständlich, daß sämtliche Lüfter für einen möglichst ruhigen Gang ausgebildet werden müssen. Hierzu verhilft es wesentlich, wenn die Kanäle mit ausreichendem Querschnitt, d. h. etwa für eine maximale Geschwindigkeit von 4 m bemessen, und ebenfalls die Ein- und Austrittsöffnungen für Durchschnittsgeschwindigkeiten von 0,5 bis 1 m/s gewählt werden. Wird außerdem der Lufterhitzer und auch das Filter (S. 113) reichlich dimensioniert, so werden sich im ganzen verhältnismäßig geringe Widerstände für die Bemessung des Lüfters ergeben, die eine geringe Umfangsgeschwindigkeit und damit einen ruhigen Lauf des Lüfters ermöglichen. Sollten sich größere Widerstände nicht vermeiden lassen, so hat man noch die Möglichkeit, das Gehäuse des Lüfters statt wie gewöhnlich aus Schmiedeeisen, aus Beton oder Steinzeug herzustellen, um eine Dämpfung des Luftgeräusches schon im Gehäuse herbeizuführen. Über elastische Unterlagen und Verbindungsstücke vgl. S. 224.

Ein weiteres Beispiel soll die grundsätzliche Anordnung einer Belüftung von unten nach oben darstellen. Es wird vorausgesetzt, daß die Sitzgelegenheit im Zuschauerraum lediglich aus fest angeordneten Sitzplätzen oder Bankreihen besteht. Die Heizkammer für die Belüftung kann in diesem Falle für beide Seiten des Hauses zusammengefaßt, etwa in der Mitte hinter den letzten Parkettreihen angeordnet werden. Von hier führt ein horizontaler Hauptkanal unterhalb des Fußbodens bis nahe an die Bühne bzw. an den Orchesterraum. Unterhalb jeder Sitzreihe etwa sind senkrecht vom Hauptkanal abzweigende, horizontal liegende Stichkanäle anzuordnen. Aus diesen tritt die vorgewärmte Frischluft, da es sich, wie meist, um ein stufenweise ansteigendes Parkett handelt, an den vertikalen Wänden dieser Stufen durch Schlitze in den Zuschauerraum.

Die Abluft kann durch Längskanäle an der Decke ins Freie befördert werden. Bei großen Anlagen kann man auch Umluft- oder Mischluftbetrieb vorsehen durch Verbindung des Absaugekanals mit dem Rohluftraum der Heizkammer. Abbildung 51 zeigt eine solche Belüftung von unten nach oben. Die vorgewärmte Zuluft ist hier sowohl dem Parkett als auch den Rängen

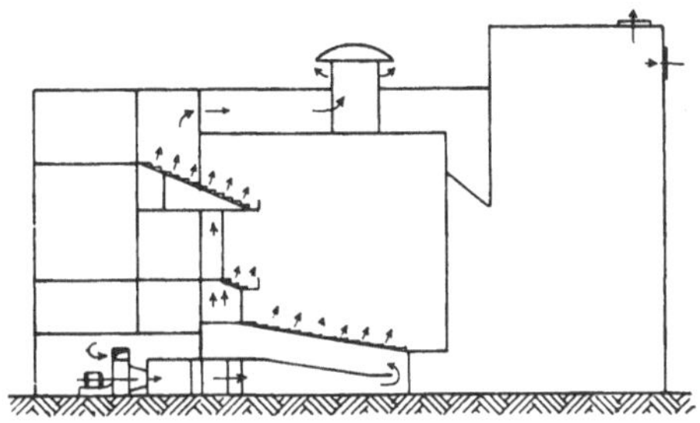

Abb. 51. Schema einer Theaterlüftung von unten nach oben.

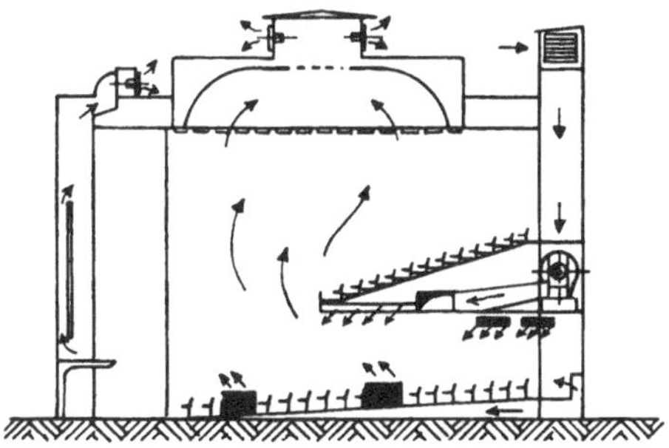

Abb. 52a. Schema einer Kinolüftung mit Frischluft entnommen über Dach.

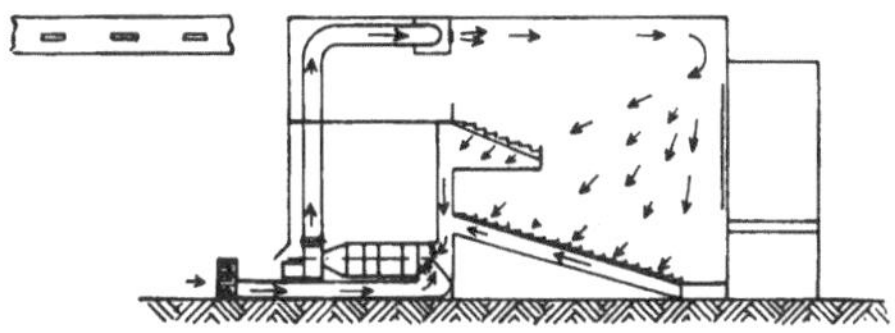

Abb. 52b. Schema einer Strahllüftung in einem Theater.

durch Steigekanäle zugeführt. Die Abluft entweicht durch natürlichen Auftrieb. Eine Rauchklappe ist im Zuschauerraum und Bühnenhaus vorgesehen.

In Abbildung 52a und 52b ist die Lüftung von Lichtspieltheatern dargestellt. Als Heizkammer ist in Abb. 52a unter günstiger Raumausnutzung der Zwickel zwischen Rang und Parkettdecke ausgewählt. Die Frischluft wird von über Dach entnommen und nach Erwärmung unter den Sitzreihen und in Ranghöhe in den Theaterraum geleitet. Dadurch erübrigt sich ein Filter. Die Abluft wird durch Schraubenlüfter sowohl in der Kuppel wie auch an der Bildwand abgesaugt. Die Belüftung des Kinos in Abb. 52b arbeitet nach dem Strahlprinzip von oben nach unten.

Zu empfehlen ist bei Lichtspieltheatern eine besondere sehr kräftige Absaugungsanlage für den Vorführungsraum. Die Kanäle für Abluft und Zuluft müssen mit der Atmosphäre in Verbindung stehen. Man sollte hier stets einen 30- bis 40fachen Luftwechsel vorsehen, um im Falle einer Brandstörung die Rauchschwaden so schnell wie möglich entfernen zu können.

Um außerdem die Luft im Theater noch etwas mit Sauerstoff anzureichern, und gleichzeitig etwaige Geruchbildung, wie sie besonders im Sommer der Schweiß der

Menschen mit sich bringt, zu beseitigen, kann man der Zuluft geringe Mengen Ozon beimischen. Über Kühl- und Befeuchtungsanlagen mittels Luftwäscher und Klimaanlagen vgl. S. 86.

Man rechnet für Theater- und Bühnensäle etwa mit 30 bis 40 m^3/h je Kopf. Die sich daraus ergebende Luftmenge, die je nach der Höhe des Hauses einen etwa 2- bis 6fachen Luftwechsel ausmacht, ist der Bemessung des Drucklüfters entsprechend dem System der Drucklüftung zugrunde zu legen (S. 18). Die Saugleistung ist auf etwa 60 bis 70 % dieser Leistung zu vermindern, um einen geringen Überdruck im Raum zu erzielen.

Für den Bühnenraum bei getrennter Belüftung ist entsprechend seiner Größe der gleiche Luftwechsel zugrunde zu legen, jedoch für eine Sauglüftung mit der Maßgabe, daß die Leistung der Drucklüfter gegenüber der der Sauglüfter auf das oben erwähnte Maß verringert wird.

Für die Bemessung der Lufterhitzer wird man eine Erwärmung der Zuluft für den Zuschauerraum auf etwa 20 bis 22° wählen. Eine besondere Anordnung von örtlichen Heizflächen wird sich im Zuschauerraum selbst erübrigen, wenn dieser von einem geheizten Foyer umgeben ist und Fenster nicht vorhanden sind. Für den Bühnenraum wird man mit der Temperatur höher gehen, und die Lufterhitzer für eine Endtemperatur von etwa 40° festlegen in Anbetracht dessen, daß im Bühnenraum die Künstler häufig in wenig bekleidetem Zustande auftreten und ein Übertritt der Luft in den Zuschauerraum nach dem Vorhergesagten nicht eintreten soll.

Daß eine moderne Theaterlüftung auch eine Fern-Thermometer- und -Hygrometereinrichtung haben muß, die den überwachenden Heizungsbeamten im Heizraum bzw. an der Schalttafel die Möglichkeit der Einhaltung einer konstanten Temperatur und Feuchtigkeit geben muß, ist selbstverständlich.

2. Lehranstalten

Die Lüftung von Lehranstalten bzw. Schulen ist (S. 26) ausführlich besprochen. Hiernach ergibt sich als zweckmäßigstes System für Schulen und Hörsäle von Hochschulen die Drucklüftung.

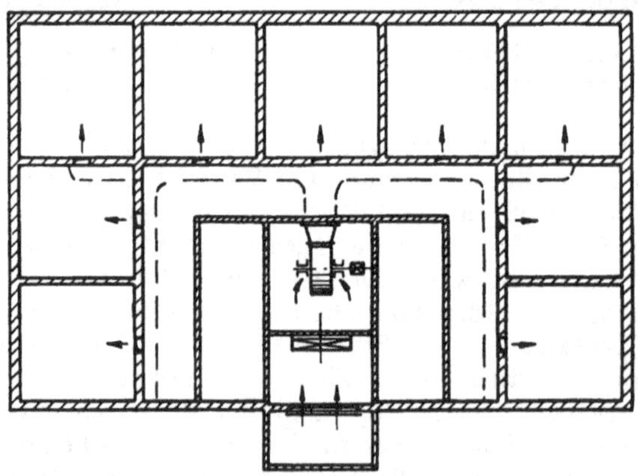

Abb. 53. Schema einer Lufterwärmungsanlage in einer Lehranstalt.

Diese Lüftung ist für die kalte Jahreszeit als Lufterwärmungsanlage auszubauen. Die Anordnung kann hierbei am besten so getroffen werden, daß im Keller eine Heizkammer geschaffen wird, für den Einbau von Lüfter, Filter und Lufterhitzern nach Abbildung 53. Die Luft wird durch ein Filter von außen angesaugt, über ein Lufterhitzersystem geleitet und strömt alsdann in einen horizontalen Verteilungskanal nach beiden Seiten des Schulgebäudes. Dieser Kanal ist begehbar eingerichtet und kann somit einer gründlichen Reinigung unterworfen werden. Aus ihm steigen senkrechte Schächte an den Wänden der Klassenräume hoch und bringen die Warmluft durch unter der Decke angebrachte Austrittsöffnungen in die einzelnen Klassenräume.

Für die Abluft sind zweckmäßig an den Trennwänden Öffnungen in etwa 30 cm Höhe oberhalb des Fußbodens an senkrechten Schächten vorzusehen, die im Dachgeschoß durch einen waagerechten Kanal an den gemeinsamen oder auch für jeden Flügel besonders angeordneten Sauglüfter angeschlossen werden. Auf diese Weise ist eine gute Durchströmung der Zimmer mit frischer, warmer Luft gewährleistet.

Man kann auch, um an Kosten zu sparen, ohne besondere Sauglüfter arbeiten. In diesem Falle wird man allerdings nur kurze Abluftkanäle vorsehen, die in die einzelnen Stockwerksflure münden. Eine solche Einrichtung hat jedoch den Nachteil, daß die schlechte Abluft dauernd in die Korridore strömt und erst nach und nach durch vorhandene Undichtigkeiten entweicht. Immerhin sollen sich auch solche Anlagen gut bewähren.

In Charlottenburg wurden bereits vor dem letzten Kriege eine Reihe von Lehranstalten mit solchen Lufterwärmungsanlagen ausgestattet, die sich nach Veröffentlichung von Magistratsbaurat Schmidt gut bewährten und in nicht allzu harten Wintern als volle Luftheizungsanlagen für die Klassenräume dienten, wenn auch örtliche Heizkörper als Reserve und zum Anheizen eingebaut waren. In diesen Anstalten war auch noch eine besondere Nachwärmung der Luft (S. 59) vorgesehen. Sie bestand in Radiatoren, die am Anfange jedes senkrechten Zuluftschachtes in einem Glaskasten unter Staubschutz angeordnet sind und die zweite Stufe der für jeden Klassenraum nötigen Lufterwärmung bildeten.

Der Luftwechsel bzw. die Luftmenge für Schulen ist aus dem Abschnitt II zu entnehmen, an der gleichen Stelle auch die Abmessungen über die Kanäle, Luftein- und -austrittsöffnungen. Die Lufterhitzer sind für eine Erwärmung von der niedrigsten Außentemperatur bis auf etwa 28° C vorzusehen. Bei zweistufiger Ausbildung kann die Vorwärmung in der ersten Stufe auf etwa 20° und die Nachwärmung auf etwa 26° gewählt werden. Es sei noch erwähnt, daß auch eine Belüftung mit geringerer Luftmenge möglich ist, wenn die erwärmte Frischluft durch Kanäle in unmittelbare Nähe des einzelnen Schülers gebracht wird und etwa an seinem Pulte austritt. Man konnte hier, wie amerikanische Ausführungen bestätigen, bis auf 13 m^3/h je Schüler zurückgehen.

3. Tresore

Zu den Räumen, die einer künstlichen Lüftung im Sommer wie im Winter ganz besonders bedürfen, gehören die Tresorräume der Banken. Dies sind in der Regel in unterirdischen Gewölben eingebaute Räume, die keinerlei Fenster aufweisen und außerdem so starke Umfassungswände und Türen besitzen, daß die etwa durch Undichtigkeiten ein- und ausströmende Luft gleich null zu setzen ist. Da aber häufig eine Reihe von Personen ständig in diesen Räumen zu arbeiten haben, ist die Lüftung besonders sorgfältig durchzuführen.

Aus Sicherheitsgründen dürfen Tresorräume keine größeren Ein- und Austrittsöffnungen für die Luft besitzen, um eine Verwendung dieser zu einem Einbruch auszuschließen. Man hilft sich dadurch, daß man eine Reihe kleiner meist runder Kanäle von etwa 25 bis 50 mm ⌀ anordnet, die in *Z*-Form oder ähnlichen Krümmungen an zwei Seiten die Wände durchsetzen (Abb. 54). Diese Wanddurchbrüche schließt man an einen horizontalen Kanal unter der Decke des meist um den Tresorraum angeordneten Kontrollganges an, wo er alsdann in einen senkrechten Schacht in der Mauer mündet. Die eine Seite wird an den Drucklüfter, die andere an den Sauglüfter angeschlossen, der die Luft ins Freie abführt.

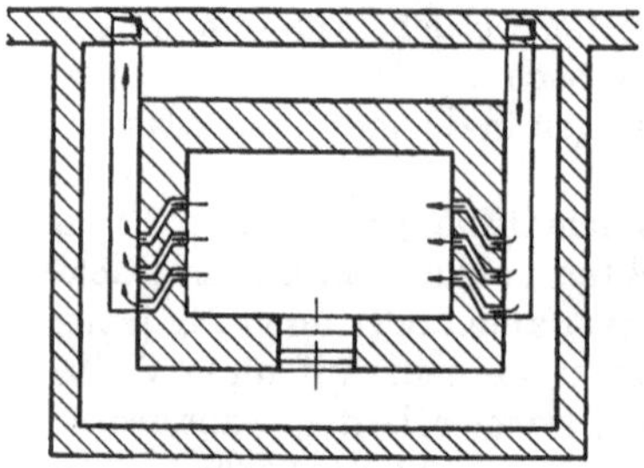

Abb. 54. Schema einer Tresorlüftungsanlage.

Die Aufstellung der Lüfter kann an einer beliebigen Stelle im Hause oder auch z. B. auf dem Dache des Hauses erfolgen.

Der Drucklüfter ist auf einfachste Weise mit einem Lufterhitzer auf der Druckseite und gegebenenfalls mit einem Filter auf der Saugseite zu verbinden. Da es sich meist um kleinere Luftmengen handelt, ist der gesamte Platzbedarf für die Lufterwärmungsanlage nicht groß.

Irgendeine Berührung der Umfassungsmauern mit der äußeren Luft besteht im Tresorraum in der Regel nicht. Daher entfällt auch jegliche Atmung der Mauern; man wird aus diesem Grunde einen 6- bis 8fachen Luftwechsel wählen. Als System ist die ausgeglichene Lüftung (S. 18) zu empfehlen, bei welcher man also die Leistung der Saug- und Drucklüfter gleich groß hält, um keinerlei Druck auf die an sich schon schwer zu öffnenden Türen zu bekommen. Für die Bemessung des Lufterhitzers genügt eine Erwärmung auf etwa 25°, wobei sich noch eine besondere Heizung bei mäßigen Außentemperaturen erübrigen wird, da die Transmissionsverluste infolge der dichten Wände äußerst gering sind.

Auf diese Weise würde die Lufterwärmungsanlage hier gleichzeitig als Luftheizung dienen.

Bei der Widerstandsrechnung der Kanäle sind besonders die erwähnten Mauerdurchbrüche zu beachten, deren Widerstandswert für sich nach Maßgabe der durchtretenden Luftmengen und der scharfen Krümmungen (Tab. 2) zu berechnen ist. Oftmals wird auf diese Durchbrüche allein ein Anteil von etwa 50 bis 60 mm WS Widerstand entfallen.

Die Lüfter, die ruhiglaufend zu wählen sind, können zuweilen auch die Belüftung der übrigen Bankräume mitversorgen. Alsdann sind Abzweigkanäle in den oberen Geschossen vorzusehen. Besser wird jedoch immer eine getrennte Anlage im Tresorraum sein.

4. Kirchen

Die Kirchenlüftung ist schon S. 29 beschrieben. Mit dieser Lüftung kann gleich eine Luftheizung für den Winter verbunden werden. Da die Räume in der Kirche außerordentlich hoch, die Wände in der Regel sehr stark sind, ist in Berücksichtigung des unterbrochenen Betriebes eine Erheizung der Kirche durch örtliche Heizkörper außerordentlich schwierig. Aus diesem Grunde ist wohl die Luftheizung für Kirchen die beste Lösung der Heizungs- und Lüftungsfrage. Wie erörtert, verlegt man für die Lüftung zweckmäßig ein Kanalsystem unter dem Fußboden und läßt die Luft unter den Bänken austreten.

Die gleiche Anordnung ist für die Luftheizung im Winter besonders günstig. Die vom Lüfter angesaugte Luft wird durch einen Erhitzer erwärmt und strömt unmittelbar unterhalb der zu erwärmenden Person aus. Man kann hierbei die meist in Kirchen vorhandenen Fußbänke für die Luftausströmung benutzen. Auf diese Weise wird man in der unteren Schicht des Raumes eine genügende Erwärmung bei dem immerhin vorübergehenden Aufenthalt der Kirchenbesucher erzielen. Es bedarf keines Hinweises, daß man die Kanzel bzw. das Podium, auf dem der Geistliche steht, ebenfalls in das Kanalsystem der Warmluftzuführung einschließen muß. Für die Bemessung des Lufterhitzers und der Lüfter kann man von einem 1- bis 2fachen Luftwechsel ausgehen, während man eine Erwärmung der Luft auf 35 bis 40° vorsehen wird.

Es ist durchaus angängig, bei nicht zu großen Kirchenräumen auch zwei Luftheizgeräte, eines an jeder Seite des Mittelganges, einzubauen und die Luft auf der gegenüberliegenden Seite durch Schlitze an dem meist vorhandenen erhöhten Teil nahe dem Altar durch einen außerhalb der Kirche gelegenen Lüfter abzusaugen.

5. Krankenhäuser

In Krankenhäusern wird man hauptsächlich diejenigen Räume in den Kreis der Lüftungs- und Lufterwärmungsanlagen einbeziehen, in welchen die Patienten vor Zugluft äußerst geschützt sein müssen und eine möglichst staubfreie und bakterienreine Luft zur Verfügung stehen muß. Dies trifft also vorzugsweise auf die Behandlungszimmer, die Operationsräume und die Röntgenzimmer zu.

Aus diesen Gründen wird man die erwähnten Räume nach dem Drucksystem (S. 17) unter leichten Überdruck setzen und auf eine besonders fein verteilte Luftzu- und -abführung Wert legen. Die Ein- und Austrittsgeschwindigkeiten dürfen 0,5 m nicht übersteigen. Die Lüfter sind zweckmäßig für einen 5fachen Luftwechsel zu bemessen, der jedoch durch Abwärtsregelung der Motoren oder gegebenenfalls durch Drosselung auf etwa die Hälfte während der Benutzung herabzumindern ist. Sämtliche Kanäle, insbesondere die horizontalen, müssen durch Reinigungsöffnungen zugänglich sein, um leicht von etwaigem Staubanfall befreit werden zu können. Die Lufterhitzer sind für eine Erwärmung auf etwa 35° einzurichten. Auf besonders gute Auswahl der Filter ist Wert zu legen (S. 113). Die Belastung der Filter ist möglichst gering zu wählen. damit eine nicht zu häufige Reinigung notwendig ist, da erfahrungsgemäß die Reinigung sonst leider oftmals überhaupt vernachlässigt wird. Spielt die Kostenfrage keine Rolle, so ist die Anwendung eines Keimfilters zu empfehlen, wie sie S. 120 erörtert ist, wodurch eine weitgehende Fernhaltung von schädlichen Bestandteilen der Luft ermöglicht wird.

In Krankenhäusern, in denen die Bakterien besonders leicht durch die Luft übertragen werden, wie solche für Tuberkulose, Hals, Nasen, Ohren und ähnliches, ist es zweckmäßig, zwei Filter vorzusehen, eines vor dem Lüfter, das andere als Keimfilter vor dem Eintritt der Luft in den Raum. Auf keinen Fall ist Umluft zu benutzen. Auch hinter den Absaugeöffnungen ist ein Keimfilter erwünscht, um die Kanäle reinzuhalten.

Die Aufstellung der Lüfter ist beliebig, jedoch soll die Zuluft trotz der Filterung möglichst von der Hinterseite über Rasenflächen oder von oben her über Dach entnommen werden, um auch Gerüche und gasförmige Bestandteile, die nicht der Abscheidung im Filter unterliegen, fernzuhalten.

6. Bürohäuser und Verwaltungsgebäude

Die Zunahme der großen Bürohäuser bzw. der Hochhausbauten nach amerikanischem Vorbilde macht auch in Deutschland weitere Fortschritte. Damit wachsen auch die Ansprüche, die man an eine moderne Lüftungsanlage für die ganze Jahreszeit für alle in solchen Häusern vorhandenen Räume stellt.

Man faßt zweckmäßig in derartigen Gebäuden alle gleichartigen Räume zusammen, so daß sich also folgende Unterteilung ergibt:

1. Büroräume, 2. Sitzungszimmer und Vortragssäle, 3. Abortanlagen und Garderoben, 4. Kasino-Küchen, 5. Kasino-Räume.

Die in Ziffer 1 genannten Räume sind nach dem Drucksystem zu belüften, wobei besondere Sauglüfter nicht vorgesehen werden brauchen. — In solchen Fällen kann die Abluft auch über die Flure nach außen ohne besondere Lüfter entweichen.

Die in Ziffer 2 genannten Räume wird man in den meisten Fällen nach dem ausgeglichenen System belüften, um jegliche Störungen durch Druck- oder Unterdruckwirkung auszuschließen (S. 18).

Die Abortanlagen und Garderoben erhalten besondere Abluftanlagen nach dem Saugsystem (S. 18).

Die Kasinoküchen werden in den meisten Fällen Entnebelungsanlagen (S. 124) erhalten, die ganz getrennt von allen übrigen Anlagen arbeiten müssen.

Die Kasinoräume selbst erhalten Zu- und Abluftanlagen. Man wird auch hier, ähnlich wir für Ziffer 2, vorzugsweise die ausgeglichene Lüftung wählen, um weder die meist mit der Küche durch die Ausgabe in offener Verbindung stehenden Räume bei Unterdruck mit dem Küchendunst zu erfüllen, noch auch bei Überdruck den Kasinogeruch auf das Treppenhaus zu übertragen.

Die Treppenhäuser dürfen mit der gesamten Lüftung des Hauses nur so in Verbindung stehen, daß Rauchschwaden oder aufsteigende Flammen im Fall eines Brandes niemals vom Treppenhaus in die Räume gesaugt werden können. Aus diesem Grunde ist es zu vermeiden, Räume, die unter Unterdruck stehen, wie Ziffer 3 und gegebenenfalls auch Ziffer 4, unmittelbar an die Treppenhäuser zu legen. Läßt es sich durchaus nicht umgehen, so müssen schleusenartige Doppeltüren vorgesehen werden.

Lüfter und Heizkammern für die Ziffern 1 und 2 werden zweckmäßig im Erdgeschoß vorgesehen. Der Einbau kann ähnlich wie der für Schulen (S. 25) vorgenommen werden.

Man wird häufig auch hier die Lufterwärmungsanlage in Verbindung mit Nachwärmeanlagen ausführen, um je nach Art und Größe der Räume eine für jeden Fall günstige Erwärmung der in den Raum tretenden Luft zu erzielen. Gleichzeitig kann man auf diese Weise aber auch den Feuchtigkeitsgrad beeinflussen (S. 59), indem zwischen der ersten und zweiten Stufe der Erwärmung eine Befeuchtung der Luft durch einzubauende Streudüsen erzielt wird. Diese hat im Winter außer der größeren Behaglichkeit für die Menschen auch den Vorzug, daß z. B. in besonders gut ausgestatteten Sitzungs- und Empfangsräumen kostbare Möbel und Holzverkleidungen nicht allzu stark austrocknen und rissig werden.

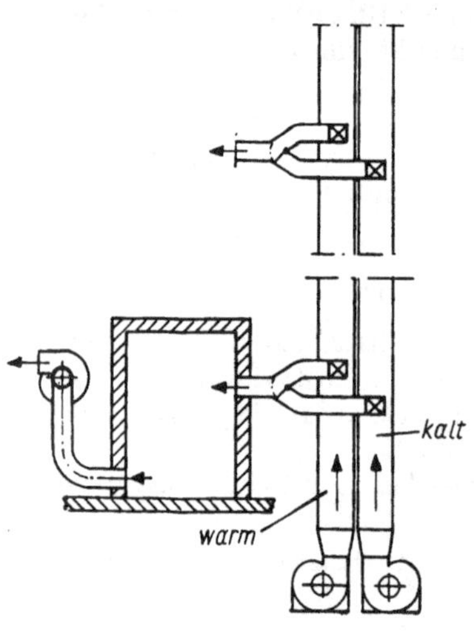

Abb. 55. Schema einer Warmluftanlage für ein Bürohaus.

Eine vereinfachte Anordnung für große Bürohäuser[1]) kann dadurch geschaffen werden, daß im Erdgeschoß zwei Luftsysteme, das eine mit Frischluft, das andere mit vorgewärmter Frischluft arbeitend, angeordnet werden. Jeder der beiden Lüfter drückt seine Luft in einen vertikalen Kanal, der sich über die ganze Höhe des Hauses erstreckt (Abb. 55). Die beiden Kanäle sind nebeneinander angeordnet. In jedem Stockwerk werden diese Kanäle durch zwei horizontale Rohrleitungen angezapft und zu einer Mischklappe geführt, von wo die Luft mit der gewünschten und für jeden Fall einstellbaren Temperatur dem Raume zugeführt wird. Zur Unterstützung können saugende Lüfter

[1]) Heatg. & Vent. Eng. August 1938.

in die horizontalen Kanäle eingeschaltet werden. Es ist durchaus möglich, das Warmluftsystem auch mit einer Befeuchtungsanlage zu versehen.

Die erwähnte Mischklappe kann von einem in jedem Stockwerk angebrachten Thermostaten automatisch gesteuert werden.

Die Berechnung der Luftmenge für die Büroräume ist aus dem Abschnitt über die Belüftung ersichtlich. Für die Sitzungszimmer und Vortragssäle wird im allgemeinen ein 3- bis 4facher Luftwechsel ausreichen.

Für die übrigen erwähnten Räume der Ziffern 3 bis 5 ist die Luftmenge aus den entsprechenden Abschnitten unter Lüftung bzw. Entnebelung zu entnehmen.

Die Lufterhitzer wird man in der ersten Stufe für Erwärmung von der jeweils tiefsten Außentemperatur, also für Deutschland etwa -15° auf $+20^\circ$, in der zweiten Stufe für die Nachwärmung von etwa $+15^\circ$ auf 28° bemessen.

Die Befeuchtung muß ausreichen, um eine relative Feuchtigkeit von etwa 60% bei 28° C zu erzielen (S. 4). Hierbei ist die Wasserdampfabgabe der Menschen von etwa 50 g je Stunde und Kopf einzuschließen.

7. Werkstätten

In großen Werkstätten, wie z. B. Eisenbahnwerkstätten oder Waggonbauanstalten, großen Blech- und Walzwerken, ist man mehr und mehr zu der aus den verschiedensten Gründen vorteilhaften Luftheizung übergegangen (S. 56).

Bei Dampf- oder Warmwasserheizung müßte man bei so großen Räumen schon eine sehr große Zahl von Heizflächen anbringen, ohne daß man in der Lage ist, die

Abb. 56. Wandlufterhitzer mit elliptischen Rohren und Fliehkraftlüfter. (GEA, Wanne-Eickel.)

Abb. 57. Wandlufterhitzer mit runden Rohren und eingebautem Fliehkraftlüfter. (Junkalor, Dessau.)

von den Wänden entfernt liegenden Punkte gut durchzuwärmen. Hier macht man mit Erfolg von der Einzelluftheizung (S. 59) Gebrauch. Man hängt vorzugsweise an den Wänden und an den Säulen die Einzelluftheizgeräte auf und versorgt auf diese Weise einen großen Bereich der Werkstatt mit warmer Luft. Durch günstige Anordnung und Wahl verschieden großer Typen (Abb. 56 u. 57) hat man es dann in der Hand, gerade die Plätze besonders zu erwärmen, an denen gearbeitet wird.

Man wird in der Regel die Luftheizgeräte in einer Höhe von etwa $2^1/_2$ bis 3 m vom Fußboden entfernt anbringen und die warme Luft unten oder oben austreten lassen. Tritt die Warmluft oben aus, so kann eine Belästigung durch die in den Raum geleiteten Luftmassen nicht eintreten. Andrerseits wird bei unterem gut verteilten Austritt die Warmluft unmittelbar dahin geführt, wo die Wärme gebraucht wird.

Handelt es sich um sehr staubige Betriebe, so kann man die Luft von außen entnehmen, und mit Frischluft fahren, was im Sinne der Lüftung naturgemäß immer vorzuziehen ist. Viele Geräte sind daher auch mit Umschaltklappen versehen, um mit Frischluft oder Umluft oder gegebenenfalls auch mit Mischluft arbeiten zu können.

Handelt es sich um solche Betriebe, die selbst möglichst staubfreie Luft benötigen, wie Malerwerkstätten und ähnliche, so muß die eingeführte Luft gefiltert werden. Auch hier kann man einzelne Luftheizgeräte, die gleich mit Filtern versehen sind, verwenden. Allerdings dürfte diese Zusammenstellung nur für kleinere Ausführungen in Betracht kommen, da bei großen Luftmengen die Filterfläche zu groß wird und sich mit den übrigen Teilen nicht mehr gut zu einem Gerät vereinigen läßt. Man muß dann zu einer zentralen Anlage übergehen.

Eine besondere Bedeutung erlangen die Luftheizgeräte noch in solchen Werkstätten, in welchen Absaugeanlagen vorhanden sind, z. B. in Schleifereien und in Tischlereien. Hier können die einzelnen Geräte so über den ganzen Raum verteilt werden, daß die Luft, welche durch die Absaugung dem Raume entnommen wird, gleich wieder durch warme Zuluft ersetzt wird. Die Verwendung der Geräte in Werkstätten, in denen Dämpfe entstehen und eine Entnebelungsanlage notwendig ist, wird auf Seite 124 besonders besprochen.

8. Garagen

Für Garagen und Kraftwagenhallen ist die Luftheizung besonders erwünscht. Für Einzelgaragen genügt ein Luftheizgerät mit Frischluftanschluß, am besten und einfachsten mit Warmwasser-Lufterhitzer. Es ist zweckmäßig, es so anzuordnen, daß der Kühler des Kraftwagens dem warmen Luftstrom ausgesetzt ist. Es braucht dann nur kurz vor Benutzung des Wagens eingeschaltet zu werden.

Für größere Kraftwagenhallen ist die zentrale Luftheizungsanlage die beste Lösung (vgl. S. 59).

9. Durchfahrtheizung

Ein sehr beliebtes Mittel, die Zugluft von Werkstätten fernzuhalten, deren Tore infolge des ununterbrochenen Durchgangsverkehrs fast immer offen bleiben, besteht in der sogenannten Durchfahrtheizung.

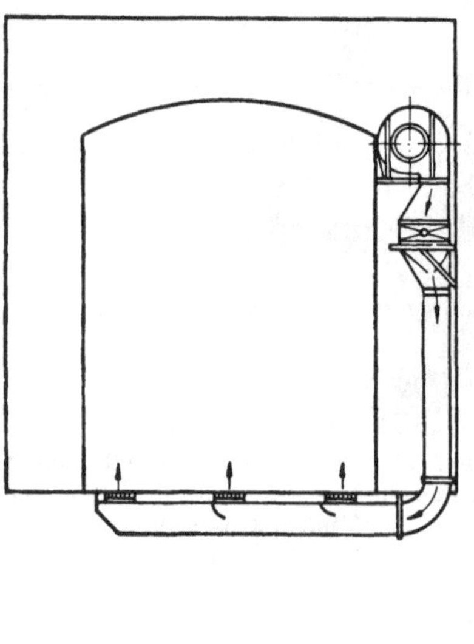

Abb. 58. Durchfahrtheizung.

Diese läßt sich am zweckmäßigsten durch einen Warmluftschleier erzielen. Die Anordnung kann etwa nach Abbildung 58 erfolgen. Ein Fliehkraft- oder auch ein Schraubenlüfter saugt die Luft aus dem Raume an und drückt sie über einen horizontal liegenden Lufterhitzer in einen horizontalen Kanal, der quer unter der Durchfahrt läuft. Aus diesem tritt die Warmluft durch einen Rost senkrecht nach oben aus.

Man bestimmt die Luftmenge einer solchen Einrichtung am besten aus der Austrittsgeschwindigkeit und dem benötigten Austrittsquerschnitt. Als Austrittsgeschwindigkeit sind 8 bis 10 m/s zu wählen je nach der Höhe des zu schützenden Durchgangs. Die Breite des Austrittsquerschnitts in der Durchfahrtsrichtung braucht 200 bis 250 mm nicht zu überschreiten. Um eine möglichst gleichmäßige Luftverteilung zu erzielen, ist es jedoch nötig, Leitbleche in dem horizontalen Kanal vorzusehen.

Der Lufterhitzer ist für eine Erwärmung der Luft auf etwa 50° C zu bemessen.

Bei sehr großen Portalen kann man natürlich eine zweite Einrichtung schaffen, die in gleicher Art von oben her wirkt, oder man kann auch in gewissen Abständen zwei gleichartige Anordnungen hintereinander schalten. Ähnliche Einrichtungen lassen sich auch für Eingänge von Warenhäusern und Geschäftslokalen verwerten.

Eine solche zeigt die Lufttür in Abb. 59. Sie arbeitet mit einem Querstrom-Fliehkraftlüfter, System Dr. Eck, bei dem die Luft am Umfang der Schnecke eintritt, wodurch Platz gespart wird. Es wird hier je ein Luftschleier von unten und von oben erzeugt und die untere Luft gefiltert und gewaschen.

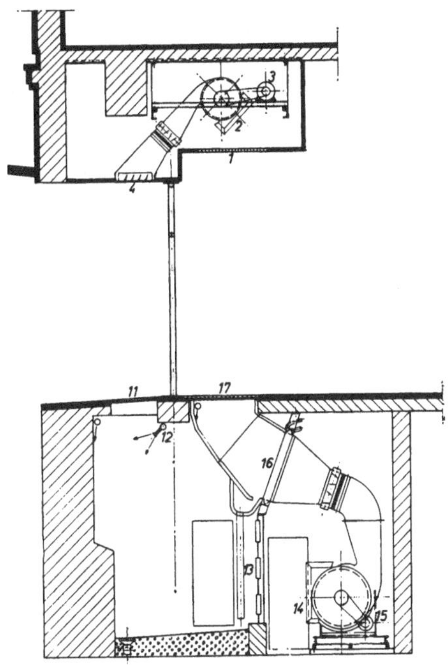

Abb. 59. Lufttür DBP. (Paul Pollrich & Comp., M.-Gladbach.)

10. Grubenbetriebe

Schon seit längerer Zeit versucht man die den Gruben zugeführten Wetter im Winter bei großer Kälte anzuwärmen, um durch Frost eintretende Schäden, wie Einfrieren von Luft- und Wasserleitungen oder Vereisung der Schächte, zu vermeiden. Man hat mit solchen Lufterwärmungsanlagen gute Erfolge erzielt. Die Anordnung besteht nach Biermann darin, daß ein Lüfter Frischluft oder auch schon warme Abluft aus einem Fördermaschinenhaus ansaugt, über ein Heizsystem leitet, und tangential in den senkrecht einziehenden Schacht drückt (Abb. 60).

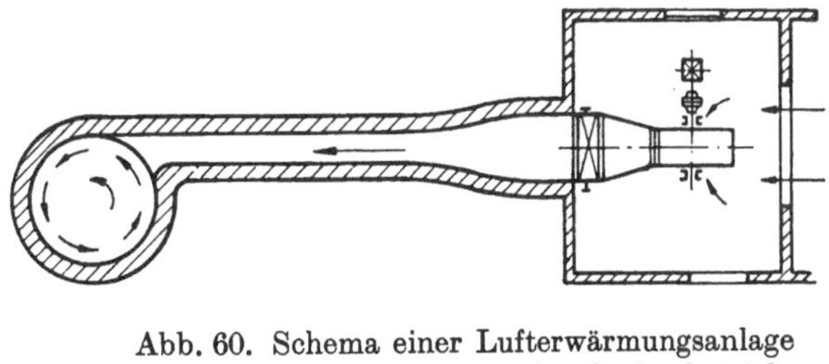

Abb. 60. Schema einer Lufterwärmungsanlage im Grubenbetrieb.

Durch die tangentiale Einführung soll eine Drehbewegung der ganzen Luftsäule im Schacht erzielt werden, die eine gute Durchmischung der warmen Zuluft mit den einziehenden Wettern mit sich bringt (S. 40).

Obwohl nur etwa $^1/_{20}$ der einziehenden Wettermenge an Warmluft zugesetzt wird, ergeben sich bei Erwärmung der Zusatzluft auf 60° C und bei — 3° C Außentemperatur schon in kleinerer Tiefe hinreichend erwärmte Wetter, so z. B. auf 75 m Tiefe etwa 7,5 bis 8° C.

Bei tieferen Außentemperaturen müssen die Heizregister für eine größere Erwärmung bemessen und die anteiligen Luftmengen vergrößert werden.

Anderseits ist es in manchen Betrieben in der heißen Jahreszeit, besonders bei sehr tiefen Gruben und auch in den Goldminen in Südafrika, nötig, entweder die einzuführende Luftmenge zu einem Maximum zu steigern, das durch die Grenzen der Luftgeschwindigkeiten in der Grube (S. 45) gegeben ist, oder aber, wenn diese Steigerung nicht ausreicht, muß zu Kühlanlagen geschritten werden, wie es erst versuchsweise und später als dauernde Einrichtung in einigen deutschen und belgischen Gruben für Tiefen von 1000 bis 1200 m vorgenommen wurde. Die Kühleinrichtung, die mit dem Kühlmittel Freon 11, das nicht brennbar und ungiftig ist, arbeitet, ist teils unter Tage teils über Tage angeordnet.

11. Laboratorien

Da in chemischen Laboratorien fast in allen Arbeitsräumen eine sehr gründliche Absaugung der Gase aus den Digestorien erfolgt (S. 38), so muß auch infolge der mit der Abluft dem Raum entzogenen Wärme im Winter ein Ausgleich durch Einführung vorgewärmter Luft geschaffen werden. Dies ist auf verschiedene Weise möglich.

In jedem der Entlüftung unterliegenden Raum wird beispielsweise über den Türen eine Lufteinfallklappe eingebaut, die bei einigen Ausführungen aus einer Stoffahne besteht, die sich gemäß dem entstehenden Unterdruck selbsttätig öffnet oder schließt. Da hierdurch bei jedesmaligem Öffnen der Tür ein störendes Geräusch verursacht wird, können statt dieser Fahne besser starre Einfallklappen (Abb. 61), die einmal

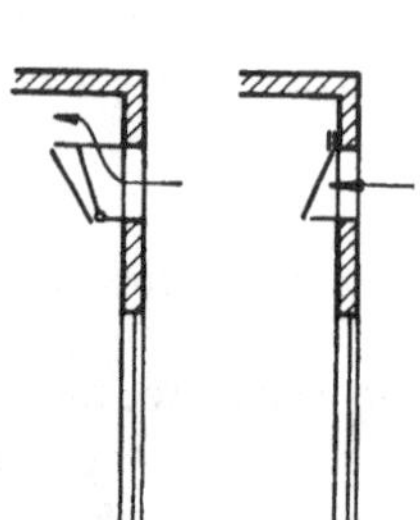

Abb. 61. Lufteinfallklappe. Lufteinfallfahne.

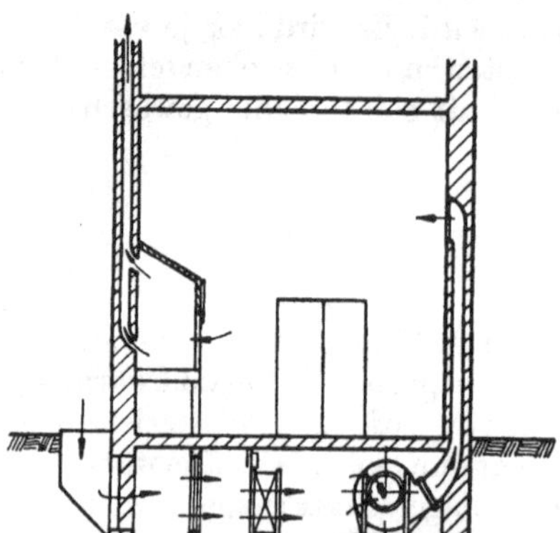

Abb. 62. Laboratoriumslüftung.

eingestellt werden und nach oben offen sind, vorgesehen werden. Durch diese Öffnung tritt vom Flur warme Luft in den Raum nach. Diese wiederum kommt von einer Heizkammer im Keller, in der sich Lüfter, Filter und Heizregister befinden, durch senkrechte Schächte herauf und strömt durch Öffnungen in den Mauern den Fluren zu.

Die Flure unterliegen also in diesem Falle einem gewissen Überdruck, und müssen daher nach außen hin bzw. nach den Treppenfluren durch gutschließende Türen verschlossen sein. Solche Einrichtungen haben sich durchaus gut bewährt, z. B. im Kaiser-Wilhelm-Institut in Dahlem und im Forschungs-Laboratorium der Siemens-Schuckertwerke in Siemensstadt.

In vielen Fällen ist aber auch der nachfolgend beschriebenen Art der Vorzug gegeben (Abb. 62). Die Räume unterliegen in gleicher Weise wie vorher einer gründlichen Entlüftung. Auch hier wird zwar im Keller die Heizkammer eingerichtet. Die Warmluft steigt jedoch gleich in den Umfassungswänden der Laboratoriumssäle hoch, so daß sie unmittelbar, ähnlich wie bei den Schulen, in den Raum strömt. Eine solche Lüftungsart muß in jedem Falle auch auf der Zuluftseite durch besondere Lüfter betrieben werden.

Da oftmals die irrige Ansicht besteht, daß die Warmluft auch ohne besonderen Lüfter nachströmen würde, soll hier etwas näher darauf eingegangen werden. Nehmen wir an (Abb. 63 bis 65), C sei der Laboratoriumssaal, A der Sauglüfter im Dachboden und bei B stände Filter und Erhitzer im Keller ohne besonderen Lüfter. Von A nach C führe ebenso wie von B nach C ein Luftkanal. Der Lüfter A muß alsdann die Warmluft von B in den Raum C und von dort mit der Abluft gemischt zum Dachgeschoß saugen und ins Freie drücken. Der Lüfter bei A hat also nicht nur den Widerstand des Kanals bis zum Raum C zu überwinden, sondern darüber hinaus auch noch den von B in den Raum, das heißt also den Widerstand des Filters, des Erhitzers und des Verbindungskanals.

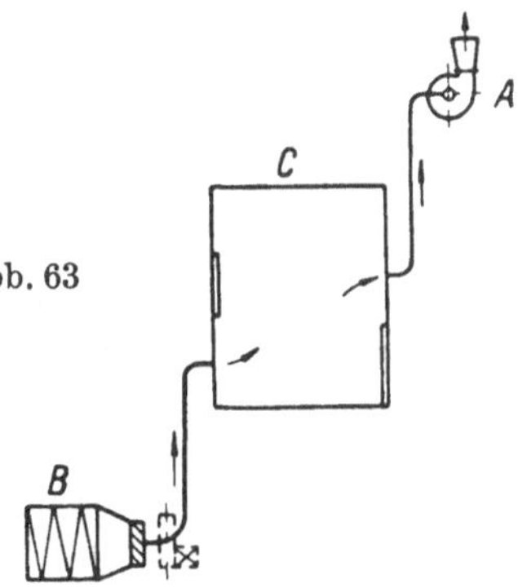

Abb. 63

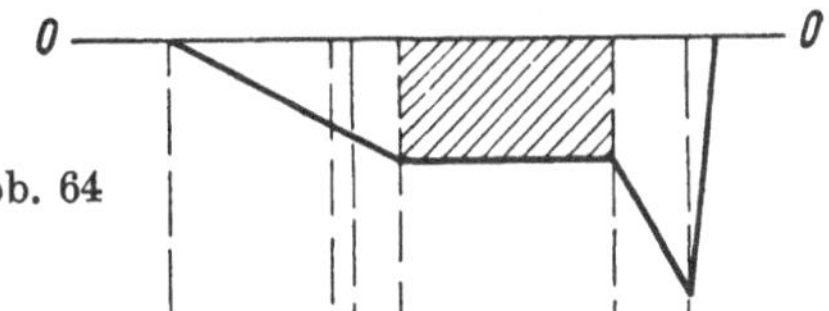

Abb. 64

Abb. 65

Abb. 63. Lüftungsschema eines Laboratoriums.
Abb. 64. Druckverlauf bei Sauglüftung.
Abb. 65. Druckverlauf bei Saug- u. Drucklüftung.

Gerade durch die letzterwähnten Teile ergibt sich für den Lüfter bei einem üblichen Filter- und Heizkörperwiderstand von je 8 bis 10 mm mindestens ein Unterdruck von 20 mm, zu welchem alsdann noch die Ein- und Austrittsverluste im Raum und der Kanalwiderstand bis zum Dachgeschoß sowie der etwaige Widerstand auf der Druckseite hinzutreten. also insgesamt etwa 40 mm schätzungsweise.

Der Unterdruck von 20 mm müßte nun, wie aus dem Diagramm Abb. 64 schraffierter Teil hervorgeht, im Raum C aufrecht erhalten werden. Es ist wohl ohne weiteres klar, daß ein so hoher Unterdruck in einem selbst verhältnismäßig gut abgedichteten Raume, der jedoch auf jeden Fall Fenster und Türen besitzt, nicht zu erreichen wäre. Ganz abgesehen davon, daß bei jedesmaligem Öffnen der Türen, wenn dies überhaupt bei 20 kg/m^2 noch möglich ist, erheblich störende Luftbewegungen auftreten würden. Mit anderen Worten: die Luft wird eher durch die vorhandenen Undichtigkeiten der Fenster usw., die auch bei guter Dichtung einen geringeren Widerstand als 20 mm bieten, in den Raum nachströmen als vom Heizkeller her. Hieran dürfte auch der geringe Auftrieb der erwärmten Luft kaum etwas ändern.

Wird dagegen ein Drucklüfter im Heizkeller bei *B* vorgesehen, so ändert sich das Diagramm nach Abbildung 65. Der Drucklüfter übernimmt den Unterdruck bis zum Raum *C* von etwa 15 mm, während der Zuluftventilator den Druck bis zum Raum *C* von der Heizkammer auf sich nimmt. Dadurch entsteht im Raum selbst, je nach dem Verhältnis der Luftmengen der beiden Lüfter zueinander, ein kleiner Unterdruck, den man nur so groß wählt, daß keine Abluft auf die Flure ausströmen kann.

Die Ermittlung der Luftmenge für die Zuluftventilatoren ergibt sich somit aus der benötigten Abluftmenge mit der Maßgabe, daß die Leistung der Zuluftventilatoren hinter der der Abluftventilatoren im vorliegenden Falle um etwa 10 bis 20 % zurückbleibt.

Die Lufterhitzer sind etwa für eine Erwärmung auf 25° vorzusehen, vorausgesetzt, daß daneben in den Räumen andere Heizung vorhanden ist.

12. Treibhäuser

In Treibhäusern ist es oft nötig, Gemüsearten, wie z. B. Tomaten, vor dem Beschlagen mit Feuchtigkeit zu schützen, da sonst gerade das Aufnehmen und Verpacken Schwierigkeiten bereitet. Man baut in solchen Fällen eine Umluftheizung ein, um die relative Feuchtigkeit zu verringern.

Ein Lüfter drückt im Lufterhitzer vorgewärmte Luft durch ein in der Mitte oder zu beiden Seiten längs des ganzen Treibhauses verlegtes Rohr, aus dem die Warmluft durch Schlitze in das Haus strömt. Zwischen den Beeten sind senkrechte Rohrstutzen angebracht, die in einen unterirdischen Kanal münden, durch welchen alsdann die feuchte Abluft wieder zur Saugseite des Lüfters zurücktritt, um mit Frischluft gemischt, erneut dem Treibhause zugeführt zu werden.

Man kann in diesen Fällen mit etwa 5fachem Luftwechsel rechnen.

IV. Luftbefeuchtungsanlagen

A. Wirkungsweise

Befeuchtungsanlagen sind alle diejenigen Anlagen, durch welche der absolute Feuchtigkeitsgehalt der Luft in einem Raum erhöht wird (S 7).

Zur Erhöhung der absoluten Feuchtigkeit muß die Luft Wasser aufnehmen. Es ist also Voraussetzung, daß sie noch nicht voll gesättigt ist. Die Wasseraufnahme kann dadurch erfolgen, daß die Luft gezwungen wird, an Wasserflächen oder wasserberieselten Oberflächen mit einer gewissen Geschwindigkeit vorbeizustreichen, um durch beschleunigte Verdunstung des Wassers sich zu sättigen. Man kann aber auch der strömenden Luft Dampf zusetzen oder sie in den Bereich fein verteilter Wassernebel bringen, um damit leichter eine Anreicherung der Luft mit Wasser zu erreichen. Der Vollständigkeit halber soll erwähnt werden, daß eine Zunahme der absoluten Feuchtigkeit auch durch Mischung von zwei Luftmengen verschiedener relativer Feuchtigkeit erzielt werden kann. Dies geschieht in der Praxis jedoch nur in Ausnahmefällen.

Man unterscheidet die zentrale oder lokale Befeuchtung, wobei die zentrale Anlage in den meisten Fällen gleichzeitig als Klimaanlage ausgebildet ist.

B. Ausführungsformen

1. Zentrale Anlagen

Bei dieser Methode können z. B. Füllkörper wie Raschigringe benutzt werden, die mit gehörig verteiltem Wasser berieselt werden, während die Luft gezwungen wird, im Gegenstrom durch die berieselte Schicht zu strömen. Wo ölfreier Dampf zur Verfügung steht, ist die Einführung von Dampf in die Luftleitung eine einfache Lösung, jedoch muß der Dampf möglichst gleichmäßig über den ganzen Querschnitt, vielleicht durch ein mit Löchern versehenes Ringrohr verteilt werden.

Die heute am häufigsten angewendete Methode ist die im Schema gezeigte Anordnung (Abbildung 66). In einem besonderen Wäscher wird ein System von Düsen vorgesehen. Diese bestehen entweder in Streudüsen, die einen kegelförmigen Nebel aus feinsten Wasserteilchen abgeben, oder aus Schleierdüsen, die einen feinen, in einer Ebene liegenden Wasserschleier erzeugen. Ein Lüfter saugt die Luft von außen her durch dieses Düsensystem *a* hindurch und drückt sie in die in Frage kommenden Räume hinein. Um zu verhindern, daß größere Wassertropfen mitgerissen werden, ist zweckmäßig hinter dem Düsensystem ein Tropfenabscheider *b* anzuordnen, bei dem durch Prallwirkung etwaige größere Wassertropfen zurückgehalten werden.

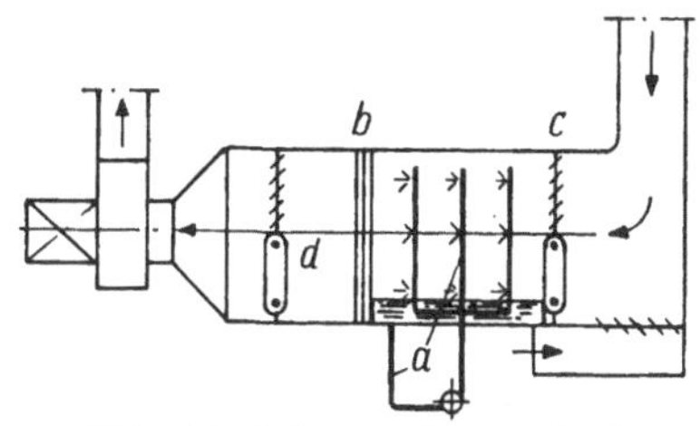

Abb. 66. Schema einer zentralen Luftbefeuchtungsanlage.

Um ferner die Aufnahmefähigkeit der Luft für Wasserdampf (S. 7) zu erhöhen, ist vor das Düsensystem ein Lufterhitzer *c* geschaltet. Desgleichen ist dahinter ein Nachwärmer *d* angeordnet, mit dem wegen der durch die Wasserverdunstung erfolgten Abkühlung der Luft die Endtemperatur und damit auch die relative Feuchtigkeit auf gewünschter Höhe gehalten werden kann. Durch Umgehungsklappen kann eine Mischtemperatur erreicht oder die Erhitzer und damit ihre Widerstände ganz ausgeschaltet werden. Bei Zuführung von Dampf oder stark erwärmtem Wasser erübrigt sich meist eine Nachwärmung der Luft. Diese Anlagen arbeiten meist auch mit Umluft und wirken, wenn sie für volle Heizung berechnet sind, als Klimaanlage. Über Regelung s. S. 94.

2. Lokale Befeuchtung

Bei der lokalen Befeuchtung erfolgt diese nicht an einer zentralen Stelle, sondern in den Räumen selbst in unmittelbarer Nähe derjenigen Stellen, an denen die feuchte Luft notwendig ist. Sie können in Verbindung mit Einzelluftheizgeräten ausgeführt werden oder auch mit Schraubenlüftern ohne Heizung. Ein Luftbefeuchtungsgerät in einer Strumpffabrik mit gleichzeitiger Luftheizung für 2000 bis 3000 m^3/h Luftumwälzung zeigt Abbildung 67. Eine Anordnung, wie man sie vor allem in Spinnereien antrifft, ist die mit Preßluft oder mit Druckwasser betriebene Befeuchtungsart.

Bei Verwendung von Preßluft werden in den Räumen zwei Rohrleitungsnetze übereinander verlegt, das eine für Preßluft und das andere, meist darunter befindliche Rohr für Wasser. Die Preßluft, die mit einem Druck von 0,5 bis 1,5 atü aus besonderen Düsen austritt, reißt durch die Ausströmgeschwindigkeit infolge Strahlwirkung das ihr von der Wasserleitung zuströmende Wasser mit, um es in feinster Verteilung in den Räumen zu zerstäuben (Abb. 68).

Bei der Druckwasserzerstäubung wird eine mit der Pumpe verbundene Druckwasser- und eine Rückwasserleitung angeordnet. Die Zerstäubungsapparate bestehen in diesem Falle z. B. aus einer Zerstäuberdüse, die einen einstellbaren kegelförmigen Wassernebel innerhalb eines oben und unten offenen zylindrischen Gehäuses erzeugt. Eine darunter angebrachte konische Verteilerplatte verteilt die von oben durch Injektorwirkung der Düse angesaugte Raumluft mit dem zerstäubten Wasser wieder in den Raum zurück. Sich bildende und herabfallende Wassertropfen werden in einer Schale unterhalb der Verteilerplatte aufgefangen und durch die Rückleitung nach Filterung wieder der Pumpe zugeführt. Die Anlagen arbeiten mit etwa 10 atü Wasserdruck.

Außer diesen beiden Arten ist noch eine Verbindung von zentraler Luftzuführung und lokalen Zerstäubern dadurch möglich, daß in gewissen Abständen kurze, horizontal liegende Ausblasstutzen zu beiden Seiten des Hauptluftrohrs eingerichtet werden, in welche Preßluftzerstäuber eingebaut sind.

Abb. 67. Luftbefeuchtungsgerät mit Wasservorwärmer in einer Strumpffabrik. (Werkbild Teufel, Nagold.)

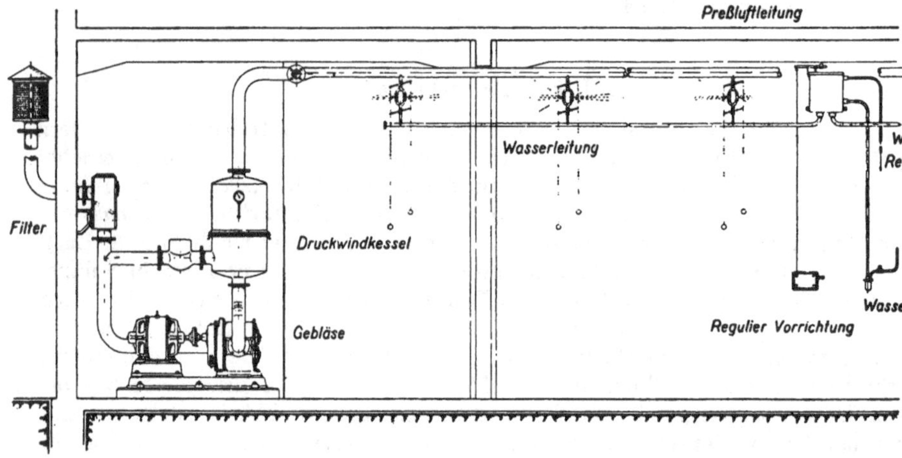

Abb. 68. Schema einer lokalen Preßluftanlage.

C. Berechnungsart

Wenn man in einem Raum einen bestimmten Feuchtigkeitsgehalt der Luft erzielen will, so müssen zur Ermittlung der Wassermenge die Temperatur t_i und die gewünschte relative Feuchtigkeit φ_i im Raume gegeben sein. Daneben sind alle diejenigen Mengen von Wärme und Feuchtigkeit zu berücksichtigen, die etwa im Raum an die Luft abgegeben werden. Die Außenluft, die dem Raum zugeführt werden soll, habe zur gleichen Zeit eine relative Feuchtigkeit φ_a bei einer Temperatur t_a.

Aus den angegebenen Werten für Innen- und Außenluft kann aus der beigefügten Molliertafel durch Zustandsänderung entlang $i = \text{const.}$ und Differenz der Wassermengen x_i und x_a oder Tabelle 1 der absolute Wasserdampfgehalt gefunden werden. Dann ist theoretisch die für G kg Luft benötigte Wasserdampfmenge

$$W = G\,(x_i - x_a)\ \text{kg}.$$

Hierbei ist vorausgesetzt, daß die absolute Feuchtigkeit außen geringer ist als innen, was namentlich im Winter stets der Fall sein wird. Wenn in den zu befeuchtenden Räumen eine große Anzahl von Personen beschäftigt ist, dann ist die Feuchtigkeitsabgabe dieser Personen durch Atmung und Hautverdunstung zu berücksichtigen. Man kann im Durchschnitt mit 70 bis 100 g/h Feuchtigkeit pro arbeitende Person rechnen, die von obigem Betrage in Abzug zu bringen sind. Anderseits kann eine Feuchtigkeitsaufnahme für die Fabrikations- oder Lagergüter erwünscht sein, die wiederum eine zusätzliche Wassermenge erfordern.

Was immer die theoretische Berechnung der Wassermenge ergibt, in Wirklichkeit ist ein erheblicher Zuschlag zu machen, da bei zentraler wie bei lokaler Befeuchtung bei weitem nicht das gesamte zerstäubte Wasser vom Luftstrom aufgenommen wird. Ganz besonders im Luftwäscher, also bei der zentralen Anlage, kann nur mit etwa 5 % Wasseraufnahme in der Luft gerechnet werden, so daß ein Vielfaches der theoretischen Wassermenge von der Zirkulationspumpe des Waschers umgewälzt werden muß. Auch bei den lokalen Zerstäubern fällt ein großer Teil des Wassers in Tropfenform an, so daß auch hier mit wesentlich größeren Wassermengen gerechnet werden muß. Die erforderliche Wassermenge ist verschieden und kann bei den Fabrikanten erfragt werden.

Bei der lokalen Befeuchtung sind im Wasser- bzw. Preßluftsystem für gewöhnlich Regelorgane eingeschaltet, die, wie es der Betrieb verlangt, durch Veränderung des Wasserstandes die zur Zerstäubung gelangende Wassermenge regeln.

Durch die Befeuchtung tritt infolge der Verdunstung wie schon erwähnt, eine Abkühlung der Luft ein, und zwar bei zentralen Anlagen im Luftwäscher, bei lokaler Befeuchtung im Raum. Dieser Wärmeverlust kann bei Luftwäschern durch Erwärmung des dem Düsensystem zugeführten Wassers gedeckt werden oder durch Nacherwärmung der Luft am Austritt aus dem Wäscher. Bei lokaler Befeuchtung muß die Wärme im Winter der für die Heizung errechneten Wärmemenge zugefügt werden. Im Sommer tritt meist im Raum eine Wiedererwärmung durch Sonneneinstrahlung sowie durch Menschen und Maschinen ein, die höher sein kann als gewünscht, wodurch der relative Feuchtigkeitsgrad zurückgeht. In diesem Falle hilft man sich meist durch zusätzliche lokale Düsen, oder von vornherein durch höhere relative Feuchtigkeit.

Wie ebenfalls erwähnt, können die Luftwäscher mit Vorwärmung der Luft arbeiten. Dies ist in dem Falle nötig, in dem die Wassermenge x_a, die der vollen Sättigung der Außenluft entspricht, kleiner ist als die gewünschte Raumfeuchtigkeit x_i. Es besteht die Möglichkeit, in diesem Fall sich auch durch Mischung der in den Lufterhitzer eintretenden Frischluft mit der wärmeren Umluft aus dem Raum zu helfen, wobei man dann allerdings auf die gleichzeitige Lufterneuerung teilweise verzichten muß.

D. Anwendungsgebiete

1. Textilindustrie

Eines der wichtigsten Anwendungsgebiete für Befeuchtungsanlagen bietet die Textilindustrie und hier besonders die Baumwollfabrikation, aber auch die Herstellung von Wolle, Kunstseide und Seide bedarf bestimmter Feuchtigkeit. Während des ganzen Arbeitsvorganges von dem Augenblick an, wo das Rohprodukt den Zerreiß-, Zerkleinerungs-, Streck- und Zwirnmaschinen zugeführt wird, bis einschließlich zu demjenigen Abschnitt, bei welchem es in der Spinnerei und Weberei verarbeitet wird, ist eine Befeuchtung notwendig. Es handelt sich also zunächst um die Räume der Vorbereitung, die einen relativen Feuchtigkeitsgehalt für Baumwolle von 50 bis 60 %, für Wolle 65 bis 70 % aufweisen müssen, da sonst die Verstaubung der Räume einen für das Arbeitspersonal unerträglichen Zustand erreichen und die Herstellung Schwierigkeiten bereiten würde. Für die Spinnsäle, in denen man das Zerreißen des Fadens und seine elektrostatische Aufladung verhindern will, sieht man eine relative Feuchtigkeit für Baumwolle von 65 %, für Wolle von 70 %, für Kunstseide von 85 % und für Seide von 65 bis 70 % vor. In der Weberei wird für Baumwolle 70 bis 85 %, für Wolle 70 %, für Kunstseide in der Zwirnerei 75 % und für Seide in der Weberei ebenfalls 75 % im Mittel als ausreichend erachtet. Man sieht in allen diesen Räumen fast ausnahmsweise Befeuchtungsanlagen vor, wie sie S. 81 beschrieben sind. Die Räume werden bei der lokalen Befeuchtung mit einem Rohrnetz für Wasser und Preßluft durchzogen oder auch mit zwei Wasserleitungen bei Druckwasserzerstäubung, und die Düsen werden möglichst gleichmäßig über die Räume verteilt. Die Rohrleitung führt zu einem besonderen Maschinenraum, in dem das Gebläse bzw. die Pumpe mit dem Druckbehälter Aufstellung findet.

Bei allen diesen Anlagen, besonders bei den lokalen, ist es notwendig, in jedem Falle eine Tropfenbildung, wie sie häufig bei Verstopfung oder schlechter Wirkung der Zerstäubungsdüsen eintritt, zu vermeiden, da sonst die darunter befindlichen Maschinen und Waren Schaden leiden. Man hilft sich oft dadurch, daß Tropfenfänger in Form von Tellern unterhalb der Düsen angebracht werden, jedoch ist dies nur ein Notbehelf und es ist vorzuziehen, die Düsen durch gute Überwachung und Reinigung in einem solchen Zustand zu erhalten, daß eine Tropfenbildung überhaupt nicht eintritt.

Bei den zentralen Anlagen ist die Überwachung der Düsen innerhalb des Luftwäschers ebenfalls erforderlich. Wenn auch kein direkter Schaden hier eintreten kann, so wird doch leicht die Erreichung der gewünschten Feuchtigkeit ungünstig beeinflußt, falls eine größere Anzahl von Düsen schlecht wirken.

Der Einbau zentraler Anlagen, die gleichzeitig als Klimaanlagen dienen, nimmt gegenüber dem der lokalen Befeuchtung in letzter Zeit stark zu.

2. Druckereien

In größeren Druckereien, vorzugsweise in solchen, in denen Tiefdrucke und Mehrfarbendrucke hergestellt werden, sind Luftbefeuchtungsanlagen erforderlich. Die Papierbogen ändern sich in ihren Größenabmessungen je nach der vorhandenen Luftfeuchtigkeit, so daß z. B., wenn mehrere Farbsätze übereinander zu drucken sind, durch verschiedene Feuchtigkeit bei zeitlicher Differenz ein Unterschied in den Papierabmessungen eintreten kann, welcher die genaue Deckung des neuen Farbdruckes mit dem schon gedruckten Teile verhindert. Auch elektrostatische Ladungen können bei zu großer Trockenheit die Entfaltung beeinträchtigen. Ferner steigt mit der Trockenheit auch die Stäubung und die Neigung zur Buckelbildung. Aus diesen

Gründen werden nach amerikanischem Vorbilde auch in Deutschland größere Druckereien mit selbsttätig wirkenden Befeuchtungsanlagen ausgestattet. Diese müssen so arbeiten, daß ein möglichst kleiner Bereich, der z. B. zwischen 2 bis 3 % Schwankung umfaßt, dauernd aufrecht erhalten wird. Die relative Feuchtigkeit soll zwischen 62 und 65 % betragen.

Wegen der Gefahr einer Beschädigung des Papiers kommen lokale Anlagen kaum in Frage, ganz abgesehen davon, daß auch eine Belüftung mit gefilterter Luft in der Druckerei sehr erwünscht ist. Es werden daher für diese Zwecke die zentralen Luftbefeuchtungsanlagen bevorzugt. Die selbstätige Steuerung dieser Anlagen erfolgt durch elektrischen Strom oder Preßluft oder durch Drucköl in Abhängigkeit von Thermostaten und Humidostaten als Impulsgeber. Diese können in selbstregistrierenden Hygrometern in Verbindung mit Bimetallthermometern oder in Aspirations-Psychrometern (nasses und trockenes Therm.) bestehen.

3. Tabakindustrie

Auch in der Tabakindustrie ist es wichtig, daß bei der Herstellung von Zigarren und Zigaretten eine gewisse Feuchtigkeit in den Fabrikationsräumen aufrecht erhalten wird. Man wendet hier beide Arten von Befeuchtungen an. Die zentralen Anlagen haben jedoch den Vorzug, daß sie gleich eine Belüftung mit frischer Luft in den Räumen, in denen sich viel Arbeitspersonal aufhält, bewirken. Man benutzt sie auch häufig als Kühlanlagen im Sommer und Erwärmungsanlagen im Winter. In den Herstellungsräumen soll eine mittlere relative Feuchtigkeit von 60 bis 70 % und in den Befeuchtungswerkstätten eine solche von 80 bis 90 % herrschen.

4. Andere Fabrikbetriebe

Von sonstigen Fabrikbetrieben, die Befeuchtung bedürfen, wären noch die Filmindustrie und die Süßwarenindustrie hervorzuheben. Während in der Filmindustrie etwa im Mittel 60 % Feuchtigkeit in den Entwicklungs- und Schneideräumen erforderlich ist, ist für die Schokoladenfabriken in den Pack- und Lagerräumen eine Feuchtigkeit von 50 bis 60 % als günstig zu bezeichnen. In beiden Industrien werden zentrale Anlagen ausschließlich verwendet.

5. Museen

In Museen und Gemäldegalerien sind Befeuchtungsanlagen sehr erwünscht, da die Bilder unter zu großer Trockenheit leiden und brechen. Es kommen auch hier nur zentrale Befeuchtungsanlagen in Betracht. Eine große Anzahl von Museen ist mit diesen Anlagen ausgestattet, unter anderen das alte Kaiser-Friedrich-Museum in Berlin. Notwendige relative Feuchtigkeit nicht unter 65 %.

V. Luftkühl- und Klimaanlagen

Unter Luftkühlanlagen sollen hier im wesentlichen diejenigen verstanden werden, bei welchen die Luft im Gegensatz zu den Lufterneuerungsanlagen (S. 16) auf eine Temperatur herabgekühlt werden soll, die unter derjenigen der Außentemperatur liegt.

Ist gleichzeitig mit der Lüftung und Temperaturänderung eine Veränderung des Feuchtigkeitsgehalts der Luft im Raume beabsichtigt, so sollen diese Anlagen Klimaanlagen genannt werden. Schließlich sollen hier auch noch diejenigen Anlagen besprochen werden, bei welchen es sich letzten Endes nicht um eine Abkühlung der Raumluft, sondern um eine Kühlhaltung von Maschinen handelt.

A. Wirkungsweise der Luftkühlanlagen

Durch die alleinige Verwendung von Lüftern läßt sich, wie S. 21 dargestellt, in einem Raum praktisch niemals eine tiefere Temperatur erzielen als wenige Grad über der Außentemperatur. Ist also z. B. im Sommer in der äußeren Umgebung des Raumes eine Temperatur von 30° vorhanden, so wird die tiefste praktisch erreichte Temperatur im Raum je nach der Anzahl der darin befindlichen Personen etwa bei 33° liegen. Will man eine noch tiefere Temperatur erreichen, so muß man besondere Hilfsmittel ergreifen. Hierfür stehen zu Gebote:

a) Abkühlung durch direkte Verdunstung von Wasser unter gleichzeitiger Leitung und Konvektion (Verdunstungskühlung).
b) Abkühlung durch Wärmeübergang auf kälteres Kühlwasser, das durch Rohre geleitet wird (Oberflächenkühlung).
c) Abkühlung durch Eis.
d) Verwendung von Kältemaschinen.
e) Kühlung durch Vakuum, erzeugt durch Dampfstrahlwirkung.
f) Kombinierung verschiedener der vorher genannten Verfahren.

B. Ausführungsformen

1. Kühlung durch Verdunstung

Die bei weitem einfachste Kühlung kann durch direkte Verdunstung des Wassers erfolgen. Dies kann erreicht werden, indem man das Wasser über ein Koks- oder Raschigfilter ablaufen läßt, ähnlich wie bei der Befeuchtung, so daß es die einzelnen Koksteilchen oder Raschigringe, die eine sehr große Oberfläche besitzen, fein benetzt. Alsdann tritt durch die meist im Kreuz- oder Gegenstrom erfolgende Berührung der Luft mit dieser Wasserhaut eine Verdunstung des Wassers ein, welche Wärme benötigt, die sie der Luft entzieht (Abb. 69). Gleichzeitig tritt durch die Berührung auch ein Wärmeaustausch infolge Leitung und Konvektion ein, der ebenfalls der Abkühlung der Luft zugute kommt. Kühlung durch Verdunstung kann auch erzielt werden durch direkte Berieselung mittels Düsen bzw. durch den Luftwäscher (Abb. 78), ähnlich wie er auch für Befeuchtungsanlagen Verwendung findet.

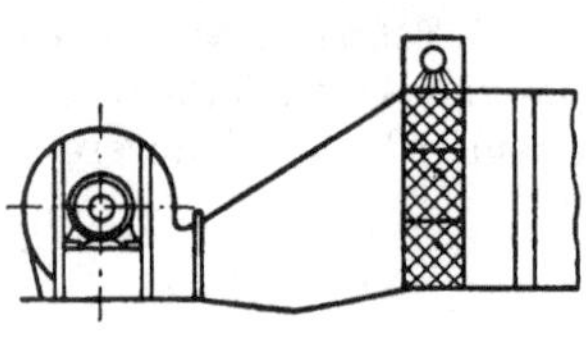

Abb. 69. Luftkühlung durch verdunstendes Wasser.

2. Oberflächenkühlung

Eine zweite Möglichkeit, die Luft zu kühlen, besteht in der Einschaltung eines Wasserkühlers in den Luftstrom. Ein solcher Wasserluftkühler arbeitet ähnlich wie der S. 61 beschriebene Lufterhitzer, nur daß er statt von einem Wärmemittel von einem Kühlmittel durchflossen wird. Das zur Verfügung stehende Leitungs-, Fluß- oder Seewasser durchströmt das Röhrensystem des Gerätes meist in der Richtung senkrecht zum Luftstrom (Kreuzstrom), wobei die an der Oberfläche der Röhren vorbeiströmende Luft durch Wärmeübergang an das Kühlwasser sich abkühlt.

3. Eiskühlung

Wenn die Temperatur des zur Verfügung stehenden Wassers zur Kühlung nicht ausreicht, oder Wasser nicht zur Verfügung steht, kann die Kühlung[1]) durch Eis-

[1]) Heatg. & Ventil. Nov. 1937.

blöcke erfolgen, wie es in Amerika vielfach geschieht. Als Kühler kann dabei ein Oberflächenkühler, wie vorher beschrieben, Verwendung finden. In einem Kasten werden Eisblöcke mit geringen Zwischenräumen nebeneinander aufgestellt. Ein mit Düsen oder Öffnungen versehenes Verteilungsrohr ist über den Blöcken angeordnet, während sich unterhalb des Eises ein Wasserkasten befindet.

Das von einem gesondert angeordneten Kühler abfließende Wasser tritt in das Verteilungsrohr, berieselt die Eisblöcke und läuft stark gekühlt in den Wasserkasten ab. Aus ihm wird es mit Hilfe einer Pumpe dem Kühler zurückgeleitet. Ein Umgehungsrohr mit Ventil verbindet das Verteilungsrohr unmittelbar mit dem Wasserkasten. Wenn die gewünschte Wassertemperatur erreicht ist, öffnet sich das Ventil und das Wasser fließt direkt zum Wasserkasten unter Umgehung des Eises (Abb. 70). Diese Umschaltung kann automatisch durch entsprechend angeordnete Fühler arbeiten. Bemerkt sei, daß 1 Wärmetonne (engl.) = 80000 kcal, d. i. Schmelzwärme von 1000 kg Eis ist.

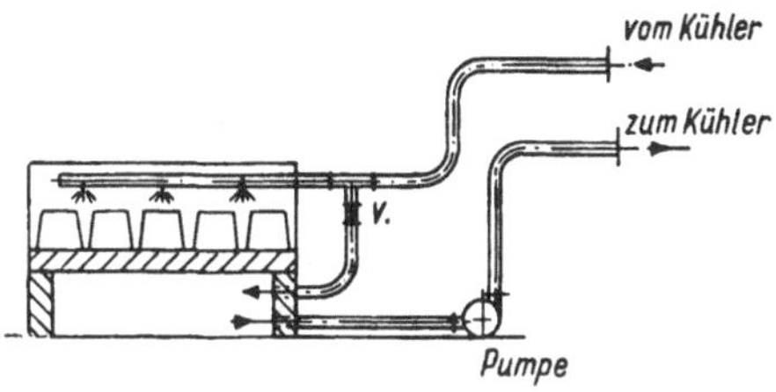

Abb. 70. Eiskühlung.

4. Kältemaschinen

Eine andere, allerdings kostspielige, aber in der Anwendungsmöglichkeit fast unbeschränkte Art, die Luft abzukühlen, besteht in der Verwendung besonderer Kältemaschinen.

Das Prinzip dieser Kühlart, möge sie nun mit Ammoniak (NH_3), Kohlensäure (CO_2), schwefliger Säure (SO_2) oder Freon 12 (CCL_2F_2) betrieben werden, erfolgt nach dem Kreisprozeß unter Aufwendung von Energie. Die erwähnten Kältemittel haben die gleiche Eigenart, daß sie bei größerem Druck und höheren Wärmegraden sich verflüssigen und bei geringeren Drücken, aber sehr tiefen Temperaturen, verdampfen. Auf diese Weise ist es möglich, durch Anwendung eines Verdichters (Kompressors) (Abb. 84) immer eine Temperatur des Kältemittels zu erzielen, die noch über der Temperatur des zur Verfügung stehenden Kühlwassers liegt. Unterkühlt man nun in einem Röhrensystem (Kondensator) mit Hilfe des vorhandenen Kühlwassers das Kältemittel, so wird es kondensieren und sich verflüssigen. In diesem Zustand tritt es unter Druckverminderung in ein zweites Röhrensystem (Verdampfer), in dem es bei tiefer Temperatur verdampft, und auf diese Weise einer durch den Verdampfer strömenden Luft- oder Wassermenge Wärme entziehen kann. Der ganze Prozeß erfolgt in einem Kreislauf nach Abb. 71. Der Kompressor *a* saugt das verdampfende Kältemittel von niederem Druck aus dem Verdampfer *c* an, verdichtet es und drückt es in den Kondensator *b*. Hier wird es durch Kühlwasser unterkühlt, wodurch es sich verflüssigt und über das Regelventil *d* dem Verdampfer *c* zuströmt. Durch die Drosselung im Regelventil findet eine Expansion bzw. Druckverminderung auf den im Verdampfer nötigen Druck statt. Bei diesem geringeren Druck geht das flüssige Kühlmittel in den dampfförmigen Zustand über, wobei es die hierzu nötige Wärmemenge dem durch den Verdampfer tretenden zu kühlenden Mittel, Salzwassersole, Wasser oder Luft, die hierzu nötige Wärmemenge entzieht.

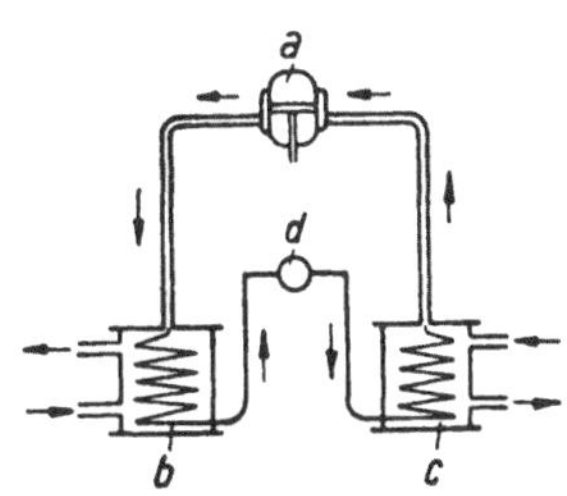

Abb. 71. Schema des Kompressionskälteverfahrens.

Statt mit Kühlwasserdurchtritt kann der Kondensator auch mit Berieselung arbeiten. Hierdurch kann infolge der hinzutretenden Verdunstungskälte an Kühlwasser gespart werden, und wenn zusätzlich die Verdunstung durch künstliche Belüftung erhöht wird, kann die Ersparnis sehr beträchtlich sein (s. S. 99).

Steht der Platz für einen Berieselungskondensator nicht zur Verfügung, dann können auch Doppelrohrapparate als Kondensatoren verwendet werden, bei denen innen das Kühlwasser und außen das Kältemittel fließt.

Von den erwähnten Kältemitteln ist das Freon 11 oder 12, das jetzt häufig verwendete. Es ist ungiftig, geruchlos und nicht entzündbar bei sonst hohem thermischen Wirkungsgrad.

Die Luftkühlung mittels des Verdampfers kann auf drei verschiedene Arten erfolgen. Bei der direkten Kühlung nach Abbildung 72 liegt der Verdampfer im Luftkanal in unmittelbarer Berührung mit der durchströmenden Luft. Nach Abbildung 73 erfolgt eine indirekte Kühlung, indem zunächst eine Salzsole im Verdampfer abgekühlt wird, die mittels einer Pumpe durch ein Rohrsystem im Luftkanal umläuft. Schließlich zeigt Abbildung 74 die Verwendung eines Raschigkühlers,

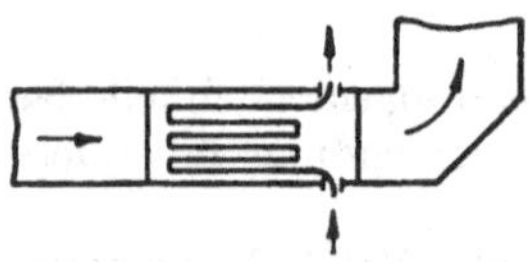

Abb. 72

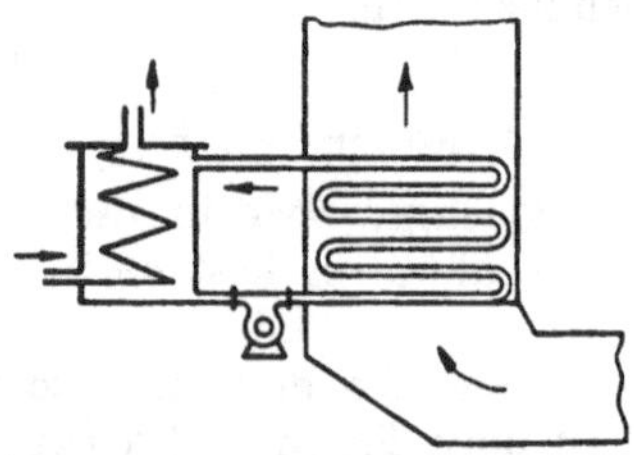

Abb. 73

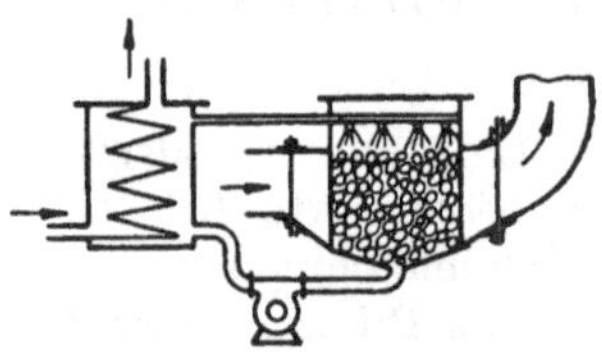

Abb. 74

Abb. 72. Verdampfer im Luftkanal.
Abb. 73. Indirekte Kühlung durch zirkulierende Sole.
Abb. 74. Indirekte Kühlung mit herabrieselnder und zirkulierender Kühlflüssigkeit.

d. i. eines mit zylindrischen Hohlkörpern von sehr großer Oberfläche und geringem Luftwiderstand gefüllten Behälters, in dem das im Verdampfer gekühlte und durch eine Pumpe zirkulierende Wasser herabrieselt. Da die erste Ausführungsart den Nachteil besitzt, daß im Falle eines Rohrbruchs im Verdampfer die Luft mit immerhin schädlichen Gasen angereichert wird, kommen die beiden letzten Arten für Raumkühlung hauptsächlich in Betracht.

5. Kühlung durch Dampfstrahlwirkung

Das Prinzip dieser Kühlungsart besteht in der Verwendung von hochgespanntem Dampf, der durch Düsen geleitet wird, die mit einem Kessel, der als Verdampfer dient, in Verbindung stehen. Durch die Strahl- oder Ejektorwirkung des Dampfes in den Düsen wird in dem Kessel ein hohes Vakuum erzeugt. Das in den Kessel geleitete Wasser verdampft unter dem geringen Druck bei tiefer Temperatur, die auf Wärmeaustauschapparate (Kühlschlangen) übertragen wird. Der mit den Ejektoren angesaugte Dampf aus dem Verdampfer wird in Kondensatoren niedergeschlagen und zum Kesselhaus zurückgeleitet. Es werden je nach dem erzielten Vakuum verwertbare Temperaturen von 6 bis 8° C in dem Verdampferkessel erreicht.

Obwohl der thermische Wirkungsgrad dieser Anlage nicht sehr hoch ist, ist ein Vorzug darin zu sehen, daß das Kältemedium Wasser ist und die Bedienung infolge Fehlens irgendwelcher beweglicher Teile verhältnismäßig einfach ist.

Ein Schema einer solchen Anlage, wie sie von der Westinghouse Electric Company,

Pittsburg, für ein Hochhaus von 32 Stockwerken in Chicago errichtet wurde, ist in Abbildung 75 gezeigt. Die Kühlleistung beträgt 600 Wärmetonnen pro Tag, d. i. 2 Millionen kcal/h. Durch das zirkulierende Kühlwasser werden im ganzen 400 Einzelklimageräte in den oberen Stockwerken und eine Reihe von Einzelanlagen in den unteren Stockwerken gespeist. Das Wasser wird bei einem Vakuum von 0,025 ata auf 7,2° C gekühlt, bei einem Dampfdruck der Kessel von 9 atü.

Die Anlage arbeitet als volle Klimatisierung im Sommer und Winter. Die im Sommer erreichte Abkühlung beträgt im maximum 7 bis 8°C gegenüber der Außentemperatur bei gleichzeitiger Entfeuchtuug.

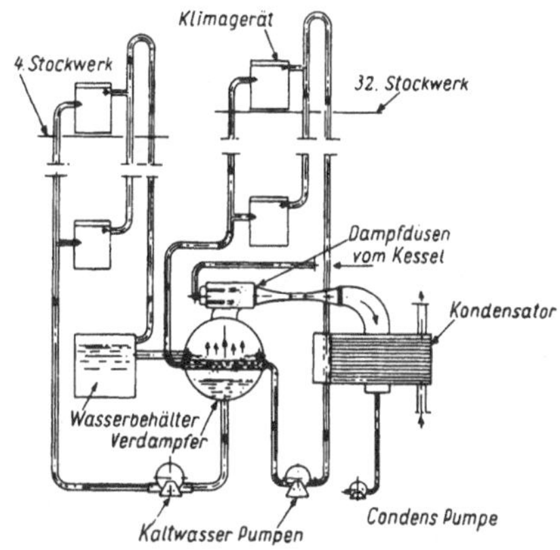

Abb. 75. Verkürztes Schema einer Dampfstrahlkühlanlage. (Westinghouse Electric Co., Pittsburg.)

C. Wirkungsweise der Klimaanlagen

1. Kältemaschine als Wärmepumpe

Die Verwendung der Kältemaschine als Wärmepumpe, die auch Heizpumpe genannt wird, ist in den letzten Jahren vielfach in Erscheinung getreten. Es soll hier das Prinzip und die praktische Anwendung kurz behandelt werden.

Wenn die Kältemaschine als Wärmepumpe arbeitet, dann wirkt sie in demselben Kreislauf (Carnot) mit einem der erwähnten Kühlmittel, wie es vorher in Abbildung 71 gezeigt wurde. Der Unterschied besteht nur darin, daß der verwertete Teil des Prozesses nicht in dem Wärmeverbrauch (Kühlung) des Verdampfers, sondern in der Wärmeabgabe (Heizung) des Kondensators liegt.

Für den erwähnten Kreislauf gilt nun, daß die gesamte im Kondensator abzuführende Wärme i_c gleich der dem Prozeß im Verdampfer zugesetzten Wärme i_v zuzüglich der in Wärme umgesetzten Energie des Kompressors i_{cp} ist.

Da nun die zur Erwärmung des Kältemediums im Verdampfer benötigte Wärmemenge infolge der tief liegenden Verdampfungstemperatur auch von geringer Temperatur sein kann, wird hierzu Luft, Erdreich oder besser Wasser aus Flüssen benutzt, das mit Temperaturen von 6 bis 8° C oder weniger im Winter zur Verfügung steht, und nach Abkühlung um 1 bis 2° zurückfließt.

Dies ist eine Wärmemenge, die kostenlos zur Verfügung steht und kaum einem anderen Zwecke dienstbar gemacht werden kann. Andrerseits wird im Kondensator zur Verflüssigung des verdampften Kältemittels Kühlwasser von höherer Temperatur verwendungsfähig, das zu Heizungszwecken benutzt werden kann.

Es findet somit eine Umsetzung von an sich nutzloser Wärme tiefer Temperatur in solche Wärme höherer Temperatur, die zu Heizungszwecken und einer Reihe anderer Zwecke praktisch verwendet werden kann, statt.

Der Wirkungsgrad eines solchen Kreislaufs ist für Zwecke der Kühlung

$$\eta = \frac{T_1 - T_2}{T_1}$$

wobei T_1 die größte und T_2 die kleinste im Kreislauf auftretende Temperatur ist.

Es ist nun erwünscht, daß die Wärmemenge i_v so groß wie möglich ist, da sie kostenlos zur Verfügung steht und mit ihrer Erhöhung die nutzbare Wärmemenge i_c wächst. Zu gleicher Zeit soll die in mechanische Energie umgesetzte Wärme i_{cp}, also die Kompressorleistung, so klein wie möglich sein.

Aus der obigen Gleichung ist leicht zu erkennen, daß dieser Zustand um so leichter erreicht wird, je kleiner die höchste Temperatur ist und damit die Temperaturdifferenz $T_1 - T_2$. Tatsächlich ergibt sich, daß günstige Verhältnisse bestehen, wenn bei Annahme obiger Temperaturen für das Flußwasser die dem Kondensator zu entziehende Wärme mit etwa 38° C zu- und mit etwa 48° C abströmt.

Es sei aber bemerkt, daß die maximalen Temperaturen, die in obiger Weise erreicht werden können, bei 60 bis 65° C liegen. Daraus ergibt sich, daß die Pumpe, was Heizung betrifft, nur in Verbindung mit Luftheizung oder Strahlungsheizung verwendet werden kann. Für Warmwasserheizung würden die Temperaturen im allgemeinen nicht ausreichen.

Der Wärmeaufwand für eine solche Wärmepumpenheizung liegt etwa bei $^1/_2$ bis $^1/_3$ einer für die gleiche Wärmeleistung eingesetzten elektrischen Heizung.

Von besonderem Werte ist die Wärmepumpe da, wo die Anlage im Sommer gleichzeitig zur Kühlung und Klimatisierung benutzt werden kann, wie es in Amerika verschiedentlich der Fall ist. Auch in der Schweiz und neuerdings in England sind Heizungsanlagen unter Benutzung der Wärmepumpe gebaut worden.[1])

2. Begriff der Behaglichkeit

Die Klimaanlagen sollen den Luftzustand eines Raumes von der äußeren Witterung und dem jeweiligen Klima unabhängig machen. Sie sollen den Luftzustand so verändern, wie er für die Behaglichkeit des Menschen oder gegebenenfalls für einen anderen bestimmten Zweck erforderlich ist. Was bedeutet in diesem Zusammenhang Behaglichkeit? Diese ist von vier Umständen abhängig:

1. Von der Zusammensetzung der Luft, abgesehen von der Feuchtigkeit,
2. von der Lufttemperatur,
3. von der Luftfeuchtigkeit,
4. von der Luftbewegung.

Die Raumluft darf einen bestimmten Prozentsatz von Kohlensäure (CO_2), wie sie durch Ausatmung der Menschen oder etwaige sonstige Umstände in dem Raum auftritt, nicht überschreiten. Man wird den Grenzwert von 1 bis 2 % CO_2, den Bürger als noch völlig ungefährlich bezeichnet, bei jeder Anlage nach Möglichkeit zu unterschreiten suchen. Ferner darf die Luft auch andere Bestandteile nicht enthalten, wie z. B. Kohlenoxyd, das von schlechter Verbrennung, undichten Abgasrohren einzelner Öfen oder von Verbrennungsmaschinen herrühren kann. Schon bei 0,4‰ dieses Gases können Ohnmachtsfälle verursacht werden und bei größerer Menge Todesfälle eintreten.

Schließlich dürfen auch daneben zwar weniger gefährliche, aber auf die Dauer sehr lästige Beimengungen der Luft, wie Staub, Rauch und schädliche Keime nicht vorhanden sein.

Alle die erwähnten Mängel lassen sich jedoch durch Lufterneuerungsanlagen, gegebenenfalls mit Filterung gemäß S. 112, wesentlich vermindern bzw. beseitigen. Desgleichen läßt sich auch bis zu einem bestimmten Grade die Lufttemperatur im Raume durch die gleichen Anlagen auf einer Höhe halten, die annähernd der Außentemperatur entspricht.

---

[1]) Für eingehenderes Studium siehe Faber Journ. I. Mech. E. 1945.

Erst wenn gewisse Temperaturen in Verbindung mit einem gewissen Feuchtigkeitsgehalt in der Außenatmosphäre auftreten, können beim Eintritt dieser Luft in den Raum Unbehaglichkeiten die Folge sein, die auch durch eine Steigerung des Luftwechsels nicht mehr beseitigt werden können. Dieser gleiche Zustand kann auch dann vorliegen, wenn das angegebene Verhältnis zwischen Temperatur und Feuchtigkeit in der Außenluft noch erträglich, aber durch Verschiebung infolge der Wasserdampfabgabe der Menschen im Raum, die bis etwa 50 g bei ruhenden Personen je Kopf und Stunde beträgt, ungünstig beeinflußt wird.

Es ist eine Erfahrung, daß höhere Temperaturen bei kleiner relativer Feuchtigkeit, also trockene Luft, bedeutend leichter ertragen werden kann als bei großer Feuchtigkeit, d. h. nasse Luft. Dies hat seinen Grund darin, daß der Mensch, je höher die Temperatur liegt, um so mehr Feuchtigkeit zu seiner Entwärmung abzugeben bestrebt ist. Je höher nun die relative Feuchtigkeit der Luft ist, um so weniger vermag sie Wasserdampf aufzunehmen, so daß die Abgabe von Feuchtigkeit für den Menschen erschwert wird und er die Luft als drückend und schwül empfindet. Diese Empfindung ist jedem bekannt von dem Befinden vor einem Gewitter, bei welchem die Luft hochprozentig gesättigt ist. Dieser Zustand erfährt jedoch bei gleicher Witterungsart eine gewisse Besserung, sobald eine Luftbewegung eintritt, welche die Wärmeabgabe des Körpers beschleunigt. Bei ruhender Luft findet eine Wärmestauung im Körper statt, weil die umgebende Luft die Wärme nicht schnell genug aufnehmen kann. Hieraus erklärt sich z. B. die angenehme Wirkung eines Tischfächers, obwohl er nur die Luft bewegt und keine Frischluft heranschafft.

Ein ähnliches, allerdings wesentlich leichter zu ertragendes Unbehagen kann im Winter in einem geschlossenen Raum auftreten, der durch erwärmte Frischluft belüftet wird. Da nämlich eine gewisse geringste Feuchtigkeit für den Menschen notwendig ist, kann die im Winter bei sehr kalter Außenluft an sich schon sehr geringe Menge absoluter Feuchtigkeit nach Erwärmung im Raum oder durch einen Lufterhitzer Trockenheitsgefühl im Munde und in der Rachenhöhle und damit Unbehagen hervorrufen.

Man sollte nun erwarten, es ließe sich eine fest umrissene Zone, abgesehen von der Forderung der reinen Luft, nur unter Berücksichtigung von Temperatur, Feuchtigkeit und Luftbewegung aufstellen, innerhalb welcher immer Behaglichkeit vorhanden ist. Dies ist aber außerordentlich schwierig. Es spielt hier immer die Abhärtung des einzelnen Menschen, seine Gewöhnung an bestimmte Klimata eine so große Rolle, daß sich bestimmte Normen nicht einhalten lassen und jeder Fall eigentlich einzeln behandelt werden müßte. Man wird auch dann noch der Einrichtung so viel Spielraum gewähren müssen, daß eine Regulierung nach der einen oder anderen Seite getroffen werden kann. Dem Verfasser erschien z. B. der Aufenthalt in einem großen, gut gelüfteten Kino in New York während eines besonders heißen Tages durch spürbare Kälte empfindlich unangenehm, während sich der begleitende Amerikaner sehr behaglich fühlte.

Es kommt ferner bei diesen Erscheinungen auch noch der Temperaturunterschied hinzu, der im Raum gegenüber der Außenluft nicht zu hoch sein darf, um Erkrankungen durch den plötzlichen Temperaturwechsel, auf den sich der Körper nicht so schnell einstellen kann, beim Betreten des betreffenden Raumes zu vermeiden. Wenn z. B. in Indien eine äußere Temperatur von etwa 40° C herrscht, so wird man auch im Theater eine niedrigere Temperatur als 30 bis 35° C in keinem Falle zulassen, im Gegenteil, lieber noch etwas höher bleiben, allerdings unter Einhaltung eines günstigen Feuchtigkeitsgehaltes.

Im allgemeinen werden solche Anlagen in erster Linie in Gegenden mit besonders heißem und feuchtem Klima zum Einbau gelangen, so z. B. in Südamerika, Indien wie schon erwähnt, Afrika und auch in Nordamerika. Aber auch in Europa sind jetzt schon viele solcher Anlagen erstellt, und man geht immer mehr dazu über, sich vom Wetter unabhängig zu machen, damit in der heißen wie in der kalten Jahreszeit der Betrieb in Theatern und Lichtspielhäusern, ebenso wie das Geschäft in Büro- und Warenhäusern ungestört durchgeführt werden kann.

Zusammenfassend kann man sagen, daß eine relative Luftfeuchtigkeit von 50 bis 60 % bei Raumtemperaturen von 20 bis 25° C im Mittel in Deutschland und den benachbarten Ländern als behaglich bezeichnet werden kann, wobei die geringeren Feuchtigkeitswerte bei den höheren Temperaturen einzuhalten sind.

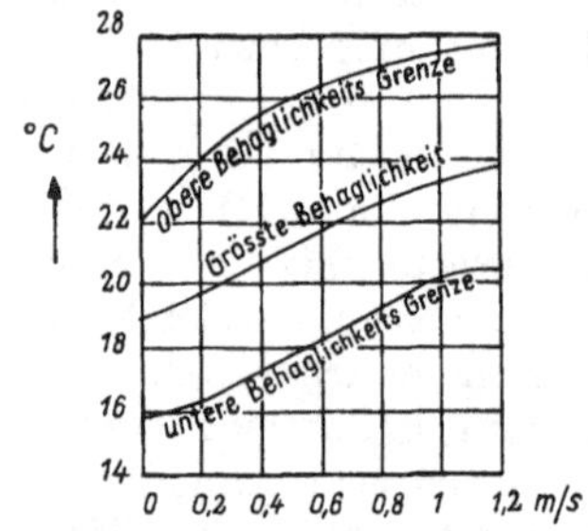

Abb. 76. Behaglichkeitsbereich bei Ruhe oder leichter Arbeit.

Die Luftgeschwindigkeit[1]) im Raum soll abhängig von der Temperatur zwischen 0,2 und 1 m/s betragen, wie in Abbildung 76 gezeigt ist. Nur in Ausnahmefällen wird man hier diese Geschwindigkeit erhöhen. Wie erwähnt, können in anderen Ländern, besonders in Amerika und England, höhere Geschwindigkeiten zugelassen werden. In Amerika werden z. B. durch Anordnung von Tisch- und Deckenfächern, besonders in Büroräumen, häufig Luftgeschwindigkeiten erreicht, die 1,5 und 2 m/s überschreiten.

In der kalten Jahreszeit sollte nach Möglichkeit im Raume eine relative Feuchtigkeit von 35 bis 50 % nicht unterschritten werden.

D. Ausführungsformen

Klimaanlagen bestehen aus einer Vereinigung von Lüfter, Filter, Kühlanlage und Lufterhitzer, zu der noch eine Befeuchtungseinrichtung treten kann. Es ist dabei gleichgültig, ob der Lüfter vor oder hinter der Anlage angeordnet ist. Man bevorzugt die Aufstellung des Lüfters hinter der Anlage, um die Möglichkeit des Umluftbetriebes zu erleichtern. Eine Anordnung mit Oberflächenkühler und Lüfter davor zeigt Abbildung 77. Der Lüfter saugt die Frischluft durch ein Filter *a* von außen an und drückt sie über einen mit Leitungswasser gespeisten Oberflächenkühler *b* und einen Lufterhitzer *c* als Nachwärmer in den Luftkanal. Solche Anlage kommt in Frage, wenn es sich hauptsächlich darum handelt, im Sommer eine kühle, nicht zu feuchte Raumluft zu erhalten, sofern Leitungswasser von etwa 12 bis 15° C zur Verfügung steht. Durch die vorgesehenen Umschaltklappen kann die Anlage im Winter als Lufterwärmungsanlage und auch im Sommer ohne Nachwärmung arbeiten. Mit dieser Anordnung ist wohl die oft im Sommer erforderliche *Ent*feuchtung zu erreichen, aber keine *Be*feuchtung im Winter.

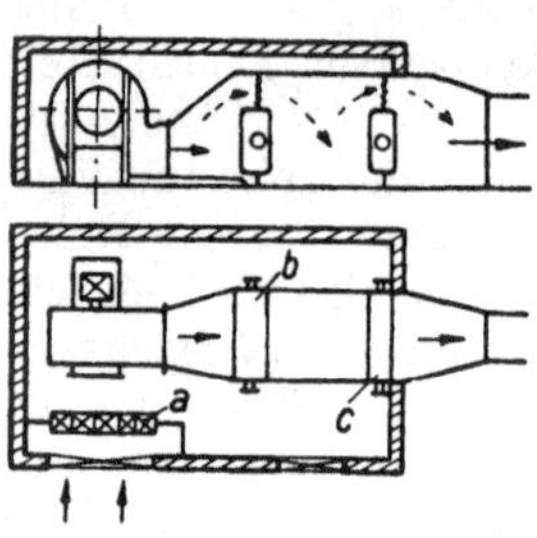

Abb. 77. Klimaanlage mit Oberflächenkühler.

In anderen Fällen, in denen eine weitergehende Veränderung des Luftzustandes erwünscht ist, also auch zusätzliche Befeuchtung erfolgen soll, ist die kostspieligere Einrichtung eines Luftwäschers erforderlich (Abb. 78). Die Beeinflussung von Temperatur und Feuchtigkeit erfolgt hier durch Verdunstung und zentrale Beriese-

[1]) Dr. Koch, Lüftungs- und Absaugungsfragen im Betriebe.

lung (S. 86). Da durch letztere gleichzeitig eine Entstaubung der Luft eintritt, sind unter Umständen besondere Filter entbehrlich, zumal wenn die Luft hoch über Dach

Abb. 78. Vollautomatischer Luftwäscher als Klimaanlage. (Davidson & Co., Belfast.)

entnommen wird. Das gedrängt zusammengebaute Gerät besteht in der Regel aus einer Düsenkammer mit Streu- oder Schleierdüsen (Abb. 79) und einem Tropfenabscheider. Das Waschwasser wird durch eine elektrisch betriebene Kreiselpumpe in Umlauf gesetzt und bedarf nur in gewissen Zeitabständen je nach dem Grade der Verschmutzung der Erneuerung. Die Nachspeisung des Verdunstungsverlustes findet selbsttätig durch ein Schwimmerventil statt. Auf dem Wege des Umlaufs wird das Wasser außerhalb des eigentlichen Wäschers je nach der Jahreszeit durch ein Heiz-

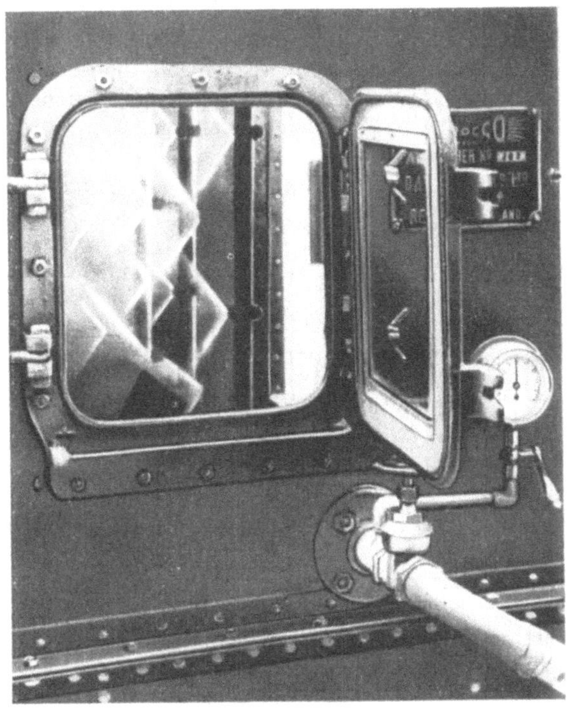

Abb. 79. Wasserschleier der Düsen im Luftwäscher. (Davidson & Co., Belfast.)

mittel oder durch Sole auf die erforderliche Temperatur gebracht. An den Luftwäscher schließen sich der Nachwärmeapparat und der Lüfter an. Die mit dem Luftwäscher ohne besondere Kältemaschine erreichbare Abkühlung liegt im Durchschnitt etwa 3° C über Wassereintrittstemperatur. Eine selbsttätige Regelung der Luftwäscher kann durch Strahlrohrregler mittels Drucköl, Druckwasser oder auch durch Preßluft und Membran oder elektrisch erfolgen.

In allen Fällen, in denen in sehr heißen Gegenden nur sehr warmes Leitungswasser von 20° C und mehr zur Verfügung steht, aber gerade bei hoher Sättigung der Außenluft Kühlung und Entfeuchtung gewünscht werden, sind besondere Kältemaschinen erforderlich, wie sie vorher beschrieben wurden.

Um die Kosten, die durch Anlage und Betrieb der Kältemaschinen entstehen, möglichst zu verringern, ist von vornherein zu überlegen, wie weit die erforderliche Abkühlung durch Verdunstungssystem oder durch Oberflächenkühlung vorgenommen werden kann. Man wird dann zweckmäßig nur das übrigbleibende Temperaturgefälle durch die Kältemaschine aufbringen. Auf diese Weise ergibt sich ein Stufensystem, indem die Luft zuerst durch den mit vorhandenem Kühlwasser arbeitenden Oberflächen- oder Berieselungskühler etwa auf Kühlwassertemperatur gekühlt wird, und dann durch einen Raschigkühler (Abb. 74), der mit einer Kühlmaschine in Verbindung steht, auf die gewünschte tiefste Temperatur gebracht wird. Es sei z. B. eine Lufttemperatur von 35° C und ein Leitungswasser von 20° vorhanden und zwecks Entfeuchtung eine Abkühlung auf + 12° gewünscht. Die erste Stufe wäre dann für Kühlung durch Leitungswasser von 35° auf etwa 23° einzurichten, während die Kältemaschine für die zweite Stufe nur zur Kühlung von 23° auf 12° zu bemessen wäre, wobei das Kühlwasser für den Kondensator der ersten Stufe entnommen werden kann.

1. Regelung von Luftwäschern

Wenn man annimmt, daß eine Klimaanlage für bestimmte Bedingungen innerhalb eines Raumes eingestellt werden soll, die sich im allgemeinen nicht ändern, dann ist der variable Faktor, der eine Regelung verlangt, nur die in Temperatur und Feuchtigkeitsgehalt sich ändernde Außenluft.

In den meisten Fällen wird es zweckmäßig sein, die durch die kalte und warme Jahreszeit oder etwaige Wetterstürze bedingten Änderungen von Hand vorzunehmen und nur die Feinregelung während dieser Zeiten der Automatik zu überlassen.

Die weitaus gebräuchlichste Regelung für volle Klimaanlagen besteht in der Taupunktregelung.

Die Anlage bestehe aus: Filter, Luftwäscher mit Umwälzpumpe und Kalt- und Warmwasser- oder Dampfanschluß, Nacherhitzer und Lüfter. Vor dem Filter ist eine Drehklappe für Frisch- und Umluft vorgesehen (Abb. 80).

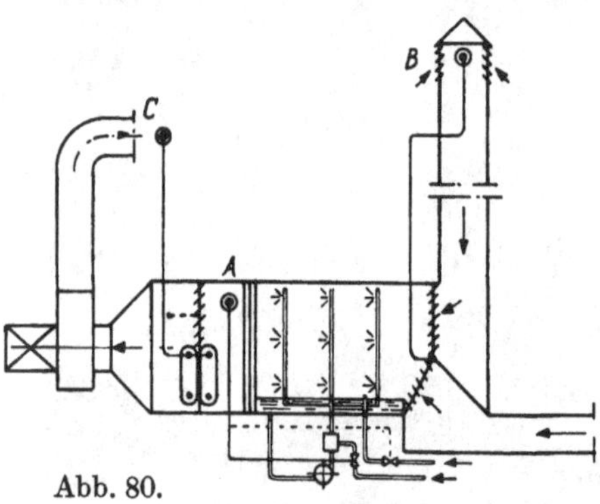

Abb. 80.
Regelung einer Klimaanlage. (Luftwäscher).

Die Anordnung der Regelorgane kann dann so getroffen werden: Ein Temperaturmeßgerät (Thermostat) A ist am Ende des Luftwäschers in der Düsenkammer kurz hinter dem Tropfenfänger einzubauen. Dies ist mit dem Mischventil für Dampf oder Warmwasser bzw. Kühlwasser in der Wasserumlaufleitung des Wäschers zu verbinden. Ein zweiter Thermostat B ist am Anfang der Frischluftleitung an regengeschützter Stelle vorzusehen, der auf die Mischklappe für Frisch- und Umluft wirkt.

Während durch die Regelung B bei extremen Temperaturen, soweit wie zulässig, von Umluft Gebrauch gemacht wird, wird durch die Organe A ein bestimmter Taupunkt aufrechterhalten, der die erforderliche Feuchtigkeitsmenge der Raumluft bestimmt.

Durch Verschiedenheit der Transmissionsverluste entsprechend den Außentemperaturen und auch durch sonstige Veränderungen an Zahl und Art von Menschen und Maschinen sind die klimatischen Vorbedingungen im Raum jedoch nicht immer gleich. Es ist daher zweckmäßig, einen weiteren Thermostaten C an geeigneter Stelle im Raum anzubringen, der auf den Nacherhitzer oder seine Umgehungsklappe wirkt. Auf diese Weise wird die Einhaltung der gewünschten Raumtemperatur und auch der relativen Feuchtigkeit erreicht.

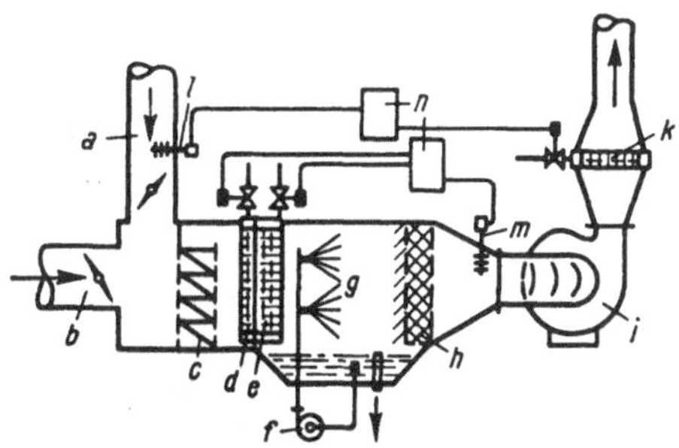

a Umluftleitung
b Frischluftleitung
c Luftfilter
d Vorerhitzer
e Kühler
f Umwälzpumpe
g Wasserdüsen
h Wäscher-und Tropfenabscheider
i Lüfter
k Nacherhitzer
l Raumtemperaturfühler
m Taupunktfühler
n Regler für Ventilmotoren

Abb. 81. Regelung einer Klimaanlage (Oberflächenkühler). (Siemens-Schuckertwerke, Erlangen.)

Statt der Regeler A und B kann eine vereinfachte Anordnung[1]) getroffen werden. Bei ihr wird nur *ein* Thermostat in der Düsenkammer vorgesehen, der sowohl mit der Mischklappe für die Frisch- und Umluft, wie auch über ein Relais mit den Warm- bzw. Kaltwasserventilen der Wasserumlaufleitung des Luftwäschers verbunden ist. In diesem Falle wirkt der Thermostat zunächst auf die Mischklappe und wenn ihre Endstellung erreicht ist, auf die Mischventile für Wasser, sofern der gewünschte Taupunkt noch nicht erzielt ist.

Die erwähnten Meß- und Verstelleinrichtungen können entweder mit Preßluft, Öl oder Druckwasser oder aber mit elektrischen Geräten betrieben werden.

2. Andere Regelarten

Eine andere Anordnung einer Klimaanlage mit Oberflächen-Wärmeaustauschern zeigt Abbildung 81. Ihre Regelung ergibt sich aus der Beschriftung des Bildes.

Die einmalige Umstellung der Anlage auf Sommer- bzw. Winterbetrieb, die, wie erwähnt, zweckmäßig von Hand erfolgt, beschränkt sich auf die Voreinstellung der Mischklappe für Frisch- und Umluft, wobei im Sommer der Frischluft die größere Öffnung zu geben ist. Daneben ist die Einschaltung der Dampf- oder Warmwasserleitung im Winter bzw. der Kalt- oder Kühlwasserleitung im Sommer zu dem Luftwäscher vorzunehmen.

Der Nacherhitzer, der zweckmäßig aus zwei Elementen besteht, ist für die kalte Jahreszeit voll einzuschalten, während im Sommer meist ein Element genügt.

Ein vollautomatisches Raumklimagerät mit Kompressor-Kühlaggregat im Unterteil zeigt Abbildung 82. Das Gerät filtert, heizt, kühlt, trocknet oder befeuchtet die Luft. Die Heizung erfolgt elektrisch über Chromstahlheizstäbe.

[1]) H. & V. Engineer Vol. XXVII No 313, 1953.

E. Berechnungsart

1. Luftmenge und Kühlleistung

Der Berechnung der Luftmenge von Luftkühl- und Klimaanlagen ist in der Regel diejenige Luftmenge zugrunde zu legen, die für die entsprechende Art von Räumen bei den Lufterneuerungs- und Lufterwärmungsanlagen angegeben ist. Man wird häufig die dort ermittelten Luftmengen auf Grund der Wirkung der Kühlung etwas verkleinern können, um gleichzeitig Beschaffungs- und Betriebskosten herabzusetzen. In gleicher Weise ist die Berechnung der Kanäle und der Gesamtwiderstände für den Lüfter nach den S. 12 aufgeführten Grundsätzen durchzuführen.

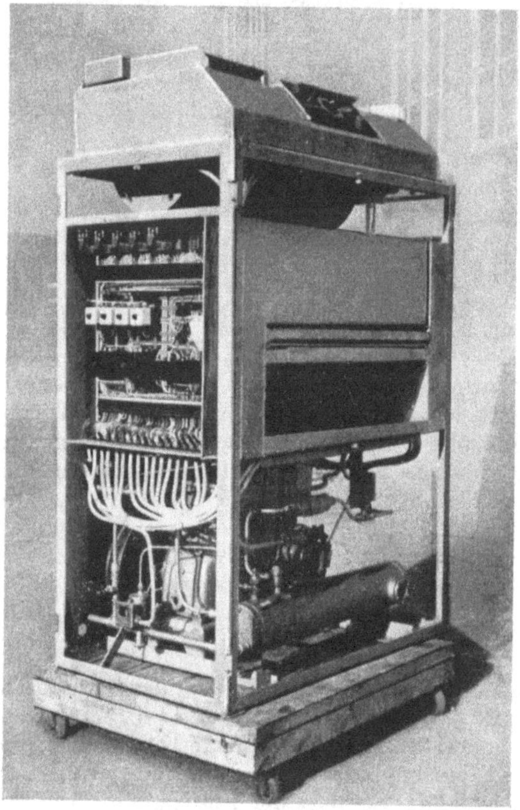

Abb. 82. Vollautomatisches Klimagerät. (Werkbild Teufel, Nagold.)

Es bleibt allein übrig die Errechnung der Kühlleistung:

Soll die Luft von t_2 wärmerer Außentemperatur auf t_1 kältere Raumtemperatur abgekühlt werden, so ergibt sich zunächst ohne Rücksicht auf eine Veränderung des Feuchtigkeitsgehaltes die abzuführende Wärmemenge aus der Gleichung

$$Q = G \cdot c_p \, (t_2 - t_1).$$

Diese Gleichung gilt streng genommen nur für trockene Luft; sie wird daher, wenn es sich im Winter um kalte Außenluft mit geringem absoluten Feuchtigkeitsgehalt handelt, noch ohne weiteres für die praktischen Fälle anzuwenden sein. Auch im Sommer bei nicht hohen Außentemperaturen und mittlerer Feuchtigkeit wird ein wesentlicher Unterschied noch nicht eintreten. Handelt es sich jedoch um feuchte Luft von höherer Temperatur, also etwa von 20° aufwärts, so muß der Wärmeinhalt und die spezifische Wärme der feuchten Luft unter Berücksichtigung von Temperatur und Feuchtigkeitsgehalt festgestellt werden, und ebenso diejenigen Verhältnisse, die man im Raum zu erzielen wünscht. Die Differenz beider Werte ergibt alsdann diejenige Kühlleistung, die von der Kühlanlage aufzubringen ist.

Die Ermittlung des Wärmeinhalts von feuchter Luft erfolgt nach der Gleichung:

$$i_f = 0{,}24t + x \cdot (0{,}46t + 595).$$

Hierin ist für t einmal die Raumtemperatur, das andere Mal die Außentemperatur einzusetzen. x bedeutet die absolute Feuchtigkeit, bezogen auf 1 kg trockener Luft; es ist $x = \varphi \cdot x'$ vgl. Tabelle 1, mithin

$$Q = G \cdot (i_{f_2} - i_{f_1}).$$

Die nach obiger Formel errechneten Kühlmengen sind ausreichend, solange durch die Abkühlung der Außenluft der Taupunkt (S. 7) nicht unterschritten wird. Geschieht dies, so muß auch noch zusätzlich diejenige Wärmemenge abgeführt werden, die nötig ist, um eine in der Luft befindliche Dampfmenge niederzuschlagen, die bei 100% Sättigung der abgekühlten Temperatur ausfällt. Hierfür gilt folgende Beziehung:

$$Q_{zus} = G \cdot (\varphi x'_{t_2} - x'_{t_1}) \cdot 600;$$

darin ist:

φ = relative Feuchtigkeit bei t_2^0
x'_{t_2} = Wassermenge in kg enthalten in 1 kg feuchter Luft bei t_2^0 und 100% Sättigung
x'_{t_1} = Wassermenge in kg enthalten in 1 kg feuchter Luft bei t_1^0 und 100% Sättigung.

Voraussetzung bleibt also die Unterschreitung des Taupunktes, d. i.

$$\varphi \cdot x'_{t_2} > x'_{t_1}.$$

Die Werte von x' sind aus der Tabelle 1 zu entnehmen (S. 8).

In diesem Falle erhält man mithin immer hinter der Kühleinrichtung zunächst einen Luftzustand von 100% Sättigung ($\varphi = 1$). Da man eine so hohe Sättigung praktisch nicht verwerten kann, in den meisten Fällen vielmehr eine geringere von etwa 70% ($\varphi = 0{,}7$) und weniger erwünscht ist, bleiben drei Wege offen:

1. Eine Wiedererwärmung der Luft (Nachwärmung), durch die sich die relative Feuchtigkeit ermäßigt oder
2. eine Mischung mit Raumluft;
3. man läßt 100% Sättigung bei der Berechnung zu, und überläßt die Verminderung der relativen Feuchtigkeit der Erwärmung im Raum.

Wenn man die Luft durch Nachwärmung auf die gewünschte relative Feuchtigkeit bringen will, so muß man vorher eine Unterkühlung der Luft vornehmen, bis auf eine Temperatur, die unter der gewünschten Raumtemperatur liegt, und gleichzeitig die Wasserdampfabgabe der Menschen im Raum berücksichtigen.

Der rechnerische Vorgang ist dabei folgender:

Angenommen in einem Raum, in dem 150 Personen weilen, wird eine Temperatur von $t_1 = 17°$ bei $\varphi_1 = 0{,}7$ gewünscht; das benötigte Luftgewicht betrage 5000 kg/h. Auf welche Temperatur t_3 muß die wärmere Außenluft abgekühlt werden?

Die absolute Wassermenge Wa, die schließlich in 1 kg enthalten sein soll, ist

$$\begin{aligned} Wa &= \varphi_1 \cdot x'_{t_1} \\ &= 0{,}7 \cdot 0{,}0125 \text{ nach Tabelle 1} \\ &= 0{,}00875 \text{ kg/kg} \end{aligned}$$

150 Personen geben 150 × 50 g Wasser ab

$$Wa_1 = 0{,}0015 \text{ kg/kg}$$

in Wirklichkeit aufzubringen

$$Wa - Wa_1 = 0{,}00725 \text{ kg/kg}.$$

Diese Wassermenge bedingt nach Tabelle 1 bei voller Sättigung eine Temperatur von etwa 8,5°

$$\text{mithin } t_3 = 8{,}5°.$$

Die so gekühlte Luft ist auf eine Temperatur unterhalb der gewünschten Raumtemperatur wiederzuerwärmen. Hierbei muß die dann noch verbleibende Temperaturdifferenz durch Wärmetransmission und Wärmeabgabe der Menschen ausgeglichen werden, was durch Rechnung nachzuprüfen ist.

Bei Mischluftbetrieb wird ein Teil der Raumluft der abgekühlten Frischluft wieder zugesetzt. Der Eintritt der Umluft erfolgt hinter dem Kühler, aber zweckmäßig vor einem Filter. Die Frischluftmenge und die Kühlleistung hängt von dem gewählten Mischungsverhältnis ab. Man kann beide Werte aus der Differenz der Wassermengen und Wärmeinhalte der Mischluft und der Raumluft nach den vorher gegebenen Gleichungen und Verfahren ermitteln.

Derartige Anlagen erfordern immer einen besonderen Umführungskanal und eine Absaugeeinrichtung im Raum mit den nötigen Umschaltklappen. Sie können aber andrerseits eine nicht zu unterschätzende Energieersparnis ergeben.

Häufig wird im Sommer eine besondere Nachwärmung der Luft überhaupt nicht notwendig sein, da sich die Luft im Raume erwärmt und damit ihre relative Feuchtigkeit verringert.

Für die verschiedenen Jahreszeiten können Klimaanlagen unter Verwendung von Mischluft nach Hirsch am zweckmäßigsten folgendermaßen eingerichtet werden:

1. Im Winter: Die Mischluft wird durch angewärmtes Wasser unter gleichzeitiger Befeuchtung vorgewärmt und hinterher auf eine Temperatur über mittlerer Raumtemperatur durch Lufterhitzer nachgewärmt.
2. Im Frühjahr und Herbst (bei milder Witterung): Die Mischluft wird durch gering erwärmtes Wasser unter gleichzeitiger Befeuchtung abgekühlt und auf eine Temperatur nahe der mittleren Raumtemperatur mittels Lufterhitzer nachgewärmt.
3. Im Sommer: Die Mischluft wird mit kaltem Wasser unter gleichzeitiger Entfeuchtung abgekühlt und etwa auf Raumtemperatur durch Lufterhitzer nachgewärmt.
4. Im Hochsommer: Die Mischluft wird durch kaltes Wasser, gegebenenfalls durch Kältemaschine unter gleichzeitiger Entfeuchtung unterkühlt und durch Lufterhitzer auf Temperatur unter mittlerer Raumtemperatur wiedererwärmt.

An Stelle der Errechnung nach den angegebenen Gleichungen und der Tabelle 1 können bei Benutzung der am Ende des Buches angeführten Mollier-Tafel die Werte für die benötigten oder abzuführenden Wärme- und Wassermengen auch abgelesen werden. Dabei sind folgende Richtlinien zu beachten.

1. Bei Erwärmung ändert sich der Luftzustand, da der absolute Wassergehalt in der Luft derselbe bleibt, auf der senkrechten Linie durch den Ausgangspunkt ($x =$ konst.), und zwar nach oben. Die benötigten Wärmemengen ergeben sich aus der Differenz der angegebenen Wärmeinhalte i für Ausgangs- und Endpunkt.

2. Bei Abkühlung ist der absolute Wassergehalt der Luft zunächst ebenfalls unverändert. Der Luftzustand ändert sich daher auch auf der senkrechten Linie durch den Ausgangspunkt ($x =$ konst.) jedoch abwärts, bis er die Sättigungslinie $\varphi = 1$ erreicht. Dann wandert er längs dieser Linie unter Verminderung seines Wassergehalts x (Ausscheidung von Wasser) bis zu einem Punkte senkrecht unterhalb des gewünschten Luftzustandpunktes. Die Wiedererwärmung auf die gewünschte Temperatur erfolgt wie unter 1 auf der Linie senkrecht nach oben. Die abzuführenden Wärmemengen ergeben sich ebenso wie die ausgeschiedenen Wassermengen aus der Differenz der abzulesenden Wärmeinhalte i bzw. Wassermengen x.

3. Bei Verwendung von Mischluft liegt der erreichte Luftzustandspunkt auf der Verbindungslinie der Zustandspunkte für die Mischungsteile t_1, φ_1 bzw. t_2, φ_2 und zwar im Verhältnis der Mengenanteile.

4. Über Befeuchtung s. S. 80.

2. Wahl und Bemessung des Oberflächenkühlers

Die Berechnung der Kühlfläche nach der gegebenen Kühlleistung erfolgt sinnentsprechend in derselben Art wie für Lufterhitzer nach den Regeln des Wärmedurchgangs. Um die wirksame Kühlfläche zu vergrößern und die Abmessungen möglichst klein zu halten, werden auch hier wie bei den Erhitzern heutzutage fast ausschließlich Rippenrohre bzw. Lamellenkühler verwendet.

Mit der Erhöhung der Luftgeschwindigkeit verringern sich die Abmessungen, erhöht sich aber der Widerstand. Man wählt im Mittel als Luftwiderstand auch hier wie bei den Erhitzern etwa 10 mm WS und als wirtschaftliche Grenzen 5 bis 25 mm WS. Der Kühlbereich ist nach unten durch die Kühlwassertemperaturen begrenzt. Der Wasserwiderstand kann 2 bis 3 m WS betragen, da entweder Wasserleitungs- oder Pumpenanschluß vorliegt.

Die nötige Kühlwassermenge ergibt sich aus der Überlegung, daß die von der Luft abgegebene Wärme vom Wasser aufgenommen werden muß.

Mithin die Kühlwassermenge $W = \frac{Q}{(t_2 - t_1) \cdot 1000}$

wenn Q die Kühlleistung in WE/h, $t_2 - t_1$ die Erwärmung des Wassers und W die Kühlwassermenge in m³/h bedeutet.

3. Verdunstungskühlung

Ist nach den vorstehenden Berechnungsmethoden die Kühlleistung ermittelt und soll die Kühlung selbst durch Verdunstung erfolgen, so scheint auf den ersten Blick hierzu ein sogenanntes Sättigungsdefizit erforderlich zu sein, d. h. die zu kühlende äußere Luft darf nicht mit 100% gesättigt sein, da sie in diesem Zustande Wasser nicht mehr aufnehmen kann. Es muß vielmehr die Sättigung unter 100% sein und je geringer die relative Feuchtigkeit ist, um so größer ist das Sättigungsdefizit und mithin auch die Verdunstungsmöglichkeit des Wassers. Diese an sich richtige Folgerung trifft jedoch nur beschränkt zu und zwar dann, wenn das Kühlwasser die gleiche oder höhere Temperatur als die Außenluft aufweist. In vielen Fällen steht jedoch kälteres Kühlwasser zur Verfügung. Alsdann tritt neben der Verdunstungskühlung auch eine Kühlung durch Berührung der bewegten Luft mit dem Wasser also durch Leitung und Konvektion statt. Auf diese Weise ist es also möglich, auch noch bei 100%iger Sättigung der Außenluft eine allerdings geringere Kühlung der Luft zu erzielen. Außerdem wird natürlich auch bei geringer gesättigter Luft die oben erwähnte Leitung und Konvektion die Verdunstungskühlung wesentlich unterstützen. Nach den Versuchen, die Merkel[1]) über die Abkühlung von verdunstendem Wasser gemacht hat, kann hierdurch eine Kühlung erreicht werden, die nur wenige Grade von der Wassertemperatur abweicht. Außerdem kann diese Erscheinung auch eine Entfeuchtung der Luft mit sich bringen. Die rechnerische Ermittlung der notwendigen Wassermenge ist unsicher und an bestimmte Voraussetzungen gebunden. In der Praxis wird man immer mit einem großen Überschuß rechnen. Bewährt hat sich eine Wassermenge von 1 l für je 25 m³/h Luft, ohne hiermit eine Norm für alle Fälle zu geben, da u. a. die Anordnung der Düsen eine große Rolle spielt. Diese muß so erfolgen, daß tatsächlich der ganze Kanalquerschnitt der Berieselung unterliegt.

4. Kältemaschinen

Ein Eingehen auf die Berechnung der Kältemaschinen würde den Rahmen dieses Buches überschreiten. Es sei hervorgehoben, daß zu allen derartigen Kältemaschinen bis auf solche kleiner Leistung, die gegebenenfalls durch Luft gekühlt werden, Kühlwasser nötig ist. Bei normalen Röhrenkühlern sind für je 10 000 kcal/h etwa 0,8 bis 1,2 m³/h Kühlwasser erforderlich. Bei den modernen Verdunstungsverflüssigern, die mit Hilfe von Schraubenlüftern erhöhte Ausnutzung der Kühlwirkung des Wassers infolge Verdunstung, Konvektion und Leistung erreichen, vermindert sich der Kühlwasserbedarf bis zu 5% des obigen Betrages. Ein solcher Verdunstungsverflüssiger nach der Wirbelkammer Bauweise Borsig ist in Abbildung 83 gezeigt. Die Lüfter sind zu beiden Seiten einer rechteckigen Rohrkammer angeordnet, inner-

[1]) Merkel, Verdunstungskühlung V. D. I. Verlag 1925.

halb welcher Wassernebeldüsen arbeiten. Der feuchte Luftstrom durchwirbelt die Rohrwände und tritt nach Passieren eines Lamellenrohrkühlers zur Abführung der Überhitzungswände des Kältemittels ins Freie.

Abb. 83. Verdunstungsverflüssiger. (Borsig, Berlin-Tegel.)

Entsprechend der Wirkungsweise der Kältemaschinen ist es möglich, auch höher temperiertes Kühlwasser zu verwenden. Allerdings wächst der für die Kompressorarbeit nötige Leistungsbedarf mit Zunahme der Kühlwassertemperatur.

Von den erwähnten vier Verfahren, SO_2, F 12, NH_3 und CO_2, erfordert das SO_2-Verfahren den niedrigsten und CO_2 den höchsten Druck bei gleichen Kühlverhältnissen. Ein Bild von den Druck- und Temperaturverhältnissen der vier Kältemittel gibt die Tabelle 8.

Tab. 8. Kühlmitteltemperaturen und Drücke

$t°$ C	atü SO_2	NH_3	CO_2	$Fr.$ 12
— 10°	0,04	1,92	26,1	—
— 6,6°	—	—	—	1,47
∓ 0	0,58	3,35	34,3	—
+ 4,4°	—	—	—	2,6
+ 10°	1,34	5,27	44,7	—
+ 15,4°	—	—	—	4,1
+ 20°	2,35	7,79	57,1	4,9
+ 30°	3,67	11,01	72,1	—

Einen Gleichstromkompressor für Freon 12, bei dem das Gas den Zylinder ohne Umkehr nur in einer Richtung durchströmt, zeigt Abbildung 84.

F. Anwendungsgebiete

1. Theater und Kinos

Als Beispiel einer modernen Klimaanlage für eine große Konzert- und Theaterhalle sei diejenige der Festival Hall in London genannt[1]).

Der Zuschauerraum umfaßt etwa 4000 Sitzplätze einschl. Orchester und ist wie üblich von der Eintrittshalle, dem Foyer und den Restaurants umgeben, so daß Außenwände nicht in Frage kommen. Als Lüftungsprinzip wurde die Verdrängungslüftung von oben nach unten gewählt. Die behandelte Luft tritt unter der Decke aus Metallgittern aus, mischt sich mit der Raumluft und wird unter den Sitzen am Fußboden sowie unter den Balkonen abgesaugt.

Durch zwei drückende Lüftersätze werden insgesamt 136 000 m^3/h Frischluft ent-

[1]) The Architect 13 Aug. f.6. & 13. Sept. 1951.

sprechend 34 m^3/h per Zuschauer zugeführt und durch zwei Sauglüftersätze 102 000 m^3/h abgesaugt, so daß im Raum ein gewisser Überdruck erzeugt wird. Für den Sommer kann die Luftmenge um 50 % erhöht werden. Bevor die Luft in den Lüfterraum gelangt, wird sie in einem aus 112 Zellen bestehenden Gewebstoffilter gereinigt, tritt dann in den Maschinenraum jedes der beiden Zulüfter ein, der sich oberhalb der Bühne im Dachgeschoß befindet. Die Klimaanlage besteht aus Vorwärmer, Luftwäscher, der 3 × 2,6 m groß und 3 m hoch ist, mit zwei Reihen von Düsen, Nacherhitzer und einer mit Freon 12 arbeitenden Kältemaschinenanlage. Durch sie wird die Luft im Zuschauerraum auf einer Temperatur von etwa 20° C und 50 % relativer Feuchtigkeit gehalten. Die Ablüfter sind am andern Ende der Halle untergebracht.

Abb. 84. Gleichstromkompressor. (Borsig, Berlin - Tegel.)

Umfassende Maßnahmen sind gegen Geräuschübertragung vorgesehen. Der Maschinenraum für die Zulüfter ist durch einen etwa 30 m langen Kanal mit der Außenluft in Verbindung gebracht. Dieser Kanal ist mit schallschluckenden Platten und teilweise mit ebensolchen Prallflächen ausgekleidet. Die Motoren und die Lüfter, die mit ruhig laufenden Trommelrädern arbeiten, stehen auf federnden Schwingungsdämpfern, während die Betondecke des Fußbodens auf 75 mm starker, zusammengepreßter Glaswolle ruht. Zudem sind die Kanäle, Filter und Apparate in ihren Abmessungen so gewählt, daß die Zulüfter nur für einen statischen Widerstand von insgesamt 37 mm WS ausgebildet werden brauchten, ein Umstand, der den geräuscharmen Betrieb der ganzen Anlage erleichterte. Für die Heißwasserversorgung dienen vier gasbeheizte Kessel von je 1 550 000 kcal/h. Nur ein Teil davon wird für die Versorgung der Vor- und Nacherhitzer sowie einiger Reservelufterhitzer in den Abzweigkanälen der Druckleitung gebraucht, da sonst keinerlei stationäre Heizung im Zuschauerraum vorgesehen ist. Der Restbetrag wird für die mit besonderen kleinen Klimaanlagen versorgten Restaurants, Foyers, Versammlungsräume, Küchen und Orchesterübungsräume verbraucht, sowie für Fensterluftschleier und Strahlungseizung.

Da die Hauptanlage für den Zuschauerraum bei Tage abgestellt wird, ist ein Hilfslüftersystem für 6000 m^3/h eingerichtet, das bei Nacht die Luft vom Zuschauerraum entnimmt, aufwärmt und wieder zurückleitet, um auf diese Weise eine Temperatur im Zuschauerraum von etwa 10° C aufrechtzuerhalten. Eine zweite Hilfslüftung versorgt den Instrumentenraum des Orchesters mit warmer Luft, damit die Instrumente stets der gleichen Temperatur ausgesetzt sind wie bei ihrem Gebrauch.

Ein weiteres Beispiel einer Klimaanlage, die jedoch nur aus Oberflächenkühler, Lufterhitzer, Drehfilter und Lüfter besteht, sei durch die neue Anlage des wiedererbauten Schillertheaters[1]) in Berlin-Charlottenburg gegeben.

[1]) Ges. Ing. 1952 No 13/14.

Bei einer Größe des Zuschauerraumes von 5000 m³ mit etwa 1100 Sitzen ist eine Zuluftmenge von 36 000 m³ zugrunde gelegt, was einem 7fachen Luftwechsel und 33 m³ pro Person/h entspricht. Die Zuluft wird unter Benutzung der Strahllüftungsmethode von oben nach unten eingeführt. Sie wird mit 4 m/s unter der Decke durch eine Reihe von 5×8 cm Gittern horizontal eingeblasen und unter den Sitzen im Parkett und Rang abgesaugt. Die Absaugmenge beträgt 30 000 m³/h, so daß ein kleiner Überdruck im Zuschauerraum entsteht (Abb. 85).

Durch die Bemessung des Oberflächenkühlers für 300 000 kcal/h ist es wohl möglich, die Luft bis zu 15° C zu unterkühlen und einen dementsprechend geringen Feuchtigkeitsgehalt im Sommer zu erzielen. Im Winter ist jedoch eine Erhöhung des Feuchtigkeitsgehalts der Frischluft nicht möglich, es sei denn, daß durch Zumischung von Umluft eine geringe Erhöhung erreicht wird.

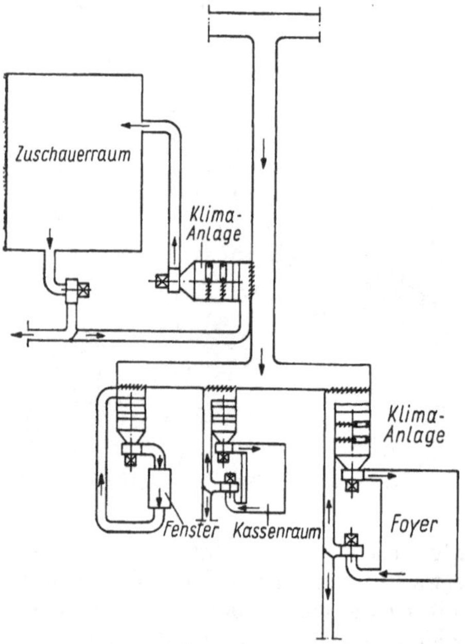

Abb. 85.
Klimaanlage des Schillertheaters Berlin.

Erwähnenswert ist, daß im Foyer eine gleichartige aber wesentlich kleinere Klimaanlage arbeitet und daß über die ganze Frontbreite ein Fenster vorgesehen ist, dessen Kälteeinfall im Winter durch einen Warmluftschleier im Doppelfenster abgewendet wird, während die sonstige Erwärmung des Foyers durch Strahlungsheizung erfolgt.

Anlagen mit Oberflächenkühlung, wie sie S. 92 beschrieben sind, sind auch für kleine und mittlere Lichtspielhäuser ausreichend. Strahllüftung kann jedoch nur gewählt werden, wenn genügende Höhe und Länge des Zuschauerraumes mit etwa mindestens 10 bzw. 20 m zur Verfügung stehen, damit keine Belästigung der Zuschauer durch Zugluft entsteht. Für sehr große und luxuriöse Lichtspielhäuser sind volle Klimaanlagen am Platze.

2. Größere Gaststätten

Wie bereits S. 66 erwähnt, ist es oft möglich, die Lufterwärmungsanlagen von Restaurants oder Cafés so anzulegen, daß sie im Sommer gleichzeitig als Kühlanlagen bis zu einem gewissen Grade arbeiten können, wenn man nicht die Kosten einer Klimaanlage aufbringen will. Die Lufterhitzer sind dann mit einem Rohrabzweig an das Leitungswasser anzuschließen, damit sie als Oberflächenkühler wirken. Die Kühlleistung mit 10grädigem Wasser reicht dann aus, um die Luft um etwa 5° C abzukühlen, vorausgesetzt, daß der Lufterhitzer mindestens für einen Bereich von —15 auf +30° C eingerichtet war.

Dies genügt aber, um bei sehr hoher Außentemperatur und mäßiger Feuchtigkeit, wie es wenigstens in Deutschland meist der Fall ist, die Behaglichkeit im Raume zu erhöhen. Die Umschaltung kann durch einfache Bedienung zweier Ventile erfolgen.

Ein Beispiel einer solchen Anlage zeigt Abb. 86. Auch durch Verdunstungskühlung, wie sie S. 86 beschrieben ist, wird man in manchen Fällen eine praktische Lösung der Kühl- und Filterfrage finden.

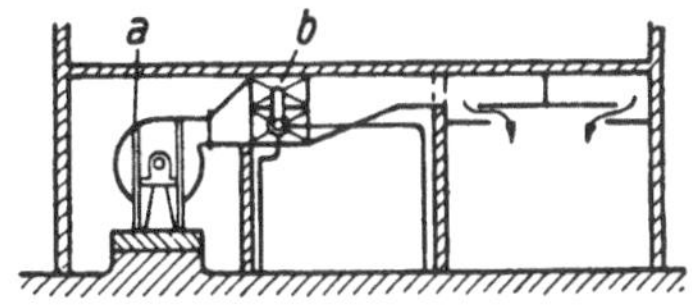

Abb. 86. Luftkühlanlage einer Gaststätte.

3. Schiffe

Der Einbau von Klimaanlagen für Kabinenkühlung von Passagierdampfern hat im letzten Jahrzehnt sehr zugenommen. Außer großen zentralen Anlagen mit Luftwäscher und Kältemaschinen wird häufig auch die Kältemaschine getrennt aufgestellt und die gekühlte Sole zu den einzelnen Stellen des Schiffes verteilt, wo das mit der Frischluft verbundene Lüfteraggregat seinen kleineren Bezirk versorgt. Auf diese Weise werden lange Luftkanäle vermieden und es ist möglich, wenn die Witterung es erlaubt, bestimmte Abschnitte nur mit Frischluft zu beschicken. Die Kältemaschinen arbeiten meist mit CO_2, aber auch vielfach mit Wasser als Dampfstrahlpumpen (S. 88) wie z. B. auf Queen Mary und Queen Elisabeth[1]) der englischen Handelsflotte. An Stelle von zentralen Anlagen findet man auch den Einbau von kleinen Klimaeinheiten in einem Schrank vereinigt vor. Sie bestehen aus einer gedrängten Anordnung von Kompressor mit Motor, Verflüssiger im unteren Teil, während Verdampfer mit Lüfter, Lufterhitzer und Filter im oberen Teil untergebracht sind, ähnlich Abb. 82.

Ein besonderes Problem bedeutet die Einhaltung günstiger Temperatur- und Feuchtigkeitsverhältnisse in den Laderäumen von Frachtdampfern, zumal wenn diese die Gegenden so verschiedener klimatischer Verhältnisse wie Rotes Meer, Stiller Ozean und Atlantik auf einer Fahrt berühren. Besonders gefährdet sind außer Früchten und anderen Lebensmitteln Holz, Textilien, Felle, Tabak und Kaffee[2]).

Wenn auch der innere Feuchtigkeitsgehalt dieser Güter sich im Verlauf einer Reise kaum mehr als $^1/_2$% ändert, so wird doch ihre Oberfläche durch die Schwankungen im Feuchtigkeitsgrad und der Temperatur stark beeinflußt. Hinzu kommt oft die Wärmeübertragung von heißen Maschinenräumen und der Kondensationsniederschlag auf dem Eisen des Schiffes. Klimaanlagen sind daher für eine große Reihe von solchen Schiffen eingerichtet, die die nötige trockene Luft für die Laderäume erzeugen. Sehr häufig werden auch nur Adsorptionsanlagen, meist Silica Gel, verwendet, die automatisch durch heiße Frischluft wieder reaktiviert werden (S. 136).

Die Anordnung wird dann so getroffen: Die in verschiedenen Decks zwischen zwei Schotten übereinanderliegenden Laderäume werden zu einem Belüftungssystem zusammengefaßt. An der einen Schottwand wird ein senkrechter Zuluft-, an der andern ein Abluftschacht bis über Oberdeck geführt. Beide Schächte erhalten in jedem Deck waagerechte Zweigkanäle mit Öffnungen. Im Oberteil beider Schächte ist ein Lüfter und eine Drosselklappe zur Außenluft vorgesehen. Der Frischlüfter erhält außerdem eine abstellbare Verbindung zu einem Trockenluftkanal, der von der Adsorptionsanlage herkommt. Auf diese Weise kann der Laderaum entweder nur mit Frischluft oder unter Beimengung von Trockenluft versorgt werden. Entscheidend ist, ob der Taupunkt der Frischluft höher oder niedriger als der der Abluft vom Laderaum ist. Hat die Frischluft höheren Taupunkt, wird mit Trockenluft

[1]) H. & V. Eng. Vol. XXV No 295 Jan. 1952.

[2]) Journ. I. H. & V. E. Vol. 18 No 181 Aug. 1950.

gefahren, andernfalls nur mit Frischluft. Durch entsprechende Klappeneinstellung wird jedoch immer dafür gesorgt, daß auch bei Trockenluftversorgung ein gewisser Teil Frischluft zugesetzt wird und ein entsprechender Teil feuchter Abluft entweichen kann. Überwachung der zugehörigen Hygrometer seitens der für die Laderäume verantwortlichen Deckoffiziere ist unbedingte Vorbedingung für dieses Verfahren.

4. Klimaanlagen für Eisenbahnwagen

Klimaanlagen für Eisenbahnwagen[1]) sind in Amerika für fast alle großen Reisestrecken vorgesehen.

Der meist als Doppelgebläse ausgebildete Lüftersatz ist elektromotorisch angetrieben und ist mitsamt der Luftbehandlungsanlage unter dem Wagengestell am Wagenende untergebracht. Die Anlage besteht aus dem mit Freon 12 arbeitenden Verdichter und den Kühl- und Dampflufterhitzer-Elementen aus verzinntem Kupferrohren mit Aluminiumlamellen.

Die Frischluft wird durch Öffnungen in den Wagendächern angesaugt, während die Umluft vom Abteil über die Seiten- und Mittelgänge zurückgeführt wird. Nach Durchströmen von ölbenetzten Metallfiltern findet ihre durch Klappen einstellbare Mischung in einer Mischkammer statt, von der die Mischluft der Luftbehandlungsanlage zuströmt.

Die behandelte Luft wird durch Anemostaten oder Viellochplatten durch die Scheindecke den Abteilen zugeführt.

Die Luftleistung beträgt je Wagen mit 48 Sitzplätzen 4000 m^3/h bei einem Frischluftanteil von 30 %, das eine Luftmenge von 25 m^3/h je Fahrgast ergibt. Die Kühlung ist so bemessen, daß sie bei einer Außentemperatur von 35° C noch ausreichend ist. Die Fortluft wird durch besonderen Lüfter meist über die Toilettenräume mit 10 % geringerer Leistung ins Freie geführt. Küchen haben besondere Frischluftventilatoren.

Wenn auch das Bedürfnis nach solchen Anlagen in Deutschland nicht so groß ist, wie in den heißen Ländern, so ist doch die Bundesbahn bestrebt, auch solche Anlagen einzuführen, und es befinden sich schon einige Anlagen im Versuchsstadium. Die gesamte Anlage wird jedoch nicht wie in Amerika unter dem Wagen, sondern in dem Maschinenraum des Dieselgenerators untergebracht, wo sie naturgemäß viel besser zugänglich ist.

5. Treibhäuser

Eine Lüftungs- und Kühlanlage zu besonderen Zwecken wird in Treibhäusern von Forschungsanstalten angewendet.

Hier kommt es einmal darauf an, eine möglichst gleichmäßige Luftverteilung im Treibhause zu erhalten, damit das Wachstum aller Pflanzen gleichmäßig gefördert wird und kritische Vergleichungen angestellt werden können. In zweiter Linie muß aber auch eine Temperatur, selbst in den heißesten Tagen des Sommers erzielt werden, bei der sich wissenschaftliche Arbeiten in den Treibhäusern noch ermöglichen lassen. Während also einerseits eine möglichst gleichmäßige und große Wärme den Pflanzen zuteil werden soll, muß doch zu gewissen Zeiten eine Verminderung der Raumtemperatur um 7 bis 10° erfolgen.

Eine solche Anlage ist z. B. in der Biologischen Reichsanstalt für Land- und Forstwissenschaft in Dahlem eingerichtet: In einem besonderen Ventilatorhäuschen, das zwischen zwei Treibhäusern liegt, ist ein Fliehkraftlüfter eingebaut, der die Luft über Dach ansaugt und durch ein mittels eines Düsenrohres und Streudüsen berieseltes Koksfilter drückt. Nach Passieren eines Tropfenfängers tritt die Luft in einen Kanal

[1]) Ges. Ing. 1955 H. 23/24. Baur, Klimaanlagen für Eisenbahnwagen.

nach beiden Seiten des Häuschens und von diesem in je ein Treibhaus. Durch ein unter der Decke verlegtes Lüftungsrohr strömt alsdann die Luft durch Schlitzöffnungen, die mit Schiebern regulierbar sind, in das Innere des Treibhauses ein.

Die Abluft wird zwangsweise durch je zwei Rohre an den beiden Seiten mittels eines an der Stirnfront des Treibhauses angebrachten Schraubenlüfters abgesaugt. Die Anordnung der Luftzuführung und -abführung sowie der Ein- und Austrittsöffnungen ist so getroffen, daß der stärksten Saugwirkung die schwächste Druckwirkung und umgekehrt gegenübersteht, so daß eine fast gleichmäßige Luftverteilung über den ganzen Raum erfolgt, und das Wachstum der Triebe und Pflanzen überall gleichmäßig gefördert wird.

Durch die Verdunstungskühleinrichtung wird an sehr warmen Tagen von etwa 30° eine Abkühlung von etwa 10° bei etwa 5fachem Luftwechsel erreicht. Die große Sättigung der abgekühlten Luft, die sonst bei anderen Anlagen vielfach störend wirkt, wird hier als eine günstige Begleiterscheinung für das Wachstum gern in Kauf genommen, während andererseits sich die arbeitenden Personen infolge der Luftbewegung wohlfühlen.

6. Kühlräume von Gaststätten, Kasinos, Fleischereien und anderen Lebensmittelbetrieben

Die besonderen Räume, welche zur Aufbewahrung von Lebensmitteln dienen, können auf zweifache Weise gekühlt werden.

Da in diesen Räumen fast durchgängig verhältnismäßig tiefe Temperaturen, die zum Teil unter dem Nullpunkt liegen, notwendig werden, kommen nur die auf S. 88 näher beschriebenen Kältemaschinen in Frage.

Durch diese Kältemaschinen kann entweder Salzsohle abgekühlt werden, welche durch eine Zirkulationspumpe in ein in den Kühlräumen angeordnetes Rohrschlangensystem gedrückt wird. Die in den Rohren auftretende Kälte entzieht auf diese Weise dem Raum fortwährend Wärme und unterhält so eine gewünschte Raumtemperatur. Irgendeine Luftbewegung ist mit dieser Kühlungsart nicht verbunden; man nennt dieses System die direkte Berohrung oder stille Kühlung.

Andererseits ist es aber oft gerade erwünscht, daß mit der Kühlung auch eine Lüftung und Luftbewegung verbunden ist, damit z. B. Fliegen oder andere Insekten, die sich oft durch die kältere Temperatur allein nicht verscheuchen lassen, wohl aber vor bewegter Luft ausweichen, nicht das Fleisch oder sonstige empfindliche Lebensmittel verunreinigen können.

Man wählt daher, zumal bei größeren Anlagen oft zweckmäßiger eine zweite Kühlungsart, bei welcher die Frischhaltung der Waren nicht durch ruhende Kälte, sondern durch eine Luftkühlanlage erreicht wird; man nennt dies bewegte Kühlung.

Die Anordnung kann z. B. in folgender Art getroffen werden: Ein Lüfter saugt die Luft durch ein Filter (S. 112) an und drückt sie über den Verdampfer einer Kältemaschine (Abb. 71) in ein Kanalnetz der Kühlräume. Hier tritt sie zweckmäßig von oben her ein und sinkt infolge ihres hohen spez. Gewichts zu Boden. Ordnet man an den Austrittsöffnungen Regulierschieber an, so hat man die Möglichkeit, bei verschiedenen Räumen durch Ab- und Zuschalten auch verschiedene Temperaturen zu erhalten.

Die ganze Anlage arbeitet nach dem Drucksystem, um gleichzeitig das Eindringen von Staub zu verhindern. Da die Undichtigkeiten infolge der verhältnismäßig starken Wände und der gut schließenden Türen gering sind, ist es zweckmäßig, in etwa $^1/_2$ m Höhe über dem Fußboden durch Klappen verschließbare Abzugsöffnungen vorzusehen.

Man wird im allgemeinen die Anlage für einen 3- bis 5fachen Luftwechsel einrichten. Zur Berechnung der erforderlichen Kühlleistung muß eine Transmissionsrechnung aufgemacht werden, ähnlich wie S. 65 gekennzeichnet ist.

Für überschlägliche Rechnungen kann man im Mittel für Kühlräume bei starken, gut isolierten Wänden und Türen etwa 10 kcal/m³ rechnen.

Da zur Frischerhaltung der einzelnen Lebensmittelarten verschiedene Temperaturen erforderlich sind, wird man auch dieselben Räume nur mit gleichartigen Lebensmitteln belegen. Man kann für die einzelnen Lebensmittelarten etwa die in Tabelle 9 genannten Temperaturen benutzen.

Tab. 9. Kühlraumtemperaturen

Lebensmittel-Art	etwa ° C
Fleisch	— 2°
Gefrierfleisch	— 8°
Wild und Geflügel	— 3°
Frische Fische	— 4°
Räucher-Fische	+ 3°
Eier	+ 1°
Früchte und Gemüse	+ 2°
Butter	+ 2°
Käse	+ 12°
Bier	+ 4°
Wein	+ 4 bis 10°

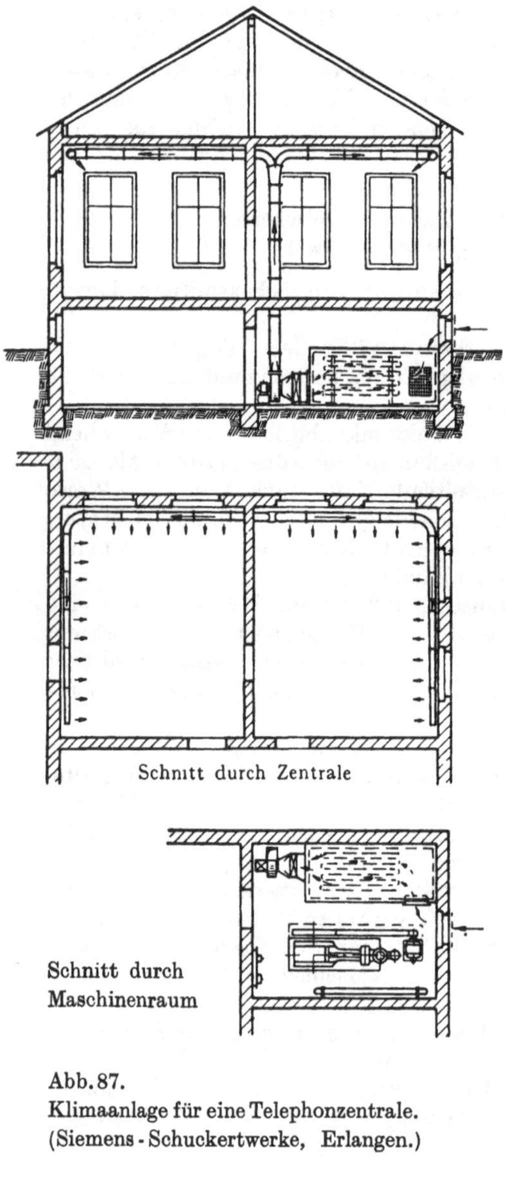

Abb. 87.
Klimaanlage für eine Telephonzentrale.
(Siemens - Schuckertwerke, Erlangen.)

7. Automatische Telephonzentralen

In heißen Gegenden ist es nötig, Telephonzentralen mit besonderen Lüftungsanlagen auszustatten. Die komplizierten und immerhin empfindlichen Apparate, wie sie in den Wählersystemen der automatischen Telephonämter vorliegen, verlangen in erster Linie die Fernhaltung von Staub jeder Art. Dann aber leiden sie auch sehr häufig unter einer zu großen Feuchtigkeit, die leicht Rostansatz an beweglichen Teilen verursacht und zu Störungen führt.

Aber auch zu geringe Feuchtigkeit kann schädlich wirken, da das Schmiermaterial unter Umständen austrocknet.

Es muß daher ein Luftzustand geschaffen werden, der eine obere und untere Grenze der Feuchtigkeit nicht überschreitet. Dies wird durch eine Klimaanlage erreicht. Die Anordnung einer solchen Anlage geht aus Abbildung 87 hervor. Der Lüfter saugt Frischluft über ein Filter an und drückt sie über einen Verdampfer und einen Nachwärmer in den Raum, der unter Überdruck gesetzt wird (S. 17). Da aber nicht nur die mit der Abkühlung verbundene Entfeuchtung der Luft im Sommer, sondern auch eine Befeuchtung im Winter in Frage kommt, ist meist eine Umschalteinrichtung vorgesehen. Nach Öffnen einer Klappe strömt die Luft vom Lüfter in einen Wasserschleier und tritt nach Abgabe etwaiger Tropfen durch einen Lufterhitzer nachgewärmt in die Telephonzentrale. Die Abluft entweicht durch Undichtigkeiten der Türen und Fenster.

Ein 5- bis 8facher Luftwechsel ist empfehlenswert. Die Berechnung der Kühlleistung bzw. der zusätzlichen Wassermenge ist nach S. 96 vorzunehmen. Als zulässige Feuchtigkeitsgrenzen können 55 bis 65 % gelten.

8. Kühlung elektrischer Maschinen durch Lüftung

Die Kühlung elektrischer Maschinen kann indirekt erfolgen durch Kühlung bzw. Lüftung der Räume, in denen die Maschinen aufgestellt sind, oder durch direkte Belüftung der inneren Wicklungsteile bzw. Anblasen der Außenteile der Maschinen. Der erste Fall ist bereits S. 31 über elektrische Zentralen ausführlich behandelt. Die direkte Belüftung kann darin bestehen, daß ein Lüfter kühlere Frischluft in den Stator der Maschine drückt oder aber die Warmluft aus ihm absaugt. Dies kann wiederum durch einen in die Maschine eingebauten oder durch besonderen Fremdlüfter, der außerhalb der Maschine angeordnet wird, erfolgen. Der erstere Fall steht hier nicht zur Besprechung. Die Fremdlüftung wird erleichtert, wenn die elektrische Maschine ventiliert gekapselt ausgeführt ist, d. h. wenn sie soweit geschlossen ist, daß der Luft nur durch bestimmte Zu- und Austrittsöffnungen ein Durchgang ermöglichst ist (Durchzugstype). Die Ausführung kann nach Abbildung 88 erfolgen, in diesem Falle dürfte es vielfach zweckmäßig sein, ein Filter zur Fernhaltung des Staubes aus den Wicklungsteilen und somit zur Vermeidung von Überschlägen vorzuschalten.

Eine Absaugung der Warmluft kann durch Ansetzen eines Schraubenlüfters auf die Abluftöffnung des Stators erfolgen.

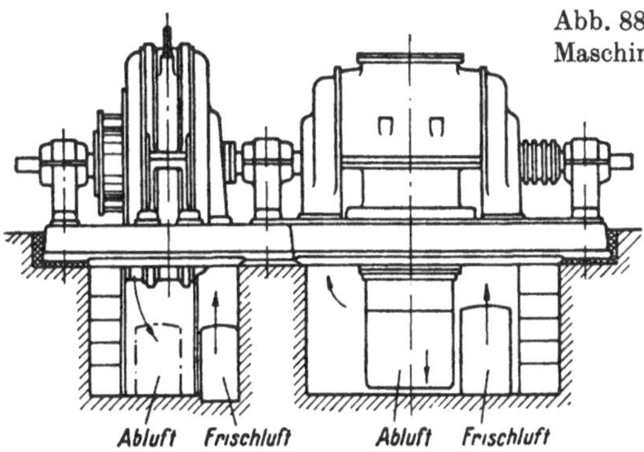

Abb. 88. Belüftung elektr. Maschinen.

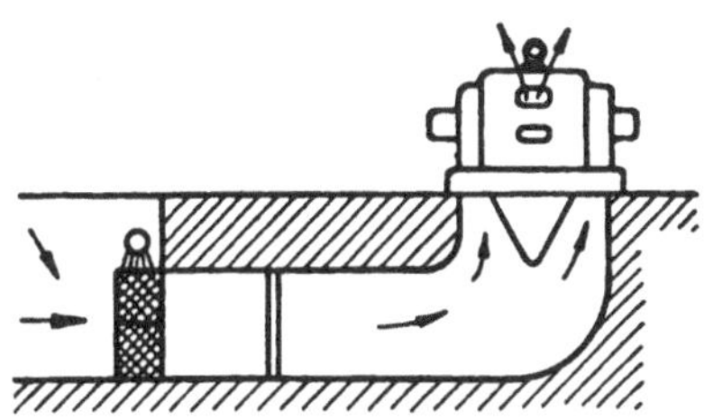

Abb. 89. Maschinenkühlung durch Verdunstungskälte.

9. Kühlung elektrischer Maschinen durch Verdunstungskühler

Man kann die Leistung von elektrischen Maschinen nicht unwesentlich erhöhen, wenn für eine besonders gute Kühlung Sorge getragen wird. Eine einfache und mit billigen Mitteln zu erstellende Lösung, die auch an heißen Tagen wirkt, bietet hier wiederum die Verdunstungskühlung (S. 86). Durch ein mit feinen Löchern versehenes Rohr kann Wasser über ein Koksfilter geleitet und durch einen Lüfter die auf diese Weise gekühlte Luft zu der elektrischen Maschine geführt werden (Abb. 89). Notwendig ist es auch hier, hinter dem Koksfilter einen Tropfenfänger einzubauen.

Auf diese Weise läßt sich die Kühlluft, wie schon erwähnt, um etwa 8 bis 10° abkühlen.

Die Gefahr, die etwa in der starken Sättigung der Luft für die Maschinen liegt, scheint nicht groß zu sein; wenigstens sind dem Verfasser derartige Einrichtungen bekannt, die sich in längerem Betrieb einwandfrei bewährt haben. Übrigens dürfte wohl auch, selbst bei völliger Sättigung der Luft, dicht hinter dem Koksfilter, infolge der starken Erwärmung in der Maschine, der relative Feuchtigkeitsgrad innerhalb dieser nicht mehr allzu hoch sein.

10. Ringlaufkühler

Eine besondere Bedeutung hat die Oberflächenkühlung in den letzten Jahren bei großen geschlossenen Dynamomaschinen erlangt.

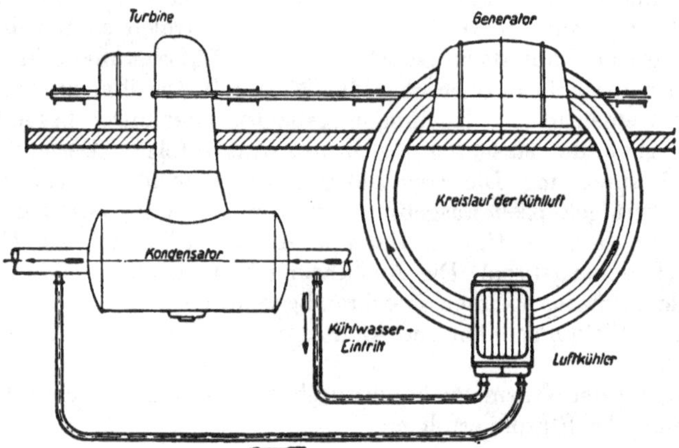

Abb. 90. Schema eines Frischwasser-Luftkühlers. (GEA, Bochum.)

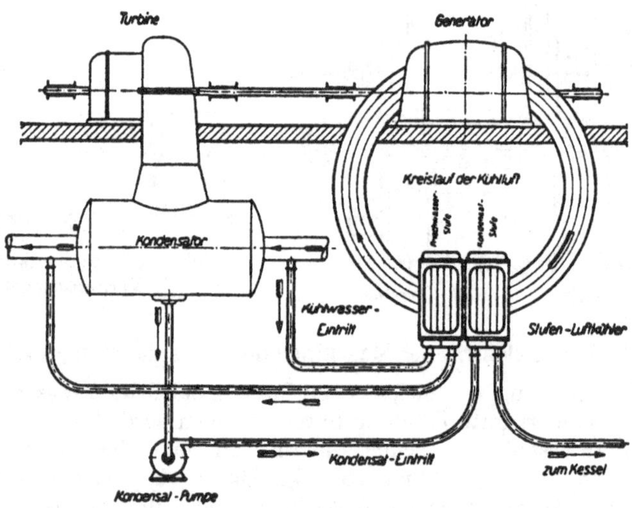

Abb. 91.
Schema eines kombinierten Luftkühlers für Kondensat- und Frischwasserbetrieb. (GEA, Bochum.)

Von dem Gedanken ausgehend, daß eine möglichst staubfreie Luft für die Kühlung der Maschinen nötig ist, hatte man für diese Maschinen eine Filterung der durch einen besonderen Lüfter angesaugten Luft vorgesehen. Auf diese Weise vermied man wenigstens eine allzu schnelle Verstaubung der Maschine. Da es sich jedoch meist um verhältnismäßig große Luftmengen handelte, setzte dies auch viel Platz für die Filteranlage voraus. Auch die Reinigung der Filter selbst bedeutete immer einen großen Zeitaufwand, der allerdings durch die Anordnung von beweglichen selbstreinigenden Filtern (S. 112) wesentlich verringert wurde.

Immerhin führten die erwähnten Schwierigkeiten zu dem Gedanken, die Kühlluft nicht von außen zu entnehmen, sondern mit Hilfe des am Rotor der Maschine eingebauten Lüfters oder eines Fremdlüfters im Kreislauf zirkulieren zu lassen und die Erwärmung durch eine besondere, in den Kreislauf eingebaute Kühlung auszugleichen.

Durch diese Einrichtung wurde das Filter unnötig und statt dessen ein Kühler erforderlich. Voraussetzung für die Möglichkeit dieses Verfahrens ist jedoch wieder,

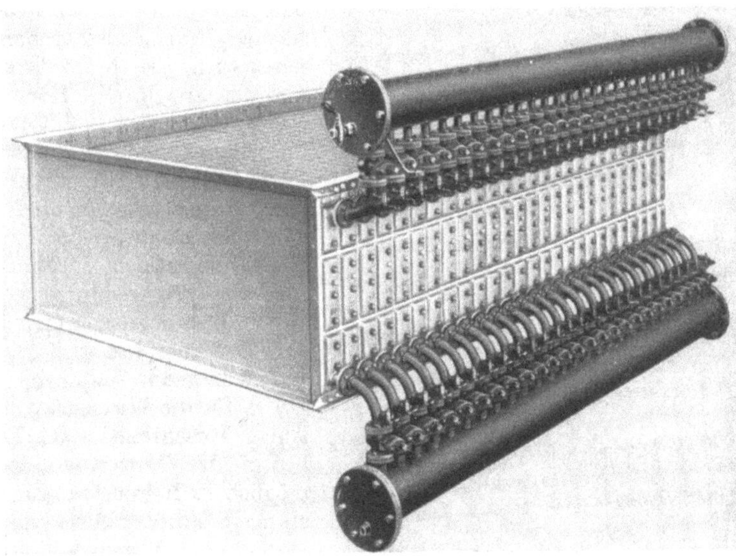

Abb. 92. Ringlaufkühler mit auswechselbaren Elementen und senkrechtem Luftdurchgang für Generatoren und Großmotoren. (Junkalor, Dessau.)

daß der Generator eine Durchzugstype darstellt, d. h. soweit geschlossen ist, daß die Luft nur durch die besonders angebrachten Öffnungen ein- und austreten kann. Das für den Kühler erforderliche Kühlwasser kann nun bei Turbogeneratoren fast immer unmittelbar aus dem Kondensationsbetrieb entnommen werden. Man benutzt hierbei das zum Ersatz des Verdunstungsdefizits nötige Frischwasser, Kondensat oder einen Teil des umlaufenden Kondensatorkühlwassers oder schließlich Fluß- oder Seewasser. Auf diese Weise kann die Verlustwärme des Generators häufig noch nutzbringend verwendet werden, z. B. durch Überführung in das Kesselspeisewasser. Abbildungen 90, 91 u. 92 zeigen schematisch die Anordnung derartiger Ringlaufkühler. Bei Turbogeneratoren über 30 MW wird neuerdings Wasserstoff statt Luft als wirtschaftlicheres Kreislaufmedium verwendet.

Die Berechnung der Kühlleistung erfolgt aus der Wärmeabgabe der Maschinen, die sich ihrerseits wiederum aus ihrem Wirkungsgrad ergibt (S. 20).

11. Luftkondensation

Abb. 93. Luftkondensationsanlage Zeche Prosper. (GEA, Bochum.)

Abb. 94. Hochleistungsschraubenlüfter 7 m Durchmesser. (Siemens-Schuckertwerke, Erlangen.)

In Fällen, in denen die Kühlwasserbeschaffung für die Niederschlagung nnd Rückkühlung des Abdampfes von Dampfturbinen Schwierigkeiten bereitet, ist man in neuerer Zeit dazu übergegangen, an Stelle der bisher üblichen Kaminkühler-Wasserkondensation Luftkondensation einzubauen.

Diese besteht darin, daß der der Dampfturbine entströmende Abdampf durch eine fein verteilte Rohrleitung einer Reihe von dachförmig oder senkrecht angeordneten Oberflächen-Wärmeaustauschern zugeleitet wird, die ihrerseits künstlich, und zwar durch Hochleistungs-Schraubenlüfter belüftet werden. Der in den Elementen kondensierende Dampf fließt nach unten ab und wird durch die Kondensatpumpe dem Kreislauf wieder zugeführt. Einen derartigen Luftkondensator für die Rückkühlung von max. 40 t/h Dampf der Antriebsturbine eines Luftkompressors für 80000 m³/h Luft von max. 7 ata zeigt Abb. 93. Da es für die Wirtschaftlichkeit der Anlage wesentlich ist, den Leistungsbedarf der Lüfter so niedrig wie möglich zu halten, wurden Hochleistungs-Schraubenlüfter von bestem Wirkungsgrad gewählt. Jeder der beiden Lüfter hat 7 m Durchmesser und saugt 550 m³/s gegen 35 mm Gesamtdruck durch das System bei einem Leistungsbedarf von etwa 200 kW und 142 u/m (Abb. 94).

Außer dem eingangs erwähnten Vorteil der Kühlwasserersparnis bedarf eine solche Anlage eine wesentlich kleinere Grundfläche als ein Kaminkühler für die gleiche Leistung. Ferner kann durch ein stufenlos arbeitendes Strömungsgetriebe des Lüfterantriebs die Luftmenge der jeweiligen Lufttemperatur und der niederzuschlagenden Dampfmenge vorteilhaft angepaßt werden.

Ähnliche Luftkondensationen wurden in letzter Zeit auch in der chemischen und in der Lokomotivindustrie erfolgreich durchgeführt. Dampflokomotiven mit luftgekühlten Kondensatoren sind in der Lage, 1000 km ohne Wasseraufnahme zu fahren und das Sinken des Kesselwirkungsgrades durch Bildung von Kesselstein zu vermindern.

12. Kühlung von Trockengleichrichtern

Die künstliche Belüftung von Trockengleichrichtern, die in letzter Zeit vielfach angewendet wird, bietet den großen Vorteil, wesentlich an aktivem Material, den teuren Selengleichrichterplatten sparen zu können.

Man unterscheidet zwischen dem direkten Kühlkanalgleichrichter und der indirekten Kühlung. Im ersten Fall (Abb. 95) wird das Plattenpaket von einem Blechgehäuse

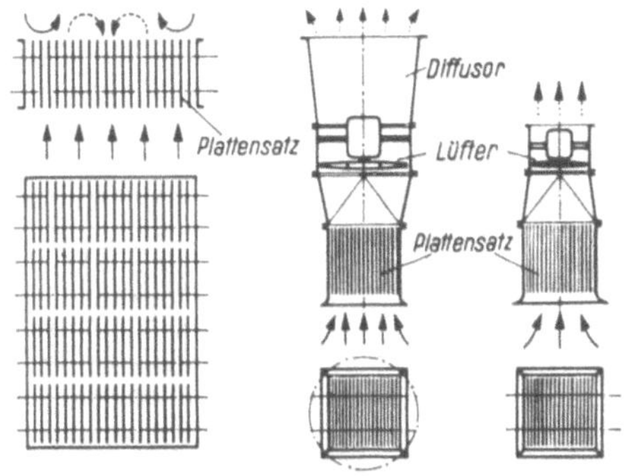

Abb. 95. Siemens Trockengleichrichter mit direkter Kühlung.

umgeben, in dessen oberen Teil ein Axiallüfter eingebaut ist, der die Frischluft von unten her über die vertikal geschichteten Platten saugt. Bei der indirekten Kühlung ist ein Rippengehäuse um die Platten gebildet (Abb. 96), in dem Öl durch ein Propeller-

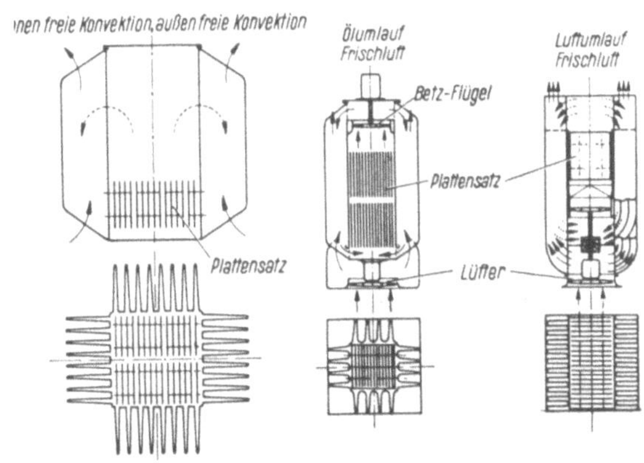

Abb. 96. Siemens Trockengleichrichter mit indirekter Kühlung.

rad oder Luft durch ein zweites Lüfterrad in Umlauf gesetzt ist. Ein zweites oben offenes Gehäuse umschließt den Rippenkörper und in ihm sorgt ein Axiallüfter mit vertikaler Achse für Frischluftkühlung ebenfalls von unten nach oben.

Auf diese Weise ist neben einer Ersparnis an Grundfläche bis zu $^1/_6$ der früher benötigten eine Verminderung der Plattenzahl bis zu $^1/_4$ gegenüber der nicht belüfteten Anordnung nachweisbar.

VI. Luftfilter

A. Wirkungsweise

Der Zweck aller Luftfilteranlagen ist die möglichst weitgehende Reinigung der Luft oder eines Gases von Staub und sonstigen mechanisch ausscheidbaren Beimengungen. Die Luftreinigung dient entweder den Erfordernissen der Hygiene, der Staubfreihaltung von Betrieben und Maschinen, oder der Rückgewinnung wieder verwertbarer Stoffe.

Man kann unterscheiden zwischen atmosphärischem und industriellem Staub. Der Staubgehalt der Luft wird ausgedrückt in g oder mg je m^3 Luft. Unter atmosphärischem Staub soll derjenige verstanden werden, der in der Großstadt ohne besondere Einwirkung des Staubes industrieller Betriebe mit einem Staubgehalt von max. 5 mg/m^3 auftritt. Alle darüberliegenden Staubmengen werden meist in oder in näherer Umgebung von stauberzeugenden Industrien auftreten und können als industrieller Staub bezeichnet werden.

Die Reinigung der Luft kann dadurch erreicht werden, daß sie der siebenden Wirkung einer oder mehrerer poröser Flächen oder feinporiger Stoffe ausgesetzt wird, wobei der Staub abfällt oder an der Oberfläche haften bleibt. Im letzteren Falle muß für Auflockerung gesorgt werden.

Der gleiche Zweck der Reinigung kann erzielt werden dadurch, daß die Luft beim Durchgang durch ein Filter an gewissen, möglichst zahlreichen Stellen eine Verzögerung erfährt, die entweder durch Prallwirkung oder Querschnittserweiterung verursacht wird. Dabei kann die Staubbindung noch durch Benetzung der Prallflächen mittels einer Flüssigkeit meist Öl von kleiner Oberflächenspannung erhöht werden.

Auch eine Verbindung von Sieb- und Prallwirkung ist in manchen Filtern zu finden.

Schließlich kann die Reinigung bzw. die Abscheidung des Staubes noch durch Waschung mit einer Flüssigkeit, durch elektrostatische Wirkung und durch Fliehkraftwirkung erfolgen. Über letztere s. S. 119, 121. Auf Ausscheidung mit chemischen Mitteln soll hier nicht eingegangen werden.

Für die Auswahl des jeweils passenden Filters ist in technischer Hinsicht, also abgesehen von der Kostenfrage, maßgebend:

1. die Staubmenge,
2. die Staubart,
3. der Entstaubungsgrad,
4. die Reinigungsmöglichkeit und die damit zusammenhängende Wartung.

Filter, die für atmosphärischen Staub in jeder Weise ausreichend sind, brauchen für industriellen Staub durchaus nicht geeignet zu sein. Die in der Zeiteinheit anfallenden Staubmengen in der Industrie sind in der Regel so groß, daß sie das Staubfassungsvermögen der atmosphärischen Filter meist weit überschreiten. Auch hinsichtlich der Staubart ist die Korngröße und sonstige Eigenschaften wie Temperatur, Oberflächenbeschaffenheit und Schädlichkeit zu berücksichtigen. Die Korngröße wird in der Staubtechnik in $\mu = 0{,}001$ g gemessen.

Unter dem Entstaubungsgrad eines Filters oder Abscheiders versteht man das Verhältnis der im Filter abgeschiedenen zu der in der Rohluft enthaltenen Staubmenge oder das Verhältnis der Differenz zwischen Staubgehalt in Roh- und Reinluft zum Rohluftstaubgehalt.

Man unterscheidet den Gesamtentstaubungsgrad eines Filters von dem Stufenentstaubungsgrad. Während beim ersteren der Anteil der einzelnen Korngrößen unberücksichtigt bleibt, gibt der Stufenentstaubungsgrad das Verhältnis der Abscheidung für die einzelnen Bereiche der Korngrößen an. Dies ist wichtig zu beachten, da es z. B. bei einem Gesamtwirkungsgrad von 90% durchaus möglich ist, daß der Stufenwirkungsgrad für einen Bereich von 5 bis 10 μ nur 30 % oder weniger ist.

Nach den letzten Regeln des VDI (Fachausschuß für Staubtechnik) soll der Staub nicht durch die Korngröße, sondern durch die Fallgeschwindigkeit, wie sie im Windsichter gemessen werden kann, gekennzeichnet werden. Damit ist dann neben der Korngröße auch das Gewicht und seine Form berücksichtigt.

Allgemein kann gesagt werden, daß der Entstaubungsgrad um so größer ist, je größer die Staubmenge und die Korngröße ist, sofern der geeignete Abscheider gewählt ist.

Die Reinigungsmöglichkeit und die Wartung spielen in fast allen Fällen eine außerordentlich wichtige Rolle. Ist sie zu umständlich und erfordert sie eine zu häufige und unerwünschte Tätigkeit des Arbeitspersonals, so wird sie nur gar zu leicht eingeschränkt oder überhaupt unterlassen. Dann aber verfehlt das Filter seine Wirkung, da mit zunehmender Verschmutzung die durch das Filter durchtretende Luftmenge infolge des erhöhten Luftwiderstandes zurückgeht und somit die letzten Endes gewünschte Luftleistung der ganzen Anlage verringert wird und nicht mehr ausreicht. Im einzelnen wird über die Bedienungs- und Reinigungsmöglichkeiten noch gesprochen werden.

B. Ausführungsformen

1. Siebfilter

Zu den Filtern, die mit siebender Wirkung arbeiten, gehören die Tuch-, Watte- und Papierfilter sowie die Glas- und Kunstfaserfilter. Je nach Art des zurückzuhaltenden Staubes werden die Stoffe hinsichtlich ihrer Rauheit und Porösität gewählt. Man verwendet für Tuchfilter verschiedene Arten von Nessel, Wolle und Baumwollgemischen oder auch neuerdings Glasfaserstoffe, für Wattefilter Baumwoll- oder Seidenwatte und für Glas- und Kunstfaserstoffe feinste Gewebe dieser Art. Für hohe Temperaturen bis etwa 150° C wird Terylene bevorzugt.

Der Stoff oder die Watte wird meist in Holz- oder Blechrahmen eingespannt, so daß die einzelnen Stoffflächen in Zickzackform nebeneinander liegen und Stofftaschen mit sehr großer Filterfläche bilden. Auf diese Weise kann eine geringe spezifische Belastung und damit geringer Widerstand zugrunde gelegt werden. Die einzelnen Rahmen sind so unterteilt, daß sie leicht auswechselbar sind und von Zeit zu Zeit vom Staube befreit und gegebenenfalls ersetzt werden können.

Die Reinigung kann durch Abklopfen mit einer von Hand oder Motor in bestimmten Zeitabständen betätigten Rüttelvorrichtung erfolgen. Bei einer Reihe von Papier-, Asbest- und Kunstfaserfiltern werden die Einlagen nach genügendem Gebrauch fortgeworfen und durch neue vom Lieferanten zu beziehende ersetzt. Diese Methode ist sicher für atmosphärischen Staub und für Betriebe mit geringer Wartung sehr empfehlenswert.

Beispiele für Stofftaschenfilter zeigen die Abbildung 97a u. b und für Kunst- oder Glasfasern die Abbildung 98. Das Universal-Trockenschichtluftfilter besitzt ein sehr elastisches Kunstfaser-Filtermedium, so daß die Einlagen nach erfolgter Sättigung ausgeklopft oder mit Preßluft ausgeblasen werden können.

In anderen Filtern mit siebender Wirkung, besonders für größere Luft- und Staubmengen, werden an Stelle der Taschen Schläuche verwendet, in die die Staubluft von unten eintritt und durch die Stoffwand gereinigt austritt (S. 118). Der Entstaubungsgrad dieser Filterarten ist in gut gereinigtem Zustand verhältnismäßig hoch. Außerdem scheiden sie den Staub trocken ab, so daß er wieder verwertet werden kann. Allerdings kann leicht bei der Einsammlung des Staubes in Säcken oder Behältern

Abb. 97a. Stofftaschenluftfilter (Neotechnik, Bielefeld.)

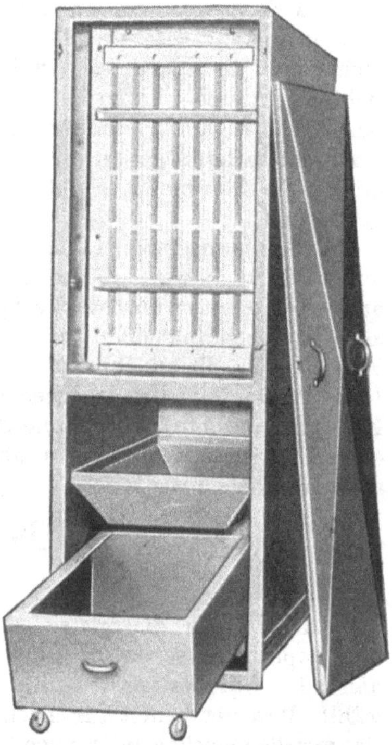

Abb. 97b. Stoffluftfilter in Holzrahmen. (Neotechnik, Bielefeld.)

ein neues Staubproblem entstehen, wenn es nicht von darin geschultem Personal getan wird. Die Verwendung von sehr dicht schließenden Schiebern oder rotierenden Verschlüssen ist zu empfehlen.

Ein Nachteil der Stoff- oder Schlauchfilter besteht in der Gefahr des Brennens, sobald mit der Luft ein glühender Funke eintritt oder sehr heiße Gase zu reinigen sind. Bei Glasfaserstoffen, Imprägnierung oder Terylene ist die Gefahr zu einem gewissen Grade beschränkt, aber die Porösität und damit der Entstaubungsgrad wird meist verschlechtert.

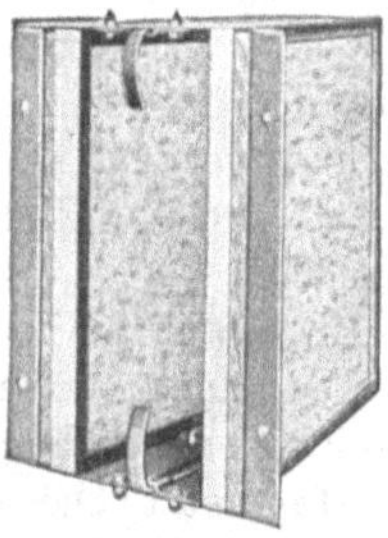

Abb. 98. Universal Trockenschichtluftfilter. (Delbag, Berlin-Halensee.)

2. Prallfilter

Schon während des ersten Weltkrieges wurden Stoffilter teilweise durch Ringgutfilter, die in der Hauptsache auf Prallwirkung beruhen, ersetzt, wenigstens so weit atmosphärischer Staub in Betracht kam. Als Ringgut wurden meistens Raschig-Ringe aus Porzellan oder Blech verwendet, die durch ihre große Oberfläche und vielfältige Schüttungsmöglichkeit besonders zur Filterung geeignet sind. Neben dieser Filterart traten immer mehr die aus einer oder mehreren gestanzten oder wellenartig aufeinandergelegten Platten bestehenden und zu einzelnen Rahmen zusammengefaßten Prallfilter in Erscheinung. Allen diesen Filterarten ist gemeinsam die Benetzung mit einer Flüssigkeit, meist einem dünnflüssigen Öl. Dies muß von geringer Oberflächenspannung sein, damit sich eine gleichmäßige Haut an allen den Stellen bildet, die von Staubluft getroffen werden.

Eine raumsparende Konstruktion bei besonders geringem Bedarf an Stirnfläche bildet die neuerdings vielfach ausgeführte „V"-förmige Anordnung, wie sie z. B. in Abbildung 99 abgebildet ist.

Abb. 99.

Abb. 100.

Abb. 101.

Abb. 99. Universal Viscin Labyrinth-Luftfilter V-Form. (Delbag, Berlin-Halensee.)
Abb. 100. Universal Viscin Labyrinth-Luftfilter (aufklappbar). (Delbag, Berlin-Halensee.)
Abb. 101. Rundfilter. (Bartel-Luftfilter KG., Berlin-Steglitz.)

Ist kein Raum zum Auszug der Platten verfügbar, so kann die aufklappbare Bauart nach Abbildung 100 gewählt werden.

Je nach erforderlichem Reinigungsgrad können 2 bis 4 Filterplatten eingesetzt werden. Die Platten bestehen aus gegeneinander versetzten rhombisch profilierten Labyrinthblechen. Für hohe Reinigungsansprüche werden Stufenfilter mit gröber und enger profilierten Platten als Absolutfilter gebaut.

Eine andere Art der Prallfilter ist das Rundfilter mit auswechselbaren Filtereinsätzen nach Abbildung 101. Dies kann unmittelbar an die Lüftersaugöffnung oder an ein Rohrende angebaut werden. Die Luft tritt durch die zylindrisch ausgebildeten Prallplatten ein. Das Filter kann außer mit Frischluft auch durch Umstellklappen mit Mischluft oder Umluft arbeiten. Es eignet sich für Luftmengen bis zu 10 000 m³/h.

3. Verbindung mehrerer Filterwirkungen

Eine Verbindung von Sieb- und Prallfilterwirkung ist in dem Gerät nach Abbildung 102a u. b durchgeführt. Hier hat die Staubluft erst ein Gewebstoffilter und danach ein ölbenetztes Prallplattenfilter zu durchströmen. Der im oberen Teil mit senkrechter Achse untergebrachte Fliehkraftlüfter führt die gereinigte Luft wieder dem Raume zu.

Eine Vereinigung von Fliehkraft und Prallwirkung zeigt Abbildung 103. Hier wird die Staubluft tangential eingeführt und die gröberen Teile des Staubes durch Fliehkraft ausgeschieden. Die entweichenden feineren Teile werden dann der darüber angeordneten ölbenetzten Prallfilterplatte zugeführt, von wo die gereinigte Luft in den Raum zurücktreten kann.

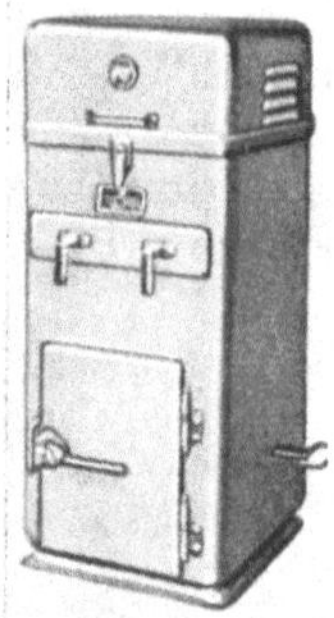

Abb. 102a.

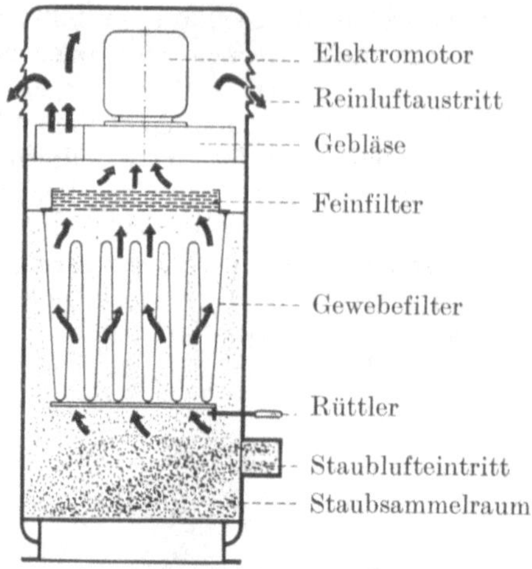

Abb. 102b.

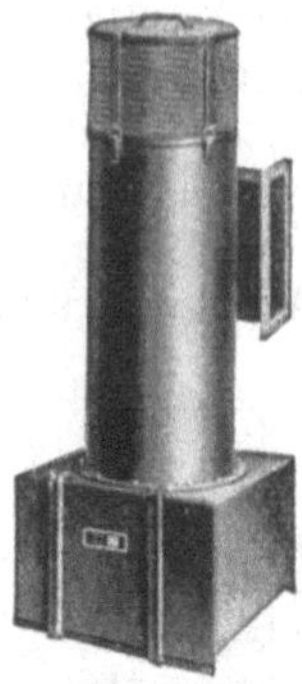

Abb. 103.

Abb. 102a. Kombiniertes Gewebe- und Prallfilter im Schnitt. (Franz Winterfeldt, Berlin-Tempelhof.)

Abb. 102b. Ostey-Filter mit Gewebe und Prallfilter. (Franz Winterfeldt, Berlin-Tempelhof.)

Abb. 103. Kombiniertes Fliehkraft- und Prallfilter. (Delbag, Berlin-Halensee.)

4. Filter für Farbnebelabscheidung

Hier werden besondere *planloch-gestanzte Prallplatten* verwendet und mit einer besonderen Ölschicht versehen. Die Farbteilchen setzen sich an der Ölhaut ab und können, wenn sie zu einer Schicht angewachsen sind, leicht mit dem Spachtel abgezogen werden.

Diese und ähnliche Platten werden oft gleich mit vollständigen *Spritzkabinen* einschl. Lüfter zusammengebaut (Abb. 104).

Abb. 104. Farbspritzkabine mit Absaugung. (Franz Winterfeld, Berlin-Tempelhof.)

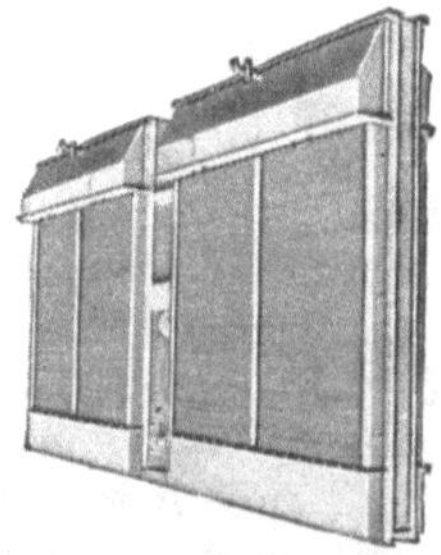

Abb. 105. Bandumlauffilter. (Neotechnik, Bielefeld.)

5. Selbstreinigende Prallfilter

1. Ein drehbares *selbstreinigendes Prallfilter* wird in Abbildung 105 gezeigt. Das System besteht darin, daß die Filterplatten in Form eines oder mehrerer endloser Bänder über zwei Rollen laufen, wobei der jeweils unten befindliche Teil in ein Ölbad eintaucht. Auf diese Weise lagert sich der Staub, der dem niedergehenden, der Rohluft ausgesetzten Bandteil anhaftet, im Ölbad ab, während das in der Reinluft aufsteigende Band vom Staub befreit und neubenetzt sich nach oben bewegt. Mit dem Ölbad kann bei großen Staubmengen ein Ölklärbehälter verbunden werden, von dem das gereinigte Öl dem Ölbad wieder zugepumpt wird. Die Bewegung des Filters erfolgt durch die obenliegende Antriebswelle mittels eines Elektromotors von 0,2 kW über ein Reduziergetriebe.

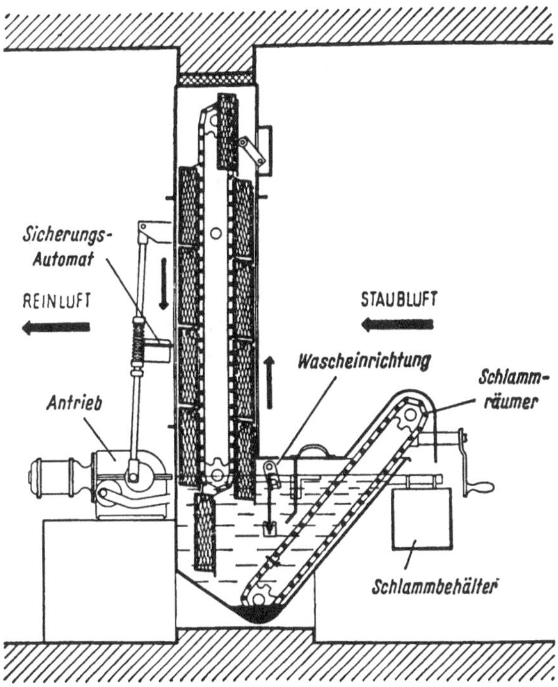

Abb. 106. Schema des Paternosterfilters.
(Delbag, Berlin-Halensee.)

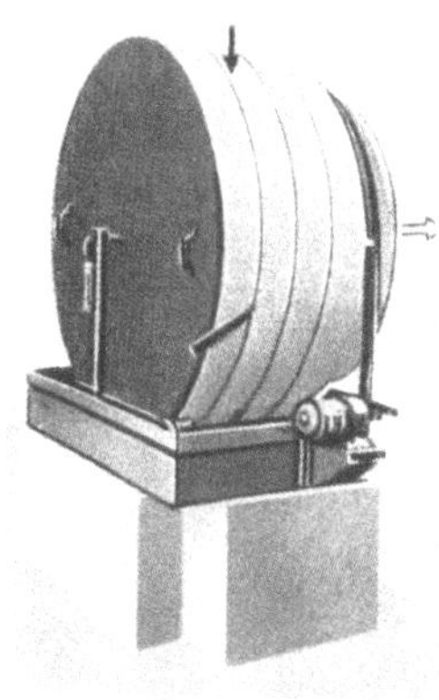

Abb. 107.
Drehtrommelfilter.
(Bartel-Luftfilter KG.,
Berlin-Steglitz.)

2. Ein weiteres selbstreinigendes Prallfilter ist das nach dem *Paternostersystem* arbeitende Umlauffilter nach Abbildung 106. Bekanntlich arbeitet der Paternosteraufzug nach dem Kastensystem, bei welchem sich jeder Kasten ohne Frontwechsel auf und ab bewegt. Durch Verwendung dieser Methode wird es ermöglicht, die Drehrichtung des Filters so vorzunehmen, das die Filterfläche nach der Benetzung nicht im Reinluftraum, sondern im Rohluftraum aufsteigt. Hierdurch wird ein Mitreißen von Öl in den Reinluftraum vermieden, was z. B. bei der Filterung von Luft für elektrische Maschinen von Bedeutung ist. Eine Entschlammungsvorrichtung des Ölbades in Form eines Förderbandes, das durch eine Kurbel betätigt wird, sorgt für mühelose Reinigung des Bades vom niedergeschlagenen Schlamm.

3. Ähnlich wie das feststehende Rundfilter (Abb. 101) ist auch das *selbstreinigende Trommelfilter* (Abb. 107) zum direkten Anbau an die Saugöffnung eines Lüfters oder an ein Rohrende zu verwenden. Die Einfachheit des Betriebs und die leichte Abdichtungsmöglichkeit zwischen festem und beweglichem Teil ergeben leichte Wartung.

6. Selbstreinigende Siebfilter

1. Für große Mengen auch sehr feiner Staubart, wie sie in der Industrie anfällt, können *selbstreinigende Stoffilter* verwendet werden. Die Reinigung der Staubluft erfolgt hier in einer Anzahl von sogenannten Filterschläuchen, das sind hohle aus Filterstoff bestehende nur unten offene Schläuche, in deren Hohlraum die Staubluft eintritt (Abb. 108). Das Prinzip dieser Filterart besteht darin, daß abwechselnd einige Abteilungen von Schläuchen in Arbeitsstellung stehen, d. h. Staubluft durch die Saugwirkung eines Fliehkraftlüfters aus der Rohrleitung von unten her in die Schläuche aufnehmen, während eine andere Abteilung der Reinigung unterliegt. Diese erfolgt durch gleichzeitige Betätigung eines Abklopf- und Spülmechanismus, durch den ein Spülluftstrom in umgekehrter Richtung durch die Schläuche gesaugt wird und den an den Innenwänden der Schläuche angesammelten Staub nach unten in die Filterkammer befördert. Von hier fördert eine Schnecke den Staub in Säcke. Abbildung 109 zeigt den Aufbau

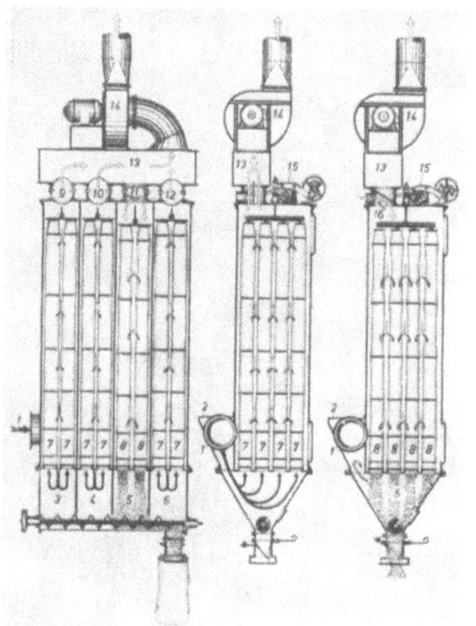

Abb. 108. Schema eines Beth-Filters. (Beth AG., Lübeck.)

Abb. 109. Beth-Filter. (Beth AG., Lübeck.)

einer Gesamtfilteranlage der Firma Beth, die diese Art Filter vor langen Jahren zuerst auf den Markt brachte.

2. Ein anderes *selbstreinigendes Schlauchfilter* mit *zylindrischem Gehäuse*, das in Verbindung mit einer Zyklonwirkung arbeitet, zeigt Abbildung 110. Die Luft tritt hier tangential in den im unteren Teil des Gehäuses befindlichen Zyklon ein, entledigt sich der gröberen Staubteilchen und tritt dann erst in die darüber in Kreisform eingebauten Schlauchfilterabteilungen zur Feinreinigung. Die gereinigte Luft tritt durch ein in der Mittelachse vorgesehenes Reinluftrohr nach unten und radial aus. Mit dem in Abbildung 111a gezeigten Deckenmechanismus wird die absatzweise Drehbewegung der einzelnen Filterabteilungen und die Lenkung der Spül- und Reinluft geregelt.

3. In einer neueren Art von Schlauchfiltern, den *Hersey-Filtern*[1]), ist ein horizontales Luftrohr vorgesehen, das die Schläuche ringförmig umgibt. In das Rohr wird von außen Spülluft eingeblasen, die durch gut verteilte Düsen austritt und die Oberfläche der Schläuche reinigend durchdringt. Durch besonderen Mechanismus bewegt sich das Ringrohr während des Betriebes lang-

Abb. 110.
Selbstreinigendes Schlauch-Rundfilter DRP. (Standard Filterbau-Gesellschaft, Münster.)

Abb. 111 a. Deckenmechanismus des Standard Rundfilter DRP. (Standard Filterbau-Gesellschaft, Münster.)

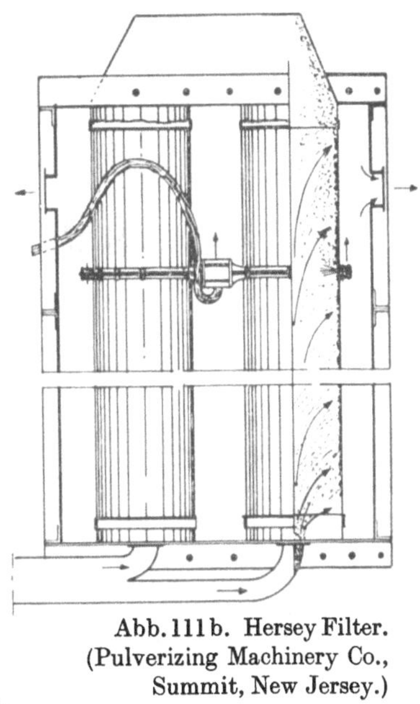

Abb. 111 b. Hersey Filter. (Pulverizing Machinery Co., Summit, New Jersey.)

[1]) Vertrieb in England durch Bramigk & Co EC 3 London.

sam auf und ab, so daß die Spülluft auf diese Weise die Gesamtfläche der Schläuche dauernd reinigt. Das Ringluftrohr ist durch Gummischlauch mit der Preßluft verbunden. Hohe Belastung bis zu 30 cfm/sq. ft. möglich (Abb. 111b).

7. Säureabscheider

1. Einen *Säureabscheider* für Schwefelsäure, wie er hauptsächlich für die Abluft von Akkumulatorenräumen Verwendung findet, zeigt Abbildung 112. Er besteht aus einem Hartbleirahmen, in dem gelochte Bleibleche angeordnet sind, durch welche die in der Luft enthaltenen Säureteilchen zurückgehalten werden. Die abgeschiedene Säureflüssigkeit tritt in ein darunter anzuordnendes Gefäß aus Glas, Blei, Steinzeug oder Hartgummi aus. Es soll eine weitgehende Abscheidung der in der Luft enthaltenen Säureteilchen durch dieses Gerät erfolgen, so daß die Luft ohne Belästigung der Nachbarschaft ins Freie abgeführt werden kann.

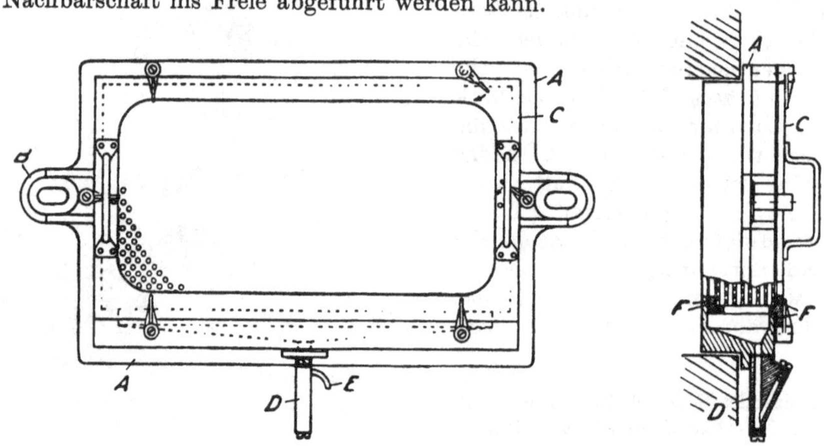

Abb. 112. Säureabscheider. (Akkumulatoren-Fabrik AG., Frankfurt/Main.)

2. Für die Abscheidung bzw. Unschädlichmachung der sauren Abgase von Beizereien (S. 170) dienen in der Regel *Kondensationstürme*, die mit Steinzeugfüllkörpern in mehreren Lagen übereinander ausgesetzt sind und mit einer Berieselungseinrichtung für alkalische Lösung arbeiten.

8. Keimfilter

1. Die *Keimfilter* dienen zur Befreiung der Luft von schädlichen Keimen. Sie können daher Verwendung finden für Gärkeller in Brauereien, in der Hefefabrikation und zu sonstigen Zwecken im Nahrungsmittelgewerbe, aber auch für Operationsräume in Krankenhäusern.

Die Luft wird bei diesem Filter durch einen für Keime undurchlässigen Tuchstoff gedrückt und durch eine besondere Sterilisierungs-

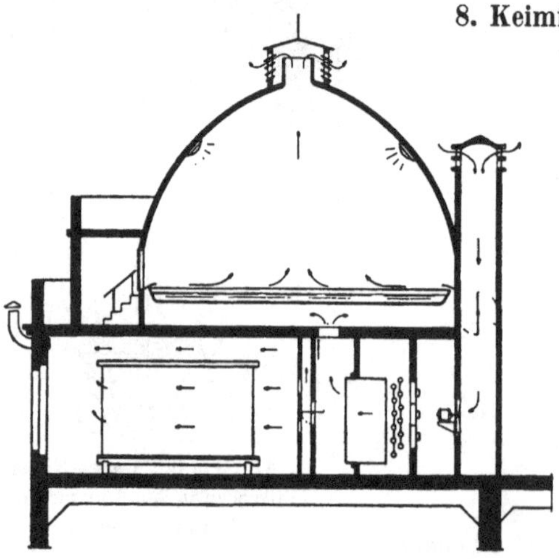

Abb. 113. Keimfilteranlage für Kühlschiff und Kühlraum einer Brauerei. (Neotechnik, Bielefeld).

vorrichtung, in welcher Formaldehyd verdampft, von etwaigen Bakterien befreit und gleichzeitig auf Raumtemperatur vorgewärmt. Die Abscheidung von Keimen soll bei diesem Filter so groß sein, daß bei Durchführung der vom Filter gereinigten Luft durch einen Nährboden eine Befruchtung bzw. ein Wachstum nicht eintritt (Abb. 113).

2. Auch durch Prallfilter kann die Luft entkeimt werden. Hierzu dienen die Trockenschicht-Absolutfilter mit zweischichtigem Filtermedium Microlit unter Vorschaltung eines Labyrinthfilters, das mit einem keimtötenden Öl benetzt ist, wie sie von der Delbag gebaut werden.

9. Luftwäscher

Der *Luftwäscher* (Abb. 78), der, wie beschrieben, gleichzeitig als Kühler, Ent- und Befeuchter wirkt, kann durch seine Berieselung mit fein zerstäubtem Wasser auch als Luftreiniger dienen, durch den in vielen Fällen ein genügend großer Teil der staubförmigen Verunreinigungen atmosphärischer Luft abgeschieden werden kann.

10. Elektrostatische Filter

1. Die Wirkung der *elektrostatischen* Filter beruht auf der Eigenschaft hochgespannten Gleichstromes, die in einem Gase befindlichen Gasmoleküle und Staubteilchen elektrisch aufzuladen. Diese Aufladung erfolgt durch die Ausströmung einer negativ geladenen Sprühelektrode, d. i. ein Rohrrahmen mit glatten Drähten oder Bändern oder auch Drähten, die sich innerhalb eines Zylinders befinden. Die Abscheidung geschieht durch die Anziehung der gegenpoligen Niederschlagselektrode aus Blech oder engmaschigem Drahtnetz oder im Falle einfacher Drähte aus dem umgebenden Blechzylinder. Die abgeschiedenen Teilchen werden, soweit sie nicht von selbst abfallen, durch eine Schüttelvorrichtung abgeklopft. Die Sammlung des gesamten Staubes erfolgt sodann in einem unter den Elektroden angeordneten Trichter oder Schneckengraben (Abb. 114).

Abb. 114. Schema einer Elektrofilteranlage.

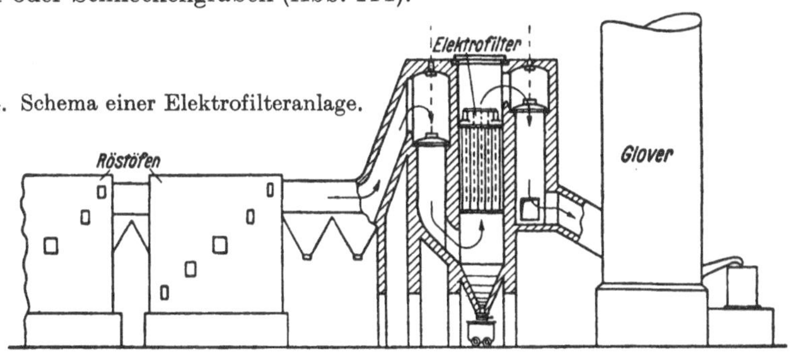

Die wesentlichen Bestandteile einer solchen Einrichtung sind die Hochspannungserzeugungsanlage und die Filterausrüstung. Die erstere besteht in der Hauptsache aus dem Transformator zur Umwandlung des vorhandenen Netzstromes in hochgespannten Wechselstrom und einem Gleichrichter zur Umwandlung von Wechselstrom in Gleichstrom. Dieser ist in der Regel ein Selengleichrichter (Abb. 115) und nur noch in besonderen Fällen, z. B. in den Tropen, ein mechanischer Gleichrichter, angetrieben durch einen synchronen Elektromotor. Das abgebildete Aggregat zeigt den Hochspannungstransformator und den Selengleichrichter in dem mit Kühlrippen versehenen Behälter. Der darüber befindliche Zylinder steht mit dem Ölinhalt des Behälters in Verbindung und ermöglicht eine Kontrolle des Ölstandes.

Einen luftgekühlten Selengleichrichter zeigt Abbildung 116.

Zur Filterausrüstung gehören im wesentlichen die erwähnten isoliert eingebauten Sprühelektroden, die geerdeten Niederschlagselektroden und die Erschütterungsvorrichtung.

Der im Betrieb zur Verwendung kommende Gleichstrom hat eine Spannung von 50 000 bis 70 000 Volt, jedoch bei einer geringen Stromstärke von etwa 0,01 bis 0,5 Amp. Mit einem Elektrofilter können fast alle Staubarten und Verunreinigungen auch solche feinster Körnung weit unter 1 mikron abgeschieden werden. Der anfallende Staub kann ohne weiteres zu irgendwelchen anderen Zwecken wieder verwendet werden. Die Reinigung der staubbedeckten Elektroden findet von Zeit zu Zeit je nach Staubanfall durch Wasserspritzdüsen statt.

Abb. 116.

Abb. 117. →

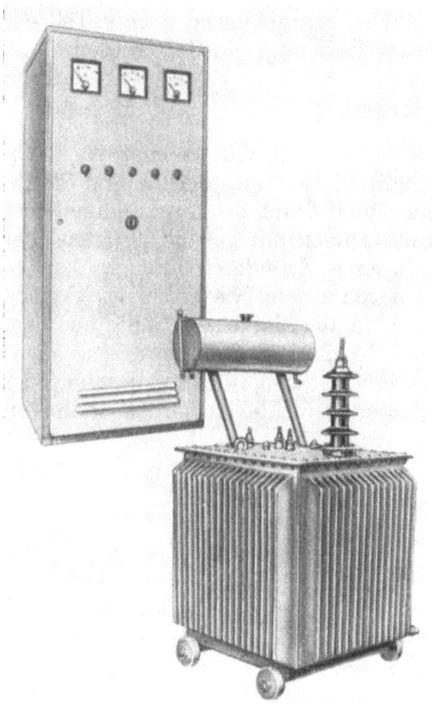

Abb. 115.

Abb. 115. Selengleichrichter-Aggregat 50 kW eff. (Lurgi, Frankfurt/Main.)
Abb. 116. Siemens Trockengleichrichter mit Luftkühlung.
Abb. 117. Raumluft-Elektrofilter System Trion für 1000 m^3/h. (Jucho-Dortmund.)

In Anbetracht der umfangreichen elektrischen Apparate und Ausrüstungen sind derartige Filter im Beschaffungspreis meist wesentlich teurer als die vorher beschriebenen. Sie kommen daher hauptsächlich dann in Frage, wenn die anderen Filterarten versagen, wertvolle Stoffe wiederzugewinnen sind oder wenn es sich um die Notwendigkeit einer sehr weitgehenden Staubabscheidung handelt. Hervorzuheben ist der geringe Luftwiderstand und die Möglichkeit, auch heiße Luft oder Gase zu reinigen.

Große stationäre Elektrofilteranlagen finden besonders in der Hüttenindustrie und in der Braunkohlenindustrie, aber auch in anderen Industrien mit starkem

Anfall von feinstem Staub, wie z. B. in der Zement- und chemischen Industrie, Verwendung.

2. In den letzten Jahren wurden auch kleine, in Räumen aller Art aufzustellende Einheiten als *Raumluft-Elektrofilter* für Luftmengen von 1 bis 3000 cbm/h und darunter entwickelt (Abb. 117). Sie arbeiten mit niedrigerer Gleichstromspannung von 13 000 Volt für die Sprühelektroden und 6500 Volt für die Niederschlagselektroden, die ebenfalls mit Selengleichrichtern betrieben werden. Sie können direkt mit dem Axialventilator zusammengebaut werden und verursachen nur einen statischen Druckabfall von 2 bis 5 mm WS. Das abgebildete Gerät ist etwa 450 mm hoch.

C. Lüfter und Luftfilter

Es ist oftmals die Frage, ob das Filter auf der Saugseite oder auf der Druckseite des die Staubluft fördernden Lüfters angeordnet werden soll. In der Regel ist der Anbau des Filters auf der Saugseite zu bevorzugen aus dem Grunde, weil auf diese Weise auch bei ungünstigen Platzverhältnissen eine gleichmäßigere Belastung der gesamten Filterfläche vorliegt. Zudem erhält der Lüfter die gereinigte Luft, wodurch die Wartung des Lüfters erleichtert wird. Trotzdem kann der Einbau, wenn nötig, auch auf der Druckseite erfolgen; es muß nur dafür gesorgt werden, daß der Übergang zwischen Druckstutzen und dem Filter so allmählich wie möglich vorgenommen wird, am besten durch einen Diffusor, dessen Steigung etwa 15° nicht übersteigen soll. Ist das nicht möglich, so sind Leitbleche im Diffusor vorzusehen.

Wird das Filter auf der Saugseite aufgestellt, dann erfolgt die Anordnung zweckmäßig nach Abbildung 118. Das Filter wird z. B. in Rechteckform aufgestellt mit einer nach dem Luftkanal zu geschlossenen Seite. In der Mitte des Rechtecks wird der in diesem Falle meist zweiseitig saugend zu wählende Lüfter eingebaut.

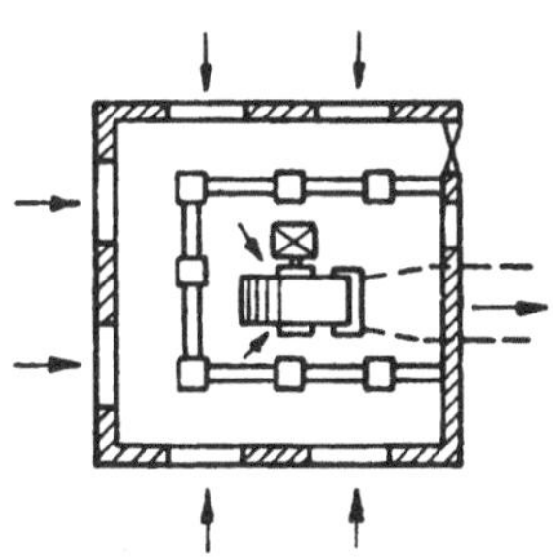

Abb. 118. Anordnung des Luftfilters auf Saugseite.

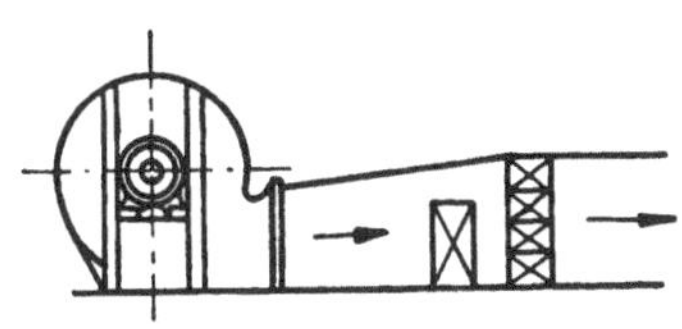

Abb. 119. Anordnung des Luftfilters auf Druckseite.

Es ist zweckmäßig, wenn auf der Rohluftseite ein begehbarer Gang von mindestens $1^1/_2$ bis 2 m Breite geschaffen wird, dessen Außenwände mit Jalousieklappen zu versehen sind, die das Filter vor Regen und Schnee schützen.

Der umlaufende Gang auf der Rohluftseite zwischen Filter und Außenwand ist gleichzeitig erforderlich zum Auswechseln bzw. zur Wartung der Filterzellen.

Es gibt noch eine große Anzahl anderer Anordnungsmöglichkeiten für Filter, jedoch muß in allen Fällen darauf Bedacht genommen werden, daß ein möglichst ungehinderter Luftzutritt zu allen Teilen des Filters vorhanden ist.

Die Ausführung auf der Druckseite kann nach Abbildung 119 vorgenommen werden, bei der vor dem Filter, also auf der Rohluftseite, ein Zugang oder neben dem Filter ein Durchgang zum Rohluftraum geschaffen werden muß.

1. Bestimmung der Filterfläche und des Widerstandes. Die einzelnen Filter besitzen bestimmte Werte für die zweckmäßigste Belastungsfähigkeit je nach der Eigenart ihres Aufbaus.

Im allgemeinen kann man für Stoffilter eine Belstung von etwa 0,02 bis 0,03 m^3/s je m^2 Filterfläche wählen.

Für Prallfilter rechnet man im Mittel mit einer Belastung von 1 bis 1,6 m^3/s je m^2 Filterfläche.

Bei den durch diese Belastung gebildeten Geschwindigkeiten ergibt sich bei den einzelnen Filterarten ein gewisser Luftwiderstand, der sich unter Berücksichtigung gleichmäßigen Luftdurchganges und eines neuen oder gut gereinigten Filters wie folgt darstellt:

			Im Betriebe steigend
Feststehende Stoffilter	10	mm WS	bis etwa 20
„ Prallfilter	8—10	„ „	„ „ 15
„ Absolutfilter	15	„ „	„ „ 20
„ Schlauchfilter	100	„ „	„ „ 150
Selbstreinigende Schlauchfilter	80	„ „	„ „ 120
„ Prallfilter	10	„ „	„ „ 12
„ Elektrofilter	3— 5	„ „	— — —
Säureabscheider	5—30	„ „	— — —

Der Luftwiderstand der Wäscher richtet sich nach der Zahl der zur Verwendung kommenden Düsen und Tropfenfänger, er dürfte sich auf wenige mm WS beschränken.

Erhöht sich die normale Belastung der Filter, so wächst der Widerstand etwa mit dem Quadrat der Durchtrittsgeschwindigkeit. Dieser Fall kann eintreten, wenn sich infolge Raummangels nur eine kleinere Filterfläche unterbringen läßt.

2. Anwendungsgebiete. Die Verwendung der Filter kann für alle Lufterneuerungs- bzw. Lufterwärmungs- und Kühlanlagen, wie sie S. 17 und folgende besprochen sind, zum Teil auch für Entstaubungsanlagen (S. 161), in Frage kommen.

VII. Entnebelungsanlagen

A. Wirkungsweise

Nebel, wie er hier gemeint ist, besteht aus einer wolkenartig zusammengefaßten Menge von kleinen Wassertropfen. Er entsteht in einem Raum, wenn die Luft ganz oder teilweise mit Wasserdampf übersättigt ist, also $\varphi \geqq 1$ ist. Der Wasserdampf ist gewissermaßen unterkühlt, da seine Temperatur niedriger ist als die zur Aufnahme der Tröpfchen noch erforderliche Sättigungstemperatur. Daraus geht hervor, daß eine weitere Abkühlung des schon unterkühlten Wasserdampfes nicht erfolgen darf, sondern zum Zwecke der Entfeuchtung bzw. Entnebelung warme Luft zugeführt werden muß (S. 7).

Nun aber verschwindet praktisch der Nebel erst dann, wenn die Sättigungstemperatur nicht erreicht, sondern überschritten wird. Hierzu ist erforderlich, daß mit der zugeführten warmen Luft nicht nur eine Temperaturerhöhung, sondern auch eine Wasseraufnahme erfolgen kann.

Eine Entnebelungsanlage kann daher nur wirken, wenn warme und trockene Luft eingeführt wird, die in der Temperatur über der mittleren Raumtemperatur liegt und noch ein genügendes Sättigungsdefizit besitzt, um den überschüssigen Wasserdampf aufzunehmen. Der dauernden Luftzufuhr entsprechend muß aber auch eine ständige

Abführung des so entstandenen Dampfluftgemisches erfolgen. In allen Fällen ist für eine gute Durchwirbelung der Raumluft zu sorgen.

Jede Entnebelungsanlage besteht daher aus zwei getrennten Einrichtungen, der Warmluftzuführungsanlage und der Absaugeanlage für das Dampfluftgemisch.

Man sollte annehmen, daß als Lüftungssystem zweckmäßig die Drucklüftung zu wählen sei, bei welcher ein kleiner Überdruck im Raum entsteht, der etwaige durch Undichtigkeiten von Türen und Fenstern eintretende kühlere Luft zurückhält, um Niederschläge an unerwünschten Stellen zu verhindern. Hiergegen spricht jedoch die durch den Überfluß von warmer Zuluft entstehende Zunahme der Wärme auch an tieferen Stellen im Raume. Eine Sauglüftung (S. 17) würde zwar diesen Nachteil ausschließen, bringt aber wieder die Gefahr der Kondensation und Zugbildung in der Nähe der Wände und insbesondere der Türen und Fenster mit sich. Sie dürfte daher nur für gut isolierte Räume und solche Fälle zu empfehlen sein, in denen eine Sauglüftung aus anderen Gründen am Platz ist, z. B. in Großküchen. Sonst wird man am besten die ausgeglichene Lüftung wählen und gleichzeitig für einen hohen Luftwechsel Sorge tragen (S. 18).

Hierbei soll jedoch betont werden, daß in Räumen, in welchen die Nebelbildung lediglich durch das Ausströmen von Dampf aus einzelnen Teilen von Maschinen, z. B. aus der Stopfbuchse oder durch ähnliche Vorgänge entsteht, durchaus nicht eine Entnebelungsanlage notwendig ist. In solchen Fällen genügt es lediglich, den Dampf an der Entstehungsstelle durch einen Sauglüfter zu erfassen und auf diese Weise das Dampfluftgemisch zu entfernen. Hierher gehört auch die Lüftung von kleinen Küchen, wie sie S. 29 besprochen wurde.

B. Ausführungsformen

Die Einführung der vorgewärmten Luft bei Entnebelungsanlagen muß in allen Fällen im unteren oder mittleren Teil des Raumes erfolgen, und zwar möglichst in der Nähe derjenigen Stellen, an welchen die Wasserdampfbildung vor sich geht.

Als Wärmemittel können für die Erwärmung der Zuluft Dampf, Warmwasser, elektrischer Strom oder heiße Abgase dienen. Es kann auch irgendwelche Warmluft, z. B. von elektrischen Maschinen, verwendet werden, solange sie genügend trocken ist. Alle Lüfter und Rohrleitungen sind zweckmäßig aus verzinktem Eisenblech herzustellen. Die Abführung des Dampfluftgemisches hat auf dem kürzesten Wege zu erfolgen.

Wesentlich ist, daß an allen Stellen, an denen Warmluft zugeführt wird, diese zwar möglichst den Bereich der Wasserdampfbildung umfassen soll, jedoch mit der Maßgabe, daß die dort arbeitenden Personen nicht belästigt werden. Der Warmluftstrom muß daher auf alle Fälle schräg nach oben über Kopfhöhe gerichtet sein.

1. Zentrale Luftzuführung

Abbildung 120 zeigt eine Ausführungsform. Zu beiden Seiten des Raumes wird eine Rohrleitung an den Wänden entlanggeführt, aus welcher die warme Luft schräg nach oben in den Raum tritt. Es wird sich im allgemeinen diese Luftaustrittsrichtung empfehlen, da es nicht erwünscht ist, wie erwähnt, die immerhin hocherwärmte Luft in die Nähe des Arbeitspersonals zu bringen. Andererseits wird auf diese Weise die Warmluft in die aufsteigende Wasserdampfschicht eingeführt und hierdurch deren Aufnahme erleichtert.

In der Mitte des Raumes wird das Dampfluftgemisch durch Auftrieb oder besser durch Unterstützung von vertikal oder horizontal einzubauenden Schraubenlüftern in die Laterne gesaugt und ins Freie befördert. Diese Ausführungsform ist allerdings nur bei nicht hohen Räumen zu empfehlen. Sonst muß die Laterne nach unten durch Schürzen verlängert werden.

2. Einzelheizgeräte

Eine andere Ausführungsform zeigt Abb. 121. Statt einer Warmluftrohrleitung können, wie in diesem Bilde gezeigt, einzelne Heizgeräte (S. 59), welche Frischluft von außen ansaugen und sie erwärmt dem Raume zuführen, vorgesehen werden. In der Mitte kann alsdann ein Rohr verlegt werden, welches die Abluft zu einem im Dachgeschoß befindlichen Lüfter führt.

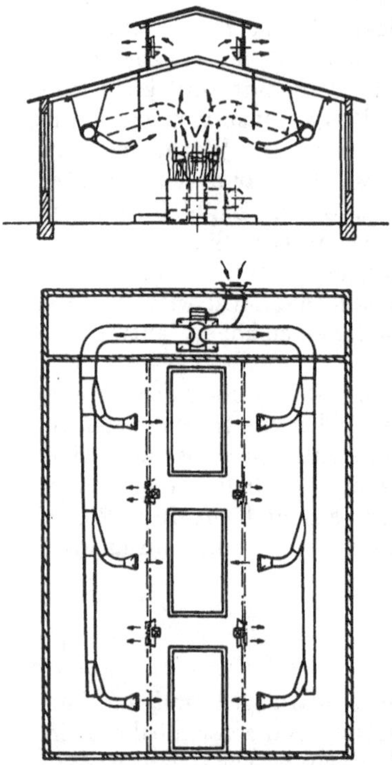

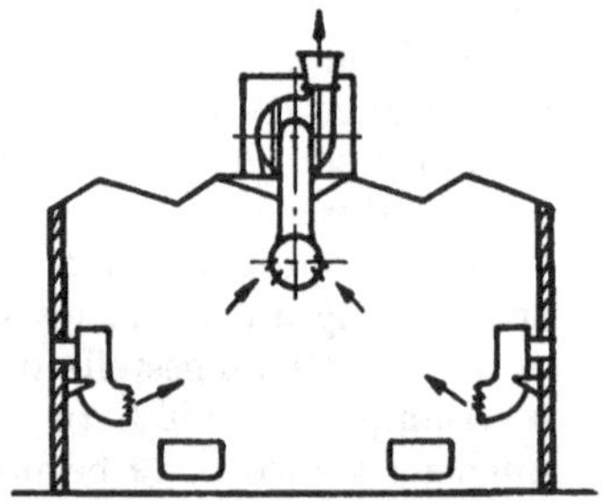

Abb. 121. Schema einer Entnebelungsanlage mit Einzelheizgeräten.

Abb. 120. Schema einer Entnebelungsanlage mit zentraler Luftzuführung.

C. Berechnungsart

Die Vernebelung eines Raumes entsteht in der Regel durch Wasserdampfabgabe siedender oder verdunstender Wasserflächen. Diese Flächen sind ihrer Größe und Temperatur nach gegeben. Alsdann kann zunächst die Daltonsche Formel als Erfahrungsformel für die Bestimmung der sich bildenden Wasserdampfmenge eine gewisse Grundlage geben, wenn auch die Exaktheit dieser Formel umstritten ist.

Nach dieser ist die Wasseraufnahme proportional der Differenz zwischen der Sättigungsspannung bei der Temperatur des verdunstenden Wassers und der Dampfspannung der umgebenden Luft und proportional der Quadratwurzel aus der Luftgeschwindigkeit.

$$Wa = \frac{F \cdot 45{,}6 \cdot c\,(S_1 - S_2)}{B}.$$

Hierin ist

F = Oberfläche in m²,
Wa = zu verdunstende Wassermenge in kg/h,
S_1 = maximale Spannung des Wasserdampfes bei der Temperatur des verdunstenden Wassers in mm $Q.\ S.$,
S_2 = Dampfspannung der umgebenden Luft bzw. des Dampfes der feuchten Luft in mm Q. S.
B = Barometerstand in mm Q. S.,
c = 0,55 für ruhende Luft,
c = 0,71 für mäßig bewegte Luft,
c = 0,86 für stark bewegte Luft.

In anderen Fällen wird die Wassermenge genauer zu errechnen sein durch den Unterschied des Gewichtes von nassen und getrockneten Materialen, so z. B. bei der Papierfabrikation, bei welcher das Rohpapier eine gewisse Feuchtigkeitsmenge beim Passieren der Trockenpartie verliert, die in Dampfform in den Raum tritt.

1. Luftmenge

Nachdem die verdunstende Wassermenge festgestellt ist, ergibt sich die Luftmenge wie folgt:

Es seien:

x_0, t_0 die absolute Feuchtigkeit und die Temperatur der Außenluft,
t_1 Temperatur der erwärmten Außenluft (Zuluft)
x_2, t_2 die entsprechenden Zustandsgrößen der Abluft,
Wa die verdunstende Wassermenge in kg/h,
G das Luftgewicht in kg/h, das einzuführen ist,.

Der Wert x_0 ist immer gegeben und ist bei deutschen Verhältnissen für eine relative Feuchtigkeit von 70 bis 80 %, entsprechend der Temperatur t_0 aus der Tabelle 1 zu entnehmen. Der Wert x_2 ist variabel. Man weiß wohl aus Erfahrung, daß man nur eine Sättigung der Abluft von max. 90 % erreicht, dagegen ist die Temperatur t_2 unbekannt. Diese hängt von der Erwärmung $t_1 - t_0$ ab, welche man der Außenluft gibt, um ihre relative Feuchtigkeit zu vermindern und damit das Sättigungsdefizit zu vergrößern. Infolge der unvermeidlichen Wärmeabgabe der Maschinen bzw. Gefäße mit ihren hohen Temperaturen und der Dampfwärme wird meist die Ablufttemperatur $t_2 > t_1$ werden. Mit steigendem t_1 wird aber nicht nur die Abluft-, sondern auch die Raumtemperatur zunehmen, was für die Behaglichkeit der im Raum beschäftigten Menschen unerwünscht ist. Aus diesem Grunde empfiehlt es sich, die Temperatur t_1 nur um wenige Grad über der mittleren Raumtemperatur t_R zu wählen, also etwa

$$t_1 = t_R + 5$$

und dann die nötige Luftmenge nach dem zur Verfügung stehenden Sättigungsdefizit zu bestimmen.

Wenn x'_1 die Wassermenge der auf t_1 erwärmten Außenluft bei voller Sättigung bedeutet (S. 7), ist

$$x'_1 - x_0 = Sd$$

d. i. Sättigungsdefizit von 1 kg Außenluft von t_0 auf t_1 erwärmt.

Alsdann wird das Gewicht der einzuführenden Frischluft

$$G \text{ kg/h} = \frac{Wa}{0{,}9\, x'_1 - x_0}$$

unter Annahme einer erreichten Sättigung von 90 %.

Entsprechend der ausgeglichenen Lüftung ist dasselbe Luftgewicht auch abzuführen. Alle Werte für x bei den verschiedenen Temperaturen t können auch aus der Molliertafel abgelesen werden und damit der veränderte Zustand der Luft in bezug auf die Sättigungslinie.

Allgemein wird bemerkt, daß diese Berechnung der Luftmenge immer nur als Grundlage anzusehen ist, die nicht unterschritten werden darf.

Es ist immer zweckmäßig, eine Kontrolle am Luftwechsel, bezogen auf den zu entnebelnden Raum, vorzunehmen. Dieser soll bei industriellen Anlagen, wie Färbereien, Waschanstalten usw., mindestens 15 bis 20 betragen, um eine gute Durchwirbelung im ganzen Raum zu erzielen, welche die Behaglichkeit erhöht und die Kondensationsgefahr vermindert.

Bei Küchen und Badeanstalten wird man einen 10- bis 15fachen Luftwechsel nicht überschreiten.

Allgemein kann als Regel gelten, daß eine Erhöhung der Luftmenge einer Temperaturerhöhung vorzuziehen ist.

2. Lufterwärmung

Die sich so ergebende Luftmenge muß durch Lufterhitzer erwärmt werden. Diese Lufterhitzer müssen für den ungünstigsten Fall bemessen sein, also für den Winter unter Zugrundelegung der tiefsten Außentemperatur. Etwaige Transmissionsverluste im Winter müssen, soweit nicht die Apparate selbst ausreichen, durch örtliche Heizflächen gedeckt werden. Die Erwärmung der Frischluft hat alsdann bis auf $t_1°$ zu erfolgen. Hieraus ergibt sich die Wärmeleistung des vorzusehenden Erhitzers mit:

$$Q = G_p \cdot c_p \, (t_1 - t_0) \quad \text{(vgl. S. 19).}$$

Zum besseren Verständnis soll das nachfolgende Beispiel durchgerechnet werden:

Die Nettoproduktion einer Papiermaschine betrage 10 000 kg je 24 Std. Ausschuß = 10 %. Wassergehalt des fertigen Papiers soll 5 % betragen. Vor Eintritt in die Trockenpartie habe das Papier einen Trockengehalt von nur 35 %.

Welches Luftgewicht G und welche Heizleistung ist zur Entnebelung des Raumes erforderlich?

1. *Verdampfte Wassermenge:* 1 kg Naßpapier enthält 0,35 kg Trockenpapier, mithin zur Herstellung von 1 kg Trockenpapier $\frac{1}{0{,}35}$ kg Naßpapier erforderlich.

   Da 5 % Wasser im Fertigpapier enthalten sein sollen, ergibt sich die verdampfende Wassermenge zu $2{,}86 \cdot 0{,}95 - 1 = 1{,}72$ kg je kg-Papier.

Ingesamt sind herzustellen	10 000 kg
Zuschlag für Ausschuß	+ 1 000 kg
	= 11 000 kg Fertigpapier, also werden verdampft

   $$Wa = \frac{1{,}72 \cdot 11\,000}{24} = 790 \text{ kg/h.}$$

2. *Luftmenge:* Bei 20° und 70 % Feuchtigkeit der Außenluft sowie einer Erwärmung auf 35° ergibt sich nach der Formel

   $$G = \frac{Wa}{0{,}9\, x'_1 - x_0}$$

   ein Sättigungsdefizit von 0,025 kg/kg, mithin

   $$G = \frac{790}{0{,}025} \sim 31\,500 \text{ kg/h.}$$

3. *Lufterwärmung:* Es wird angenommen, daß die Anlage das ganze Jahr hindurch in Betrieb stehen soll, so daß eine tiefste Außentemperatur von — 15° einzusetzen ist. Dann ergibt sich die Wärmeleistung des Lufterhitzers zu

   $$Q = G \cdot c_p \cdot (t_1 - t_0)$$
   $$= 31\,500 \cdot 0{,}24 \cdot (35 + 15) = 379\,000 \text{ kcal/h.}$$

D. Anwendungsgebiete

1. Färbereien

Notwendig ist die Einrichtung von Entnebelungsanlagen z. B. in Färbereien. Die sogenannte Flotte besteht aus einer großen Anzahl von Bottichen, gefüllt mit der Farbflüssigkeit. Sie bieten durch ihre großen Oberflächen eine große Verdunstungsmöglichkeit, so daß sich der Raum sehr schnell mit dichtem Nebel erfüllt. Die Flottentemperaturen sind meist sehr hoch und schwanken zwischen 80 und 90°.

Man wird hier häufig die Warmluftzuführung zu beiden Seiten des Raumes verlegen und durch besondere Stutzen die ausströmende Luft schräg nach oben über die Bottiche leiten. Die Abluftleitung ist dann in der Mitte darüber vorzusehen, so daß sie auf kürzestem Wege das Dampfluftgenisch aufnehmen kann.

Handelt es sich um einen Neubau, so kann die ganze Anlage schon auf eine günstige Entnebelung zugeschnitten werden. Die Anordnung kann dann erfolgen nach Winter-Außig, bei welcher die eigentlichen Färbekufen zu beiden Seiten der Halle unter je einem Schutzdach mit einer Reihe von Abzugsschloten Aufstellung finden. In der Mitte ist ein Betriebsgang freigelassen, in dem die von oben eingeblasene, erwärmte Frischluft einen Überdruck erzeugt, um über die Arbeitsplätze nach beiden Seiten zu entweichen. Ähnliche Dachformen für Färbereien zeigen die Abbildungen 122 u. 123, in denen die vorgewärmte Frischluft durch die eingezeichneten Kanäle eingeführt und durch Austrittsgitter in der Mitte zu beiden Seiten zugeführt wird. Die Abluft entweicht gegebenenfalls mit Unterstützung von Schraubenlüftern durch die seitlichen Dachaufbauten. Es ist jedoch darauf hinzuweisen, wie anfänglich erwähnt, daß eine ausgeglichene Lüftung anzustreben ist.

Da die Oberflächen gegeben sind, ist die Ermittlung der Luftmenge ohne weiteres möglich. Die Raumtemperatur soll im allgemeinen 35° nicht übersteigen. Die Geschwindigkeit in der Rohrleitung ist mit 8 bis 10 m und die Durchtrittsgeschwindigkeit durch die Ein- und Austrittsöffnungen für etwa 3 bis 5 m zu wählen.

Abb. 122.

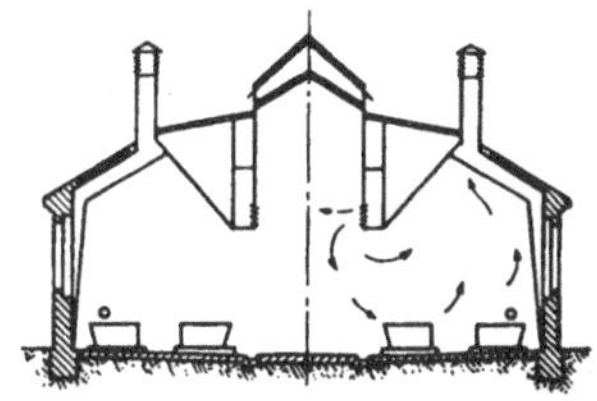

Abb. 123.

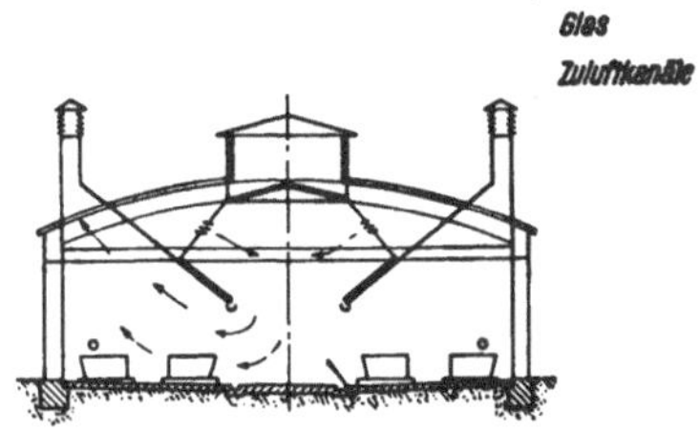

Abb. 122 u. 123. Dachformen für neue Färbereiräume.

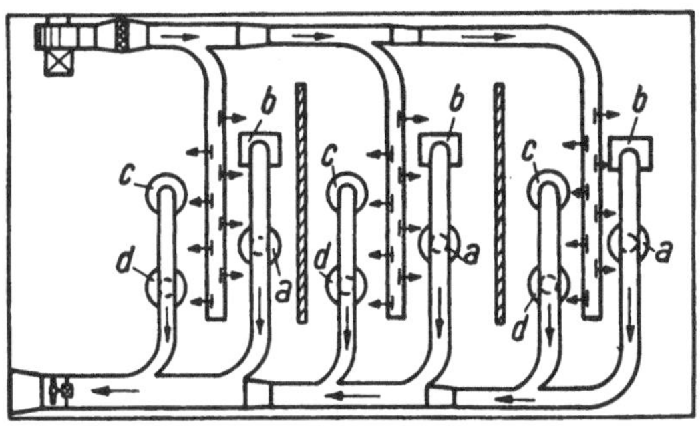

Abb. 124a. Schema der Entnebelungsanlage einer großen Waschanstalt.

Abb. 124b. Entnebelungsanlage einer Großwäscherei. (Turbon Ventilatoren u. Apparatebau, Berlin-Reinickendorf.)

2. Wäschereien

Abbildung 124a zeigt die Entnebelungsanlage für eine große Wäscherei schematisch. Trotzdem hier die meisten Waschgeräte geschlossen sind, tritt doch bei jedesmaligem Einlegen und Herausnehmen der Wäschestücke und auch durch sonstige Undichtigkeiten Dampfbildung und damit Vernebelung des Raumes auf.

Die Zuluftrohrleitung ist auch wieder möglichst dicht an die Dampfentstehungsstellen, also die Einweichkessel (a), Wäschekocher (b), die Waschmaschinen (c) und die Zentrifugen (d) heranzuführen, aber stets mit Ausströmöffnungen, die der Warmluft eine Richtung schräg nach oben geben, so daß keine Belästigung des Personals eintritt.

Die Abluftleitung ist in entsprechend höherer Lage zwischen den Zuluftrohren entlang zu verlegen und mit Eintrittsöffnungen nach beiden Seiten zu versehen, Abb. 124b zeigt eine ausgeführte Anlage für eine Großwäscherei. Hier kann eine genaue Berechnung der verdampfenden Wassermenge kaum vorgenommen werden. Man muß sich daher an einen erfahrungsmäßig zu wählenden Luftwechsel halten, der zwischen 10 und 15 in der Stunde angenommen werden kann. Die Rohrleitungsabmessungen ergeben sich dann aus der Luftmenge und den Geschwindigkeiten, wie sie S. 129 genannt sind.

3. Textilindustrie

Auch in der Textilindustrie werden Entnebelungsanlagen erforderlich, da wo die fertig gewebten Stoffe gewaschen und wieder getrocknet werden.

Abbildung 121 zeigte die Anordnung einer Entnebelungsanlage unter Anwendung von Einzelheizgeräten (S. 126). An den Säulen zu beiden Seiten des Trockenapparates kann eine Anzahl solcher Luftheizgeräte angebracht werden, welche die Warmluft nach der Mitte zu über das kontinuierlich wandernde Trockengut blasen. Dort kann das Dampfluftgemisch von zwei Schraubenlüftern, die mit senkrechter Achse in die Decke eingebaut sind, aufgenommen und ins Freie gedrückt werden.

Die Berechnung ergibt sich hier aus der durch die Trocknung freiwerdenden Wasserdampfmenge.

4. Papiermaschinen

Bei der Papierfabrikation unterscheidet man die sogenannte Naßpartie und die Trockenpartie der Papiermaschinen.

In der Naßpartie wird die mit Zellstoff oder Holzschliff gemischte Brühe auf einem Siebband über kalte Walzen gezogen, wobei sie einen großen Teil der Feuchtigkeit durch Abtropfen und Abpressen verliert.

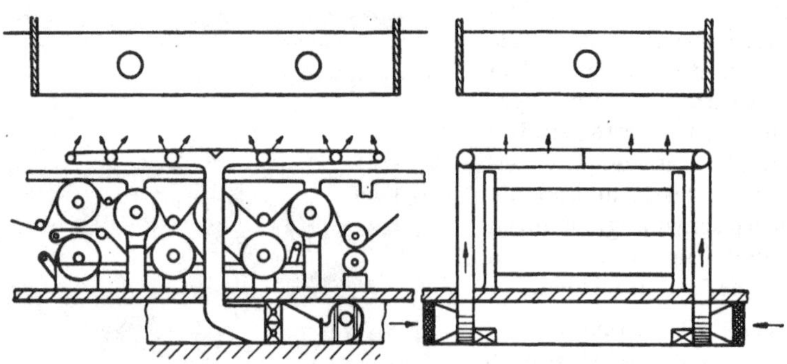

Abb. 125. Schema der Entnebelungsanlage an einer Papiermaschine.

In der Trockenpartie wird die Papierschicht über weitere Trommeln geleitet, die jedoch durch Dampf geheizt sind, so daß die Papierschicht hier den größten Teil ihres Wassergehaltes in Dampfform abgibt.

Die Ermittlung der verdunstenden Wassermenge in der Naßpartie kann nur nach Erfahrungsgrundsätzen erfolgen, während in der Trockenpartie durch die zugeführte Wärmemenge ein ganz bestimmter Prozentsatz von Wasser zur Verdampfung gebracht wird, der sich rechnerisch ermitteln läßt.

Ein solches Berechnungsbeispiel ist auf Seite 128 durchgeführt. Die Anordnung kann z. B. nach Abbildung 125 erfolgen. Die Luft wird durch die zu beiden Seiten angeordneten Lüfter über Filter angesaugt und über Lufterhitzer in die beiden längs der Trockenpartie laufenden Rohrstränge gedrückt.

Aus den einzelnen Abzweigen, die quer über die Papiermaschine laufen, tritt alsdann die Warmluft aus.

In der Laterne, die am Dach entlangläuft, können Schraubenlüfter abwechselnd zu beiden Seiten angebracht werden, um das Dampfluftgemischt ins Freie abzuführen.

Wenn es die Raumfrage zuläßt, ist es immer zweckmäßig, die ganze Trockenpartie einzukapseln und dadurch die Absaugung der Dampfschwaden zu erleichtern. Der Naßpartie muß ebenfalls durch eine Rohrleitung oder durch Einzelheizgeräte warme Luft zugeführt werden, da in der ganzen Zone der Naßpartie eine nicht unbeträchtliche Verdunstung vor sich geht. Dies gilt besonders, wenn mehrere Naßpartien benutzt werden.

Da ein Niederschlag von Wassertropfen an der von außen abgekühlten Decke und ein Abtropfen auf das Papier vermieden werden muß, ist eine Zwischendecke vorzusehen und diese durch örtliche Heizkörper zu heizen. Desgleichen kann man die Seitenwände der Laterne herunterführen und etwaiges Schwitzwasser durch eine Rinne auffangen. Die auf diese Weise verlängerte Laterne begünstigt gleichzeitig die Absaugung.

Im ganzen Raum muß zweckmäßig ein etwa 15facher Luftwechsel je nach der Raumhöhe herrschen. Die Rohrdimensionen sind für Geschwindigkeiten von etwa 8 bis 10 m/s auszuführen.

5. Großküchen

In Großküchen, wie sie in Hotels, Gaststätten und sonstigen Großbetrieben eingerichtet sind, ist wegen des meist zahlreichen und ständig sich dort aufhaltenden Personals der Lüftungs-, bzw. Entnebelungsfrage besondere Bedeutung beizumessen.

In Küchen, die mit Kochkesseln ausgestattet sind, sei es, daß sie immer offenstehen, sei es, daß sie nur beim Hineinlegen oder Herausnehmen der Eßwaren geöffnet werden, entstehen immer Nebel, die oft die ganze Küche undurchsichtig machen.

Man kann in solchen Fällen oberhalb der Kessel Glasschürzen vorsehen, zwischen denen eine mit Eintrittsschlitzen versehene Absaugeleitung verlegt wird. Die Warmluft wird dann zweckmäßig im unteren Teile der Küche an den zu den Schürzen

Abb. 126. Entnebelungsanlage einer Großküche. (Turbon Ventilatoren u. Apparatebau, Berlin-Reinickendorf.)

parallelen Wänden zugeführt. Bisweilen können auch Hauben mit Warmluftzuführung in der Mitte des Raumes oder nur Kanäle mit Ein- und Austrittsöffnungen an den Wänden Verwendung finden, vgl. Abbildung 126.

Für die Berechnung der Luftmenge können die VDI-Richtlinien[1]) zugrunde gelegt werden, die folgende Werte angeben:

Kochkessel	100 *l* Inhalt	300 m³/h
„	200 *l* „	600 „
„	500 *l* „	1000 „
„	1000 *l* „	1500 „
Kippbratpfannen	60 × 80 cm	500 „

Hinsichtlich der Lüftungsart ist, wie schon an anderer Stelle erwähnt, die Sauglüftung anzustreben, um die Gerüche nicht in andere Teile des Gebäudes gelangen zu lassen. Nur in den Fällen, in denen in der Küche mit Kohle beheizte Herde aufgestellt sind, muß man zur Drucklüftung übergehen, da sonst leicht Kohlengase aus den Herden in die Küche austreten können.

Für Herde sind folgende Werte zu wählen:

je 1 m² Herdplatte, kohlebeheizt	3000 m³/h
gasbeheizt	1500 „
elektrisch beheizt	1000 „

Die endgültige Luftmenge soll jedoch einen 20fachen Luftwechsel auf den Küchenraum bezogen in der Regel nicht überschreiten.

6. Badeanstalten

Bei der Entnebelung von Badeanstalten ist es empfehlenswert, außer der Warmluftzuführung in den Brausen- und Waschräumen eine Erwärmung des Fußbodens durch unterirdische Warmluftkanäle vorzusehen. Die Austrittsöffnungen für die Abluft sind hoch zu verlegen, um die Badenden möglichst wenig der unmittelbaren Einwirkung der Luftströmung auszusetzen.

Als Lüftungssystem ist das Drucksystem (S. 17) vorzuziehen, da Zugwirkung in der Nähe der Türen in jedem Falle vermieden werden muß.

5- bis 7facher Luftwechsel auf den ganzen Baderaum bezogen reicht im allgemeinen aus. Die Temperatur der eintretenden Luft muß höher liegen als bei sonstigen Entnebelungsanlagen und ist mit mindestens etwa 40° zu wählen. Für Schwimmhallen ist ein 4- bis 5facher Luftwechsel als ausreichend anzusehen.

VIII. Trockenanlagen[2])

A. Wirkungsweise

In allen Trockenanlagen, die hier besprochen werden, wird das zu trocknende Gut durch Warmluft, die mittels eines Lüfters in den Trockenraum eingeführt wird, getrocknet.

Die Warmluft ist mithin die Trägerin der von dem Trockengut abgegebenen Feuchtigkeit. Um eine möglichst große Menge Feuchtigkeit aufnehmen zu können, muß ähnlich wie bei den im vorigen Abschnitt beschriebenen Entnebelungsanlagen

[1]) VDI 2302/1950 Lüftung von Großküchen.

[2]) Zum eingehenderen Studium vgl. Hirsch, Trockentechnik. J. Springer, Berlin 1950.

die in den Trockenraum eingeführte Luft möglichst trocken, oder was praktisch dasselbe bedeutet, ihre relative Feuchtigkeit möglichst gering sein (S. 7).

Die Wasseraufnahme könnte alsdann theoretisch bis zu ihrer vollen Sättigung erfolgen. In der Praxis wird sich diese Sättigung jedoch fast nie erreichen lassen. Sie ist abhängig von der im Raume erzielten Luftverteilung und Luftbewegung und wird bei guten Trockeneinrichtungen im allgemeinen etwa 80 bis 90 % maximal erreichen.

Die Temperatur der eintretenden Warmluft muß dementsprechend möglichst hoch sein, wird jedoch nach oben begrenzt durch denjenigen Erwärmungsgrad, den das Trockengut vermöge seiner Struktur noch zuläßt. Andererseits wird bei geringer erwärmter Zuluft die Luftmenge größer sein müssen, um in der gleichen Zeit dieselbe Trockenleistung zu erzielen.

Fast alle Trockengüter erleiden bei der Wasserentziehung einen Schwund oder eine Schrumpfung. Es gibt nun eine Reihe von Trockengütern, wie z. B. Leder und bestimmte Holzarten, die eine allzu schnelle Trocknung nicht vertragen.

Aus diesen Gründen würde vielfach z. B. bei Holz noch die natürliche Lufttrocknung bevorzugt werden, bei welcher eine ganz allmähliche Wasserentziehung vor sich geht, wenn nicht eine solche Lagerung, die bei Holz unter Umständen mehrere Jahre erfordern würde, ein totes, zinsenfressendes Kapital darstellen würde und daher unwirtschaftlich wäre.

Insbesondere darf nun bei vielen Trockengütern im ersten Stadium der Trocknung nicht eine zu schnelle Wasserentziehung erfolgen, sonst treten durch allzu schnelle Schrumpfung unangenehme Formänderungen auf. In diesen Fällen darf also die Trockenluft nicht gleich mit dem nassesten Trockengut in Berührung gebracht werden, sondern es muß z. B. ein Gegenstromverfahren zur Anwendung kommen, bei welchem die trockenste Luft dem schon vorgetrockneten Gut gegen Ende des Prozesses zugeführt wird. Oder man kann zuerst durch Klappensteuerung mit einer geringeren Warmluftmenge arbeiten und allmählich auf die volle Luftmenge übergehen. Schließlich kann man im Anfang mit Umluft trocknen, muß aber dann durch Beobachtung eines Feuchtemessers den Zeitpunkt der Umschaltung auf Frischluftbetrieb genau einhalten.

B. Ausführungsformen

Es gibt eine Reihe von verschiedenen Ausführungsformen von Trockenanlagen, deren Hauptarten in vier Gruppen zusammengefaßt werden können:

a) Kammertrocknung,
b) Kanaltrocknung mit Horden oder Förderband,
c) Trommeltrocknung,
d) Stufentrocknung,
e) Trocknung durch Adsorptionsmittel.

Mit Ausnahme von besonderen Anlagen werden sich die meisten Trockenverfahren in eine dieser Gruppen einordnen lassen.

1. Kammertrocknung

Die einfachste Form der Trockenanlagen wird durch die Kammertrocknung dargestellt. Die Kammer besteht in einem allseitig geschlossenen Raum, dessen Wände durch Schlacke- oder Koksfüllung[1]) gegen Wärmeverluste gut abgedichtet sind. In die Kammer wird das Trockengut durch eine gut verschließbare Tür auf hölzernen

[1]) Auch Kieselgur- oder Torfmullfüllung.

oder eisernen Gestellen eingeführt (Abb. 127). Die Luft wird von außen durch einen Lüfter angesaugt und über einen Lufterhitzer dem Trockenraum zugeführt. Durch eine am hinteren Ende der Decke angebrachte Öffnung entweicht die mit Feuchtigkeit beladene Abluft.

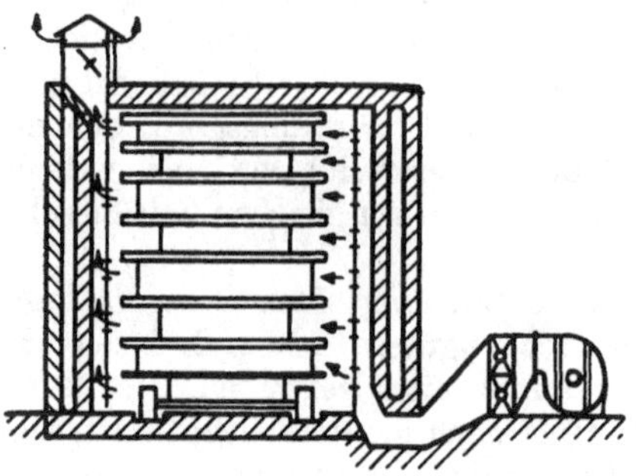

Abb. 127. Schema einer Kammertrocknung.

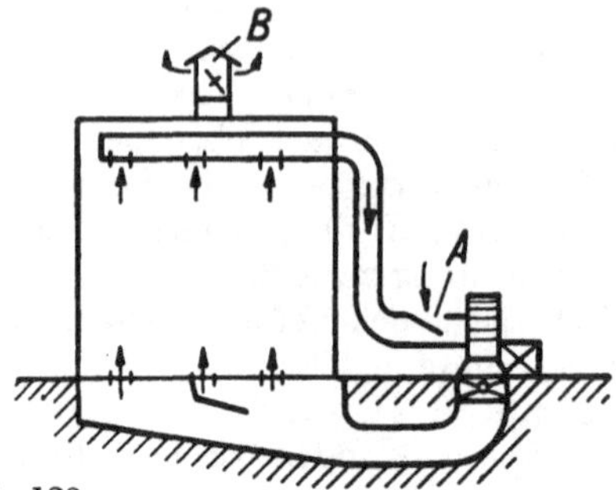

Abb. 128.
Schema einer Kammertrocknung mit Mischluft.

Eine geeignete Einrichtung, um die Luftbewegung im Trockenraum beliebig zu steigern und gleichzeitig die mit der Abluft ins Freie gelangende Wärme auf ein Mindestmaß zurückzuführen, ist in dem Umluft- bzw. Mischluftverfahren gegeben, das auch bei den meisten Trockenkammern zur Anwendung gelangt (Abb. 128).

Der Lüfter saugt die Luft einmal aus dem Umluftkanal und zum kleineren Teil durch den Frischluftstutzen bei A an und drückt sie über den Lufterhitzer in den Trockenraum. An der Decke des Trockenraumes tritt die Luft in den Umluftkanal zurück, während die hochgesättigte Abluft zum kleineren Teile aus der ins Freie führenden Abzugsöffnung B entweicht.

Man kann durch dieses Verfahren einen hohen Grad der Sättigung erreichen, allerdings unter gleichzeitiger Erhöhung der Temperatur im Trockenraum. Die aufzubringende Wärmemenge ist jedoch, wie ersichtlich, kleiner als beim Frischluftverfahren, da ein Teil der Abwärme der aus der Kammer tretenden Abluft immer wieder verwendet wird.

2. Kanaltrocknung

Die Kanaltrocknungsanlagen entsprechen denjenigen der Kammertrocknung mit Frischluft- oder Umluftbetrieb, unterscheiden sich jedoch von ihnen dadurch, daß das Trockengut fortdauernd durch die Kammer geschickt wird. Die Kammer ist entsprechend mit zwei gut schließenden Toren zu versehen, die sich gegenüber liegen und zweckmäßig zu einer Luftschleuse durch eine Doppeltür ausgebildet werden. Die in gleicher Weise von einem Lüfter über einen Lufterhitzer angesaugte Warmluft wird bei diesen Anlagen im Gegenstrom durch den Kanal geleitet (Abb. 129). Hierdurch wird die im vorigen Abschnitt erwünschte allmähliche Trocknung erreicht, wie sie für manche Trockengüter notwendig ist. Der Vorschub der mit den Trockengütern beladenen Horden oder Wagen erfolgt bei diesen Anlagen entweder durch eine Handwinde oder automatisch. Eine genaue Beobachtung des Trockenvorganges durch eingebaute Thermometer und Psychrometer ist insbesondere für

Abb. 129. Schema einer Kanaltrocknung.

den automatischen Betrieb notwendig. Diese Kanaltrockenanlagen können durch einfache Umleitung der Abluft zu dem Saugstutzen des Lüfters ebenso wie die Kammertrockner für Mischluftbetrieb eingerichtet werden.

In ähnlicher Art findet auch die Trocknung mit Förderbändern statt. Hier wird meist der Lüfter mit dem Erhitzer unter dem Bande angeordnet und drückt die Warmluft durch ein Kanalsystem von oben her auf die auf dem Förderbande befindlichen Trockengüter. Auch hier wird meist ein Teil der Abluft zum Lüfter zurückgeführt. Die Trockenzeit kann leicht durch Veränderung der Bandgeschwindigkeit geregelt werden.

3. Trommeltrocknung

Hier wird das Trockengut kontinuierlich einer rotierenden Trommel zugeführt, durch die gleichzeitig warme Luft geschickt wird (Abb. 136).

4. Stufentrocknung

Eine Abart des kontinuierlichen Kanaltrockners stellt der Umluftstufentrockner dar (Abb. 130). Die ganze Trockenkammer, die im übrigen immer wieder in der gleichen Art wie bei der Kammertrocknung ausgebildet sein kann, wird durch senkrechte Scheidewände in mehrere Abteilungen unterteilt. Das Trockengut, z. B. nasses Tuch oder Wolle, wird über ein Band durch die einzelnen Abteilungen kontinuierlich geführt. Die Trockenluft wird von außen entnommen und durch einen Lüfter über einen Lufterhitzer in die erste Abteilung oder Stufe gedrückt, z. B. derart, daß die Warmluft aus den Schlitzen eines horizontalen Rohres austritt. Hier nimmt sie die Feuchtigkeit des im Gegenstrom durchgeführten Trockengutes auf, sättigt sich bis zu einem gewissen Grade unter gleichzeitiger Abkühlung, alsdann wird sie durch ein am Ende der ersten Abteilung angebrachtes horizontales Rohr einem zweiten Lüfter zugeführt, welcher sie wiederum mittels eines Lufterhitzers erwärmt und der zweiten Abteilung in gleicher Weise zuführt. Auch hier sättigt sie sich mit Feuchtigkeit an, um alsdann durch ein drittes Lüfter- und Heizsystem der dritten Stufe zugeführt zu werden. Aus dieser tritt sie in die Atmosphäre aus.

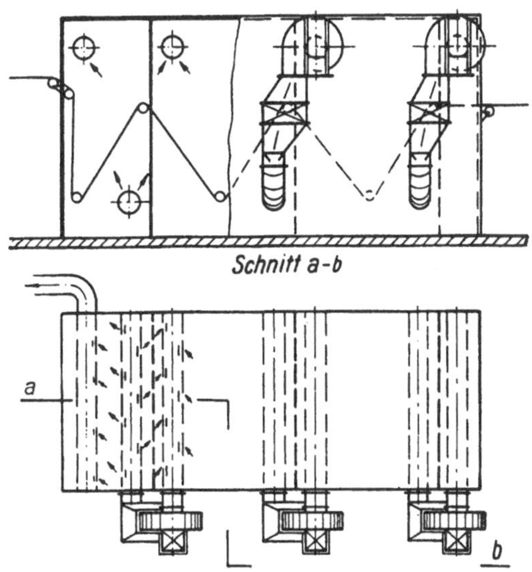

Abb. 130. Schema einer Stufentrocknung.

Durch diese Methode der allmählichen Wasserentziehung kann auch das empfindlichste Trockengut auf schonendste Weise zur Trocknung gebracht werden. Das Sättigungsdefizit in jeder Zone kann durch Regelung der Wärmezufuhr beliebig eingestellt werden. Die Wärmeausnutzung ist sehr hoch.

5. Trocknung durch Adsorptionsmittel

Verschiedene Stoffe, wie Silica-Gel (SiO_2), Aluminiumoxyd und aktive Kohle, sind durch die sehr große Zahl und Weite ihrer Atomlücken in der Lage, durch Adsorption flüssige Bestandteile von Luft und Gasen an der Oberfläche anzuziehen und in sich aufzunehmen. Geräte mit derartigen Stoffen werden häufig auf Schiffen (S. 103), aber auch in manchen Gewerbebetrieben zur Aufrechterhaltung trockner oder von schädlichen Dämpfen freier Luft in ihren Arbeits- oder Lagerräumen oder zur Rückgewinnung von Lösemitteln verwendet.

Die übliche Ausführung *eines Silica-Gel*-Entfeuchtungsgerätes zeigt Abbildung 131a. Es besteht in der Regel aus zwei gleichen Trockengefäßen, von denen immer das eine in Betriebsstellung ist, während das andere der Regenerierung unterliegt. Da die Silica-Gel-Schüttung sich nach einiger Zeit mit Feuchtigkeit sättigt, ist ein besonderer Regenerierungslüfter *B* nötig, der Heißluft von etwa 150° C zum Austreiben der Feuchtigkeit durch das nicht in Betrieb befindliche Gerät drückt und es dadurch wieder betriebsfähig macht. Der Hauptlüfter *A* drückt die entfeuchtete Luft in den Raum über einen Kühler zurück. Der Auslaß *C* steht mit der Außenluft in Verbindung und wird nur bei der Regenerierung geöffnet.

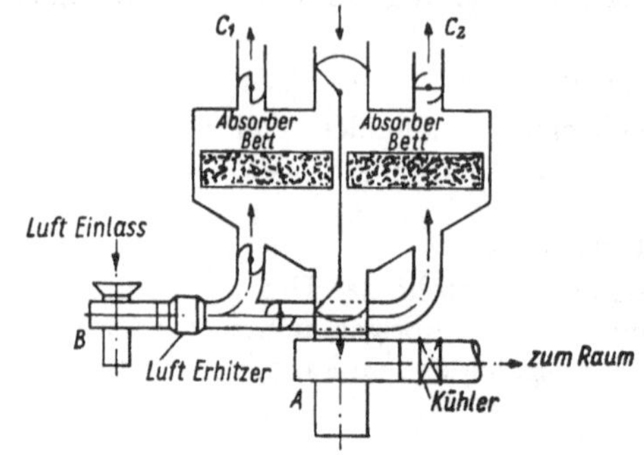

Abb. 131a. Schema eines Adsorptionsgerätes.

Eine Lösemittel-Rückgewinnungsanlage für Trichlorethylene mit *aktiver Kohle* zeigt Abbildung 131b. Diese Anlagen bestehen aus dem elektrisch angetriebenen Radialventilator, zwei oder mehr Adsorbergefäßen, dem Wärmeaustauscher mit Kondensator und dem Abscheider für Rückgewinnung des Lösemittels. Wasserdampf wird verwendet für Destillation des Lösemittels aus der Kohle. Nach Verflüssigung im Kondensator wird es im Abscheider zurückgewonnen. Bei automatischem Betrieb werden die wechselweise operierenden Ventile der Adsorbergefäße entweder für Luft oder für Dampf freigegeben. Diese Anlagen werden verwendet besonders für Gummi, Petroleum, Film und Tiefdruckwerke, sowie für chemische Reinigungsanstalten, wie die abgebildete Anlage.

Abb. 131b. Trichlorethylen Rückgewinnungsanlage. (Sutcliffe, Speakman & Co., Leigh, Lancs.)

C. Berechnungsart

Um einem Trockengut eine bestimmte Gewichtsmenge Wasser zu entziehen, sind zunächst vier getrennte Vorgänge zu betrachten:

1. Das im Trockengut enthaltene Wasser muß zur Verdampfung gebracht werden, mithin die hierfür nötige Wärme zur Verfügung stehen.

2. Die Luft muß gegebenenfalls durch Erwärmung auf einen Zustand hinsichtlich ihres Feuchtigkeitsgehaltes gebracht werden, bei welchem sie die unter 1. ermittelte Dampfmenge aufnehmen kann.

Da die Trocknung ferner in einem geschlossenen Raum vor sich geht und das Trockengut meist auf Gestellen eingebracht wird, müssen

3. die Transmissionsverluste, die infolge Wärmedurchgangs durch die Umfassungsmauern der Trockenkammer entstehen, gedeckt werden, und

4. das Trockengut selbst und die Gestelle auf die im Trockenraum herrschende Temperatur gebracht werden.

Es sind weiterhin zwei Fälle grundsätzlich zu unterscheiden: Man kann die gesamte Trockenanlage lediglich durch Warmluft betreiben, das heißt alle unter 1 bis 4 genannten Wärmeaufwendungen müssen durch die Warmluft bzw. durch die in ihr enthaltene Wärmemenge gedeckt werden.

Eine andere Möglichkeit, die, wie später erörtert wird, zweckmäßiger ist und meistens zur Anwendung gelangt, besteht darin, die Vorgänge unter 1. und 2. der Warmluft zu überlassen und diejenigen unter 3. und 4., die also die Deckung der durch Transmission und Erwärmung der Gestelle und des Trockengutes nötigen Wärmemengen betreffen, örtlichen in den Trockenraum fest einzubauenden Heizkörpern zu übertragen.

Zu berücksichtigen ist ferner, daß bei Frischluftbetrieb eine Vorwärmung der Luft auf eine Mindesttemperatur, die in der Nähe der im Trockenraum herrschenden Temperatur liegt, notwendig ist, während beim Mischbetrieb als Ausgangspunkt für die Erwärmung eine Mischtemperatur, die sich aus derjenigen der Abluft und der zugesetzten Frischluft ergibt, in Rechnung zu stellen ist.

Es gelten folgende Bezeichnungen:

W_a = Wassermenge in kg/h, die 1 kg nassen Trockengut zu entziehen ist
Q = Gesamte aufzubringende Wärmemenge in kcal/h
G_L = Luftmenge in kg/h
G_{tr} = Trockengutmenge in nassem Zustand in kg/h
G_{st} = Gestellmenge in kg/h
c_{tr} = Spezifische Wärme des Trockengutes
c_{st} = Spezifische Wärme des Gestellmaterials
t_a = Außentemperatur
t_1 = Temperatur der eintretenden Warmluft
t_2 = Temperatur der Abluft
r = Verdampfungswärme des Wassers bei $t_2°$
x_1 = Wassergehalt der eintretenden erwärmten Frischluft in kg/kg
x_2 = Wassergehalt der nassen Abluft in kg/kg
T_r = Transmissionsverlust in kcal/h

Wenn örtliche Heizflächen im Trockenraum nicht vorhanden sind, muß die Differenz des Wärmeinhalts der Luft zwischen Ein- und Austritt aus dem Trockenraum den gesamten Wärmebedarf Q der Trocknung decken, also denjenigen für Verdampfung, Transmission und Erwärmung der meist auszuwechselnden Gestelle, des Trockenguts und der Luft

$$\text{I} \quad Q = G_{tr} \cdot W_a \cdot r + T_r + (G_{st} \cdot c_{st} + G_{tr} \cdot c_{tr}) \cdot (t_2 - t_a) + G_L \cdot c_p \, (t_1 - t_a),$$

ferner muß die vom Trockengut abgegebene Wassermenge gleich der von der Abluft aufgenommenen Dampfmenge sein, mithin

$$G_{tr} \cdot W_a = G_L \, (x_2 - x_1)$$

$$\text{II} \qquad G_L = \frac{G_{tr} \cdot W_a}{x_2 - x_1}$$

Die Temperatur t_2 der abziehenden Naßluft ist gleich derjenigen des Trockengutes sowie der Gestelle angenommen worden. Für exakte Rechnung ist diese Annahme nicht ganz zutreffend, aber für die Praxis in den meisten Fällen ausreichend. Die

Temperatur t_2 ist festzulegen je nach dem Erwärmungsgrad, welchen das Trockengut ohne Strukturveränderung erleiden darf. Nimmt man nun den Fall an, daß die Warmluft allein den gesamten Trockenvorgang erfüllen soll, dann muß die eingeführte Warmluft eine Temperatur t_1 mitbringen, die wesentlich über der Temperatur t_2 liegt.

Der absolute Feuchtigkeitsgehalt x_1 entspricht demjenigen der Frischluft. Er ist unter Berücksichtigung der relativen Feuchtigkeit (in Deutschland im Mittel $\varphi = 0{,}7$ bis 0,8) nach Tabelle 1 gemäß der Außentemperatur t_a zu ermitteln oder aus der Molliertafel zu entnehmen.

Der Feuchtigkeitsgehalt x_2 ergibt sich aus der Temperatur t_2 und einem als erreichbar anzunehmenden Sättigungsgrad von $\varphi = 0{,}8$ ebenfalls aus der Tabelle / oder Molliertafel.

Da Trockengutmenge und Wassergehalt gegeben sind, läßt sich aus der Gleichung II die Luftmenge G_L errechnen.

Mit bekannter Luftmenge ergibt sich dann aus Gleichung I die aufzubringende Wärmemenge. Bei der Feststellung der Transmissionsverluste T_r wird auf S. 65 Bezug genommen. Für Überschlagsrechnungen kann man bei einem gut isolierten Trockenraum etwa 25 kcal/m³ einsetzen. Die Verdampfungswärme r kann hier im Mittel mit 575 kcal angenommen werden.

Die spezifischen Wärmen können für einige Gestellmaterialien und Trockengüter der nachfolgenden Tabelle 10 entnommen werden.

Tab. 10. Spezifische Wärme von festen Körpern

	c in kcal/kg		c in kcal/kg
Aluminium	0,22	Eichenholz	0,57
Blei	0,031	Fichtenholz	0,65
Eisen	0,115	Graphit	0,20
Kupfer	0,094	Beton	0,21
Quecksilber	0,033	Glas	0,20
Zink	0,094	Leder	0,65

Die Erwärmung der Luft kann durch einen Lufterhitzer für Dampf, Warmwasser, elektrischen Strom oder Abgase als Wärmemittel erfolgen.

Für die Bemessung des Lufterhitzers ist die ermittelte Wärmemenge Q maßgebend.

Aus der Wärmegrundgleichung

$$Q = G_L \cdot c_p \,(t_1 - t_a)$$

ergibt sich alsdann die Temperatur, auf welche die Luft erwärmt werden muß, zu

$$t_1 = \frac{Q}{G_L \cdot c_p} + t_a.$$

Bei reiner Lufttrocknung, bei der also örtliche Heizkörper im Trockenraum nicht vorhanden sind, wird die Temperatur t_1 wesentlich über der Ablufttemperatur t_2, die man noch als zulässig angenommen hat, liegen.

Da t_1 sich im umgekehrten Verhältnis zur Luftmenge ändert, kann man in solchem Falle die Luftmenge vergrößern zur Erzielung einer niedrigeren Eintrittstemperatur.

Andrerseits erreicht man eine solche eben dadurch, daß man einen Teil der Wärmeleistung Q örtlichen Heizkörpern überläßt und nur den Rest auf die Luft überträgt. Dies hat gleichzeitig den Vorteil, daß der mit der abziehenden Luft verbundene Wärmeverlust sich vermindert.

Eine weitere Verminderung der Wärmeverluste erzielt man durch Mischluftbetrieb, indem man einen Teil der Frischluft durch Umluft ersetzt, wodurch allerdings die Trockendauer im allgemeinen verlängert wird.

D. Anwendungsgebiete

1. Holztrocknung

Eines der häufigsten Anwendungsgebiete der künstlichen Trocknung ist die Holztrocknung. Es wurde schon erwähnt, daß die natürliche Trocknung von Holz zu langwierig ist und daher nur noch selten und höchstens für die allererste Periode der Trocknung des frisch gefällten Holzes in Frage kommt.

Man hat nämlich verschiedentlich festgestellt, daß das frisch gefällte Holz, welches also noch eine sehr große Wassermenge enthält (etwa 55 bis 60 % bei Weichhölzern und etwa 40 bis 50 % bei Harthölzern), die erste Wasserabgabe an der Luft ebenso schnell vollzieht wie bei künstlicher Trocknung. Man wird daher schon aus wirtschaftlichen Gründen die allererste Periode der Trocknung, also etwa 1 bis 2 Wochen, der Luft überlassen.

Aber dann hat das Holz immer noch etwa 20 bis 30 % Feuchtigkeit, so daß der künstlichen Trocknung bis zur praktischen Trockengrenze von etwa 5 bis 10 % noch genügend Trocknungsarbeit überlassen bleibt. Es kommt hinzu, daß das Holz auf dem Wege zur Werkstatt auch noch wieder größeren Einflüssen ausgesetzt ist, durch welche der Wasseranteil im Holze steigt.

Hierbei sei erwähnt, daß auch diejenigen Hölzer, die bis zur Verarbeitung an der Luft getrocknet wurden (oft mehrere Jahre) nachträglich durch weiteres Verweilen an der Luft in einer feuchten Jahreszeit wieder Wasser aufgenommen haben und einen Zustand erreichen, der sich der mittleren Feuchtigkeit nähert, die zwischen den größten und kleinsten erreichten Trockenwerten lag. Es soll hiermit betont werden, daß auch die langsame natürliche Trocknung kein Allheilmittel gegen spätere Formveränderung, d. h. also Schwinden oder Quellen bzw. die Neigung, Wasser abzugeben oder aufzunehmen, darstellt.

Die fast ausschließlich gewählte Art der Holztrocknung ist die Kammertrocknung. Abbildung 132 zeigt eine solche Anlage.

Das Holz wird in Stapeln unter Zwischenlegen von Stapelklötzen übereinandergelegt, so daß die Luft hindurchtreten kann. Die so gebildeten Luftwege müssen sich der allgemeinen Richtung des Luftdurchgangs durch die Kammer anpassen, also entweder von unten nach oben oder von einer Seite zur anderen verlaufen. Hierbei ist auch auf möglichst gleichmäßige Zwischenräume mit dichtem Anschluß an Decke und Fußboden bzw. an die beiden Seitenwände zu achten, damit die Luftverteilung durch gleiche Widerstände auch möglichst gleichmäßig vor sich geht.

Abb. 132. Holztrocknungsanlage. (Turbon Ventilatoren u. Apparatebau-Gesellschaft, Berlin-Reinickendorf.)

Daß in ein und derselben Kammer gleichzeitig nur Hölzer gleicher Art und Stärke getrocknet werden dürfen, ist selbstverständlich.

Die Kammer selbst ist nicht zu groß zu wählen, da mit der Größe der Kammer auch die Schwierigkeit einer gleichmäßigen Verteilung wächst. Gebräuchliche Abmessungen werden etwa sein: eine Fläche von 8 m Länge und 4 m Breite bei einer Höhe von 2 bis 3 m.

Die Luft wird durch den Lüfter über einen Lufterhitzer in den Trockenraum gedrückt und von dort unter Mischung mit der Außenluft wieder angesaugt. Ein Teil der gesättigten Raumluft entweicht durch eine in der Decke befindliche Öffnung nach oben.

Die Temperaturen, die für Holztrocknung in Frage kommen, schwanken je nach der Holzart zwischen 50 und 70° C. Man geht vereinzelt auch noch höher. Bei Hölzern, auf deren Festigkeitswerte es ankommt, sind jedoch höhere Temperaturen mit Vorsicht anzuwenden. Im übrigen kommt es letzten Endes nicht so sehr auf die Temperatur allein, als vielmehr auf den Luftzustand, d. i. Temperatur und Feuchtigkeit an.

Bei dem Trockenvorgang ist darauf zu achten, daß nicht nur die Oberfläche austrocknet, oder wie man zu sagen pflegt, verschalt, sondern die Trocknung muß auch bis zum Kern durchdringen. Deswegen nimmt man in gewissen Zwischenräumen während der Trocknung eine Behandlung des Holzes mit Dampf vor, bei welcher man durch Öffnung der äußeren Poren, die sich bereits geschlossen hatten, dem im Innern des Holzes befindlichen Saft die Möglichkeit zum Herausdringen bzw. zur Verdampfung gibt. Eine solche Dämpfungseinrichtung wird durch ein Dampfrohr oder auch durch einzelne Düsen, die man innerhalb der Kammer einbaut, erreicht.

Diese Dämpfung kann auch den Nebenzweck haben, dem Holz über die ganze Oberfläche hinweg eine gleichmäßige Feuchtigkeit zu erteilen, damit besonders im Anfang der Trocknung der Unterschied der Feuchtigkeit der Trockenluft und derjenigen im Holz nicht zu groß wird und auf diese Weise die Trocknung nicht zu schnell vor sich geht. Mit der Geschwindigkeit der Trocknung steigt nämlich auch die Möglichkeit, daß im Holze Spannungen auftreten, die man gerade bei einer guten Trocknung soweit wie irgend möglich vermeiden will.

Über die Zeitdauer der Trocknung liegen allgemeine Zahlen wohl vor. Ihre Verwendung ist jedoch nur mit größter Vorsicht geboten, da jede Holzart hinsichtlich der Trockenzeit von der Höhe der Feuchtigkeit vor und nach der Trocknung und von der Dicke des Holzmaterials sowie von der Temperatur im Trockenraum abhängt. Es ist daher immer zweckmäßig, durch Probestücke in jedem Einzelfall die Trocknungsdauer und auch die Temperatur im Trocknungsraum zu bestimmen.

Die Verwendung von automatischen Temperatur- und Feuchtigkeitsmeßgeräten ist zu empfehlen.

2. Ledertrocknung

Ein großes Anwendungsgebiet für künstliche Trockenanlagen bietet die Lederindustrie. Hier werden daher auch die verschiedensten Arten von Trockeneinrichtungen gewählt je nach der Art des Leders, ob es sich um lohgare, mineralgare, fettgare oder kombiniert gegerbte Leder handelt.

Die Temperaturen im Trockenraum liegen zwischen 30 und 50°. Bei Häuten von Rindern wird z. B. im allgemeinen die Raumtrocknung bevorzugt. Hier werden die großen Rinderhäute hintereinander auf Stangen in mehreren Reihen aufgehängt. Die Luft kann durch mehrere, auf einer Welle nebeneinander angeordnete Schraubenlüfter über Heizkörper mit großer Geschwindigkeit in den Raum zwischen die Häute parallel zu den Lederflächen gedrückt und im Umluftverfahren wieder angesaugt werden.

Auf diese Weise entsteht eine fast gleichmäßige und große Luftbewegung an der Oberfläche sämtlicher Häute, die eine Schnelltrocknung mit sich bringt. Damit die Narben nicht brüchig werden und die Farbe des Leders nicht nachdunkelt, darf im Anfang nicht mit zu warmer und zu trockner Luft gearbeitet werden.

Statt dieser Anlagen verwendet man auch zentrale Trockeneinrichtungen, bei denen der Lüfter an einer zentral gelegenen Stelle Frischluft oder auch im Umluftverfahren Mischluft ansaugt, und die an einem Lufterhitzer erwärmte Trockenluft durch ein über den ganzen Raum gut verteiltes Rohrnetz drückt. Aus diesem tritt dann die Warmluft durch Schlitze und Öffnungen zwischen die einzelnen Rindshäute, so daß ebenfalls eine ziemlich gleichmäßige Trocknung eintritt. Ein anderes Rohrnetz sorgt für die Rückführung der nassen Abluft zur Saugöffnung des Lüfters oder bei Frischluftbetrieb ins Freie.

Abb. 133. Heizaggregat einer Leder-Trockenanlage mit Umschaltkasten für Frisch- und Umluftbetrieb. (Teufel, Nagold.)

Besondere Behandlung beim Trocknen verlangt Kalbleder. Da es sehr zum Schrumpfen neigt, wird es z. B. von Schilde-Hersfeld auf Rahmen aufgespannt getrocknet. Abbildung 133 stellt ein vollständiges Luftheizaggregat für Frisch- oder Mischluftbetrieb dar.

3. Fischtrocknung

Bei der Fischtrocknung muß man dem Trockengut eine besonders schonende Behandlung angedeihen lassen. Der Fisch wird in der Regel vorher gesalzen und dann am Schwanze auf Stangen oder in Lattengestellen in Trockenräumen aufgehängt.

Seine anfängliche Feuchtigkeit beträgt etwa 50 bis 60 %. Man rechnet, daß etwa 25 kg Trockenware einen Raum von etwa 1 cbm benötigt.

Die Trocknung selbst muß außerordentlich langsam vorgenommen werden, da das Kochsalz, welches zur Durchtränkung des Fisches verwendet wurde, bei schneller Trocknung auskristallisiert und auf der Oberfläche störende Inkrustationen hervorruft.

Aus diesem Grunde kommt auch hier eine Stufentrocknung in Frage. Es werden vielfach 5 bis 6 Stufen angeordnet, in denen sich das Trockengut jedesmal mehrere Stunden aufhalten muß. Die hierbei zur Verwendung kommende Höchsttemperatur darf je nach der Fischart 25 bis 30° C nicht übersteigen.

Da es sehr erwünscht ist, wenn das Trockengut eine möglichst weiße Farbe erhält, kann die eingeführte Luft zweckmäßig mit Ozon vermischt werden, das bekanntlich eine bleichende Wirkung ausübt.

4. Malztrocknung

Eine besondere Art der Trocknung, die hier noch erwähnt werden soll, stellen die sogenannten Malzdarren dar. Neben der Entfeuchtung finden bei dieser Trocknung chemische und biologische Vorgänge statt.

In der Regel wird das Malz in 1 bis 3 Horden von etwa je 150 bis 250 mm Höhe aufgeschichtet.

Man unterscheidet solche Darren, die nur mit unmittelbar durchziehenden Feuergasen von unten nach oben arbeiten, von sogenannten Luftdarren. Bei diesen werden z. B. zwischen den Horden dampfbeheizte Luftverteilungskanäle angeordnet, die die Horden mit Heißluft versorgen. Die Abluft zieht nach oben durch einen Schlot ab.

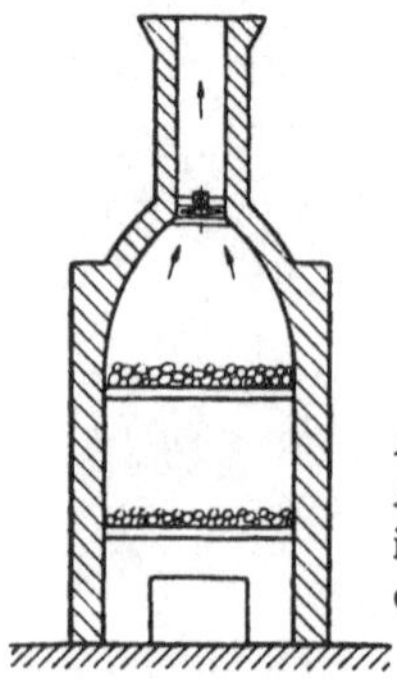

Abb. 134. Axial-Ventilator in einer Malzdarre.

Als Unterstützung dieses natürlichen Zuges, der oft bei großen Hordenflächen nicht ausreicht und von der Witterung abhängig ist, kann in den Schlot unmittelbar ein Schraubenlüfter zum Einbau gelangen, vgl. Abb. 134. Es muß dabei dafür gesorgt werden, daß dieser Lüfter keine falsche Luft durch einen etwa danebenstehenden zweiten Schlot ansaugen kann. Der bei solcher Gelegenheit zu überwindende Widerstand beträgt etwa 20 bis 30 mm WS. Für die Bemessung des Lüfters kann man im Durchschnitt etwa 600 bis 1000 m^3/h Abgase von etwa 35 bis 45° je m^2 Darrenfläche rechnen.

5. Trocknung von pulverf. Trockengut

Einen Kabinetttrockner mit einzelnen herausnehmbaren Schalen, vorzugsweise für pulverförmiges Trockengut, zeigt Abbildung 135.

Abb. 135. Kabinettrockner für pulverförmiges Trockengut. (Davidson & Co., Belfast.)

6. Trocknen von Preßluft

Das Trocknen von Preßluft geschieht meistens durch Unterkühlung mittels Leitungswassers oder Kältemaschine. Anschließend an das erste Verfahren kann man eine weitere Trocknung durch eine Chlorcalciumvorlage erzielen. Man kann statt letzterer auch eine Vorlage aus Silica-Gel, wie vorher beschrieben, benutzen.

7. Heutrocknung

Man kann drei Systeme bei der Heutrocknung unterscheiden: die Warmlufttrocknung[1]), die Heißlufttrocknung und die Trocknung mit Kaltluft[2]).

Allgemein kann gesagt werden, daß der Wassergehalt des wachsenden Grases etwa zwischen 70 und 85 % liegt und nur unter besonders günstigen Bedingungen auf 60 % sinkt. Die Trocknung soll eine Verminderung der Feuchtigkeit auf 10 bis 15 % erzielen. Demnach ist das Wassergewicht, das zu entfernen ist, im Mittel etwa doppelt so groß wie das zu behandelnde Trockenheugewicht. Hieraus kann die für

[1]) P. H. Bailey, I. Inst. of Fuel 1951.

[2]) Systeme Dr. Binder & Prof. Segler.

die Trocknung benötigte Luftmenge des Ventilators unter Zugrundelegung der später erwähnten Temperaturen bestimmt werden. Zu beachten ist jedoch, daß das Blatt schneller trocknet als der Stengel.

Bei der Warmlufttrocknung werden Temperaturen bis zu 150° C angewendet. Es werden Rost-, Trommel-, Kanal- und Bandtrockner benutzt. Vielfach werden die Verbrennungsgase von Öl, Koks oder Kohle direkt durch das Gras gesaugt, wobei eine Durchtrittsgeschwindigkeit von etwa 1 m/s zugelassen ist. Bedingung hierbei ist, daß eine vollständige Verbrennung gesichert ist und keine Funken in das Gras überspringen. Abbildung 136 zeigt eine solche Anlage mit rotierender Trommel und

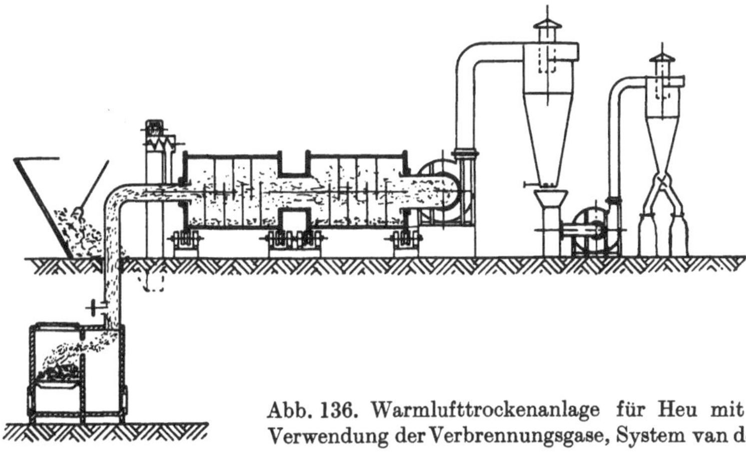

Abb. 136. Warmlufttrockenanlage für Heu mit direkter Verwendung der Verbrennungsgase, System van den Broek.

direkter Verwendung der Verbrennungsgase zur Trocknung. Regelung der Temperatur erfolgt durch das Kaltlufteinlaßventil oberhalb des Kessels.

Bei der Heißgastrocknung wird mit sehr hohen Temperaturen bis zu etwa 1000° C gearbeitet. Infolge der sehr schnellen Trocknung ist es hier aber nötig, Blatt und Stengel getrennt zu trocknen, sonst würde das Blatt wegen der erwähnten viel schnelleren Trocknung an Qualität verlieren. Außerdem ist wegen der erhöhten Brandgefahr eine thermostatische Kontrolle der Endtemperatur mit automatischer Beeinflussung der Verbrennung erforderlich.

Während die Warm- und Heißlufttrocknungsanlagen Kraftfutter erzeugen, ergibt sich bei den Kaltlufttrockenanlagen unter Dach hochwertiges Rauhfutter.

Diese Kaltluftanlagen, die naturgemäß die erwähnten Gefahren nicht aufweisen und wesentlich billiger in Anschaffung und Betrieb sind, bestehen in einer beweglichen Anlage mit künstlichem Belüftungssystem, wobei vertikale oder horizontale Anordnungen getroffen werden können.

Bei diesem Verfahren ist das Gras tautrocken zu mähen und wenn möglich auf etwa 40% Wassergehalt vorzutrocknen, um die künstliche Trockenzeit in der Scheune zu verkürzen. Das Heu wird z. B. in der Scheune, auf dem Heuboden oder im Stadel aufgestockt und ein meist selbstgefertigter Lattenschacht von 40 × 40 cm und etwa 3 m Höhe in der Mitte des Stockes eingelassen. Auf ihn wird oben ein Axiallüfter besonderer Bauart aufgesetzt und an seinen unteren Wulsten ein Segeltuchschlauch befestigt, der etwa 90 cm in den Schacht hineinragt. Der Stock soll freistehen und nicht mehr als 6 m Durchmesser haben. Die Kaltluft wird in diesem Falle von oben senkrecht eingeblasen und verteilt sich nach Austritt aus dem Segeltuchschlauch horizontal durch den Lattenschacht und den gesamten Stock, der dadurch von innen nach außen trocknet. Man kann auch vorgewärmte Luft verwenden. Abbildung 137a zeigt den benutzten Landwirtschaftsventilator und Abbildung 137b die beschriebene Anlage. Eine andere Anordnung, bei der der Ventilator in einen horizontalen unten auf dem Heuboden liegenden Holzkanal die Frischluft hineindrückt zeigt Abbildung 137c.

Abb. 137a. Siemens Landwirtschaftsventilator.

Durch lose Verbindung mit einem etwa 2 m hohen Holzkanal, der allmählich senkrecht hochgezogen wird, bildet sich durch das ringsherum aufgestapelte Heu ein senkrechter Luftschacht, der ohne besondere Versteifung steht.

Bei anderen Methoden wird ein horizontaler Hauptkanal mit waagerechten Seitenkanälen gebildet. Der Ventilator drückt die Luft durch den Hauptkanal und das ganze System, und die Luft steigt durch das Heu nach oben.

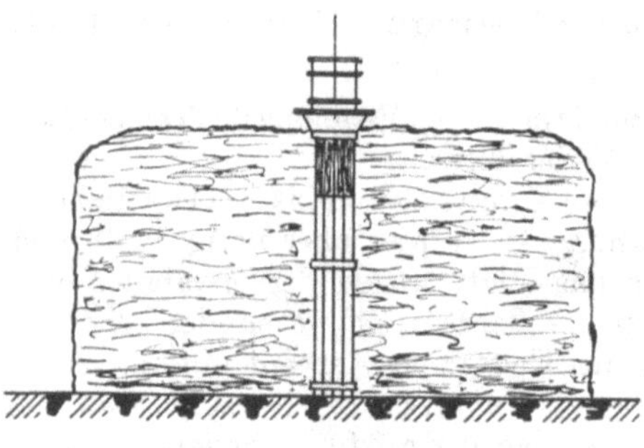

Abb. 137b. Heustockbelüftung von oben.

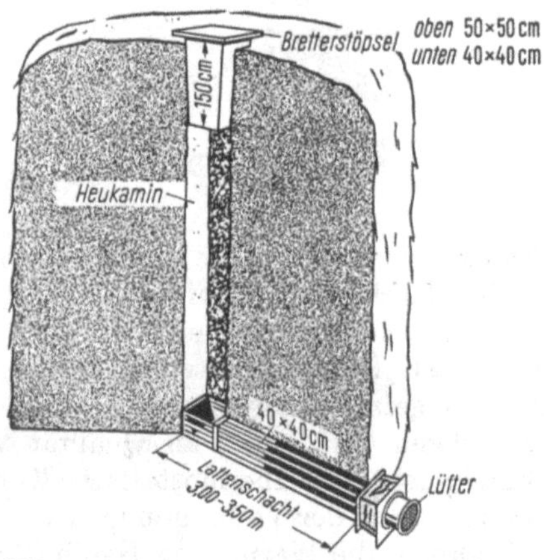

Abb. 137c. Heustockbelüftung von unten.

Überwachung des Zustandes des Heus mit einem Heuthermometer ist erforderlich. Hiernach sind die Lüftungszeiten zu bemessen.

Durch dieses Kaltluftverfahren wird das Wetterrisiko wesentlich vermindert und die Arbeitsspitze in der Heuernte gebrochen.

IX. Abwärmeverwertung

A. Wirkungsweise

Unter Abwärmeverwertungsanlagen sollen hier solche Anlagen verstanden werden, bei denen warme Abluft oder durch heiße Gase erwärmte Luft mit Hilfe eines Lüfters irgendwelchen anderen Zwecken nutzbar gemacht wird.

B. Ausführungsformen

1. Direkte Verwertung

In den allermeisten Fällen wird es sich darum handeln, überflüssige oder sonst vergeudete Wärme zu Heizzwecken zu verwerten. Dies kann in direkter Weise geschehen, wenn z. B. von Räumen, in denen elektrische Maschinen arbeiten, die Überschußwärme durch Lüfter Büro- oder Lagerräumen desselben Gebäudes zugeführt wird. Es kommt natürlich nur solche Warmluft in Frage, die durch ihren physikalischen und sonstigen Zustand zur unmittelbaren Beheizung geeignet ist.

2. Indirekte Verwertung

Bei der indirekten Verwertung, die die weitaus größte Zahl aller Abwärmeverwertungsanlagen ausmacht, handelt es sich meist um die Verwertung heißer Ab- und Rauchgase von Kesseln oder Öfen, die andernfalls mit ihrem ganzen Wärmeinhalt verlorengehen würden. In diesen Fällen leitet man die Gase auf ihrem Wege zur Atmosphäre durch Wärmeaustauscher, bei denen durch Wärmeübergang von der heißen inneren Oberfläche des Abzugskanals oder -rohres auf den umgebenden Kanal Luft erwärmt wird. Auf ähnliche Weise kann man auch einen Abhitzekessel erhitzen oder, wie es bei Kesseln der Fall ist, das Speisewasser oder die Verbrennungsluft vorwärmen. Auch zur Trocknung kann die Wärme benutzt werden. In allen diesen Fällen, wo es sich um die Erwärmung von Luft handelt, muß ein sekundärer Lüfter die Förderung durch den Wärmeaustauscher bis zur Verwendungsstelle vornehmen. Ob auch die Abgase, die durch die Einschaltung des Wärmeaustauschers erhöhten Widerstand zu überwinden haben, eines Lüfters (bei Kesseln Saugzuglüfters) bedürfen, muß von Fall zu Fall entschieden werden.

C. Berechnungsart

Die Berechnungsart ergibt sich aus S. 56, wenn es sich um Luftheizung handelt. Die Wärmemenge, die in der Abluft zur Verfügung steht, ist durch die Abgasmenge und ihren Wärmeinhalt gegeben und wird nach S. 9 ermittelt, und zwar für 1 kg

trockner Luft $i = 0{,}237\ t$

feuchter Luft $i_f = 0{,}237\ t + x \cdot (0{,}46\ t + 595)$.

Für die zu beheizenden Räume ist eine Transmissionsrechnung nach S. 65 aufzumachen, aus welcher sich der Wärmeverlust ergibt. Hinzu tritt noch der Verlust an Wärme durch die Rohrleitung. Da diese meist verhältnismäßig groß sein wird, um nicht zu große Luftwiderstände zu erhalten, wird sich eine Wärmeisolierung nicht immer ermöglichen lassen. Man muß dann je nach dem Temperaturunterschied zwischen Heizluft und Raumluft mit Zuschlägen je lfd. Meter zur Gesamtwärmeleistung rechnen.

Der Widerstand der Rohrleitung ist nach S. 11 zu ermitteln.

Bei Trockenanlagen ist die benötigte Wärmeleistung gemäß S. 137 zu errechnen. Hierbei ist jedoch Voraussetzung, daß die zur Verfügung stehende Abluft eine höhere Feuchtigkeit als etwa 70 % nicht besitzt, da sonst durch die auf dem Wege zur Trockenanlage erfolgende Abkühlung eine zu hohe Sättigung der Luft eintreten würde. Bei indirekten Anlagen ist die benötigte Heizfläche gemäß S. 62 zu ermitteln. Hierhin gehören z. B. auch Luft- und Speisewasservorwärmer von Kesselanlagen.

D. Anwendungsgebiete

1. Porzellanfabriken

In Porzellanfabriken kann ein Teil der im Ofen und im Brenngut aufgespeicherten Wärme benutzt werden, z. B. um andere Räumlichkeiten der Fabrikanlage zu beheizen. Eine derartige Anlage erfüllt dann gleich einen doppelten Zweck, indem sie zur Beschleunigung der Abkühlung des Brenngutes beiträgt. Wieweit allerdings eine solche zulässig ist, ist von der Art des Porzellans und von dem Zeitpunkt abhängig, mit dem die Abkühlung vor sich geht.

Die Einrichtung kann so getroffen werden, daß an den Ofen in irgendeiner Form die Saugleitung eines Lüfters angeschlossen wird. Dies kann entweder durch Anschneiden der senkrechten Züge oder durch Benutzung einer der Brennstellen oder auch schließlich durch Absaugung aus dem über dem Ofen angeordneten Schlot erfolgen. Es muß nur dafür gesorgt werden, daß gleichzeitig mit der Einrichtung der Absaugestelle eine oder mehrere andere Öffnungen zur Verfügung stehen, um der Frischluft Gelegenheit zum Nachströmen durch den Ofen zu geben. Die jeweils passende Art richtet sich nach der Ausführungsform des Ofens.

Die Luft selbst kann unmittelbar in die zu heizenden Räume geleitet werden und zwar durch Kanäle oder Rohre vom Ofenraum zu den zu beheizenden Räumen. Die Warmluft kann dann entweder durch Schlitze in einer horizontalen Leitung oder durch einstellbare Öffnungen in senkrechten Abzweigungen dem Raum zugeführt werden.

Man wird zweckmäßig am Lüfter selbst eine Umschaltvorrichtung vorsehen, um etwaige zu heiße Luft oder auch solche, die im ersten Augenblick mit Flugasche oder Staub erfüllt ist, ins Freie abblasen zu können. Der Lüfter selbst ist mit wassergekühlten Lagern auszuführen. Die durchtretende Abluft darf etwa 400° nicht überschreiten. Bei hohen Anfangstemperaturen kann man durch Zwischenschaltung eines Abhitzekessels für Warmwasser die gewünschte Eintrittstemperatur für die Räume (50°) erzielen.

2. Glashütten

Die aus den Regenerativöfen der Glashütten entweichenden Abgase werden zwar durch die bekannte Umschaltung weitgehend ausgenutzt, enthalten jedoch meist noch bei einer Temperatur von etwa 500° soviel Wärme, daß diese zu anderen Zwecken verwertet werden kann.

Allerdings kann man, da es sich um Rauchgase handelt, ihre Wärme nur indirekt verwerten, da diese nicht zur direkten Beheizung geeignet sind. Man führt sie in Abhitzekessel, mit welchen man dann u. a. Warmwasser für eine Badeanstalt gewinnen kann.

3. Transformatoren-Abwärme

Während nach S. 34 die vorteilhafteste Kühlung von Transformatoren durch Belüftung erfolgt, ist es bei Anordnung einer Abwärmeverwertungsanlage zweckmäßig, eine Entlüftung vorzusehen. Man ordnet z. B. oberhalb der Transformatorenkammer einen Schraubenlüfter an und saugt die von der anderen Seite eintretende

Frischluft über den Transformator hinweg in eine Rohrleitung und drückt sie von hieraus unmittelbar durch ein Kanalnetz in die zu beheizenden Räume.

4. Generatoren und Motoren

Man kann ebenso auch die Abwärme von elektrischen Maschinen wie Generatoren, Umformern und Motoren zu irgendwelchen Zwecken, z. B. zur Trocknung oder zur Heizung verwerten.

Man wird in diesen Fällen allerdings am besten sogenannte Durchzugstypen verwenden, bei denen das Gehäuse bis auf eine Eintritts- und Austrittsöffnung ganz geschlossen ist. Man verbindet alsdann den Luftaustrittsstutzen mit der Saugseite eines zusetzlichen Lüfters und drückt die in der elektrischen Maschine angewärmte Luft in die zu beheizenden Räume oder Trockenkammern. Die Anordnung der Rohrleitung erfolgt dann, wie vorher verschiedentlich beschrieben.

Eine solche Einrichtung kann dann z. B. auch vorteilhaft verwendet werden in Wasserkraftwerken, bei denen man die aus den Maschinen abziehende Wärme zur Freihaltung der Rechenanlagen von Eis im Winter benutzt.

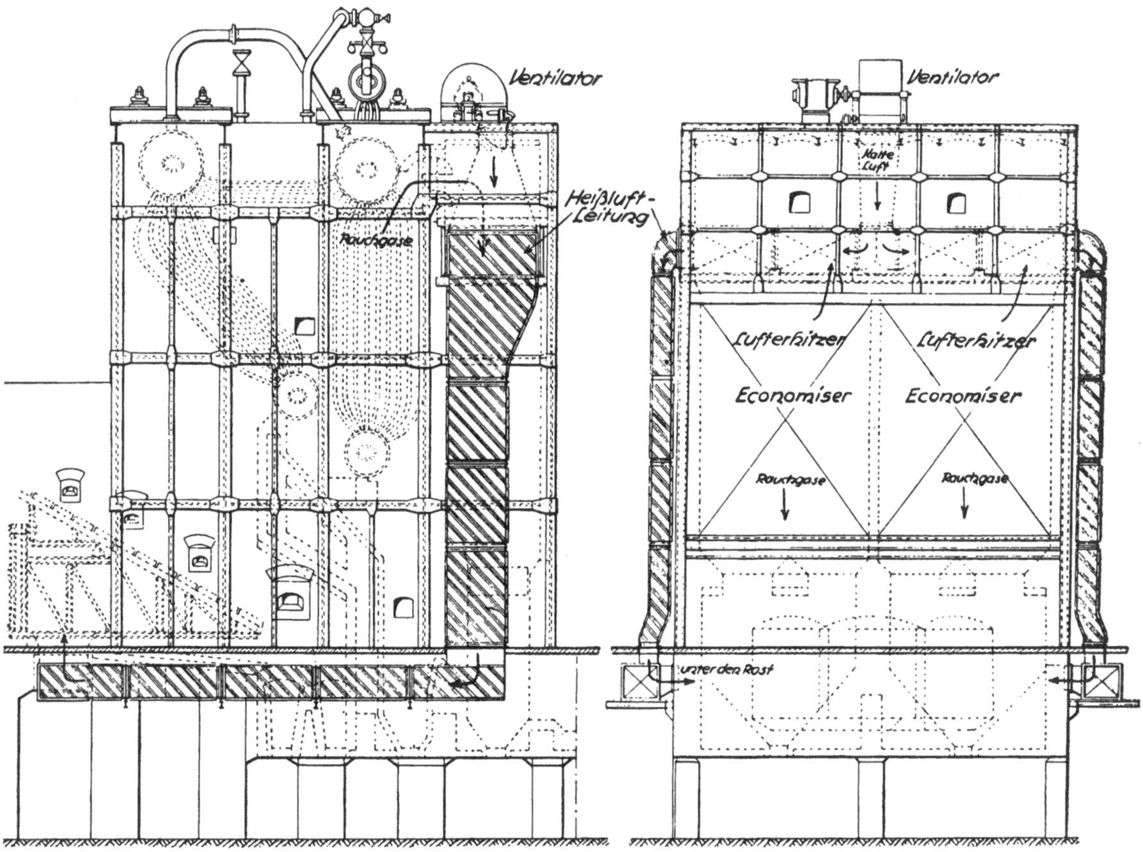

Abb. 138a u. 138b.
Seiten- und Rückenansicht eines 1000 m² Steilrohrkessels mit Luftvorwärmung.

5. Abwärme von Dampfkesseln

Bei Kesselanlagen wird zur Ausnützung der mit 400 bis 500° C abziehenden Rauchgase nicht nur ein Speisewasservorwärmer (Ekonomiser) vorgeschaltet, der das Kesselspeisewasser vorwärmt, sondern meist auch ein Luftvorwärmer. Dieser dient dazu, die der Feuerung zuzuführende Luft (Unterwind) vorzuwärmen. Hierdurch kommt eine Erhöhung der Verbrennungstemperatur, eine Verkürzung der Brennzeit und schließlich eine Vergrößerung der Belastungsmöglichkeit der Rostfläche zustande. Als Lüfter dient der Unterwindlüfter. Die Abbildungen 138a u. b zeigen die Anordnung einer solchen Luftvorwärmeranlage. Die Rauchgase durchstreichen den Erhitzer senkrecht von oben nach unten, während die Luft horizontal hindurchströmt. Der benutzte Unterwindlüfter steht auf dem Kessel. Erhitzung der Frischluft im Mittel auf 150 bis 160°.

6. Abwärme von Schmelzöfen

In Gießereien werden vorzugsweise hohe Temperaturen durch die zum Schmelzen der Rohmaterialien erforderliche Wärme erreicht. Diese liegen z. B. beim Schmelzen von Kupfer und Zink bei über 800 bis 1000°, während die Abgase mit 600 bis 800° C in den Fuchs oder das Abgasrohr gelangen.

Eine Form der Rückgewinnung wenigstens eines Teiles dieser gewaltigen Wärmemenge kann darin bestehen, daß das an das Ende des mit Kohle oder Öl gefeuerten

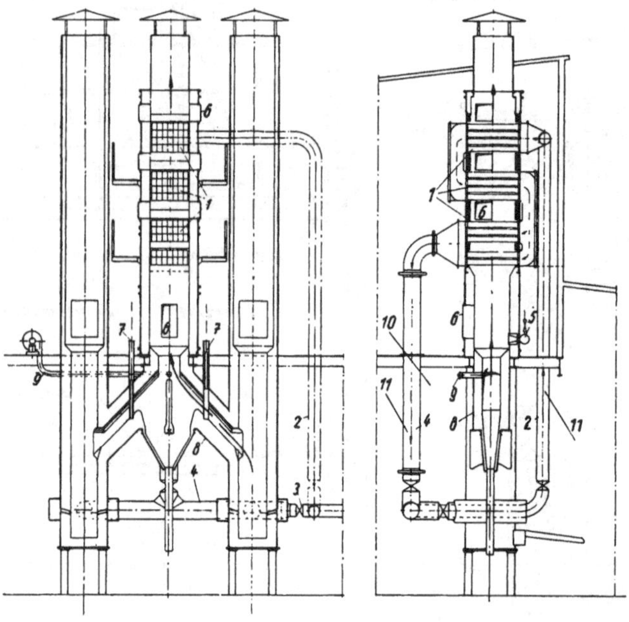

Abb. 138c. Schema der Windströmung und Schaltung beim Heißwind-Kupolofen DRP. (Vereinigte Economiser-Werke, Hilden-Rhein.)

Ofens anschließende Abzugsrohr für die Rauchgase mit einem Wärmeaustauscher umgeben wird. Dieser würde Frischluft, im Gegenstrom oder Kreuzstrom mittels eines besonderen Lüfters angesaugt, leicht auf etwa 200° C erwärmen können. Wenn sie alsdann dem Verbrennungsprozeß wieder zugeführt wird, ist eine wesentliche Verkürzung der Anheizzeit und damit der Schmelzperiode erzielbar.

Wichtig für das Gelingen dieses Verfahrens ist jedoch, daß die innere Oberfläche des Abzugsrohres, soweit es von dem Wärmeaustauscher umgeben ist, vollständig frei von Oxydbelag gehalten werden kann. Andernfalls sinkt der Wärmeübergang derart stark, daß die Anlage nicht mehr lohnend arbeitet. Vorkehrungen für Reinigungsmöglichkeiten sind daher unentbehrlich.

In Eisengießereien, in denen teilweise mit noch höheren Schmelzwärmen gearbeitet wird, wird oft ein Teil der Wärme der Verbrennungsgase in besonderen Rekuperatoren, d. s. Lufterhitzer, wiedergewonnen und von da aus dem Verbrennungsvorgang durch Heißwinderzeugung[1]) wieder zugeführt, wobei an Feuerungsmaterial wesentlich gespart wird. Auch hier ist die regelmäßige Reinigung des Rekuperators Bedingung für den Erfolg. Derartige Anlagen können allerdings auch ohne Ventilator arbeiten infolge der sehr hohen Temperaturen, die großen natürlichen Auftrieb ergeben (vgl. Abb. 138c).

X. Künstliche Luftführung bei Feuerungsanlagen

A. Wirkungsweise

1. Künstlicher Zug im Vergleich zum Schornsteinzug

Alle Ventilatoranlagen, die für Feuerungen unmittelbar in Frage kommen, dienen dazu, dem Brennstoff den nötigen Sauerstoff für die Verbrennung zuzuführen oder die gasförmigen Verbrennungsrückstände ins Freie zu befördern.

In früherer Zeit diente zur Erreichung dieses Zweckes lediglich der Schornstein. Aus verschiedenen, später erkennbaren Gründen muß hierauf näher eingegangen werden.

Die Wirkung eines Schornsteines beruht auf dem Auftrieb, der durch den Gewichtsunterschied der durch die Feuerung erwärmten Rauchgase im Schornstein und einer dem Volumen nach gleich großen, aber kalten Luftsäule hervorgerufen wird. Dieser Auftrieb, beim Schornstein Zug genannt, errechnet sich in seinem wirksamen Werte demnach aus der Gleichung

$$p = H \cdot (\gamma_1 - \gamma_2) - p_{st}$$

dabei ist

p = Auftrieb in mm WS,
H = Schornsteinhöhe in m,
γ_1 = spez. Gewicht kg/m³ der Außenluft bei $t_a°$,
γ_2 = spez. Gewicht kg/m³ der Innenluft im Schornstein bei einer mittleren Schornsteintemperatur $t_i°$,
p_{st} = der Reibungswiderstand der inneren Schornsteinwandung.

Bei der Errechnung von γ_2 muß eine mittlere Schornsteintemperatur zugrunde gelegt werden. Man kann bei gemauerten Schornsteinen mit einer Temperaturabnahme von etwa 0,2 bis 0,8°/m je nach Mauerstärke rechnen, bei nichtisolierten Blechschornsteinen muß jedoch ein höherer Wert eingesetzt werden, der sich aus dem Wärmeübergang und dem Temperaturgefälle ermitteln läßt (S. 61).

Für γ_1 liegt der ungünstigste Fall im Hochsommer bei hoher Außentemperatur. Man muß daher aus Sicherheitsgründen eine Außentemperatur von etwa 25° wählen, um die ungünstigste Wirkung des Schornsteines zu ermitteln.

Von dem so errechneten Wert ist in Abzug zu bringen der Reibungsverlust, den die Rauchgasmenge beim Durchströmen des Schornsteines erleidet. Dieser kann unter Berücksichtigung der mittleren Temperatur und eines mittleren Schornsteindurchmessers sowie der Rauchgasmenge aus der beigefügten Reibungstafel ent-

[1]) Vertrieb in England durch Stone & Burton, Windsor House London, Victoriastr.

nommen werden (S. 12). Da es sich meist um große Rohrdurchmesser und hohe Temperaturen von über 200° handelt, wird sich dieser Verlust bei natürlichem Zug mit einer Rauchgasgeschwindigkeit von 4 bis 6 m/s etwa in den Grenzen von 1 bis 2 mm WS halten. Der größte Wert der Zugstärke wird annähernd im Schornsteinfuß vorliegen, da die etwaige Steigung des Fuchskanals den Auftriebswert nicht nennenswert erhöht. Man kann sich daher den Verlauf des Unterdruckes an Abbildung 139 klar machen.

Abb. 139. Verlauf des Unterdrucks beim Schornsteinzug.

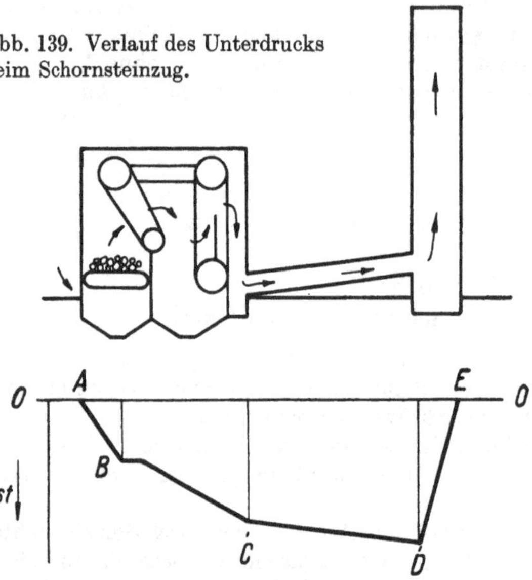

Von A nach B wird der Hauptteil des Unterdrucks für den Rost und die Kohlenschicht verbraucht. Der Teil BC wird aufgewendet für die Züge und die Umlenkungen im Kessel selbst und schließlich CD im Fuchs bis zum Schornsteinfuß. Bei D ist der Schornsteinfuß gedacht, bei dem sich also der größte Unterdruck einstellen wird. Von D bis E vermindert sich dann der Unterdruck im Schornstein bis zur atmosphärischen 0-Linie bei E.

Es mag noch erwähnt werden, daß die Ejektorwirkung am Kopf des Schornsteins, hervorgerufen durch starke Winde, besser nicht mitgerechnet wird, da sie nicht dauernd auftritt.

Es war schon darauf hingewiesen, daß der maximale Wert des Schornsteinzuges (ED) je nach der Außentemperatur der Luft schwankt, also im Winter größer ist als im Sommer. Hierbei war die Temperatur der Rauchgase als konstant angesehen. Wird nun diese z. B. durch Zwischenschalten eines Speisewasservorwärmers (Ekonomiser) oder eines Luftvorwärmers vermindert, so sinkt der durch die Temperaturunterschiede hervorgerufene Zug des Schornsteins.

Gleichzeitig aber wird der Widerstand, den die Rauchgase zu überwinden haben, auf dem Wege von A nach D durch den Widerstand dieses Gerätes erhöht, so daß der benötigte Zug des Schornsteins höher sein müßte. Da der Schornstein jedoch bei unveränderter Höhe eine höhere Zugstärke nicht hergibt, so müßte man in diesem Falle zu einer künstlichen Zuganlage schreiten, das heißt zu einer Anlage, bei welcher der Zug durch einen Lüfter verstärkt wird. Hierdurch erreicht man dann gleichzeitig Unabhängigkeit von der Außentemperatur.

Aber auch andere Gründe sprechen für die Wahl der künstlichen Zuganlagen, wie die Erzielung von Spitzenleistungen der Dampferzeugung durch Vergrößerung der Rostbelastung oder die Anhängung neuer Kessel an den alten Schornstein.

Hierbei muß noch der sogenannten falschen Luft gedacht werden. Unter falscher Luft versteht man diejenigen Luftmengen, welche durch Undichtigkeiten des ganzen Systems oder auch beim Öffnen der Feuerungstür von dem Schornstein über den benötigten Luftüberschuß hinaus mit angesaugt werden und damit den Abgasverlust erhöhen. Man betrachte noch einmal das Diagramm Abb. 139. Man erkennt hier, daß der vom Schornstein erzeugte Auftrieb auf der *ganzen* Länge des Diagramms einen Unterdruck mit sich bringt. Der Punkt B stellt nun denjenigen Unterdruck dar, der sich im Feuerraum oberhalb der Kohlenschicht einstellt. Man sieht, daß je nach dem Widerstand des Rostes und der Kohlenschicht hier ein mehr oder weniger großer Unterdruck vorhanden sein wird. Das bedeutet aber, daß bei jedesmaligem Öffnen der Feuertür zum Beschicken der Kohlen durch diese eine große Menge kalter Luft von außen her, das heißt aus dem Kesselraum, eingesaugt wird, die der Verbrennung nicht mehr zugute kommt, statt dessen die Temperatur der Rauchgase abkühlt und den Abgasverlust erhöht. Theoretisch wäre es nun gut, wenn an dieser Stelle B, also oberhalb der Kohlenschicht im Feuerraum, ein Druckausgleich von ± 0 vorläge. Da aber hierbei leicht durch irgendeine Schwankung der Druckverhältnisse ein Überdruck eintreten kann, durch den die Flammen beim Öffnen der Feuertür nach außen schlagen würden, wünscht man an dieser Stelle einen kleinen Unterdruck, der unabhängig von der Kohlenschicht ist und etwa 2 bis 3 mm WS beträgt. Dies kann man jedoch nur durch eine künstliche Luftführung erreichen, wie später gezeigt wird.

2. Unterwind, Zweitluft und Saugzug

Die Luftführungsanlagen bei Feuerungen zerfallen in drei Gruppen: die Unterwind-, Zweitluft- und Saugzuganlagen.

Der Unterwind soll lediglich den auf dem Rost für die Verbrennung der Kohle nötigen Sauerstoff liefern. Er hat daher denjenigen Druck aufzubringen, der dem Widerstand bei der Einführung der Luft in den Kessel und der Durchströmung des Rostes und der Kohlenschicht entspricht.

Die praktische Ausführung der Unterwindanlagen ist nun derart, daß der an der Kesselfront oder auf dem Kessel aufgestellte Unterwindlüfter aus dem Kesselraum oder von außen angesaugte Luft unter den Rost und durch die Kohlenschicht drückt. Es ergibt sich daher im Gegensatz zu dem in Abbildung 139 gezeigten Diagramm des Schornsteinzuges allein ein solches nach Abbildung 140.

Der Unterwindlüfter erzeugt den Druck $A - A_1$, den er durch den Widerstand des größten Teiles des Rostes $A_1 - B_1$ wieder abgibt. Der Rost steht also in diesem Falle mit dem größten Teil der Kohlenschicht im Gegensatz zum Schornsteinbetrieb unter Überdruck. Man erkennt deutlich, daß es durchaus möglich wäre, den Überdruck durch die Unterwindanlage soweit zu steigern, daß der Punkt B, also die

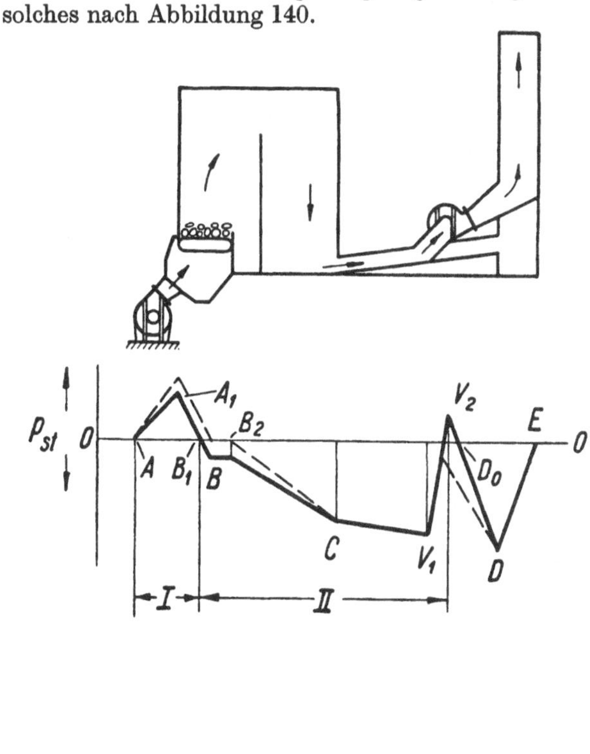

Abb. 140.
Druckverlauf bei ausgeglichenem Zug mit Unterwind und Saugzug.

Oberfläche der Kohlenschicht, mithin auch der Feuerraum, unter einem Druck ± 0 steht. Um aber, wie vorher erwähnt, ein Herausschlagen der Flammen in den Kesselraum auf jeden Fall auszuschließen, legt man den Druckausgleich ein wenig unter die Oberfläche der Kohlenschicht in den Punkt B_1.

Von diesem Punkt B_1 übernimmt der Saugzuglüfter, der z. B. am Fuchs kurz vor dem Schornstein zur Aufstellung kommt, die Arbeit. Er saugt die Verbrennungsgase durch den obersten Teil der Kohlenschicht $B_1 - B$ durch den Kessel und seine Züge in den Fuchs hinein und drückt sie alsdann zum Schornstein hinaus.

Während also der Unterwindlüfter auf die Feuerung bezogen nur eine Druckarbeit verrichtet, arbeit der Saugzuglüfter saugend und drückend.

Die Zweitluft ist eine Einrichtung, die durchgeführt wird, um auch hinter oder oberhalb des Kohlenbettes, also im eigentlichen Verbrennungsraum, Sauerstoff für Nachverbrennung zur Verfügung zu halten.

Die Versorgung der Kohlenschicht selbst durch den Unterwindlüfter kann auch trotz der eingerechneten Überschußluft nicht so ideal gestaltet werden, daß sämtliche Kohleteilchen den für die Verbrennung nötigen Sauerstoff erhalten. Es kommen immer noch teilweise unverbrannte Teile in den Verbrennungsraum. Diesen den nötigen Sauerstoff zuzuführen und damit Ruß- und Flugaschegehalt der Abgase zu vermindern, dient die Zweitluft. Sie gelangt also in das im Diagramm gezeigte Unterdruckgebiet zwischen B und C und hat keinen ins Gewicht fallenden Einfluß auf die Unterdruckkurve.

Die Zweitluft wird durch hitzebeständige Rohre oder Düsen entweder durch einen besonderen Zweitlüfter oder aber oft durch einen Zweigkanal vom Unterwindlüfter zugeführt. Hierbei soll ein möglichst gleichmäßig verteilter Luftschleier gebildet werden, um den ganzen Querschnitt des Feuerungsraums zu bestreichen. Die Luft soll zweckmäßig vorgewärmt sein, um den Auftrieb der Gase nicht zu verringern.

Der Schornstein selbst braucht nun bei derartigen Anlagen eine Saugarbeit nicht zu leisten, könnte daher aus diesem Grunde in seiner Höhe so kurz wie möglich bemessen werden. Um jedoch besonders bei Anlagen, die in der Stadt oder in bewohnter Gegend liegen, durch die Rauchgase eine möglichst geringe Belästigung der Anwohner zu erreichen, wählt man die Schornsteinhöhe doch in Grenzen von etwa 25 bis 40 m und in besonderen Fällen noch höher. Dann aber tritt der Auftrieb des Schornsteins wieder in Erscheinung, und zwar als Unterstützung des Saugzuglüfters. Der Schornstein arbeitet dann ähnlich wie ein hinter den Saugzug geschalteter zweiter Lüfter und nimmt ihm infolgedessen je nach seiner Höhe und dem damit erzielten Auftrieb einen Teil der zu überwindenden Widerstände ab. In Abbildung 140 entfällt der Unterdruck $D_0 - D$ auf die Wirkung des Schornsteins: mithin hat der Saugzuglüfter einen um diesen Betrag geringeren Druck herzugeben. Ist der Schornstein hoch genug, so ist es durchaus möglich, daß der Punkt V_2 auf oder unter die Nullinie fällt und der Saugzuglüfter nur Saugarbeit zu verrichten hat.

Wenn man mithin den Saugzuglüfter berechnet, so kann man den Schornsteinzug berücksichtigen, d. h. den vom Lüfter aufzubringenden statischen Druck um denjenigen des Schornsteinzuges bei der gleichen Rauchgasmenge und Temperatur vermindern. Man muß allerdings auch die durch die etwa veränderte Kanalführung gegenüber dem natürlichen Auftrieb neuentstehenden Widerstände in Rechnung ziehen.

Berücksichtigt man den Auftrieb nicht, so liegt hierin eine Reserve für die ganze Anlage, aber der Saugzuglüfter arbeitet auf einem Belastungspunkt, der nicht dem berechneten entspricht.

Der Schornsteinauftrieb kann aber auch bei Vorhandensein von künstlichen Zuganlagen für sich allein zur Geltung kommen, sobald die Kesselleistung soweit zurückgeht, daß der durch den Auftrieb des Schornsteins erzielte Unterdruck allein für die Förderung der Rauchgase ausreicht. Man wählt daher die Schornsteinhöhe meist so, daß bei ausgeschaltetem künstlichen Zug der natürliche Auftrieb ausreicht, um eine Leistung von etwa 40 bis 50 % der Normallast zu erzielen.

3. Ausgeglichenes System

Da man nun durch die gleichzeitige Verwendung von Unterwind einschließlich Zweitluft und Saugzug den Zugausgleich der ganzen Feuerungsanlage beherrscht, nennt man dieses System den ausgeglichenen Zug. Man kann mit seiner Hilfe die neutrale Zone (0-Linie) zwangsweise in eine gewünschte Ebene in oder hinter den Rost legen.

Es kommen Fälle vor, in denen nur Saugzug oder nur Unterwind benötigt wird, je nachdem die Besonderheiten der Feuerungsanlage auf dem ersten oder zweiten Abschnitt des Diagramms liegen.

B. Ausführungsformen

1. Unterwind und Saugzug

Bei den Ausführungsformen für Unterwind und Saugzug muß man unterscheiden zwischen der Verwendung von Radial- und Axialventilatoren.

Während früher sowohl für Saugzug wie meist auch für Unterwind fast ausschließlich Radialventilatoren eingebaut wurden, ist man in der letzten Dekade mehr und mehr dazu übergegangen, den Axialmaschinen und insbesondere denen der Gleichdruckbauart Schicht den Vorrang zu geben.

An sich ist der Einbau des Radialventilators an Kessel, Fuchs oder Schornstein durch die Richtungsvielheit seines Gehäuses einfacher als der des Axiallüfters. Auch ist der Wirkungsgrad in den letzten Jahren durch die Ausführung mit hohlen tragflächenförmigen Flügeln und anderen Verbesserungen durchaus dem des Axiallüfters ebenbürtig.

Wenn trotzdem heute die Mehrzahl der zum Einbau gelangenden Saugzuglüfter Axialventilatoren sind, so liegt das wohl hauptsächlich an der für elektrischen Antrieb günstigeren Drehzahl und der z. Z. einfacheren Regelmöglichkeit der Schichtventilatoren durch Drallregler. Daneben mag die nicht so große Verschleißmöglich-

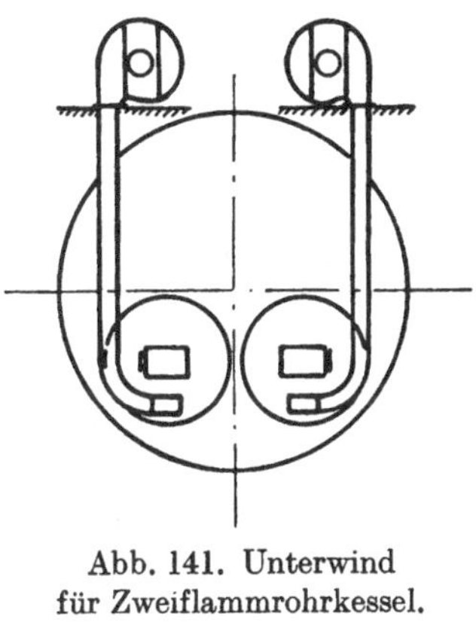

Abb. 141. Unterwind für Zweiflammrohrkessel.

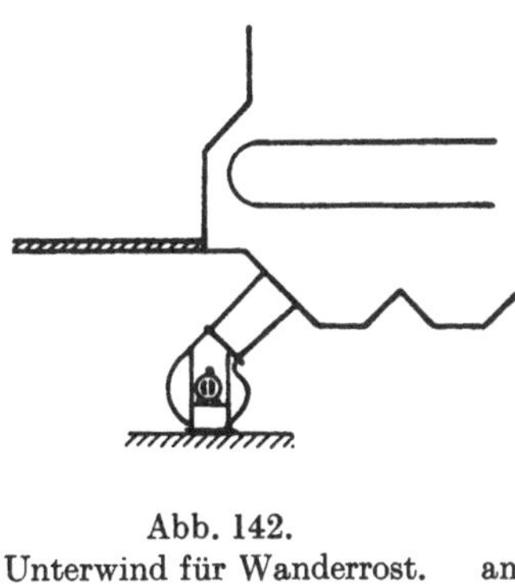

Abb. 142. Unterwind für Wanderrost.

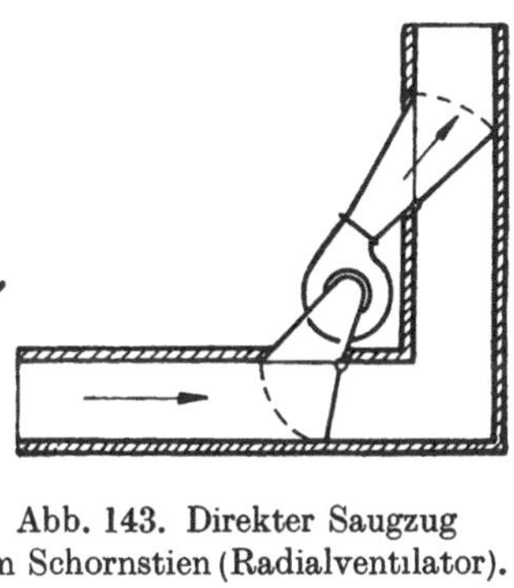

Abb. 143. Direkter Saugzug am Schornstien (Radialventilator).

keit gebogener Blechflügel gegenüber den profilierten Schaufeln der anderen Lüfterarten gerade für Saugzugbetriebe eine Rolle spielen (S. 3).

Durch die fast verlustlose Regelung mittels des Drallreglers ist man auch in der Lage, in vielen Fällen auf die ziemlich kostspielige Beschaffung des Drehstromkollektormotors zu verzichten.

In den Abbildungen 141 bis 143 sind einige Einbauarten für Fliehkraftlüfter und in den Abbildungen 144 u. 145 solche für Schichtlüfter gezeigt.

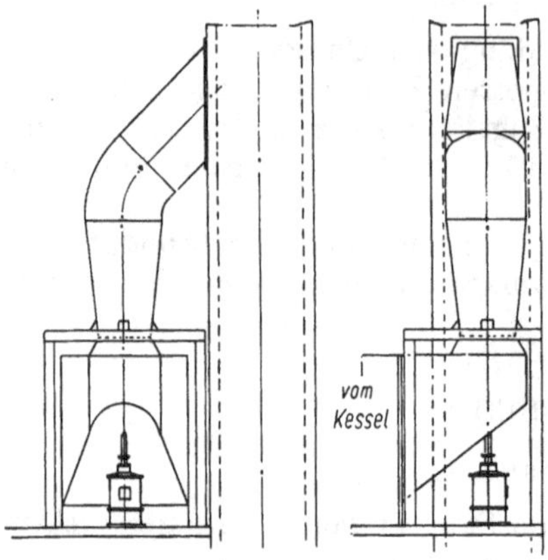

Abb. 144. Direkter Saugzug am Schornstein (Axial-Ventilator, Bauart Schicht). Senkrechte Anordnung.

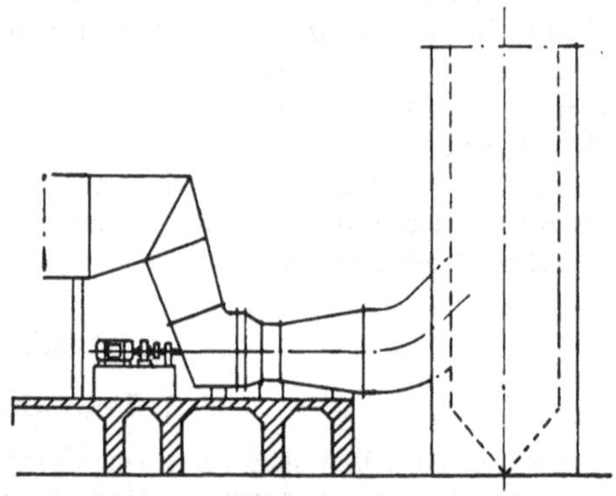

Abb. 145. Direkter Saugzug am Schornstein (Axial-Ventilator, Bauart Schicht). Horizontale Anordnung.

2. Indirekte Saugzuganlagen

Erwähnung sollen auch noch die indirekten Saugzuganlagen finden, obwohl sie heutzutage wegen ihres großen Kraftbedarfes und des technischen Fortschrittes der direkten Saugzuganlagen nur selten in Frage kommen.

Beim indirekten Saugzug werden die Rauchgase nicht durch den Lüfter gesaugt. Der Lüfter steht vielmehr auf der Saugseite mit der Heizraumluft oder der Außenluft unmittelbar in Verbindung und drückt diese mit großer Geschwindigkeit durch eine in einem verengten Teil des Schlotes befindliche Düse hindurch.

Durch die bei dieser Geschwindigkeit von etwa 40 m/s und mehr auftretende Strahl- oder Injektorwirkung werden die Rauchgase von unten her aus dem Fuchs angesaugt und mit der Frischluft zusammen zum Schornstein hinausgedrückt.

Der Kraftbedarf solcher Anlagen liegt infolge des schlechten Wirkungsgrades der Injektorwirkung etwa 3- bis 4mal so hoch wie der der direkten Saugzuglüfter.

C. Berechnungsart

Ausgangspunkt für die Berechnung der künstlichen Zuganlagen bilden die auf dem Rost zu verbrennende Menge und Art des Brennstoffes.

In jedem Falle muß für die genaue Berechnung der benötigten Luft- und Rauchgasmengen die Kohlenart hinsichtlich ihrer Zusammensetzung und ihres Heizwertes gegeben sein. Als Heizwert kommt der untere Heizwert in Frage, der bekanntlich um die Verdampfungswärme des Wasserdampfes, soweit er im Brennstoff auftritt, kleiner ist als der obere Heizwert, da diese Wärme der Verbrennung nicht zugute kommt. Für einige wichtige Brennstoffe ist der Heizwert und die Zusammensetzung aus Tabelle 11 zu ersehen.

Tab. 11[1]). Zusammensetzung verschiedener Brennstoffe

Brennstoff	C	H	O + N[3])	S	W	Asche	Unterer Heiz- wert	*th.* Luft- menge[2]) V_L	*th.* Rauch-[2]) Gasmenge V_g	CO_2max
	%	%	%	%	%	%	kcal/kg[4])	m³/kg	m³/kg	%
Westfälische Steinkohle	79	4,5	7	1	2,5	6	7 500	8,13	8,47	18,60
Saar ,,	74	4,5	10	1	3,5	7	7 000	7,58	7,95	18,65
Schlesische ,,	71	4,5	12,5	0,5	5	6,5	6 600	7,22	7,63	18,75
Sächsische ,,	70	4	9,5	1	8	7,5	6 500	7,10	7,50	18,80
Bayrische ,,	53	4	12	5	9	17	5 200	5,48	5,91	18,50
Englische ,,	75	4,5	8	1	5,5	6	7 100	7,73	8,11	18,50
Westfälischer Anthrazit	85,42	3,82	4,68	1,23	0,95	3,9	7 975	8,62	8,87	18,90
Westfälische Steink.-Briketts	82	4,2	3,7	1,2	1,7	7,2	7 750	8,44	8,72	18,60
Koks	84	0,8	3,4	1	1,8	9	7 000	7,72	7,81	20,35
Rohbraunkohle										
westdeutsche	23,06	1,87	12,07	1	59,28	2,72	1 940	2,24	3,11	20,00
mitteldeutsche	29,78	2,28	9,42	1	51,41	6,11	2 450	3,05	3,89	18,65
böhmische	37,05	2,88	9,86	1	42,31	6,9	3 275	3,83	4,59	18,50
oberpfälzische	25,4	1,96	11,96	1	52,7	6,98	2 040	2,51	3,35	19,20
unterfränkische	23,63	2,12	8,46	1	61,68	3,11	1 835	2,50	3,46	18.00
Böhmische Braunkohle	52	4,2	13	1	24	6	4 800	5,43	6,06	18,35
Sächsiche ,,	40	3	11	2	37	7	3 600	4,12	4,83	18,50
Rheinische Braunk.-Briketts	54,5	4,2	20,4	0,4	15	5	4 800	5,39	5,94	19,20
Mitteldeutsche Braunk.	52	4,3	16	2	17	9	4 800	5,36	5,93	18,50
Torf, gepreßt	44	4,5	25	0,5	20	6	3 800	4,38	5,05	19,10
Lohe, gepreßt	19	2,2	15	—	62	1,8	1 300	1,82	2,82	19,70
Holz, trocken	40	4,5	37	—	16	1,5	3 500	3,60	4,31	20,70
Erdöl $\gamma = 0{,}87$	83,5	14	2,5	—	—	—	10 000	11,17	11,98	15,00
Teeröl $\gamma = 1{,}05$	89	7	2,8	0,8	0,2	0,1	8 875	9,8	10,25	17,50

Aus der genauen Zusammensetzung, die folgende Teile umfassen muß,

C Kohlenstoff
H Wasserstoff
O Sauerstoff
N Stickstoff
S Schwefel
W Wasser

} in Prozent des Gewichtes

ergibt sich die nachfolgende Berechnung:

Es verbrennen bekanntlich bei vollkommener Verbrennung C zu CO_2 (Kohlensäure), H zu H_2O (Wasser) und S zu SO_2 (Schweflige Säure), das heißt die Verbrennung erfolgt durch die Verbindung mit dem Sauerstoff der zugeführten Luft. Es sind nun zur Verbrennung von einem Kilogramm Brennstoff theoretisch an Luft erforderlich

$$V_L = 8{,}9 \cdot \left[C + 3 \left(H - \frac{0}{8} \right) \right] + 3{,}33 \text{ S}.$$

[1]) Nach Nuber, Wärmetechnische Berechnung R. Oldenbourg, 1951.
[2]) bezogen auf 0° 760 mm. = Ncbm
[3]) N = etwa 1%.
[4]) 1 BTU/lb = 0,556 kcal/kg.

Da der Schwefelgehalt oft wegen seines geringen Bestandteiles vernachlässigt werden kann, ergibt sich in m³ von 0° und 760 mm

$$V_{L\text{theoret.}} = 8{,}9\,C + 26{,}7 \cdot \left(H - \frac{0}{8}\right).$$

Diese Gleichung gibt also den theoretischen Mindestluftbedarf an, der zur vollkommenen Verbrennung von 1 kg Brennstoff notwendig ist.

Die Verbrennungsgasmenge ist um den freiwerdenden Stickstoff, den Wasserstoff und den entwickelten Wasserdampf größer als die Luftmenge nach folgender Gleichung in m³ v. 0° u. 760 mm

$$V_{g\text{theoret.}} = 8{,}9\,C + 20{,}96 \cdot \left(H - \frac{0}{8}\right) + 0{,}797\,N + 11{,}19\,H + 1{,}243\,W,$$

mithin

$$V_{g\text{theoret.}} = 8{,}9\,C + 32{,}15\,H - 2{,}62\,O + 0{,}797\,N + 1{,}243\,W.$$

In der Praxis ist nun bei allen Feuerungen und Brennstoffarten mehr Luft zuzuführen als theoretisch nötig ist, da es nicht möglich ist, dem im Brennstoff enthaltenen Kohlenstoff an allen Stellen des Rostes den nötigen Sauerstoff gleichmäßig zur Verbrennung zur Verfügung zu stellen. Man muß daher mit einem Luftüberschuß arbeiten.

Die sogenannte Luftüberschußzahl ergibt dann:

$$\lambda = \frac{V_{L\text{wirklich}}}{V_{L\text{theoretisch}}}$$

Von diesem Luftüberschuß hängt in erster Linie der CO_2-Gehalt der Rauchgase ab. Er fällt mit steigendem Luftüberschuß.

Der wirkliche CO_2-Gehalt der Rauchgase kann praktisch durch den bekannten Orsat-Apparat oder den Siemens Rauchgasmesser ermittelt werden. Er gibt einen Maßstab für die Güte der Verbrennung.

Für jeden Brennstoff kann der größte theoretisch mögliche CO_2-Gehalt ermittelt werden durch das Verhältnis der bei Verbrennung des gesamten im Brennstoff enthaltenen Kohlenstoffs sich ergebenden theoretischen CO_2-Menge zur theoretischen trockenen Verbrennungsgasmenge $V'_{g\text{theoret}}$[1]). Da nun zur Verbrennung von 1 kg C wie bekannt 1,865 O_2 erforderlich sind, ergibt sich als theoretisch maximaler CO_2-Gehalt der Rauchgase

$$k_{\text{theoret.}} = \frac{C \cdot 1{,}865}{V_{g\text{theoret.}}}.$$

In der Tabelle 11 sind für die wichtigsten Brennstoffe der theoretisch maximale CO_2-Gehalt in %, die theoretische Luft- und Gasmenge angegeben. Bei den Kessellieferanten ist nun der auf ihren Kesseln mit einer bestimmten Kohle und einem bestimmten Rost erreichbare wirkliche CO_2-Gehalt der Rauchgase erfahrungsmäßig festgelegt. Er schwankt bei guten Kesselanlagen je nach der Art des Rostes (Planrost, handbeschickt, mechanisch beschickt, Wanderrost, Muldenrost) zwischen 9 und 14 %. Bei Kohlenstaubfeuerung steigt er bis zu 16 %. Man kann dann aus diesem Wert in Verbindung mit dem errechneten bzw. in der Tabelle angegebenen theoretischen CO_2-Gehalt die Luftüberschußzahl ermitteln nach der Gleichung

$$\lambda = \frac{k_{\text{theoret.}}}{k_{\text{wirklich}}} \text{ (schwankend zwischen 2 und 1,13).}$$

[1]) $V'_{g\text{theoret.}} = 8{,}9\,C + 29{,}96 \left(H - \frac{0}{8}\right) + 0{,}797\,N.$

Hieraus ergeben sich die wirklichen Luft- und Rauchgasmengen in m³ von 0° und 760 mm zu:

$$V_{L\text{wirklich}} = \lambda \cdot V_{L\text{theoretisch}}$$
$$V_{g\text{wirklich}} = V_{g\text{theoretisch}} = (V_{L\text{wirklich}} - V_{L\text{theoretisch}}).$$

$V_{L\text{wirklich}}$ in m³ von 0° und 760 mm ist diejenige Luftmenge, die dem Unterwindlüfter zugrunde zu legen ist.

Der vom Lüfter zu überwindende Druck ergibt sich aus der Kohlenart und der Schichthöhe und muß aus Erfahrungen von ähnlichen Kesseleinrichtungen angenommen werden. Er schwankt von einfachen Anlagen mit handbeschickten Planrosten bis zu den modernsten Feuerungen, bei welchen die Luft durch Rauchgasvorwärmer erwärmt wird vor Eintritt in die Feuerung, zwischen 10 und 300 mm WS.

Aus der wirklichen Gasmenge $V_{g\text{wirklich}}$, umgerechnet auf die tatsächlich vorhandene Rauchgastemperatur an derjenigen Stelle, an welcher die Rauchgase den Lüfter passieren, ergibt sich die für den Saugzuglüfter nötige Rauchgasmenge, mithin auf $t°$ bezogen $V_{gt} = V_g \cdot (1 + \alpha t)$. Hierbei ist vorausgesetzt, daß nicht etwa durch Undichtigkeiten hinter dem Kessel oder im Fuchs unberechenbare Falschluftmengen hinzutreten, sonst müssen die Rauchgasmengen um diese Beträge noch erhöht werden[1]).

Die vom Saugzulüfter zu überwindenden Drücke schwanken ebenfalls je nach der Verwendung von Rauchgasvorwärmern, Ekonomisern und je nach Rostarten etwa zwischen 40 und 200 mm WS.

Wird außerdem ein Schornstein mitverwendet, so kann dessen Zugstärke für den vom Lüfter aufzubringenden Druck mindestens zum Teil in Abzug gebracht werden (vgl. S. 152).

D. Allgemeine Betrachtungen

1. Bewertung der Zuganzeiger am Kessel

Es ist nötig, hier auf eine Erscheinung hinzuweisen, die in der Praxis leicht zu Mißdeutungen Anlaß gibt.

Es sei angenommen, daß der Unterwind- und der Saugzuglüfter vom Heizerstand aus bedient werden kann, und daß die Veränderung der Luftmenge durch die Bedienung eines Regelanlassers auf elektrischem Wege durch Änderung der Drehzahl des Lüfters erfolgt.

Zur Beurteilung der Notwendigkeit einer Regelung der Luft sind nun dem Heizer, abgesehen von dem Dampfdruckmesser (Manometern), Zugstärkenmesser zur Verfügung gestellt. Diese sind in der Regel so eingerichtet, daß einmal der Differenzdruck zwischen dem Feuerraum und dem Heizraum und an einem zweiten Meßgerät der Differenzdruck zwischen Feuerraum und Fuchs hinter dem letzten Kesselzug abzulesen ist.

Handelt es sich um Anlagen, die nur mit Saugzug oder nur mit Unterwind arbeiten, so werden beide Druckangaben nur dann einen richtigen Maßstab für die Luftzuführung abgeben, wenn die Schichthöhen auf dem Rost stets gleich hoch und etwaige Luftklappen im Aschfall immer gleich weit geöffnet sind. In diesem Falle kann der Heizer immer mit Recht annehmen, daß bei Veränderung der Lüfterdrehzahl mit steigendem Druck an beiden Meßgeräten auch die Lüfterleistung steigt und umgekehrt.

Wird jedoch eins von beiden, also entweder Schichthöhe oder Luftzutritt verändert, so läßt eine Druckveränderung an den Meßgeräten keinen Schluß auf entsprechende Änderung der Lüfterleistung zu. So kann z. B. bei verkleinerter Schicht-

---

[1]) Das Gewicht γ von 1 m³ Rauchgas von $t°$ und mittl. Zusammensetzung ist 1,25—0,0027 t.

höhe trotz erhöhter Lüfterdrehzahl der Druck konstant bleiben. Aber die Luftleistung des Lüfters ist gestiegen.

Andererseits kann der Heizer nicht von vornherein verlangen, daß ein bestimmter Druck an beiden Meßgeräten vorhanden sein muß, da sich dieser zunächst einmal automatisch einstellt, und nur abhängig ist von den Widerständen, die eben von dem Luftstrom oder dem Rauchgasstrom auf dem Wege durch die Feuerung zu überwinden sind. Er kann z. B. den Druck jetzt erstmalig durch Erhöhung der Schichthöhe ebenfalls vergrößern, muß aber dann, um einen richtigen Vergleichsmaßstab zu haben, in der Folgezeit immer mit dieser neugewählten Schichthöhe fahren, wenn er die Veränderung der Luftmenge aus der Veränderung seiner Druckmeßgeräte einwandfrei ersehen will.

Im Fall des ausgeglichenen Zuges (S. 153), das heißt also, wenn Saugzug und Unterwind arbeiten, ist die richtige Beurteilung der Lüfterleistung nach den Meßgeräten ebenfalls nur möglich, wenn die Brennstoffschichthöhe gleich bleibt und eine etwaige Veränderung der Kohlenmenge nur durch Erhöhung der Rostgeschwindigkeit, wie sie z. B. bei Wanderrosten ohne weiteres möglich ist, erreicht wird.

Wird die Regelung streng so durchgeführt, daß die neutrale ± 0-Zone unterhalb der Oberfläche der Kohlenschicht bleibt, so dürfte überhaupt für die Vergleichung der Luftleistungen nach veränderter Drehzahl des Lüfters nur der Zugmesser zwischen Feuerraum und Fuchs zu verwerten sein. Der andere erwähnte Zugmesser hat dann eben nur Wert für die Einstellung der neutralen Zone.

Allgemein kann gesagt werden, daß bei allen Feuerungsanlagen die Beobachtung der Zugmesser nur dann einen richtigen Maßstab für die von den Lüftern erzeugte Luftleistung abgibt, wenn alle äußeren Widerstände gleichbleiben, das heißt, wenn der Belastungszustand vom Luftzutritt bis zum Schornstein innerhalb der ganzen Feuerung nach einmaliger Einstellung dauernd konstant bleibt.

Unabhängig hiervon ist es wichtig, durch vorherige Messung der Lüfterleistung auf einem Prüfstand festzustellen, ob der Lüfter für die angenommene Belastung die gewährleistete Luftmenge hergibt.

Grundsätzlich falsch aber ist es, von dem Einbau von Saugzug oder Unterwind ohne weiteres die Möglichkeit zu einer Forcierung des Kessels herzuleiten. Hierzu ist stets eine vorherige Prüfung durch den Kessellieferanten nötig, ob der Kessel selbst nach Größe der Rost- und Heizfläche und ihrer Lage zueinander geeignet ist, eine höhere Leistung abzugeben und ob nicht unvorhergesehene Undichtheiten vorliegen.

2. Überlastung des Saugzuglüfters

Der Saugzuglüfter ist für ein Luftvolumen von höherer Temperatur berechnet, die im allgemeinen zwischen 150 und 300° C bei modernen Feuerungsanlagen liegt. Da bei dieser Temperatur entsprechend den spezifischen Gewichten der Feuerungsgase der Leistungsbedarf geringer ist als bei kalter Luft, darf der Lüfter unter gewöhnlichen Verhältnissen nicht zur Förderung kalter Luft verwendet werden.

Gerade die neueren hochwertigen Saugzuglüfter der radialen und axialen Bauart benötigen aus betrieblichen Gründen keine große Leistungsreserve des Motors, da die Leistungskurven verhältnismäßig flach liegen. Um so mehr muß verhütet werden, gelegentlich mit kalter Luft zu fahren, da dann die geringe elektrische Reserve bestimmt überschritten und der Motor überlastet wird. Diese Tatsache ist wichtig, da bisweilen zu Versuchszwecken oder aus anderen Gründen der Saugzuglüfter in Betrieb gesetzt wird, ohne daß heiße Rauchgase zur Förderung gelangen.

E. Anwendungsgebiete

1. Landanlagen

Das Hauptanwendungsgebiet für künstliche Luftführungsanlagen liegt in den modernen Zentralen der großen Kraftwerke für Stromversorgung und den Kesselanlagen großer Privatbetriebe. Sie werden fast allgemein von vornherein mit Saugzug, Unterwind und Zweitluft ausgerüstet, um den verschiedensten Leistungsanforderungen, die gerade für solche Werke in Frage kommen, gewachsen zu sein.

Meistens handelt es sich darum, vorzugsweise bei den großen Kraftwerken eine Spitzenleistung zu einer gewissen Zeit des Tages abzugeben, in den übrigen Stunden dagegen unter Normallast zu fahren. Des Nachts wird der Betrieb in der Regel auf halbe Last heruntergesetzt.

Während man früher diese verschiedenen Belastungen unter natürlichem Zug lediglich durch Zu- und Abschalten einzelner Kessel, gegebenenfalls durch Drosselung des Schornsteinzuges erzielte, benutzt man heute bei Verwendung der künstlichen Luftzuführungsanlagen entweder die Drehzahlregelung, soweit regelbare Motoren vorgesehen sind, die Drallregelung oder andere mechanische Mittel (vgl. S. 212) hierzu. Nur in vereinzelten Fällen ist noch die unwirtschaftliche Drosselregelung beibehalten. Auf diese Weise kann man dauernd alle Kessel unter Feuer halten, wodurch die Verluste des An- und Abstellens der Kessel fortfallen und der Wirkungsgrad der Gesamtanlage wächst.

Abbildung 146 zeigt Unterwindlüfter mit Drehstromreihenschlußmotoren in einem Elektrizitätswerk.

Abb. 146. Unterwindlüfter mit Drehstrom-Reihenschlußmotor je 66 kW. (Siemens-Schuckertwerke, Erlangen.)

Abb. 147. Axial-Saugzugventilator, Bauart Schicht, 2500 mm Laufraddurchmesser. (Kühnle, Kopp & Kausch, Frankenthal-Pfalz.)

Abbildung 147 stellt einen axialen Saugzuglüfter Bauart Schicht dar in senkrechter Anordnung an einen gemauerten Schornstein. Regelung erfolgt durch Drallregler.

Durch elektrische Fernsteuerung oder auch durch Öldruckwirkung lassen sich diese künstlichen Zuganlagen völlig automatisch gestalten, und zwar sowohl bei elektrischer Drehzahlregelung wie bei Drallregelung, indem der Dampfdruck, als Impulsgeber, die Kohlenmenge (Rostgeschwindigkeit), den Saugzug und Unterwind in Abhängigkeit von dem CO_2-Gehalt der Rauchgase und den Differenzdrücken regelt, da die Verbrennungsluftmenge bei richtig eingestellter Feuerung im allgemeinen proportional der Kohlen- bzw. Dampfmenge ist.

2. Schiffsanlagen

Bei Schiffsanlagen wird der Unterwind ähnlich wie bei Landanlagen durch Erzeugung von Überdruck im Aschfall als Howdens forced draught, der Saugzug als induced draught meist durch Einbau von Lüftern im Schornstein erzeugt.

Außer diesen Arten wird jedoch noch besonders bei Wasserrohrkesseln der Unterwind durch Erzeugung von Überdruck im ganzen Heizraum erreicht. Hierbei muß natürlich dieser Heizraum überall dicht abgeschlossen sein. Er ist in der Regel nur durch eine Doppeltür zu betreten, die als Luftschleuse ausgebildet ist, um einerseits das Öffnen der Tür zu erleichtern und andererseits keinerlei Druckausgleich eintreten zu lassen.

Die Lüfter sind meist im Heizraum selbst an der Decke eingebaut, saugen die Luft durch Luftschächte, welche über Deck münden, ein und drücken sie in den Heizraum. Die Anordnung muß so erfolgen, daß die Luft sich im Heizraum gut verteilen kann und das Heizpersonal selbst nicht durch dauernde direkte Berührung mit dem austretenden Luftstrahl belästigt wird.

Als Lüfter werden Fliehkraftlüfter oder auch hochwertige Schraubenlüfter verwendet, die entweder durch kleine Dampfturbinen oder aber durch Elektromotoren angetrieben werden.

Die im Heizraum erzielten Drücke schwanken je nach der Schiffskesselart bzw. der Schiffsart zwischen 60 und 120 mm WS.

Infolge der unvermeidlichen Undichtigkeiten muß bei der Verwendung von geschlossenen Heizräumen mit mindestens 30 N m^3 Luft je kg Kohle (gute Steinkohle) bzw. 40 N m^3 je kg Öl gerechnet werden.

3. Ölfeuerung

Bei der Ölfeuerung für Zentralheizungskessel, Kohlenstaubfeuerung und auch für Schiffskessel wird ein Fliehkraftlüfter als eine Art Unterwind zur Beschaffung der für die Verbrennung nötigen Luft verwendet.

Bei Zentralheizungskesseln ist meist der Radialventilator mit dem für die Zerstäubung des Öles erforderlichen Verdichter auf einer Welle vereinigt. Der Lüfter entnimmt die Luft aus dem Raume und drückt sie in ein Druckrohr, in dem sich die Zerstäuberdüse befindet, so daß eine innige Mischung mit dem aus der Düse austretenden atomisierten Öl entsteht (Abb. 148).

Die Entzündung erfolgt dann durch eine Glühkerze oder durch Hochspannung (Zündtransformator).

Bei einigen Systemen wird auch noch Zweitluft zur restlosen Verbrennung hinzugefügt.

Die für die Verbrennung nötige Luftmenge beträgt etwa 16 Nm^3/h je m^2 Heizfläche für Zentralheizungskessel. Der für das in Abbildung 148 abgebildete System benötigte Druck bewegt sich zwischen 15 und 50 mm WS je nach Größe der Anlage.

Die Anlagen arbeiten meist vollautomatisch in Verbindung mit einem Raum-, einem Kesselthermostat und optischer Zündsicherung.

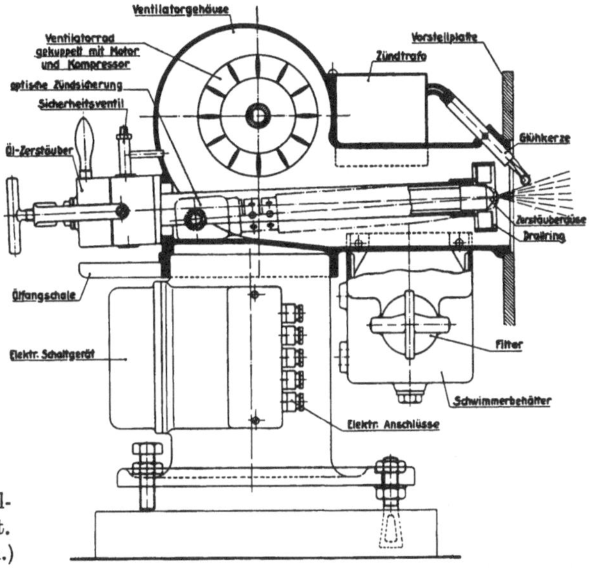

Abb. 148. Querschnittdurch ein vollautomatisches Ölfeuerungsaggregat. (Körting, Hannover-Linden.)

XI. Entstaubungsanlagen

A. Wirkungsweise und Ausführungsformen

Die in diesem Abschnitt zu besprechenden Entstaubungsanlagen sollen alle diejenigen Anlagen behandeln, die den in industriellen Betrieben anfallenden Staub erfassen und niederschlagen bzw. beseitigen sollen, soweit hierzu eine Ventilatoranlage und gegebenenfalls eine Abscheidevorrichtung erforderlich ist.

Es kommen mithin zunächst solche Staubarten in Betracht, die spezifisch leicht sind, wie atmosphärischer Staub gemischt mit industriellem Staub, Staub und Späne von Holz, Staub von Glas, Zement, Faserstaub von Wolle, Baumwolle, Staub von Leder, Kohle und Sand, dann aber auch schwerere Staubarten, allerdings nur in feiner Körnung, wie Eisen-, Kupfer-, Zink- und anderer Metallstaub.

Um eine Vorstellung der Größenverhältnisse verschiedener Staubarten zu geben, sei auf nachstehende Tabelle[1]) verwiesen:

Tab. 12a. Größenbereiche einiger Staubarten in $\mu = {}^1/_{1000}$ mm

Atmosph. Staub	1 — 0,01
Flugasche	80 — 3
Rauch (Zigaretten)	0,5— 0,1
Quarzstaub	10 — 0,2
Koksstaub	400 — 10
Zementstaub	160 — 10

Tab. 12b. Staubgehalt in Luft und einigen Gasen

Atmosph. Luft	5— 10	mg/Nm³
Rauchgase von		
Kohlenstaubkesseln	5— 15	g/Nm³
Desgl. Rostkesseln	2— 5	„
Kalk, Gips u. Sand-Trockner	5— 50	„
Braunkohlengeneratorgasstaub	5— 50	„
Gichtgase v. Hochöfen	10—200	„

[1]) nach Guthmann, Industr. Staubauswurf, Staub 1951/24.

Bei allen diesen Entstaubungsanlagen dient als Träger des Staubes die Luft oder ein Gas, das durch den Lüfter von der Entstehungsstelle bis zur Abscheidestelle und gegebenenfalls darüber hinaus gefördert wird.

Die Entstaubungstechnik ist heute so weit entwickelt, daß man fast jedem Entstaubungsproblem bei Einsatz der richtigen Mittel gerecht werden kann.

Der Hauptgedanke bei jeder dieser Anlagen muß zunächst dahin gerichtet sein, den Staub möglichst unmittelbar an seiner Quelle unter geringster Mischung mit dem Trägergas zu erfassen. Hierin liegt meist die größte Schwierigkeit des Problems. Die Förderung und die Bereitstellung eines geeigneten Abscheiders ist dann schon eine viel leichtere Aufgabe.

Es bleibt nur übrig, auch das sogenannte zweite Staubproblem, die Staubgefahr, die mit der Reinigung, Entleerung und Weiterbeförderung des angesammelten Staubes verbunden sein kann, zu beseitigen. Aber auch dies ist heute keine Schwierigkeit mehr.

1. Erfassung des Staubes

a) Geschlossenes System

Die Erfassung des Staubes wird überall da verhältnismäßig leicht sein, wo der Staub an einer Stelle entsteht, die sich vollständig durch einen allseits möglichst geschlossenen Mantel oder Kasten umgeben läßt, ohne daß dabei der eigentliche Arbeitsvorgang beeinträchtigt wird. Ein Beispiel hierfür ist in einer Sandstrahlgebläse-Einrichtung für kleine Gegenstände (Abb. 149) gegeben. Hier ist das Gebläse und der zu putzende Gegenstand von einem fast völlig geschlossenen Kasten umgeben. Der Arbeiter steht außerhalb dieses Kastens, nur seine Hände werden möglichst luftdicht in den Kasten eingeführt (a). Die Beobachtung des Putzens geschieht durch eine durchsichtige Scheibe (b), etwa in Augenhöhe.

Hier kann eine Absaugung an einem Trichter im Kasten angebracht werden. Die Staubluft wird alsdann durch einen Lüfter zu einem zentralen Sammelbehälter geführt. Für das Nachströmen von Luft sind in dem oberen Teil des Kastens Öffnungen (c) vorzusehen, falls vorhandene Undichtigkeiten nicht ausreichen.

Derartige Einrichtungen sind im allgemeinen auf Gegenstände beschränkt, bei welchen eine besonders scharfe Beobachtung des Arbeitsvorganges nicht erforderlich ist. Abbildung 150 zeigt einen Drehtisch in einer Metallgußputzerei. Hier wird das geschlossene System dadurch hergestellt, daß lederne Abstreifer den Kasten nach vorn soweit wie möglich abschließen. Die Staubluft wird nach oben abgesaugt, in einem Prallabscheider vom gröbsten Sande befreit und dann durch den Lüfter über ein Stofffilter ins Freie befördert. Der Sand aus dem Abscheider findet wieder Verwendung.

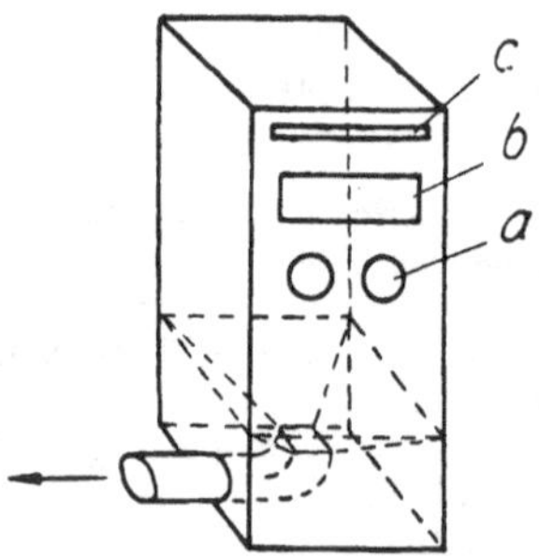

Abb. 149. Sandstrahlgebläsekasten mit Staubabsaugung.

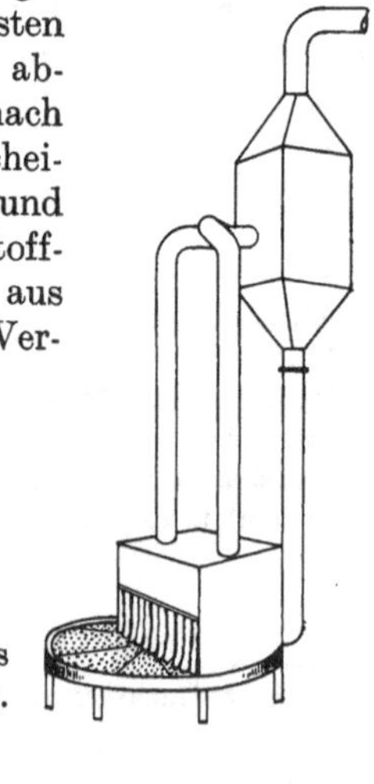

Abb. 150. Schema eines Drehtisches in einer Gußputzerei mit Absaugung.

b) Umschließende Hauben

Schon schwieriger liegt der Fall bei rotierenden Werkzeugmaschinen, bei denen mindestens diejenige Stelle, an der das zu bearbeitende Material die rotierende Scheibe, Walze oder den Bohrer berührt, frei liegen und von dem Arbeiter gut beobachtet werden muß. Man verwendet in diesen Fällen eine umschließende Saughaube, die gerade nur soviel offen bleibt, als für eine unbehinderte Benutzung der Maschine nötig ist.

Die Ausführung solcher Hauben muß ferner von dem Gesichtspunkte geleitet sein, daß der von der Scheibe durch die Zentrifugalkraft tangential abgeschleuderte Staub schon in den Bereich der Haube bzw. des Rohranschlusses gelangt. Der Saugrohranschluß muß daher zunächst in tangentialer Fortsetzung des Scheibenumfangs liegen. Es ist zweckmäßig, diesen Anschluß kurz enden zu lassen, wie in Abbildung **151** gezeigt, und einen Abzweig davon zur Hauptsaugleitung zu führen. Wenn man dann den Anschluß mit einem Deckel versieht, kann man die größeren Staubteilchen dort abfangen und gar nicht erst in das Saugsystem gelangen lassen.

Bei Bohrmaschinen ist es meist nur möglich, eine bewegliche kreis- oder halbkreisförmige Haube anzuordnen, die von dem Arbeiter je nach dem zu bearbeitenden Werkstück in die richtige Stellung gebracht werden muß (S. 164).

Abb. 151.
Sauganschluß an einer Schleifscheibe.

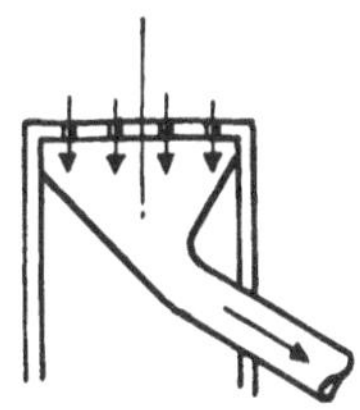

Abb. 152.
Sauganschluß an einem Arbeitstisch.

c) Saugtrichter und Luftsaughauben

In vielen anderen Fällen läßt sich auch die eben behandelte umschließende Haube nicht mehr anwenden. Man kann aus irgendwelchen betriebstechnischen Gründen nicht dicht an die Staubquelle heran und muß sich nun darauf beschränken, den Staub schon in einiger Entfernung von seiner Entstehungsstelle zu erfassen.

Einfach ist die Aufgabe noch, wenn man einen Trichter unterhalb der Staubquelle anordnen kann, wie in Abbildung 152 dargestellt ist, z. B. an einem Arbeitstisch. Man muß hier nur dafür sorgen, daß der Trichter so angebaut wird, daß der Staub in die Mündung des Anschlußrohres fällt.

Ist die anfallende Staubmenge sehr groß, dann ist zu befürchten, daß sich der Trichter vollsetzt und den Eingang zum Anschlußrohr verstopft, wie es z. B. bei rotierenden Brikettpressen unterhalb der einzelnen Stempel vorkommt. In diesem Falle kann man sich durch Anordnung einiger kleiner Löcher an der engsten Stelle des Trichters helfen. Die durch sie gesaugte Außenluft bringt meist eine etwaige Stauung wieder in Bewegung, oder läßt sie gar nicht erst aufkommen.

Ist man gezwungen, die Haube oberhalb der stauberzeugenden Fläche, sei es eines rechteckigen Gefäßes oder einer halboffenen Trommel, anzuordnen, so ist die Haube unter Einhaltung gewisser Regeln[1]) zu konstruieren. Der Winkel zwischen der Dachfläche der Haube und der Horizontalen soll nach Möglichkeit 45° nicht unterschreiten,

[1]) Vgl. H. Koch, Lüftungs- und Absaugungsfragen im Betrieb 1953. Bundesanst. f. Arb.-Schutz, Soest/Westf.

und die unteren Haubenkanten müssen außerhalb der verlängerten Behälterwände liegen, so daß hier mindestens ein Winkel von 20° mit der Vertikalen gebildet wird (Abb. 153). Wenn die erste Bedingung nicht erfüllt werden kann, so schlägt die American Standard Association vor, Luftverteilungsplatten einzubauen und auf diese Weise die Luftgeschwindigkeit beim Eintritt in die Haube wesentlich zu erhöhen, wie gestrichelt angedeutet.

In Fällen, in denen die Bedienung des Behälters nur gelegentlich zu erfolgen hat, kann man die Saugwirkung durch herabklappbare Schürzen wesentlich verstärken (Abb. 154).

Eine andere Ausführung der Haube mit dem Hauptziel, das Übertreten von staubhaltigen Gasen in den Raum zu vermeiden, besteht in der Erhöhung der Randabsaugegeschwindigkeit durch eine Doppelhaube nach Abbildung 155 oder des Einbaues einer Leitvorrichtung nach Abbildung 156. Eine seitliche Absaugehaube nach ähnlichem Prinzip ist in Abbildung 157 dargestellt.

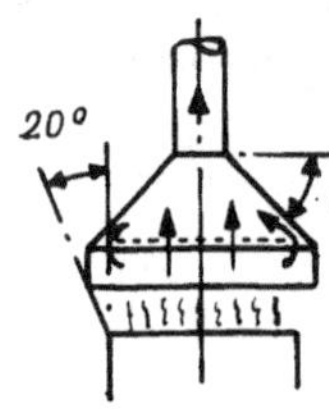

Abb. 153

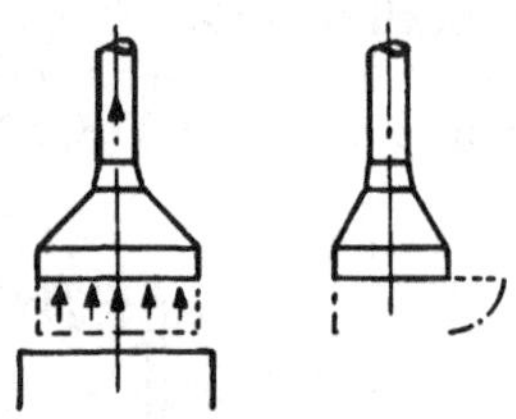

154

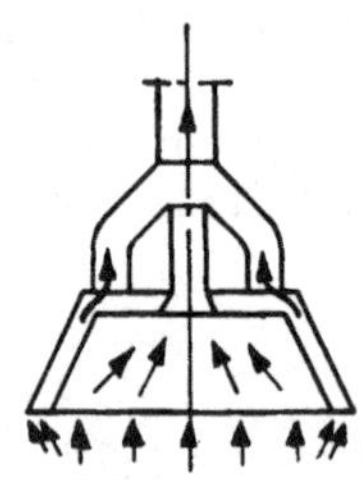

155

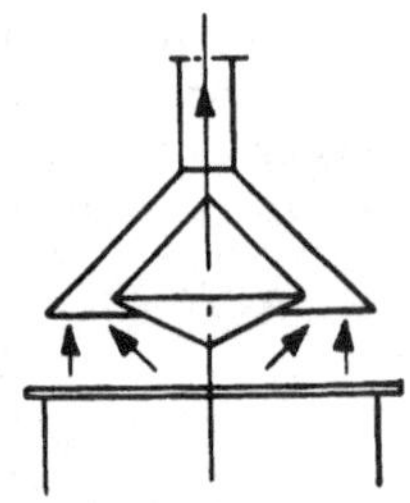

156

Abb. 157

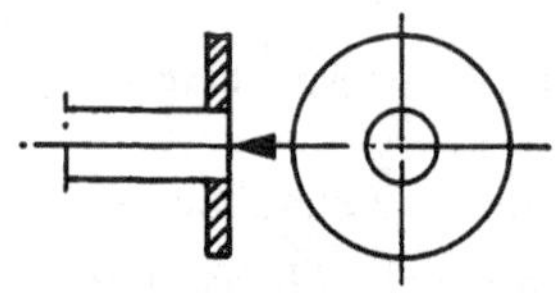

158a

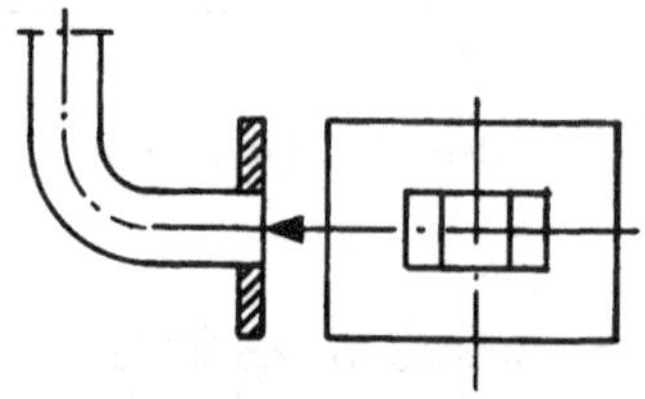

158b

Abb. 153. Haube über offenen Gefäßen.
Abb. 154. Haube mit Schürzen.
Abb. 155. Doppelhaube.
Abb. 156. Haube mit Leitvorrichtung.
Abb. 157. Seitliche Absaugehaube.
Abb. 158a u. 158b. Tisch-Saughaube mit Flansch.

d) Bewegliche Saughauben

Häufig ist es nötig, beim Bohren, Löten oder Schweißen und ähnlichen Arbeiten, bei denen das Arbeitsstück jedesmal von verschiedener Größe ist und eine feste Haube nicht verwendbar ist, eine bewegliche Haube mit einer kreisförmigen oder rechteckigen Öffnung auf den Werktisch zu legen und in möglichst große Nähe zum Arbeitsvorgang zu bringen. Es hat sich durch Versuche herausgestellt, daß die Saugwirkung einer solchen Rohrmündung durch Anbringen einer Wand senkrecht zur Rohrachse, also gewissermaßen eines großen Flansches, durch Ausschaltung der Saugwirkung aus dem rückwärtigen Raum sehr wesentlich verstärkt werden kann. Es genügt, wenn die Breite dieses Flansches etwa gleich dem Rohrdurchmesser ist (Abb. 158a u. b).

e) Fortblasen auch in Verbindung mit Saugwirkung

Wenn es durchaus unmöglich ist, eine Absaugvorrichtung auch nur in die Nähe der Staubanfallstelle zu bringen, oder aber wenn der Staub durch Verkrustung der Absaugung nicht Folge leistet, kann man zunächst durch die Wirkung eines drückenden Luftstrahles den Staub fortblasen, was in gewissen Fällen schon genügen mag. Immerhin bedeutet das nur eine Umlagerung und nicht eine Beseitigung des Staubes. Meistens müssen solche Einrichtungen mit Preßluft betrieben werden, wie z. B. beim Ausblasen von elektrischen Maschinen (S. 186).

In anderen Fällen kann die Richtung des drückenden Lüfters auf eine Haube gelenkt werden, die mit einer Absaugung in Verbindung steht. Von solchen Einrichtungen wird vielfach Gebrauch gemacht bei Ätzbottichen und galvanischen Bädern (S. 190).

f) Raumentstaubung

Wenn alle die unter 1 bis 4 genannten Methoden der unmittelbaren und mittelbaren Erfassung nicht durchführbar sind infolge der Eigenart des Betriebes, dann bleibt noch die Erfassung des Staubes durch Absaugung der gesamten Raumluft übrig.

Die Gesamtentlüftung des Raumes führt man dann am besten so durch, daß ein horizontales Rohrnetz über den ganzen Raum verteilt wird, von dem aus senkrechte Stichkanäle mit verstellbaren Lufteintrittsöffnungen an ihren unteren Enden in die Nähe der Staubquellen heruntergeführt werden.

Auf diese Weise wird eine große Verteilung der Staubluftabsaugung erzielt, die nicht so störend empfunden wird.

Ist durch Kräne oder sonstige Hindernisse eine solche Rohrverteilung nicht möglich, dann muß die Absaugung durch Öffnungen an geeigneten Stellen im Fußboden oder unten an den Wänden durchgeführt werden. Eine Absaugung an der Decke ist nicht zu empfehlen, da sie unwirksam ist infolge Herabsinkens des Staubes zum Boden.

g) Atmosphärischer Staub

Gegen die Belästigung, die der atmosphärische oder der mit Industriestaub gemischte atmosphärische Staub in der Nähe von Staub verursachenden Industrien, wie z. B. Brikettfabriken oder Zementwerken, im Innern der Nebengebäude hervorruft, kann man sich nur durch die sogenannte Drucklüftung schützen, wie sie S. 17 beschrieben ist. Bei dieser setzt man den Raum durch Einführung von gefilterter Frischluft unter einen gewissen Überdruck, so daß weder durch Undichtigkeiten noch beim Öffnen von Fenstern oder Türen Staub von außen eindringen kann.

2. Abscheidung des Staubes

Allgemein ist zur Wahl des Abscheiders zu sagen, daß es eine große Zahl verschiedener Abscheidesysteme gibt. Es ist Sache des Ventilationsingenieurs, den jeweils passenden Abscheider zu bestimmen und vorzuschlagen. Wenn auch die Preisfrage dabei eine wesentliche Rolle spielt, so ist es besser, mit dem Benutzer der Anlage vorher freimütig zu sprechen, als später Enttäuschungen zu verursachen.

Die Hauptarten der Staubabscheidung für industrielle Anlagen können in folgende Gruppen eingeteilt werden:

1. Beruhigungsräume,
2. Pralleinrichtungen und Siebfilter,
3. Fliehkraftabscheider (Zyklone),
4. Entstaubungsventilatoren,
5. Naßfilter,
6. Elektrostatische Filter,
7. Kombinationen verschiedener Gruppen,
8. Akustische Staubabscheidung.

Die Wahl des Abscheiders hängt von dem Charakter des Staubes und seiner Menge, sowie von dem gewünschten Entstaubungsgrad (S. 112) ab. Ist das Trägergas nicht Luft, dann müssen die besonderen Eigenschaften des Gases, hauptsächlich die Temperatur, aber auch sonstige Beimengungen, wie z. B. Schwefel, berücksichtigt werden.

a) Beruhigungsräume

Der älteste und einfachste Abscheider mit geringstem Luftwiderstand ist die auf der Schwerkraft der Staubteilchen begründete Beruhigungskammer. Die Staubluft tritt an einem Ende des Raumes meist oben ein und am anderen Ende oben aus. Oft sieht man hinter dem Eintritt eine Prallplatte vor: man verlegt dann den Eintritt zweckmäßig nach unten, um die schwereren Staubteilchen von vornherein abzufangen.

Die Abmessungen einer solchen Kammer richten sich nach der mittleren Fallgeschwindigkeit der abzuscheidenden Staubteilchen, die vorher zu ermitteln ist.

Mit w_f (m/s) Fallgeschwindigkeit und H Höhe des Raumes in m ist dann die Fallzeit

$$F\,(s) = \frac{H}{w_f};$$

Während dieser Zeit müssen sich die Staubteilchen noch in der Kammer aufhalten, um zum Boden zu gelangen. Daraus ergibt sich die Länge und Breite, wenn man eine bestimmte Luftmenge durch den Raum schickt. Dies gilt jedoch nur bei laminarer Strömung, was praktisch nie der Fall ist. Es muß daher erfahrungsmäßig ein Zuschlag von 100 % gemacht werden.

Dieser Abscheider eignet sich nur für gröbere Staubarten von etwa 50 μ an, kann aber als Vorabscheider oder, wenn die Ansprüche gering sind, auch allein von Nutzen sein. Sein Druckverlust besteht nur in der benötigten Beschleunigung am Ein- und Austritt, da die Geschwindigkeit im Raum so klein wie möglich, etwa zu 0,5 m/s gewählt werden muß.

b) Pralleinrichtungen und Siebfilter

Die ölbenetzten Prallfilter, wie sie auf S. 115 beschrieben sind, kommen im allgemeinen für industriellen Staub weniger in Frage, da ihre Staubaufnahmefähigkeit meist wesentlich unter dem Staubgehalt liegt, wie er in der Industrie anfällt, und auch ihre Reinigung zu umständlich ist.

Wohl aber kann die Prall- und Stoßwirkung ausgenutzt werden, um wenigstens größere Staubteile zurückzuhalten.

Wie erwähnt, werden auch in Beruhigungskammern solche Prallbleche eingebaut meist jedoch ohne Ölbenetzung.

Bei den zur Siebfilterart gehörenden Stoffiltern, wie sie S. 114 behandelt sind, ist die Staubaufnahmefähigkeit fast unbegrenzt, so daß sie sich vorzugsweise für industriellen Staub eignen. Besonders werden die sich automatisch reinigenden Schlauchfilter weitgehend in der Industrie verwendet.

c) Fliehkraftabscheider

Der Fliehkraftabscheider, auch Zyklon genannt, ist wohl die am häufigsten gewählte Form des Abscheiders. Der Grund dafür ist seine konstruktive Einfachheit, leichte Bedienung, geringste Wartung und größte Zuverlässigkeit, daneben ein für nicht zu feinen Staub günstiger Abscheidegrad.

Die Ausführung besteht, wie bekannt, aus dem zylindrischen Oberteil und dem konischen Unterteil. Die Luft wird tangential mit großer Geschwindigkeit in den Abscheider geleitet und durch die zylindrische Wandung gezwungen, eine kreisende Bewegung auszuführen. Durch die auftretende Zentrifugalkraft werden die Staubpartikel an die Wandung geschleudert, wo sie ausgeschieden werden und zum größten Teil in den konischen Unterteil niedersinken. Die Luft entweicht in spiralförmiger Bahn nahe der Achse des Zyklones durch das Luftaustrittsrohr nach oben hinaus. Es empfiehlt sich, den konischen Teil horizontal durch Flanschverbindung zu unterteilen zwecks leichter Auswechselbarkeit des unteren, der Abnutzung am meisten ausgesetzten Teils.

Der Lüfter kann entweder vor oder hinter dem Anscheider aufgestellt werden.

Die ersten eingehenden Versuche an Fliehkraftabscheidern[1]) ergaben als praktisches Resultat, daß der bisherige quadratische Eintrittsquerschnitt durch einen rechteckigen mit möglichst geringer Breite ersetzt wurde und das ferner eine Eintrittsgeschwindigkeit von über 25 m/s keine nennenswerte Verbesserung des Abscheiders mit sich bringt. Auch wurde hingewiesen auf die günstigeren Verhältnisse bei Zyklonen kleinerer Durchmesser.

Alle diese Erkenntnisse wurden in den letzten zwei Dekaden beim Bau der Zyklone berücksichtigt und haben in vielen Fällen zu Ausführungen mit gutem Gesamtentstaubungsgrad von etwa 80 % und mehr unter gewissen Voraussetzungen geführt.

Weitere sehr eingehende englische Versuche[2]) mit Zyklonen kleinerer Durchmesser, bis etwa 1,5 m Durchmesser, haben die sehr schlanke Form besonders des konischen Teiles als günstig bestätigt, wie sie schon vorher von dem später beschriebenen van Tongeren-Zyklon angewendet wurde. Durch vorzügliche Photographien von durchsichtigen Zyklonen ist auch die Notwendigkeit von dichten, geräumigen Staubbunkern unterhalb des konischen Teils, durch den das Wiedermitreißen von Staub in den axial aufsteigenden Luftwirbel vermieden werden kann, nachgewiesen worden.

Die Hauptabmessungen eines Zyklons mit hohem Entstaubungsgrad, wie sie sich aus den englischen Versuchen ergaben, sind (Abb. 159a) auf den Durchmesser D bezogen. Dabei ist

$$D = \sqrt{\frac{V}{500}}$$

wenn D Durchmesser des Zyklons in ft,
V Volumen der Staubluft in m³/h bedeutet.

bedeutet, wobei eine Eintrittsgeschwindigkeit der Luft von $v \geq 5$ m/s angenommen ist.

Für Korngrößen unter 5 bis 10 μ sinkt der Teilentstaubungsgrad bei allen Zyklonen beträchtlich.

Zu erwähnen ist noch, daß Bauarten, die Einbauten innerhalb des Zyklones vorsehen, sich in der Praxis kaum durchgesetzt haben, da sie gegen das Wesen und die Einfachheit dieses Abscheiders verstoßen.

Der Gaseintritt kann auch außerhalb des Zylinders erfolgen und allmählich in den Zylindermantel übergehen (Abb. 159b).

Im *van Tongeren-Zyklon*[3]) ist wohl erstmalig die sehr schlanke Form von zylindrischem und konischem Teil zum Ausdruck gekommen. Daneben wird als Auswirkung der Doppelwirbeltheorie eine Umlenkung der im oberen Teil nahe dem Abzugsrohr an der Wandung angesammelten

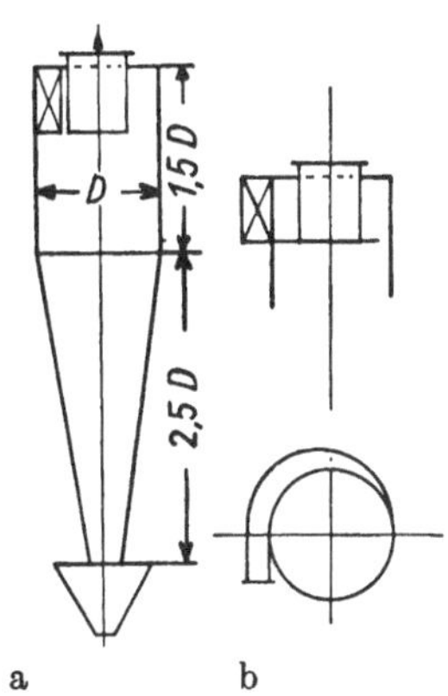

Abb. 159a. Zyklon-Abmessungen.
Abb. 159b. Zyklon mit äußerem Lufteintritt. a b

[1]) Rosin, Rammler & Intelmann Z. d. V. D. I. 76. Nr. 18, 1932.
[2]) C. J. Stairmand, Design of Cyclone Separators Tr. Inst. Chemical Eng. Vol. 29, 3, 1951.
[3]) hergestellt von den Büttner-Werken, Krefeld-Ilerdingen.

Staubes in den weiter unten befindlichen Teil durch einen Überholungskanal, der rechteckig oder spiralförmig ausgebildet ist, vorgenommen. Auf diese Weise wird das Wiedermitreißen und der Rückfluß an dieser Stelle schon abgeschiedenen Staubes in das Abzugsrohr vermieden. Da die verwendeten Rohrdurchmesser klein sind, wird für größere Luftmengen Parallelschaltung vorgesehen.

Eine Kombination einer größeren Reihe von sehr kleinen auf Fliehkraft beruhenden Abscheidern ist der *Multiklon*, ein Abscheider von hohem Entstaubungsgrad. Hier wird eine Reihe von Abscheideelementen meist in einem viereckigen oder runden Gehäuse untergebracht. Jedes Element besteht aus einem zylindrischen Abscheiderohr mit unten anschließenden lösbarem Staubleitkonus.

In die Abscheiderohre ragen die zentralen Gasabführungsrohre hinein, die mit einem Schaufelkranz versehen sind.

Das axial eintretende Staubgas strömt von oben her in die Abscheiderohre, wird dabei durch den Schaufelkranz in Drehung versetzt und unter Fliehkraft gegen die Wandung der Abscheiderohre geschleudert, worauf die Staubteilchen in den darunterbefindlichen Staubbunker fallen.

Das gereinigte Gas entweicht nach oben durch das Gasabzugsrohr in die Gasaustrittskammer (Abb. 160).

Zur Verkleinerung des Platzbedarfes können die Elemente auch schräg angeordnet werden.

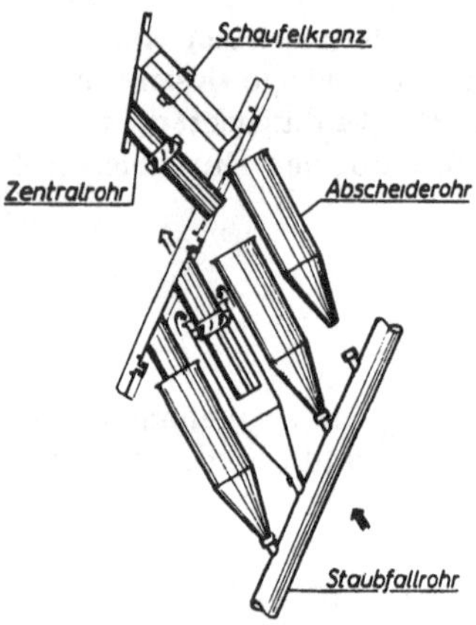

Abb. 160. Auswechselbare Abscheideelemente des Multiklon. (Lurgi, Frankfurt/Main.)

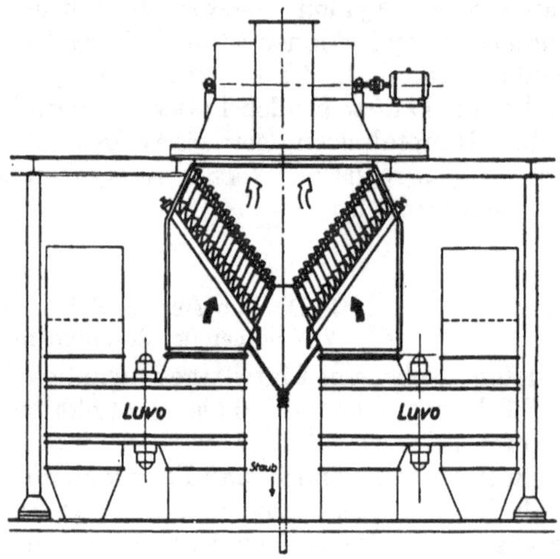

Abb. 161. Schrägrohr-Multiklon in V-Form für 350 000 m^3/h 150 ° C. (Lurgi, Frankfurt/Main.)

Die Abscheiderohre haben einen Durchmesser von 150 bis 230 mm.

Schema einer großen Multiklon-Anlage zeigt Abbildung 161.

d) Entstauberventilatoren

Das *Coriolo-Entstaubergebläse System „Hering"*[1]) ist ein Radialventilator, der gleichzeitig die Entstaubung des geförderten Staubgases vornimmt und den abgeschiedenen Staub sammelt.

Die wie bei jedem Förderrad radial auslaufenden Schaufeln besitzen an ihrem Austrittsende eine schräg-seitlich verlaufende Rinne, in der die Staubkörner infolge

[1]) Hergestellt von A. Hering AG., Nürnberg.

der Zentrifugalkraft aufgefangen werden. Das obere Ende dieser Rinne mündet in einem von der Gehäuseschnecke getrennten, ringförmigen Staubsammelkanal, in den die Staubteilchen abgeworfen werden, während die gereinigte Luft ins Gehäuse und zum Auslaß bewegt wird (Abb. 162a u. b).

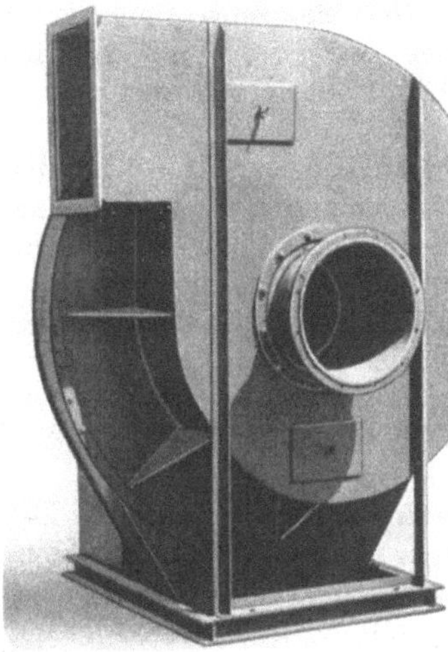

Abb. 162a u. 162b.
Coriolis-Gebläse. (A. Hering, Nürnberg.)

Der Leistungsbedarf überschreitet nicht wesentlich den eines normalen Förderventilators, was im Hinblick auf die Vereinigung von Ventilator und Abscheider als günstig anzusehen ist.

Wenn das Gebläse auch nicht für alle Staubarten geeignet ist, so hat es sich für Zuckerfabriken, Mühlen, Nährmittelfabriken und Schleifstaub gut bewährt.

Auf das neuerdings von Dr. Eck herausgebrachte Staubgebläse (DBP.) sei hingewiesen. Es arbeitet mit besonderen Vorleitschaufeln zur Staubfreihaltung der Hauptleitschaufeln. Trotz steiler Schaufelwinkel ist der Wirkungsgrad hoch (S. 4).

Für die Reinigung von Gichtgasen von Hochöfen, die einen sehr hohen Staubgehalt aufweisen, werden nach Vorreinigung, meist in einem wasserberieselten Turm, auf etwa 3 bis 10 g/m³ besondere Entstauberventilatoren verwendet, die mit Wasserberieselung arbeiten, und als *Theisen-Desintegratoren*[1]) bekannt sind. Durch die auf der Welle dieser Ventilatoren angebrachten zylindrischen Trommeln wird das ihnen zugeführte Wasser sehr fein zerstäubt und unter Mischung mit der Staubluft gegen konzentrisch eingebaute feststehende Rundstabzylinder geschleudert. Auf diese Weise wird eine sehr weitgehende Abscheidung erzielt, so daß das Gas den Gasmaschinen zugeführt werden kann. Allerdings ist der Leistungsbedarf bei 200 bis 300 mm Widerstand hoch. Neuerdings sind auch *Axialventilatoren als Desintegratoren*[2]) *Bauart Dingler* zur Ausführung gekommen, die sich gut bewähren und im Leistungsbedarf wesentlich günstiger liegen.

[1]) Theisen GmbH., München 27.
[2]) vgl. Stahl u. Eisen 73 (1953) Heft 5 S. 283/92.

e) Naßfilter

Eine Reihe von Naßfiltern verschiedener Bauart stehen zur Verfügung. Die einfachste und älteste ist wohl der *Berieselungsturm*, auch Kondensationsturm genannt, in dem z. B. mehrere Lagen von Raschigringen oder Horden übereinander liegen, die mit Wasser berieselt werden. Die Staubluft tritt im Gegenstrom von unten ein und wird oben abgesaugt.

Der Abscheidegrad ist gut im Hinblick darauf, daß diese Bauart meist nur als Vorabscheidung benutzt wird und dadurch größere Staubkonzentrationen und Körnungen in Betracht kommen. Andrerseits ist der Widerstand mit 100 bis 200 mm WS hoch und die Wartung schwierig, da die Ringe oder die Horden häufig gereinigt oder ersetzt werden müssen.

Daher ist man in neuerer Zeit auch dazu übergegangen, die Ringe oder Horden ganz fortzulassen und nur Düsen in mehreren Lagen übereinander anzuordnen, die wie bei den Luftwäschern mit Preßluft betrieben werden und feine Luftschleier bilden. Hierdurch wird auch der Luftwiderstand wesentlich vermindert.

Bei einer anderen Methode wird der Staubluftstrom mit großer Geschwindigkeit durch eine Düse mit Erweiterung (Venturi) gedrückt, der ein Wasserschleier zugeführt wird. Das fein zerstäubte Wasser mischt sich mit der Staubluft innig, so daß eine daran anschließende Abscheidung in einem Zylinder oder Zyklon einen hohen Entstaubungsgrad mit sich bringt.

Diese Einrichtung ist unter dem Namen *P. A. Venturi Scrubber*[1]) bekannt. Der entstehende Druckverlust beträgt bis etwa 300 mm WS; er richtet sich nach der Feinheit des abzuscheidenden Staubes. Abbildung 163 zeigt einen solchen Scrubber zur Rückgewinnung von Phosphorsäure. Gasvolumen 8000 cbm.

Eine besondere Art von Naßfilter stellt der in Abbildung 164 gezeigte *Rotoclone*[2])

Abb. 163. Pease Anthony Venturi Scrubber. (Chemical Construction Corporation, New York.)

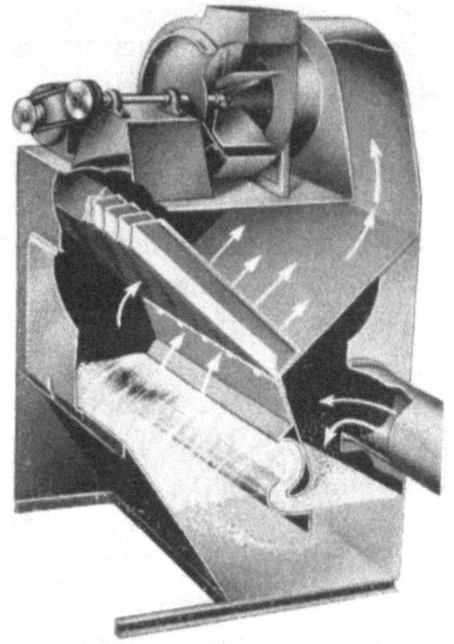

Abb. 164. Rotoclone-Naßfilter. (American Air-Filter Co.)

[1]) Hergestellt bei Power-Gas Corporation Ltd. Stockton-On-Tees. (für England).

[2]) Hergestellt bei Air Control Installations Ruislip. MIDDX. (für England).

dar. Er besteht aus einem rechteckigen Gehäuse, das in seinem unteren Tank bis zu einer gewissen Höhe mit Wasser gefüllt ist. Etwa in der Mitte des Gehäuses ist dicht oberhalb des Wasserspiegels eine vertikale Teilwand vorgesehen mit einer halbkreisförmigen Ausbuchtung an einer Seite. Gegenüber dieser ist ein entgegengesetzt gewölbtes Blech eingebaut.

Die Staubluft wird nun mit großer Geschwindigkeit in den durch die Wand geschaffenen Vorraum gesaugt und nach gehöriger Ausbreitung über die ganze Fläche gezwungen, mit Teilen des Wassers durch den von den beiden Blechen gebildeten halbkreisförmigen Hohlraum zu strömen. Alsdann gelangt sie nach Passieren von Abtropfblechen in die Saugöffnung des oben auf dem Gehäuse angeordneten Ventilators, während das mit dem Staube verunreinigte Wasser nach Anprall von der Wand zum Tank zurückgeworfen wird. Es findet eine sehr gründliche Durchmischung der Staubluft mit dem Wasser auf dem Wege vom Vorraum zum Waschraum statt mit einer gleichzeitigen Prallwirkung, so daß das Gerät einen hohen Abscheidegrad aufweist. Obwohl die Wasserbewegung lediglich durch die Saugkraft des Ventilators erfolgt, ist nur ein Druck von etwa 100 bis 150 mm WS nötig.

Der sich entwickelnde Schlamm sinkt zum Boden des Tanks, von wo er von Hand oder mechanisch entfernt werden kann.

Schließlich sei noch eine nicht unwesentlich verbesserte Konstruktion[1]) eines *Kaskaden-Filters* in Abb. 177 gezeigt. Das Wasser läuft hier auf den bogenförmig ausgebildeten und durch Trennwände vielfach unterteilten Kaskadenblechen in einer horizontalen, leicht gewölbten Wasserdecke geschlossen ab, bis es das nächste vorspringende darunterliegende Blech trifft. Wenn es die ganze Reihe der eingebauten Bleche passiert hat, läuft es unten in den Tank ab. Die Staubluft tritt unten ein, und zwar zunächst in eine dichte Vorkammer, wo sie durch Prallwirkung die schweren Staubteilchen ins Wasser abwirft, um nach Durchstreichen der obersten Wasserschicht im Gegenstrom die einzelnen Wasserdecken zu durchströmen und schließlich durch Tropfenfänger zum Ventilator zu gelangen. Durch die häufige Wasserdurchdringung ist eine weitgehende Abscheidung bei einem Druckverlust von bis zu 70 mm WS erreicht. Eine Pumpe ist erforderlich, die das Wasser aus dem getrennt angeordneten Schlammtank kontinuierlich zu den oberhalb der Bleche angeordneten Wasserverteilungsrohren zurückpumpt und damit den Frischwasserbedarf nur auf den Verdunstungsteil beschränkt.

Allgemein kann man sagen, daß ein Naßfilter, hinter gute Zyklone geschaltet, noch eine reichliche Menge von Staub abscheidet, woraus hervorgeht, daß es gerade für feinere Staubarten geeignet ist.

Auch normale *Zyklone* werden oft mit *Einspritzvorrichtungen* in ihrem oberen Teile versehen, die dazu dienen, die Wände ringsherum zu befeuchten, um damit eine Vermischung der an die Wand geschleuderten Staubteilchen mit der gebildeten Wasserhaut zu erzielen. Die dadurch hervorgerufene Vergrößerung ihrer Masse erhöht die Sinkfähigkeit zum unteren konischen Teil des Zyklons. Allerdings können nicht so hohe Geschwindigkeiten beim Eintritt und im Zyklon gewählt werden wie bei trockenen Abscheidern dieser Art, da durch die wesentlich größere Beschleunigungskraft, die das Wasser erfordert, allzu große Widerstände entstehen. Der Gesamtentstaubungsgrad ist dementsprechend meist geringer als bei besten trocknen Zyklonen. Solche Zyklone werden häufig in der Kohlenindustrie benutzt, da der entstehende Kohlenschlamm ein wertvolles Produkt darstellt.

---

[1]) Durch In- und Auslandspatente geschützt.

f) Elektrostatische Filter

Der hohe Abscheidungsgrad dieser Filterart auch für Staube feinster Körnung hat sie an die Vorfront an allen den Stellen gebracht, wo es entweder aus Gründen der Wiederverwendung der Gase oder des Staubes oder aus sanitären Gründen auf weitestgehende Entstaubung ungeachtet der Kosten ankommt. Daher kommt in erster Linie die Eisen- und Stahlindustrie hinsichtlich der Reinigung der aus den Hochöfen entweichenden Gichtgase in Betracht. Dann auch die Kohlenindustrie und die Zementindustrie sowie die Chemische Industrie. Auch zur Reinigung der Rauchgase von Großkesselanlagen werden sie verwendet. Hinzu kommt, daß durch die Einführung der Naßelektrofilter die Wartung wesentlich vereinfacht, die Zuverlässigkeit erhöht und der Verwendungsbereich vergrößert wurde. Die allgemeine Einrichtung der Elektrofilter wurde bereits S. 121 besprochen. Hier sei nur erwähnt, daß die Naßfilter dieser Art im Oberteil keine spannungsführenden Teile mehr besitzen, so daß dort eine Düsen- und Spülvorrichtung vorgesehen werden kann, die die ganze Innenausrüstung beherrscht. Periodische oder kontinuierliche Spülung der Niederschlags- und Sprühelektroden ist daher möglich, wodurch die Anhäufung von Staub auf den Elektroden, was früher zu Störungen Anlaß gab, vermieden wird (Abb. 165).

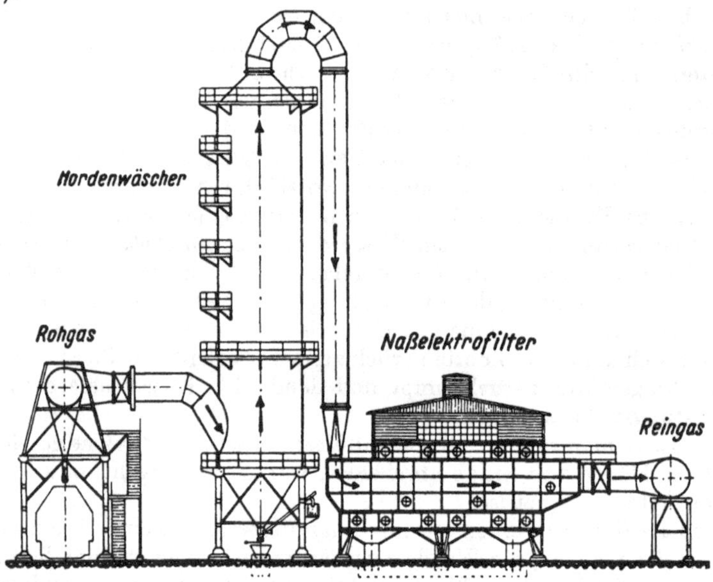

Abb. 165. Gichtgas-Naß-Elektrofilteranlage mit vorgeschaltetem Hordenwäscher. (Bauart Lurgi.)

g) Kombinationen verschiedener Gruppen

Die Kombination verschiedener Arten von Filtern hintereinander ist immer dann zweckmäßig, wenn man das Endfilter, welches das Feinfilter darstellt, bei großem Staubanfall vor Überlastung oder zu großer Hitze schützen muß oder wenn das Endfilter ein Naßfilter ist, während man für die Rückgewinnung des Staubes vorher Trockenabscheider benötigt. Danach ergeben sich etwa folgende Reihen:

Berieselungsturm,	Desintegrator,	Elektrofilter (Überlastung Kühlung),
	Hordenwäscher,	Elektrofilter (Kühlung),
	Zyklone,	Naßfilter (Rückgewinnung),
	Zyklone,	Schlauchfilter (Überlastung Kühlung).

Daneben ist es zur Erlangung höherer Entstaubungsgrade unter Aufrechterhaltung der Trockenabscheidung häufig zweckmäßig, Serienschaltung mit Parallelschaltung zu kombinieren, insbesondere bei Zyklonen, wie es in Abbildung 166 gezeigt ist.

In anderen Fällen, in denen eine Reihe von Maschinen mit verschiedenartigen Stauben, wie z. B. in einer Großtischlerei, vorhanden sind, kann man die ganze Anlage in mehrere Gruppen unterteilen. Die eine der Gruppen wird solche Maschinen

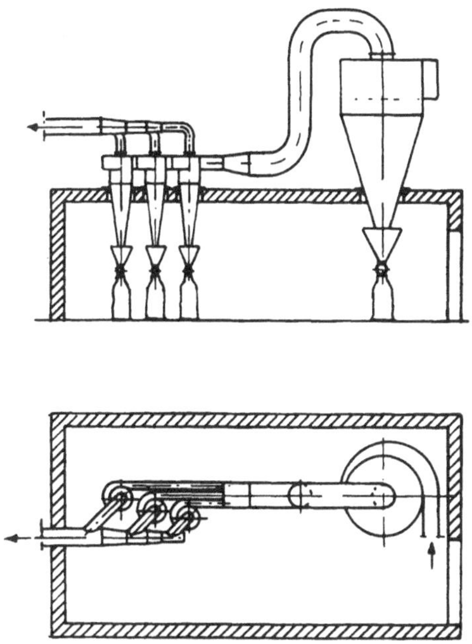

Abb. 166. Serien- und Parallelschaltung von Zyklonen.

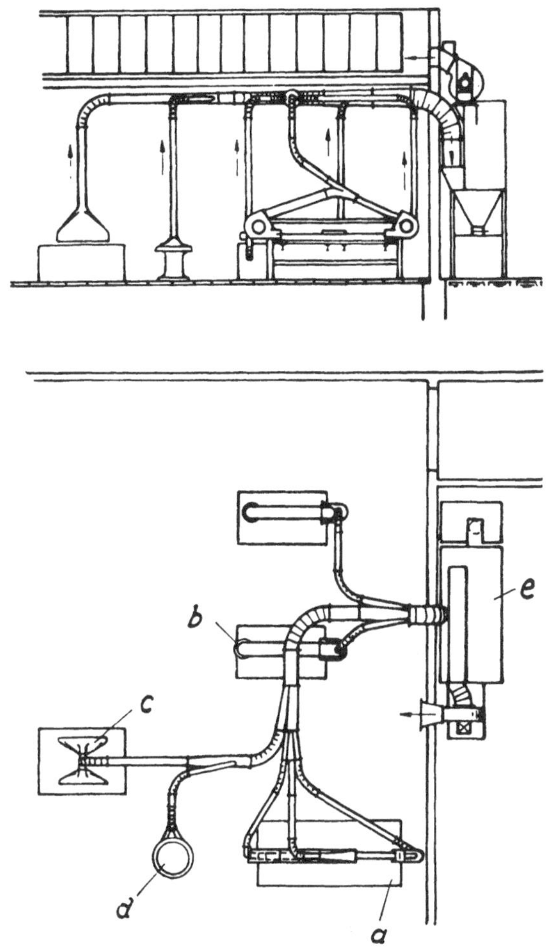

Abb. 167. Zusammenfassung der Holzbearbeitungsmaschinen mit feinstem Staubgehalt in einer Großtischlerei.
a) Doppelbandschleifmaschine. b) Einfache horizontale Bandschleifmaschine. c) Walzenschleifmaschine. d) Topfschleifscheibe. e) Bethfilter.

umfassen, die nur Späne und gröbere Staubarten entwickeln, während die zweite so zusammengestellt ist, daß nur feinster Staub zur Abscheidung gelangt. Wenn man dann die letztere an automatische Schlauchfilter anschließt, so erreicht man auch eine sehr weitgehende Entstaubung (Abb. 167). Dabei brauchen für die erste Gruppe nur Zyklone vorgesehen zu werden.

h) Akustische Staubabscheider

Akustische[1]) Staubabscheider, die mittels sirenartigen Rädern eine Frequenz von 1000 bis 200 000 Schwing/s aufbringen, sind in Amerika für Rußabscheidung und Nebelbekämpfung in Flughäfen verwendet worden. Sie sollen eine bis 100fache Koagulation der Aerosole erzeugen.

Die Geräuschfrage ist wohl einer der Gründe, weshalb sie sich noch nicht weiter eingeführt haben. Die elektr. oder durch Preßluft betriebenen Sirenen sind in den Oberteil eines zyklonartigen Abscheiders eingebaut.

3. Verlegungsart

Bei Entstaubungsanlagen kann das Rohrnetz oberirdisch oder unterirdisch verlegt werden. Vom Schönheitsstandpunkt aus wird im allgemeinen die Verlegung unter dem Fußboden oder der Erde bevorzugt werden. Die oftmals besonders bei großen Anlagen sehr viel Platz beanspruchenden Rohre stehen außerdem bei unterirdischer Verlegung der Aufstellung von Maschinen nicht im Wege, nehmen nicht Licht weg und behindern auch nicht die Führung von Kränen und sonstigen an der Decke zu montierenden Hebezeugen.

Man benutzt bei unterirdischer Verlegung entweder Betonkanäle, in welche man Blechrohre einlegt (Abb. 168), und die man alsdann durch Deckplatten aus Holz, Eisen oder Beton so verschließt, daß man sie leicht öffnen kann. Außerdem sind etwa alle 10 m Reinigungsöffnungen vorzusehen, und zwar sowohl in der Deckplatte als auch in den darunter befindlichen Rohren.

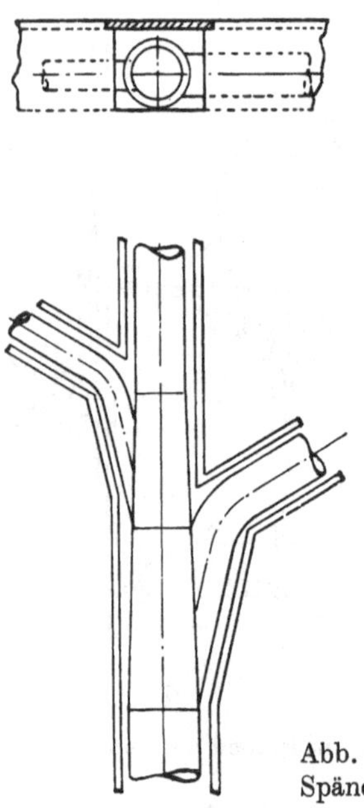

Abb. 168. Unterirdische Verlegung von Saugrohren der Späneabsaugungsanlage einer Großtischlerei.

Eine zweite Verlegungsmöglichkeit unter der Erde ist die Einstampfung verzinkter Blechrohre in Beton. Hier müssen jedoch die Reinigungsöffnungen häufiger, etwa alle 5 Meter, und vor und hinter jedem Krümmer vorgesehen werden.

Die Einstampfung in Beton hat zwar vor der Verlegung in Betonkanälen den Vorzug, daß Undichtigkeitsverluste nur in geringstem Maße auftreten können, jedoch den Nachteil der Schwierigkeit bei etwaigen Veränderungen des Rohrnetzes.

Bei der Verlegung unter dem Fußboden in höheren Stockwerken kann die Rohrleitung unter der Decke des darunter befindlichen Stockwerks angehängt werden. Für die anzuschließenden Maschinen muß dann durch senkrechte Stutzen, welche die Decke durchbrechen, die Verbindung mit dem Rohrnetz hergestellt werden.

Wenn die Rohrverbindung von einem Stockwerk zum anderen aus Gründen der Feuergefährlichkeit jedoch vermieden werden muß, beschränkt sich die unterirdische Verlegung fast ausschließlich auf Fabrikräume, die zu ebener Erde liegen.

Allgemein sei empfohlen, eine Asphaltierung oder feste Belegung mit Steinfliesen bei unterirdischer Rohrverlegung unter allen Umständen zu vermeiden, da sonst

[1]) Ges. Ing. 1953 H. 1/2 u. 11. Dr. Banik, Neue Wege Industr. Staubabscheidung.

jede kleinste nachträgliche Umänderung kostspielige und umständliche Erdarbeiten notwendig macht.

Die oberirdische Verlegung hat den großen Vorzug, in den meisten Fällen kürzere und einfachere Rohrleitungsführung zu den Maschinen zu ermöglichen. Dazu kommt die bessere und bequemere Reinigungsmöglichkeit bei vorkommenden Verstopfungen und eine einfache Umlegungsmöglichkeit bei Platzwechsel der stauberzeugenden Maschinen oder bei Hinzunahme neuer Maschinen.

Zur Staubverminderung beim Entleeren der Zyklone ist es oft zweckmäßig, Transportschrauben und rotierende Schleusenräder am Bunkeraustritt anzubauen, um nur immer eine bestimmte, nicht zu große Staubmenge dem Staubsack zuzuführen; vgl. auch Abbildung 198. Die Räder können von Hand oder motorisch betrieben werden. Auch kann die Entleerung in einem besonderen Raum erfolgen, wie in Abbildung 166 dargestellt.

4. Wärmeverluste

Soweit die vorbeschriebenen Entstaubungsanlagen auf dem Prinzip der Absaugung beruhen, entziehen sie dem Raume die zur Mischung des Staubes benötigte Luft und führen diese ins Freie. Mit dieser Luft aber wird dem Raume auch die in der Raumluft enthaltene Wärme entzogen. Ein Verlust, der sich im Winter höchst unangenehm bemerkbar macht, wenn man nicht einen Ausgleich findet.

Für diesen Ausgleich gibt es nun drei Möglichkeiten. Man kann erstens die örtliche Heizung entsprechend dem Wärmeausfall verstärken. Ein zweites Mittel besteht darin, die abgesaugte Luft nach völliger Staubbefreiung wieder dem Raume zuzuführen, und schließlich kann man in den Raum frische, vorgewärmte Luft wieder einführen.

Die Wiedereinführung der vom Staub befreiten Luft wird sich zunächst nur auf solche Entstaubungsanlagen beschränken, die mit Abscheidern höchsten Entstaubungsgrades arbeiten. Aber auch dann ist zu berücksichtigen, daß nicht durch Gerüche oder sonstige Verschlechterungen die Rücknahme der Luft in den Raum unwillkommen ist.

Der dritte Fall, die Einführung frischer vorgewärmter Luft, wird häufig die einfachste und wirksamste Lösung sein, wenn sie auch etwas kostspieliger ist. Sie ist aber besser als die Verstärkung der örtlichen Heizung.

Jene kann in der Form erfolgen, daß die Frischluft durch einen Lüfter angesaugt, über einen Lufterhitzer gedrückt, und dem Raume durch ein über die Maschinen verteiltes Rohrnetz zugeführt wird. Es findet dann eine ausgeglichene Lüftung statt (S. 19), die in ihrer Wirkung um so besser ausfällt, wenn die Frischluft möglichst an den Stellen zur Verfügung steht, wo durch die Entstaubungsanlage eine Luftentnahme erfolgt.

Die gleiche Wirkung kann auch durch Anordnung von einzelnen Luftheizgeräten erzielt werden, die über den ganzen Raum unter dem gleichen Gesichtspunkt wie die zentrale Anlage verteilt werden.

5. Einzelabsaugung

Während bis jetzt nur von solchen Entstaubungsanlagen die Rede war, bei welchen sämtliche Maschinen eines Raumes an eine zentrale Entstaubungsanlage angeschlossen sind, soll noch kurz darauf hingewiesen werden, daß es auch möglich ist, einzelne Maschinen oder Maschinengruppen an eine Einzelabsaugung anzuschließen, welche ebenfalls die gereinigte Luft wieder dem Raume zuführt. Z. B. kann ein Staubsauggerät an eine Flächenschleifmaschine angebaut werden. Die Staubluft wird durch ein kleines Gebläse abgesaugt und in dem unmittelbar am

Druckstutzen befindlichen Filtersack zur Abscheidung gebracht. Statt des Filtersacks kann auch ein Viscin-Labyrinthfilter Verwendung finden. Die Luft tritt gereinigt in den Raum zurück. Eine ähnliche Rückführung für eine Gruppe gleichartiger Maschinen zeigte Abbildung 167. Hier wurden einige Bandschleifmaschinen und eine Tellerschleifmaschine zusammengefaßt und an ein selbstreinigendes Stoffilter angeschlossen. Die abgesaugte Luft tritt auch hier gereinigt wieder in den Raum zurück. Da es sich hier immerhin um verbrauchte Luft handelt, wird man durch eine Umschaltklappe im Sommer die Luft ins Freie drücken und nur im Winter zwecks Wärmeersparnis dem Raume wieder zuführen.

B. Berechnungsart

Als Grundlage für die Berechnung von Entstaubungsanlagen kann die für die jeweilige Staubart nötige Schwebegeschwindigkeit und das Mischungsverhältnis mit dem Träger des Staubes, der Luft dienen.

Eine genaue Rechnung läßt sich allerdings in der Praxis sehr schwer durchführen. Der Staubanfall ist auch bei einfachen Anlagen mengenmäßig derartig verschieden und schwer feststellbar, daß schon die wichtigste Zahl für die Aufstellung des Mischungsverhältnisses auf Annahmen beruhen müßte.

Aus diesen Gründen geht man in der Praxis so vor, daß man zunächst die Rohrabmessungen nach gewissen Erfahrungswerten festlegt und für diese die nötigen Ansaug- und Rohrgeschwindigkeiten wählt, wie man sie von Versuchen her kennt. Hieraus ermittelt man die nötigen Luftmengen.

Die Ansaugegeschwindigkeit, also diejenige Geschwindigkeit, welche zur Erfassung des Staubes in dem Sauganschluß nötig ist, braucht nicht identisch zu sein mit der Geschwindigkeit, welche das Staubluftgemisch in den Rohren besitzen muß. Diese letztere Geschwindigkeit hängt nämlich ausschließlich von der erwähnten Schwebegeschwindigkeit ab, das ist diejenige Geschwindigkeit, die gerade noch notwendig ist, damit die Luft den bereits angesaugten Staub auf dem ganzen Wege durch das Rohrnetz mit sich führt, ohne daß ein Liegenbleiben oder Absetzen von Staub im Rohre eintritt.

Aus dieser Schwebegeschwindigkeit, die also gerade noch ausreicht für die Staubförderung, haben sich nun in der Praxis gewisse Rohrgeschwindigkeiten gebildet, die etwas höher liegen und daher eine sichere Förderung im Betriebe gewährleisten. Für die Ansaugegeschwindigkeit w_1 und Rohrgeschwindigkeit w_2 können etwa die Werte der nachstehenden Tabelle 13 gelten.

Tab. 13. Geschwindigkeiten in Entstaubungsanlagen

	Ansauge-geschw. w_1 m/s	Im Rohr w_2 m/s
Feinster Metallstaub	9—12	10—14
Grobe Metallspäne	16—18	18—20
Feinster Sand	11—12	12—14
Gröberer Sand	12—14	14—16
Feinster Holzstaub	8—10	12—16
Holzspäne	15—17	17—19
Besonders große Holzspäne	25	25—30
Woll- und Baumwollfasern	6—8	8—10
Papierschnitzel und -Streifen	8—10	10—12
Lederstaub	13—15	15—18
Staub von Sandstrahlgebläsen	15—16	16—18
Mehlstaub	8—10	10—12

Es lassen sich leicht ähnliche Staubarten in eine der Reihen der Tabelle 13 eingliedern, so daß die entsprechenden Geschwindigkeiten gewählt werden können. Wie ersichtlich, sind für die einzelnen Geschwindigkeiten gewisse größere Bereiche angegeben, innerhalb deren nach der besonderen Eigenart der jeweiligen Staubsorte zu wählen ist.

Für Luftsaughauben (S. 164), die oberhalb der stauberzeugenden Maschinen angebracht werden, soll die Ansaugegeschwindigkeit auf den freien Querschnitt bezogen 0.5 bis 1 m/s und bei Doppelhauben 1,5 bis 2 m/s nicht unterschreiten, während die Geschwindigkeit im Anschlußrohr nach obiger Tabelle zu wählen ist.

Bei größeren Hauben der erwähnten Art, die einen größten Ansaugquerschnitt von über 1 m² haben, ist es zweckmäßig, mehrere Sauganschlußrohre anzuordnen, wie in Abb. 155 gezeigt. Der Rohrdurchmesser je m² Ansaugfläche soll nach Möglichkeit 200 mm nicht unterschreiten.

Für einige häufig vorkommende Maschinenarten der Holz- und Metallindustrie sind die in der Praxis üblichen Rohrdurchmesser des Sauganschlusses in nachfolgenden Tabellen 14 und 15 zusammengestellt.

Tab. 14. Sauganschlüsse bei Späneabsaugungsanlagen

Maschinenart	Sauganschluß ⌀ mm
Tischkreissäge bis 400 mm ⌀	100
Besäumsäge	120 bis 140
Kantholzsäge	140 „ 160
Lattensäge	160 „ 200
Pendelsäge	120
Bandsägen	140
Blockbandsägen	180 bis 200
Horizontalgatter	1 bis 2 Kehrlöcher
Vertikalgatter n. Größe	180—200—225—250
Fräsen	120
Kettenfräse	120
Abrichte	120 über 400 br. 140
Abrichte schnellfd.	180 bis 200
Dickenhobel	140 über 400 br. 160
Dickenhobel schnellfd.	180 bis 200
Nut u. Spundm.	140
Zapfenschneidem.	2 × 140 bis 2 × 160
Schlitzmesser	1 × 120 bis 1 × 140
Amerik. Schlitzmasch.	6 × 180
Kehlmaschine	2 × 120 bis 2 × 140
vierseitig. Hobelm.	4 × 140 bis 4 × 160
Spundköpfe	120 bis 180
Fügemaschine	140—140—120—120
Tellerschleifm.	140 bis 160
Bandschleifm., horiz.	2 × 140
Bandschleifm., vert.	2 × 120
Kehrloch	140

Es ergibt sich dann die für eine Maschine benötigte Luftmenge

$$V = \frac{\pi d^2}{4} \cdot w_1 \text{ in m}^3\text{/s, wenn } d \text{ in m.}$$

Die Summe der Luftmengen der einzelnen Maschinen ergibt die gesamte für den zentral angeordneten Lüfter erforderliche Luftmenge.

Aus den angegebenen Rohrgeschwindigkeiten wird das weitere Rohrnetz in seinen Abmessungen bestimmt, wobei die jedesmal von einer Maschine neu hinzukommende Luftmenge berücksichtigt werden muß.

Tab. 15. Sauganschlüsse bei Schleifscheiben

Scheiben ∅ mm	Anschluß etwa ∅ mm
bis 120	50
120—180	80
180—250	120
250—300	140
300—500	160

Handelt es sich um große Anlagen, bei welchen auch eine große Differenz in den größten und kleinsten Rohrdurchmessern sich ergibt, dann wählt man zweckmäßig für die großen Durchmesser etwas größere und für die kleinen Durchmesser etwas kleinere Rohrgeschwindigkeiten. Dies geschieht aus dem Grunde, da erfahrungsgemäß der Geschwindigkeitsabfall über dem Querschnitt zwischen Mitte und Wandung beim großen Durchmesser größer als im kleinen Rohr ist, so daß der Staub bei gleicher Geschwindigkeit im größeren Rohr leichter liegen bleibt als im kleineren Rohr. Hierdurch erreicht man gleichzeitig einen kleineren Gesamtwiderstand, da die Druckverluste im engen Rohr bei gleicher Geschwindigkeit größer als im weiten Rohr sind.

Bei der Aufstellung des Rohrnetzes ist möglichst die Verlegung eines Hauptkanals anzustreben, der etwa durch die Mitte der gesamt anzuschließenden Maschinen verläuft. Die Abzweige von diesem Hauptkanal sind nach Möglichkeit nicht zu lang zu halten.

Hat man auf diese Weise das gesamte Rohrnetz festgelegt, so beginnt die Widerstandsrechnung. Diese erfolgt in ähnlicher Weise wie für Luftleitungen, und zwar ebenfalls unter Benutzung der Reibungstafel und der Einzelwiderstände Tabelle 2.

Hierbei ist jedoch zu beachten, daß für Rohrleitungen und Kanäle die aus der Tafel und der Tabelle sich ergebenden Werte um etwa 20% zu erhöhen sind, als Zuschlag für höhere Reibung des in der Luft enthaltenen Materials.

Um kurz zu wiederholen: Man bestimme die Rohr ∅ bei gleichem w_1; man suche dann den statischen Druck im Hauptkanal und den des anschließenden Abzweigs von größtem Widerstand. Alsdann ermittle man die Widerstandszahlen an den Knotenpunkten und verändere die Abmessungen der übrigen Abzweige, bis der gewünschte Ausgleich der statischen Drücke am Knotenpunkt erzielt ist.

Will man eine gewisse Ansauggeschwindigkeit einhalten, so kann man den Ansaugequerschnitt, den man anfangs gewählt hat, beibehalten und erst kurz hinter diesem, etwa 0,5 bis 1 m, durch Verengung oder Erweiterung des Abzweigrohres größere oder kleinere Widerstände erzielen.

C. Anwendungsgebiete

1. Holzbearbeitung

In der Holzbearbeitungsindustrie kommen Entstaubungsanlagen hauptsächlich in den Sägewerken und in den Tischlereiwerkstätten vor.

Die Vor- und Nachteile der unterirdischen oder oberirdischen Verlegung der Rohrleitung sind bereits S. 174 ausführlich behandelt.

Der Lüfter wird zweckmäßig in gleicher Höhe wie das Hauptsammelrohr aufgestellt, also bei unterirdischer Verlegung ebenfalls unter dem Fußboden und bei oberirdischer auf einer Konsole an der Wand. An den Druckstutzen des Lüfters schließt sich möglichst gradlinig die Druckleitung an, die dann in den Fliehkraftabscheider tangential einmündet.

An sämtlichen Sauganschlüssen ist ein Absperrschieber vorzusehen, der bei Außerbetriebsetzung der betreffenden Maschinen zu schließen ist. Drosselklappen, deren Achsen innerhalb des Saugrohres liegen, sind zu vermeiden, da sie leicht zu Verstopfungen Anlaß geben und großen Widerstand bieten.

Automatisch wirkende Absperrvorrichtungen, die erst beim Einschalten oder bei Betreten des Arbeitsplatzes den Sauganschluß öffnen, sind empfehlenswert, da das Verschließen von Hand häufig nicht befolgt wird.

Bei unterirdischer Verlegung sind die Kehrlöcher so anzuordnen, daß hinter der Ansaugöffnung dieser Löcher ein ansteigendes Rohrstück anschließt (Abb. 169). Hierdurch soll verhindert werden, daß größere Holzstücke oder andere sperrige Teile aus Versehen, oder wie es auch vorkommt, durch Spielerei der Arbeiter in die Rohrleitung gelangen und sich dort festsetzen.

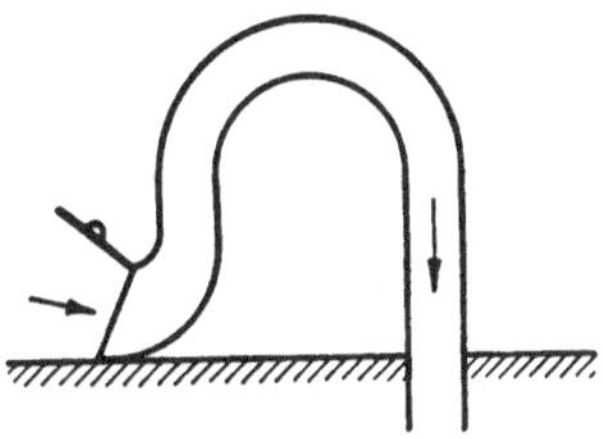

Abb. 169. Kehrloch bei unterirdischer Rohrverlegung.

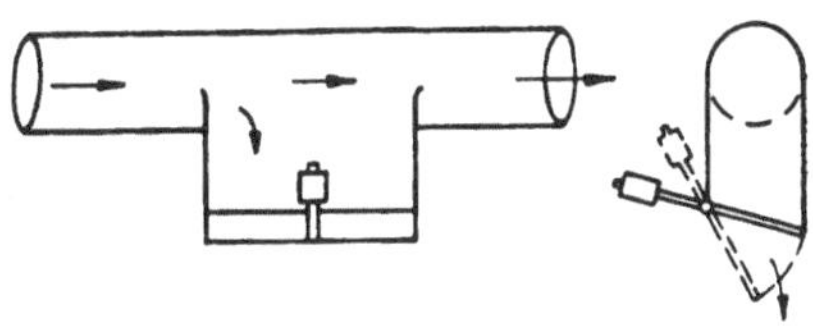

Abb. 170. Stückenabscheider.

Aus gleichem Grunde ist kurz vor dem Lüfter ein sogenannter Stückenabscheider (Abb. 170) einzubauen. Dieser besteht aus einer kastenförmigen Erweiterung des Rohres, an deren unterem Ende sich ein durch Gegengewichte ausbalancierter Verschluß befindet. Dieser öffnet sich bei einem gewissen Übergewicht im Kasten und auch beim Stillstand des Lüfters, so daß er die dort angesammelten sperrigen Stücke hinauswirft. Bei Inbetriebsetzung der Absaugungsanlage schließt sich der Stückenabscheider ebenfalls selbsttätig.

Sollen die im Fänger angesammelten Späne gleich zur Feuerung unter einem Dampfkessel verwertet werden, so kann die Druckleitung der Entstaubungsanlage, wenn das Kesselhaus dicht neben der Tischlerei liegt, unmittelbar in einen Fänger oberhalb des Kesselraumes geleitet werden. Der Kessel selbst muß jedoch in diesem Falle mit einer Vorfeuerung ausgerüstet sein, die durch eine automatisch wirkende schleusenartige Drehklappe ein Herausdrücken oder Rückschlagen der Flamme in Richtung zum Spänefänger unmöglich macht.

Bei größerer Entfernung des Kesselhauses von dem Aufstellungsppnkt des Lüfters empfiehlt es sich, einen Zwischenfänger anzuordnen und die Späne aus diesem Fänger einem zweiten Förderlüfter zufallen zu lassen, der sie durch eine besondere Förderleitung zu dem Zyklon im Kesselhause drückt (Abb. 171).

Die Einschaltung solcher Förderanlagen, die S. 197 näher beschrieben werden, ergibt in den meisten Fällen Kraftersparnis und Verringerung der Anlagekosten. Dies hat seinen Grund darin, daß der größere Teil der Ansaugeluft dem ersten Fänger entweicht und in der Förderanlage mit einer wesentlich geringeren Menge Mischluft gearbeitet werden kann, als bei der eigentlichen Absaugeanlage.

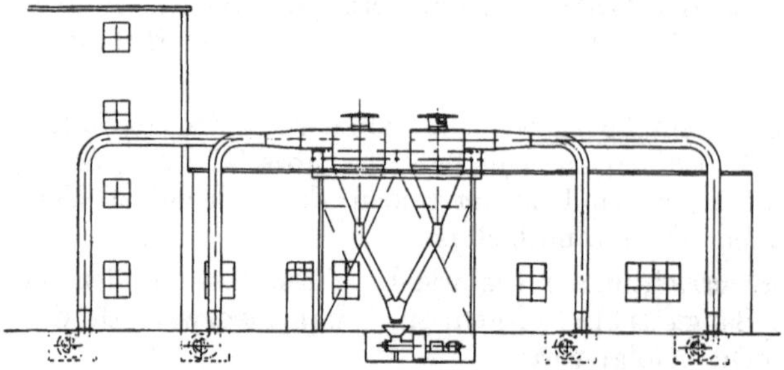

Abb. 171. Späneabsaugungsanlage mit vier parallelgeschalteten Sauglüftern und besonderer gemeinsamer Förderanlage.

Abb. 172a. Absaugung in einer Poliererei mit seitlich einmündenden Abzweigrohren. (Maschinenfabrik Augsburg-Nürnberg.)

Abb. 172b. Absaugung in einer Poliererei mit unten einmündenden Abzweigrohren. (Turbon Ventilatoren und Apparatebau-Gesellschaft, Berlin-Reinickendorf.)

Die Rohrgeschwindigkeit bei Späneabsaugungsanlagen muß um so größer sein, je sperriger und zäher die Späne der zur Verarbeitung gelangenden Holzarten sind. So muß z. B. bei Spänen von langsplittrigen Elsenhölzern oder von eichenen Eisenbahnschwellen mit größten Rohrgeschwindigkeiten gerechnet werden, da sonst häufige Verstopfungen unvermeidlich sind.

Das gleiche ist zu beachten bei geölten Hölzern, wie sie häufig zu Verpackungszwecken benutzt werden. Hier sind die Reinigungsöffnungen so zahlreich wie möglich über das ganze Rohrnetz zu verteilen, und ebenfalls größere Rohrgeschwindigkeiten zu wählen, da durch die Neigung dieser Holzspäne zum Backen leicht Verkrustungen eintreten, die schon in der Nähe der Ansaugstellen Verstopfungen im Gefolge haben.

Eine besondere Behandlung verlangen ferner die hochtourigen Hobel- u. Dickenmaschinen (etwa 8000 U/min). In diesen Fällen werden durch die hohen Walzengeschwindigkeiten in der Maschine selbst sehr hohe Luftgeschwindigkeiten erzielt, deren Richtung häufig der Ansaugewirkung der Entstaubungsanlage entgegengesetzt liegt. Man muß daher entweder die Absaugehaube um 180° drehen oder, wenn das nicht möglich ist, die höchste Ansauggeschwindigkeit wählen, gleichzeitig aber auch den Querschnitt des Ansaugrohres und damit die Luftmenge gegenüber den normalen Maschinen gleicher Art vergrößern (vgl. Tab. 14).

Die Abbildungen 172 bis 174 stellen Einzelheiten von Späneabsaugeanlagen dar.

Abb. 173. Absaugung an einer vierseitigen Hobelmaschine. (Maschinenfabrik Augsburg-Nürnberg.)

Abb. 174. Absaugung an einer Zapfenschneid- und Schlitzmaschine. (Maschinenfabrik Augsburg-Nürnberg.)

2. Schuhindustrie

Die schuhverarbeitenden Maschinen sind in der Regel, soweit sie einer Absaugung bedürfen, mit gußeisernen Ständern zusammengebaut, deren Hohlraum gleichzeitig zu einem fest angebauten Sauganschluß führt. Es handelt sich bei diesen Maschinen daher nur um den Anschluß an eine Sammelleitung, die so zu verlegen ist, daß die Anschlußabzweige möglichst kurz ausfallen.

Da es sich hauptsächlich um Sohlenfräs- und Bimsmaschinen handelt, ist der abfallende Staub sehr fein.

Es kommt also hier auf besonders gute Abdichtung der Rohrleitungsnähte und Stöße in der Druckleitung an. Auch der Abscheider selbst muß gut gedichtet sein und ist genügend groß zu wählen, um den Entstaubungsgrad zu verbessern. Das Abluftrohr ist möglichst hoch zu führen.

3. Gießereien

In der Gießerei und der dazugehörigen Formerei und Aufbereitung gibt es eine große Reihe verschiedenartigster Maschinen, die Staub erzeugen. Zu ihnen gehören in erster Linie diejenigen in der Formsandaufbereitung. Hier sind es die Schüttelsiebvorrichtungen, die Schleuder- und Mischtrommeln und bei Bandbetrieb die Förderbänder, bei welchen ein Teil des Formsandes sich in feinsten Teilchen als Staub bemerkbar macht.

Die Schüttelsiebvorrichtung kann man in der Regel nur mit einer darüber anzubauenden Luftsaughaube versehen. Wie schon S. 164 erwähnt, ist es zweckmäßig, diese Haube so tief wie möglich anzusetzen, da sonst die Saugwirkung versagt. Auf je 1 m^2 größten Ansaugquerschnitt soll etwa ein Saugrohr von 200 mm Durchmesser kommen.

Die Schleudermischtrommeln, denen der Sand meist durch eine schräge Schurre zufällt, sind in der Regel schon völlig eingekapselt. Diese Kapselung besitzt nur zwei Öffnungen, eine, in die der Sand einfällt und die zweite, durch die er weiter gefördert wird. Um die Staubbildung an diesen Öffnungen einzuschränken, kann man die Haube unter einen gewissen Unterdruck setzen, so daß an den Öffnungen frei schwebender Staub nicht mehr heraustreten kann.

Die nötige Luftmenge kann man hier aus dem Querschnitt der beiden erwähnten Öffnungen und einer Durchtrittsgeschwindigkeit von etwa 8 bis 10 m/s ermitteln.

Der in der Gußputzerei und in der Sandstrahlerei anfallende Staub kann meist durch umschließende Hauben erfaßt werden. Auch können mit Vorteil Lederabstreifer Verwendung finden (Abb. 150). Bei der Fortleitung des Staubes durch das zum Lüfter führende Saugrohr wird zweckmäßig vor dem Lüfter ein Vorabscheider (Abbildung 175) eingeschaltet. Dieser besteht aus einer mit Prallflächen und Luftumlenkungen versehenen kastenförmigen Erweiterung der Rohrleitung. Der Staub sammelt sich hier in einem darunter befindlichen Trichter, an dessen unterem Ende man einen Schieber oder für kontinuierliche Entleerung eine Schleuse vorsetzen kann. Als Abscheider für den restlichen Staub, der dann sehr feiner Art ist, wird vorteilhaft ein Stoffilter mit selbstreinigender Wirkung (S. 118) vorgesehen.

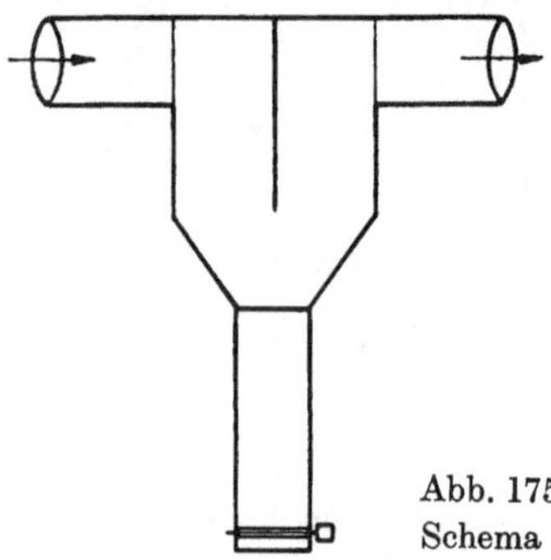

Abb. 175.
Schema eines Vorabscheiders für Sandereien und Putzereien.

Der in der Formerei entstandene Staub läßt sich in der Regel örtlich schwer erfassen. Man kann gegebenenfalls ein horizontales Rohrnetz verlegen und durch Anordnung senkrechter Abzweige in der Nähe der größten Stauberzeugung eine möglichst schnelle Beseitigung des Staubes erzielen. Meistens scheitern doch derartige Anlagen an der Schwierigkeit der Verlegung im Raume durch im Wege befindliche Kräne, laufende Bänder oder dergleichen.

Wenn man daher die Rohrführung nicht unterirdisch vorsehen kann, so bleibt meist nichts anderes übrig, als eine Raumentlüftung vorzunehmen, der dann gleichzeitig die Aufgabe der Entstaubung zufällt. Man kann zu diesem Zweck vorteilhaft Schraubenlüfter mit großer Ansauggeschwindigkeit in die Seitenwände der Räume einbauen und über die ganze Länge gut verteilen. Über Abführung der Gase in der Gießerei vgl. S. 190, über Lufterwärmung bzw. warme Ersatzluft vgl. S. 175.

4. Konverter-Entstaubung

Bei der Konverter-Entstaubung in der Stahlgießerei wird heiße Luft mit Staub gemischt zur Absaugung gebracht. Diese läßt sich meist durch eine Anschlußhaube erfassen. Da es sich aber in der Regel um sehr große Staubmengen oft mit Funkenbildung handelt, ist eine besonders kräftige Ausbildung des Lüfters vorzusehen. Häufig wird man statt eines schmiedeeisernen einen gußeisernen Lüfter wählen. Die Lager müssen wegen der hohen Temperatur, die 340° und mehr erreicht, Wasserkühlung erhalten.

Da nach jeder Charge kalte Luft eintritt, muß ein möglichst automatisch wirkender Klappenverschluß in die Saugleitung eingebaut werden, da sonst der Antriebsmotor bei Förderung kalter Luft überlastet wird.

5. Schleifereien und Polierwerkstätten

In Schleifereien und Polierwerkstätten sind die Entstaubungsanlagen unter ähnlichen Gesichtspunkten wie in der Tischlerei zu verlegen. Für gute Ausbildung der Saughauben ist zu sorgen, indem der Sauganschluß stets tangential zum Schleifscheibendurchmesser in die Haube einmünden muß (Abb. 151). Die Haube selbst muß die Schleifscheibe allseitig soweit umfassen, als es der Arbeitsvorgang an der Maschine zuläßt.

Bei Schwabbelscheiben ist zu berücksichtigen, daß ein großer Teil der Schwabbelscheibe selbst durch Abnutzung zur Absaugung gelangt. Es ist daher empfehlenswert, den Lüfter hinter den Zyklon zu setzen, um Verstopfung im Lüfter zu vermeiden. Die Abscheidung kann auch in besonderen Sammlern erfolgen. Abbildung 172a u. b zeigt, wie die Abzweigrohre meist zu zweit zusammengefaßt sind und entweder seitlich oder unten in die Hauptleitung einmünden können.

6. Staub von Magnesiumlegierungen

Besondere Vorsicht ist bei der Absaugung von Staub der Magnesiumlegierungen wegen Explosionsgefahr geboten. Die Gefahr beginnt bereits beim Schleifen. Deswegen dürfen Schleifscheiben, die für Eisenbearbeitung Verwendung finden, nicht für die erwähnten Metalle benutzt werden, da sonst leicht Funkenbildung entsteht. Der Staub ist mit möglichst großer Luftgeschwindigkeit von der Schleifmaschine abzusaugen und auf kürzestem Wege einem Naßfilter zuzuleiten. Die Rohrleitung muß so verlegt werden, daß sich keine Staubnester bilden können und mit Sicherheitsklappen versehen sein, die nach außen öffnen, damit bei etwaiger Entzündung durch Luftzutritt völlige Verbrennung der entzündeten Staubteilchen erfolgen kann.

7. Entstaubung in Steinbrüchen

Die Staubentwicklung in Steinbrüchen beginnt eigentlich schon beim Brechen des Steines vom Felsen. Da dies jedoch nur verhältnismäßig selten, meist nur ein- oder zweimal im Jahre erfolgt und naturgemäß jedesmal an einer anderen Stelle, dürfte hier kaum eine Absaugung nötig sein. Um so dringender ist die Entstaubung an den Brechern und den Schüttelsieben in Verbindung mit den Transportbändern.

Abgesehen von leicht behebbaren Undichtigkeiten am Gehäuse des Brechers ist es hauptsächlich am Auslaß des Brechers, wo die größte Staubwolke entsteht. Die gebrochenen Steine werden hier auf die meist schräge Gleitbahn geschleudert, von der sie auf die Transportbänder gelangen. Wenn auch die Gleitbahn meist gut eingekapselt werden kann, so bleibt ihr letzter Teil, wo sie das Transportband berührt, an der unteren Gleitfläche und am Austritt offen. Es bedarf hier einer Lederschürze, die auf dem Bande bzw. den Steinchen gleitet, und eines möglichst hohen Unterdrucks, der den Austritt von Staub verhindert. Die eigentliche Verbindung mit der Saugleitung geschieht zweckmäßig am Ende der umgebenden Haube, die lang genug sein muß, um eine Beruhigung der Staubwolke im Innern der Haube bis zu einem gewissen Grade zu erwirken. Man kann den Anfang der Haube außerdem mit dem

Einlaß des Brechers verbinden, in dem immer ein gewisser Unterdruck, ähnlich wie bei einem Ventilator, infolge der durch die rotierenden Backen des Brecherrades erzeugten Zentrifugalkraft entsteht. Auf diese Weise wird schon im Anfang der Haube ein Teil der Staubluft fortgenommen (Abb. 176). An den Schüttelsieben entsteht der Staub hauptsächlich an der Übergangsstelle vom Transportband zum Schüttelsieb. Diese Stelle kann man, wenn völlige Einkapselung aus Beobachtungsgründen unerwünscht ist, mit einer Lufthaube in geringem Abstande von der vorbeiziehenden Steinschicht versehen und mit möglichst großer Ansaugegeschwindigkeit von 3 bis 4 m/s an das Saugsystem anschließen.

Abb. 176. Absaugung von Gesteinsstaub.

Abb. 177. Kaskaden-Naßfilter. (Filter-Heat Ltd. Leigh, Lancs.)

Die Abscheidung des sehr feinen Sandes geschieht am besten, wenn es die Wasserverhältnisse zulassen, in einem Naßabscheider. Der anfallende Schlamm kann durch eine Schlammpumpe abbefördert werden (Abb. 177).

8. Kohlenindustrie

Sowohl in Steinkohlenzechen wie in der Braunkohlenindustrie entstehen naturgemäß während des ganzen Prozesses der Aufbereitung und der Verarbeitung große Staubmengen. In den Steinkohlenbetrieben sind es hauptsächlich die Siebereien, in der Braunkohlenfabrikation die sogenannte Innenentstaubung und die Brüdenentstaubung. Ein näheres Eingehen auf die gesamte Entstaubung dieser Betriebe verbietet der Umfang des Buches, da die Erfassung an den verschiedenen Stellen des Arbeitsvorganges je nach Art der Einrichtungen verschieden ausfällt, jedoch gibt Abbildung 178 einen gewissen Überblick. Allgemein muß bei diesen Anlagen auf die Entzündungsgefahr, insbesondere des Braunkohlenstaubes, Rücksicht genommen werden, wie es in ähnlicher Weise schon bei der Verarbeitung von Aluminiumlegierungen vorher unter 6. angegeben war. Allerdings ist hier der Unterschied, daß sehr ausgedehnte Rohrnetze in Frage kommen. Staubablagerung an Krümmern, Nähten und Schüssen müssen mit allen Mitteln vermieden werden. Daher müssen spitzwinkelige Kniee statt der Krümmer auf Kosten erhöhten Druckverlustes vorgesehen werden. Anstatt genieteter oder gefalzter Nähte müssen geschweißte Rohre verwendet werden. Die Flanschverbindungen müssen mit Asbestos gedichtet sein. Alle Rohre sind, wenn möglich, mit Gefälle zu verlegen. Gegen die Fortpflanzung einer etwaigen Entflammung bietet die Einhaltung einer Mindestgeschwindigkeit in den Rohrleitungen von 15 bis 17 m/s eine gewisse Verminderung der Gefahr.

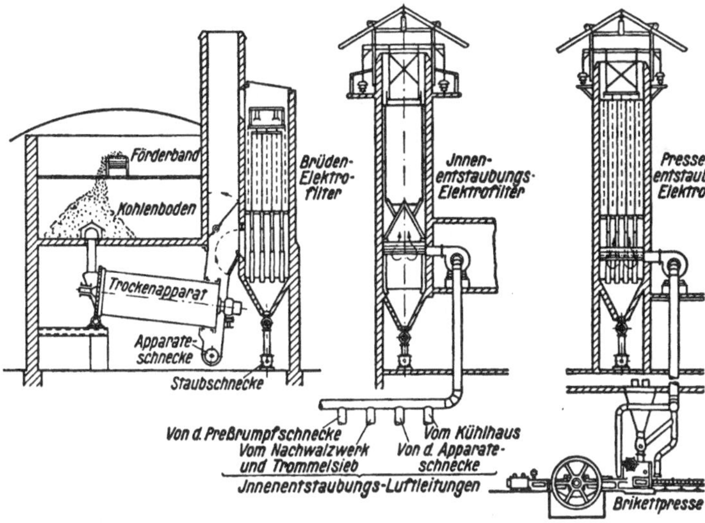

Abb. 178. Elektrofilter in der Braunkohlenindustrie.

Explosionsklappen, die unbedingt ins Freie führen müssen, sind an geeigneten Stellen einzubauen und, wenn möglich, elektrisch mit dem Lüftermotor so zu kuppeln, daß beim Öffnen der Klappe auch der Lüfter zum Stillstand kommt.

Die Abscheidung des Kohlenstaubes erfolgt entweder in Berieselungstürmen, Naßzyklonen oder am besten in Elektrofiltern.

9. Textilindustrie

Ein Teil der in der Textilindustrie benutzten Maschinen, besonders diejenigen, die z. B. in der Baumwollindustrie zur Vorbereitung für das eigentliche Spinnen, das Mischen und Öffnen dienen, sind schon gleich mit Lüftern zusammengebaut. Diese haben entweder die Aufgabe, das zur Verarbeitung kommende Material zu fördern, wie z. B. im Voröffner und im Crightonöffner, oder auch Staubluft zu Zwecken der Reinigung abzusaugen, wie z. B. in einigen Systemen von Ballenbrechern und im Exhaustöffner, der meist neben einem Förderlüfter auch einen Entstaubungslüfter besitzt.

Die direkte Materialförderung, wie sie hier zum Teil vorliegt, wird S. 197 noch eingehend behandelt.

Die Erfassung des Staubes an den Karden der Krempel ist nur bei völliger Einkapselung der Maschine möglich, was jedoch nicht immer gern gesehen wird. Da nur Rohre mit sehr kleinen Durchmessern verlegt werden können, bedient man sich bisweilen einer Vakuumpumpe statt eines Lüfters.

In vielen Fällen muß man sich darauf beschränken, den anfallenden Staub nur fortzublasen von der betreffenden Maschine, um Knotenbildung zu vermeiden. So werden an den Spul-, Zettelmaschinen und Schärrahmen z. B. oszillierende Staubfächer oberhalb der Maschinen angeordnet, wie in Abbildung 179 gezeigt. Andere Einrichtungen sehen bei Ringspinnmaschinen einen oberhalb der Maschinen angeordneten fahrbaren, senkrecht arbeitenden Axiallüfter vor.

Er drückt die Raumluft in mehrere an beiden Seiten angeordnete kurze Rohrstutzen, die oberhalb der Fäden zu beiden Seiten der Maschine enden und bläst den Staub von den Fäden. Der Lüfter bestreicht auf seiner Fahrt mehrere Maschinen in gewissen Zeitabständen, die genügen, eine Staubablagerung an den Spinnmaschinen zu verhindern. Es kann ferner unterhalb der Maschine ein Rohr angebracht werden, das mit entsprechenden Schlitzen versehen den Staub auffängt, absaugt und ins Freie drückt.

Abb. 179. Staubfernhaltung von Schärrahmen durch oscillierende Staubfächer. (Siemens-Schuckertwerke, Erlangen.)

In ähnlicher Weise versucht man auch an der Spulmaschine durch Abblasen des Staubes die Fäden sauberzuhalten.

Häufig verbindet man mit derartigen Einrichtungen auch den Zweck, die Fäden auseinanderzuhalten und gegebenenfalls auch zu befeuchten.

Im ganzen betrachtet ist in fast allen Räumen der Textilfabrikation die Luft stark mit Staub durchsetzt. Man ist daher in den letzten Jahren dazu übergegangen, Klimaanlagen in allen Räumen einzurichten, die gleichzeitig den nötigen Feuchtigkeitszustand herstellen und damit besondere Befeuchtungsgeräte und -anlagen überflüssig machen. Hierbei kann dann auch wenigstens ein Teil der Raumluft, die abgesaugt ist, dem Raume wieder zugeführt werden. 10- bis 15facher Luftwechsel ist anzustreben. Für die Klimaanlage werden zweckmäßig Luftwäscher verwendet (S. 93).

10. Entstauben beim Ausblasen elektrischer Maschinen

Die Entstaubung von großen elektrischen Maschinen, Generatoren, Umformern, Motoren u. dgl., wird im allgemeinen durch Ausblasen mittels Preßluft vollzogen, da eine bloße Absaugung den in den Wicklungen und auf den Kollektoren festhaftenden Staub nicht erfassen würde. Der durch die Preßluft abgeblasene Staub setzt sich jedoch auf anderen Maschinenteilen und Apparaten nieder. Man umgibt daher zweckmäßig beim Ausblasen der erwähnten Maschinen diese mit einem Zelt, um die nachherige Erfassung des Staubes zu erleichtern.

Die Staubluft wird dann durch einen im Mittelteil eines fahrbaren Luftreinigers eingebauten Schraubenlüfter angesaugt und in den als Filter ausgebildeten Wänden des Kastenwagens vom Staube befreit. Die Luft tritt gereinigt in den Raum zurück. Die Filterplatten können dann außerhalb des Maschinenraumes von Zeit zu Zeit durch Einlegen in Öl gereinigt werden.

XII. Absaugeanlagen von Dämpfen und Gasen

A. Wirkungsweise und Ausführungsformen

Die Absaugung von Dämpfen und Gasen unterscheidet sich von der vorher beschriebenen Staubabsaugung nur dann, wenn es sich um heiße Gase handelt oder wenn die Gase keinerlei feste abscheidbare Teilchen enthalten. Die Beseitigung von Wasserdampf ist, soweit es sich um Entnebelung, Adsorption oder Küchendämpfe handelt, bereits S. 124 behandelt.

Hier sollen solche Anlagen behandelt werden, bei denen durch die Eigenheit des jeweiligen Betriebes oder Vorganges Dämpfe oder Gase entwickelt werden, die den in den Räumen arbeitenden Menschen unzuträglich sind oder solche, die auch in der Umgebung der Betriebe unerwünscht sind. Es handelt sich daher in erster Linie um Rauch aller Art und solche Gase oder Dämpfe, die aus dem Verdampfen von Säuren aller Art entstehen.

Bei fast allen diesen Anlagen erfolgt nicht eine Absaugung der reinen Gase, sondern einer Mischung von Luft mit diesen Gasen.

1. Erfassung

Soweit diese Gase hohe Temperaturen besitzen, ist ihre Erfassung nicht allzu schwierig. Dann kann man sie in Hauben darüber oder seitlich auffangen, wobei der Auftrieb die Absaugung unterstützt. Oft kann man auch feste Verbindungen mit der Gasabzugsstelle herstellen, wie z. B. bei Rauchgasen verschiedener Arten von Schmelzöfen, die später noch behandelt werden.

Schwieriger ist die Erfassung von Säuregasen, die keine erhöhte Temperatur gegenüber der Raumluft aufweisen, und deren Wichte gleich oder größer als die der Raumluft ist. Hier wird man keine Hauben vorsehen, die auch meist aus Bedienungsgründen unerwünscht sind, sondern Schlitze an einer oder mehreren Seiten der Wannen oder Gefäße und die Gase durch kräftige Saugwirkung auf dem kürzesten Wege abführen.

Ist auch das nicht ausreichend, vielleicht infolge zu großer Breite der Gefäße, dann muß man die Saugwirkung an den Schlitzen durch die Druckwirkung eines gegenüber anzuordnenden Lüfters unterstützen (Abb. 180).

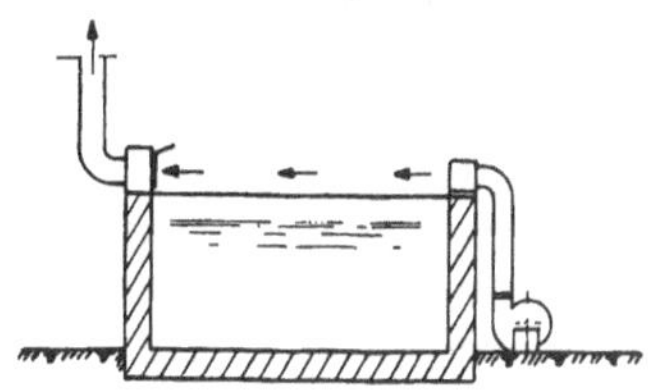

Abb. 180. Saugwirkung unterstützt durch Druckwirkung.

Bei schweren Gasen, die bereits in den Raum gelangt sind, da eine frühere Erfassung nicht möglich war, muß die Absaugung an der tiefsten Stelle des Raumes erfolgen, da sonst die Luft darüber hinweg, aber nicht das Gas selbst zur Absaugung gelangt. Sind außer den schweren auch leichte Gase im Raum vorhanden, wie z. B. in Batterieräumen, so muß unten und oben die Absaugung erfolgen.

Für das Nachströmen der Luft muß in allen Fällen gesorgt werden, und die Durchströmung des Raumes, d. h. die Anordnung der Zu- und Abluftöffnungen muß so eingerichtet werden, daß tote Ecken und Winkel, gewissermaßen als Nester für schwere Gase, nicht entstehen können.

Bei Vorhandensein von verschiedenen Arten von Gasen muß auf explosible Gemische geachtet werden. Gegebenenfalls sind mehrere Lüfter mit getrennten Kanälen vorzusehen.

Als Lüftungssystem kommt nur das Saugsystem in Betracht, da auf jeden Fall ein Überströmen der schädlichen Gase in andere Räume vermieden werden muß.

2. Abscheidung

Bei der Abscheidung ist zu unterscheiden zwischen Rauchgasen von Kesselfeuerungen und Schmelzöfen und chemischen Gasen.

Die *Rauchgase von Dampfkesselfeuerungen* enthalten genug Ruß und Flugasche, besonders bei Staubkohlenfeuerung, und auch Schwefelteile, um beim Entweichen aus dem Schornstein die Luft und oft auch die Vegetation in den betroffenen Gegenden zu verschlechtern. Daher müssen diese Rauchgase wenigstens in und in der Nähe großer Städte, so weit wie möglich, gereinigt werden.

Bei Wanderrostkesseln bringt schon die trockene Entstaubung, wie sie z.B. durch den Multiklon (S. 168) erreicht wird, genügend Abhilfe. Bei Staubkohlenfeuerung ist die nasse Abscheidung, wenn nicht zum Elektrofilter gegriffen wird, zu bevorzugen. Bei der Naßabscheidung ist jedoch zu beachten, daß die im Wasser sich bildende verdünnte Schwefelsäure alle Zink- und Eisenteile heftig angreift, so daß Vorkehrungen hiergegen nötig sind. Die Gefahr kann zu einem gewissen Grade vermindert werden, entweder durch einen Überschuß von Wasser (etwa 20 t Wasser je 1 t Kohle) oder durch Zusetzen von Kalk (etwa 5 bis 6 kg je 1 t Kohle), oder aber alle Eisenteile müssen verbleit, emailliert oder zementiert oder von rostfreiem Stahl sein. Auch etwaige Düsen, Ventile und Pumpen müssen aus reiner Bronze hergestellt sein.

Die Rauchgase von Kupferschmelzöfen werden zweckmäßig in Zyklonen als Vorabscheider und Vorkühler und in Schlauchfiltern als Feinabscheider gereinigt. Das in den Abscheidern zurückgewonnene Zinkoxyd ist für die Farbenfabrikation wertvoll oder kann wieder eingeschmolzen werden.

Auch die Verbindung von Trocken- und Naßfilter kann für die Reinigung dieser Gase gewählt werden (Abb. 181 a). Hier ist Zyklon- und Kaskadenfilter vereinigt.

Die Rauchgase von den Hochöfen in der Eisengießerei, also die *Gichtgase*, werden, wie schon S. 169 erwähnt, durch Naßfilter oder Theissen-Desintegratoren in Verbindung mit Elektrofilter gereinigt.

Abb. 181 a. Trocken-Naßfilter. (Filter-Heat Ltd. Leigh, Lancs.)

Die Abscheidung von *chemischen Gasen* kann entweder mit dem P. A. Scrubber, in Adsorptionsapparaten mit aktiver Kohle, in Säureabscheidern (S. 120) oder in Kondensationstürmen erfolgen. In besonderen Fällen werden auch Elektrofilter gewählt, z. B. bei der SO_2-Herstellung. In vielen anderen Fällen ist eine besondere Abscheidung nicht erforderlich, z. B. meist nicht in Laboratorien.

B. Berechnungsart

Die Berechnung der Absaugeanlagen für Dämpfe ist meist nur nach Erfahrungsgrundsätzen möglich, da die zur Absaugung gelangende Gasmenge bis auf wenige Ausnahmefälle kaum einwandfrei zu ermitteln ist.

In den Fällen, in denen die Gasmenge wirklich feststeht, wie beispielsweise bei Kesselfeuerungen, kann diese Gasmenge auch für den Abscheider und die ganze Anlage zugrunde gelegt werden. In allen anderen Fällen muß von der Mindestansaugegeschwindigkeit ausgegangen werden. Diese kann für heiße Gase mit darüberliegenden Hauben mit 0,5 bis 1 m/s im größten Querschnitt angenommen werden. Bei schweren Gasen soll die Ansauggeschwindigkeit im freien Ansaugequerschnitt nicht unter 1,5 m/s liegen und in ungünstigen Fällen bis etwa 3 m/s gesteigert werden.

Tab. 16. Wichten von Gasen und Dämpfen

Gasart	Chem. Form	Spez. Gew. γ bzw. a. Luft = 1	Widerstandsfähiges Material	Anstrich auf Schwarzbl.
Sauerstoff	O	1,10	Aluminium verzinktes Eisen	Asphalt
Stickstoff	N	0,97	Schwarzblech	—
Wasserstoff	H	0,07	Schwarzblech	—
Schweflige Säure	SO_2	2,21	verbleites Eisen Blei	Asphalt Bakelit
Schwefelsäure	SO_3	2,15	„ „	Asphalt Bakelit
Schwefelwasserstoff	H_2S	1,19	Aluminium	Asphalt Bakelit
Chlor	Cl	2,49	Steinzeug	—
Chlorwasserstoff[1]	HCl	1,27	Steinzeug	—
Fluorwasserstoff[2]	HF	0,71	verbleites Eisen	Asphalt
Kohlenoxyd	CO	0,97	Schwarzblech	—
Kohlensäure	CO_2	1,53	Aluminium verzinktes Eisen	Bakelit
Benzoldämpfe	C_6H_6	2,69	} Aluminium	—
Benzindämpfe	—	2,69	} Schwarzblech	—
Spiritusdämpfe	C_2H_5OH	1,6	Schwarzblech	—
Schwefelkohlenstoff	CS_2	2,61	Aluminium	—
Azetylen	C_2H_2	0,9	Schwarzblech	Asphalt
Methan	CH_4	0,55	„	—
Stickoxyd[3]	NO	1,04	Aluminium Steinzeug, Holz	—
Stickstoffdioxyd[3]	NO_2	1,5	Aluminium Steinzeug, Holz	—
Leuchtgas	—	0,43	Schwarzblech	—
Ammoniak	NH_3	0,60	„	—
Quecksilberdampf	Hg	6,98	„	—
Zinndämpfe	Sn_2	$\sim$ 1,96	„	—
Zinkdämpfe	Zn	2,25	„	—
Wasserdampf	—	—	verzinktes Eisen	—
Salpetersäure	NO_3H	1,53	Eisen	—

Die Abmessungen der zu wählenden Ansaugquerschnitte richten sich bis zu einem gewissen Grade nach der Größe der gasentwickelnden Flächen, wobei es besser ist, eine große Ansauggeschwindigkeit bei kleinem Querschnitt, als einen großen Querschnitt bei kleiner Geschwindigkeit zu wählen.

[1]) Bekannt als Salzsäure.
[2]) Bekannt als Flußsäure.
[3]) Entsteht durch Einwirkung von Salpetersäure auf Kupfer und Messing.

An folgendem Beispiel soll eine Berechnung erläutert werden:

Eine Beizwanne, in der Salpetersäure verdampft, soll mit einer Absaugung versehen werden. Die Abmessungen der Wanne seien 1,5 × 3 m bei einer Höhe von 0,8 m. Man wähle an zwei Längsseiten einen Schlitz oberhalb der Wanne von 40 mm Höhe, und da es sich um schwere Gase handelt, eine Ansauggeschwindigkeit von 3 m/s. Das ergibt, abgesehen von aus baulichen Gründen etwa nötigen Zwischenstegen eine, Luftmenge von

$$V = 2{,}3 \cdot 0{,}04 \cdot 3 = 0{,}72\ \mathrm{m^3/s}.$$

Einen Überblick der Wichten für die hauptsächlich vorkommenden Gase und Dämpfe gibt die nachfolgende Tabelle. In der Tabelle ist gleichzeitig das Material bzw. der Anstrich angegeben, der durch die betreffende Säure nicht oder nur wenig angegriffen wird. Hiernach richtet sich dann auch die Ausführung der Rohrleitung und meist auch des Lüfters, da sonst seine Lebensdauer zu gering ausfallen würde. Erwähnt sei noch, daß das Lüfterrad der Abnutzung besonders ausgesetzt ist.

C. Anwendungsgebiete

1. Beizereien

Eine große Bedeutung gewinnen die Absaugeanlagen in Beizereien, in denen Gußteile, z.B. aus Gelb- oder Weißmetall, durch Eintauchen in Säureflüssigkeiten gebeizt werden. Die Säureflüssigkeit, meist Salpeter- oder Schwefelsäure, wird in gewöhnlich zu zweit nebeneinander stehenden Wannen fertig gehalten. Die Arbeiter beugen sich beim Ein- und Austauchen der Teile über den Rand der Wannen und sind auf diese Weise der Einatmung der aus den Bädern aufsteigenden Gase ausgesetzt.

Solange die zu beizenden Stücke klein sind, können die Beizbottiche mit schräg aufklappbaren Abdeckungen versehen werden und der Arbeiter kann mit dem Oberteil seines Körpers außerhalb der Gaszone stehen. Der Absaugeschlitz ist dann zweckmäßig nur an einer hinteren Längsseite anzuordnen. Bei großen Stücken und meist sehr breiten Wannen muß dann ein zweiter Lüfter aufgestellt werden, der gegenüber dem Ansaugschlitz eine Druckluftdecke über die ganze Flüssigkeitsoberfläche ausbreitet und die Saugwirkung unterstützt.

Hierbei kommt es weniger auf die Dicke dieser Decke an als darauf, daß sie über die ganze Länge der Wanne sich erstreckt. Ferner muß ihre Geschwindigkeit so groß sein, daß sie in den Ansaugebereich der Absaugung gelangt (vgl. Abb. 180). Der Druckluftschlitz braucht nicht höher als etwa 20 mm zu sein. Die Zuführung vom Auslaß des Drucklüfters zum Schlitz muß jedoch genügend unterteilt sein, damit die Luft die ganze Länge des Schlitzes bestreicht.

Man wird zweckmäßig in diesem Falle die Breite des Absaugeschlitzes etwas erhöhen oder mindestens mit einem oberen Auffangblech versehen, um die Druckluft keinesfalls über den Wannenrand austreten zu lassen.

Der Absaugelüfter, der aus Holz, Steinzeug oder verbleitem Eisen herzustellen ist, wird am besten in einem Nebenraum untergebracht (Abb. 217 u. 218).

Zwischen Lüfter und Wanne kann ein Säureabscheider (S. 120) eingeschaltet werden oder hinter den Lüfter ein Kondensationsturm zur Unterkühlung der Abgase und Niederschlagung der Säureteile durch Unterschreitung des Taupunktes. Derartige Abscheider müssen alsdann bei der Bemessung des Lüfters wegen des erhöhten Druckverlustes berücksichtigt werden.

2. Rauchabsaugung in Lokomotivschuppen

Die beim Abstellen der Maschinen in Lokomotivschuppen sich bildenden Rauchgase können durch Absaugeanlagen mit besonderen verstellbaren Hauben ins Freie befördert werden.

Die schwenkbar eingerichtete Haube ist teleskopartig in drei Stellungen zu bewegen: zum Anheizen in tiefster, zum Absaugen in mittlerer und zum Außerbetriebsetzen in höchster Stellung. In den beiden letzten Stellungen verschließt gleichzeitig eine Klappe automatisch teilweise bzw. ganz den Querschnitt.

Für die Bemessung des Lüfters ist eine Luftmenge von etwa 1 bis 1,5 m^3/s je Lokomotive zugrunde zu legen bei einem Widerstand von 10 mm, zu dem der Rohrreibungswiderstand hinzukommt.

3. Akkumulatoren-Räume

In Akkumulatorenräumen wird in seltenen Fällen eine Erfassung der Gase unmittelbar an den Akkumulatoren möglich sein. Infolgedessen muß eine Raumentlüftung vorgesehen werden. Da die entstehenden Gase verschiedene Wichten haben (Schwefelsäure und Wasserstoff), müssen die Ansaugeöffnungen oberhalb des Bodens und unterhalb der Decke eingerichtet werden. Für die Abscheider sind Säureabscheider vor dem Lüfter einzubauen (Abb. 112). Lüfter selbst aus verbleitem Eisenblech.

4. Laboratorien

In Laboratorien wird die Erfassung der Gase der verschiedensten Art dadurch erleichtert, daß die chemischen und physikalischen Untersuchungen, soweit sie starkriechende oder gesundheitsschädliche Gase betreffen, meist innerhalb von sogenannten Digestorien vorgenommen werden. Dies sind durch Glas abgeschlossene Schränke, die vorn ein hochschiebbares Fenster besitzen, in denen Versuche durchgeführt werden (S. 78).

Ihr Rauminhalt schwankt zwischen 2 und 5 m^3. Da die Digestorien in der Regel an der Wand stehen, werden für die Absaugung in dieser sowohl unten, etwa 50 mm oberhalb des Tisches, als auch oben, meist dicht unterhalb der Glasdecke, Abzugsöffnungen vorgesehen, die mit Steinzeugdeckeln verschließbar sind (Abb. 181b). Bei kleineren Digestorien genügt ein Abzug. Für nachströmende Luft wird das Schiebefenster kurz vor seiner tiefsten Lage durch eine Sperrung festgehalten, so daß immer eine kleine Spalte offenbleibt.

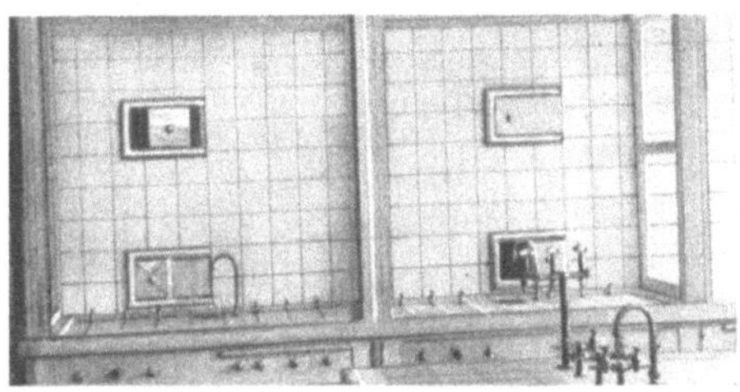

Abb. 181b. Entlüftung eines Digestoniums.
(Turbon Ventilatoren und Apparatebaugesellschaft, Berlin-Reinickendorf.)

Die anschließenden Kanäle sind aus Steinzeug oder Kunststoff zum Dach zu leiten und dort zusammenzufassen. Man lege die Gruppen aber nur so weit zusammen, als keine explosiblen Mischungen auftreten können.

Für die Bemessung der Lüfter rechnet man mindestens mit einem 150fachen Luftwechsel.

Die Lüfter sind aus verbleitem Eisenblech, säurefestem Steinzeug oder PVC-Kunstharz herzustellen, auf Schwingungsdämpfer zu setzen und durch Leder- oder Gummimanschetten mit den Kanälen zu verbinden (S. 224).

5. Entqualmungsanlagen

Um im Falle eines Brandes in den großen Schalthäusern der Elektrizitätswerke eine möglichst schnelle Wiederaufnahme des Betriebes der gesamten Anlage zu ermöglichen, werden vielfach schon von vornherein sogenannte Entqualmungsanlagen eingebaut.

In Abb. 182 ist ein solches Schalthaus mit einer Reihe von Zellen dargestellt, in welchen sich die Ölschalter befinden. Die Anordnung der Entqualmungsanlage ist hier z. B. so getroffen, daß durch die Zellen an jeder Seite ein Kanal gelegt ist, der mit der Außenluft in Verbindung steht. Der Kanal besitzt innerhalb jeder Zelle verschließbare Öffnungen. Die Verschlußschieber sind gegebenenfalls durch eine mechanische Betätigung von einer entfernter liegenden Stelle aus, die möglichst vor einem etwaigen Feuer gesichert ist, zu bedienen. Tritt nun durch den Brand einer Zelle eine Verqualmung ein, so schließt man die Schieber der übrigen Zellen, setzt den am Ende befindlichen Sauglüfter in Tätigkeit, so daß die Brandstelle selbst durch die nachströmende Frischluft vom Qualme befreit wird und eine Wiederherstellung des betreffenden Ölschalters erfolgen kann. Die für die Bemessung der Lüfter zu wählende Luftmenge ergibt sich aus dem Volumen des ganzen Schalthauses, wobei eine Entqualmungszeit von etwa 1 bis 2 Minuten zugrunde gelegt wird. Dies bedeutet also etwa einen 30- bis 60fachen Luftwechsel in der Stunde.

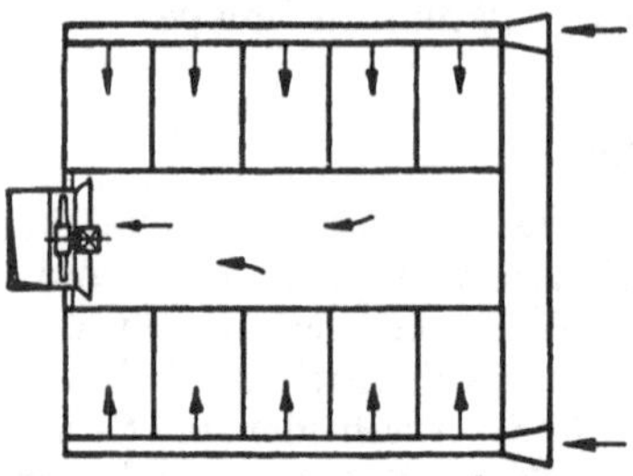

Abb. 182.
Schema einer Entqualmungsanlage.

6. Farbspritzanlagen

Die Beseitigung der Farbnebel, die meist aus einem Gemisch von Wasser, Öl oder Nitrofarben mit Spiritus oder Benzin bestehen, ist für die Gesundheit der mit der Spritzarbeit beschäftigten Personen dringend nötig.

Besonders bei den mit Preßluft höheren Druckes arbeitenden Pistolen entstehen größere Nebelmengen, die in wirksamer Weise zur Absaugung gelangen müssen.

Das Spritzen kleiner nicht sperriger Stücke wird heute fast ausschließlich in Spritzkabinen unternommen, ähnlich wie in Abb. 183 gezeigt. Hierbei können die S. 112 behandelten Filterplatten oder Raschig-Ringe, bisweilen auch Wasserschleier und nötigenfalls Holzwolle verwendet werden. Die letztere wird nach Verschmutzung im Drahtkasten verbrannt. Diese Filter sind in die Hinterwand der Kabine eingebaut, damit weder das anschließende Rohr noch der Lüfter von der ungereinigten Luft berührt wird (vgl. Abb. 104). Für 1 m^3 Kabinenraum kann etwa 20 bis 30 m^3/min Saugluft gerechnet werden. Eintrittsgeschwindigkeit in die Kabine 0,5 bis 1 m/s, damit die Belästigung für den Arbeiter nicht zu groß wird.

Abb. 183. Farbnebelabsaugeanlage mit Radiallüftern in einer Spritzlackiererei.
(Siemens-Schuckertwerke, Erlangen.)

Vielfach werden solche Spritzstände im Freien unter Dach aufgestellt. Dann ist genügend Frischluft für die Absaugung verfügbar. Sind sie jedoch im Raume untergebracht, dann spielen die Wärmeverluste durch die Absaugeanlage eine Rolle, besonders, wenn eine Reihe von Kabinen im gleichen Raum stehen.

Zwei Mittel sind verfügbar, um diese Wärmeverluste wesentlich zu vermindern: *Umluftbetrieb und Frischluftzuführung*. Die Umluft ist verhältnismäßig leicht herzustellen. Da der Lüfter bei den meisten Kabinen in dem Hohlraum unter dem Arbeitstisch angeordnet ist, braucht nur eine Reihe von Schlitzen im Tisch vorgesehen zu werden neben dem Arbeitsstück, die mit der Drucköffnung des Lüfters in Verbindung stehen. Dies ist jedoch nur zulässig, wenn eine sehr weitgehende Filterung mit häufiger Reinigung stattfindet. Es sind tatsächlich Spritzstände dieser Art vorhanden, aber es sollte doch sehr sorgfältig geprüft werden, ob nicht diese Methode aus hygienischen Gründen in vielen Fällen unerwünscht ist. Es dürfte fast unmöglich sein, das Übertreten von gebrauchter Luft in den Raum vollständig zu vermeiden.

Die andere Methode besteht darin, durch einen mit der Außenluft verbundenen Kanal Frischluft in die Kabine zu leiten, wie es z. B. in Abbildung 184 in einer

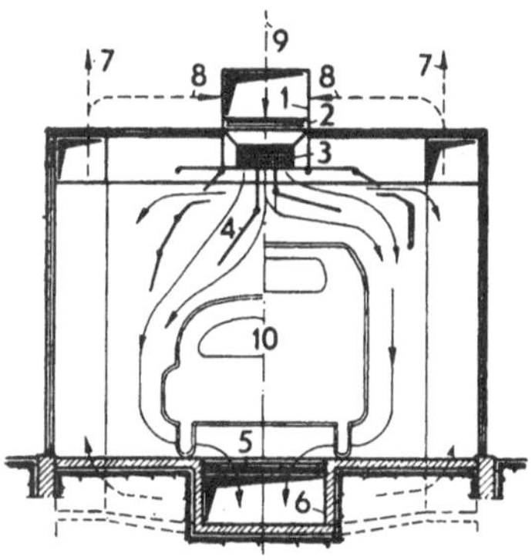

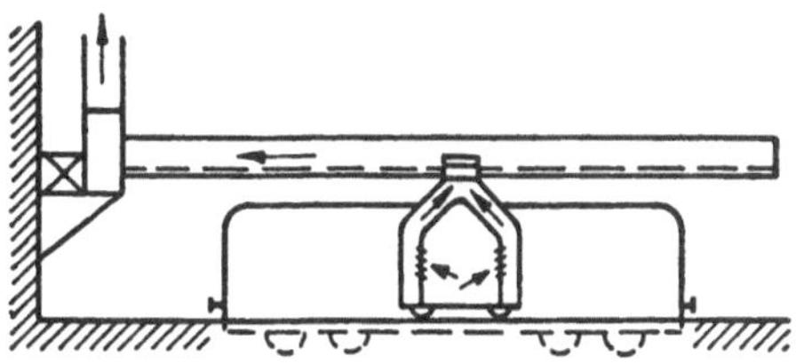

Abb. 185. Schema der Absaugung beim Spritzen von Eisenbahnwagen.

Abb. 184. Spritz- und Trockenkabine DBPa für Karosseriebau. (Teufel, Nagold.)

Spritzkabine für Karosserien chematisch dargestellt ist. Hier wird die Abluft unten nach Filterung abgesaugt und oben die Frischluft zugeführt. Diese Methode kann gleich mit einer Trocknung verbunden werden, indem die Frischluft auf etwa 50° C vorgewärmt wird.

Das Farbspritzen von Eisenbahnwagen geschieht meist in der Weise, daß der bedienende Arbeiter auf einem Wagen oder beweglichen Hängegerüst steht, dessen begrenzende Seitenwände Absaugekästen enthalten, die entweder an ein festverlegtes Absaugrohr anschließen oder zu einem Lüfter auf dem Wagen selbst führen, dessen Druckrohr ins Freie führt (Abb. 185).

Eine andere Methode ist noch in Abb. 186 gezeigt. Hier ist um die Spritzpistole ein Trichter gebildet, dessen Oberteil durchsichtig ist und der oben auf einer Gleitschiene aufgehängt ist. Nach unten schließt ein bewegliches Rohr an, das zu einem Lüfter führt.

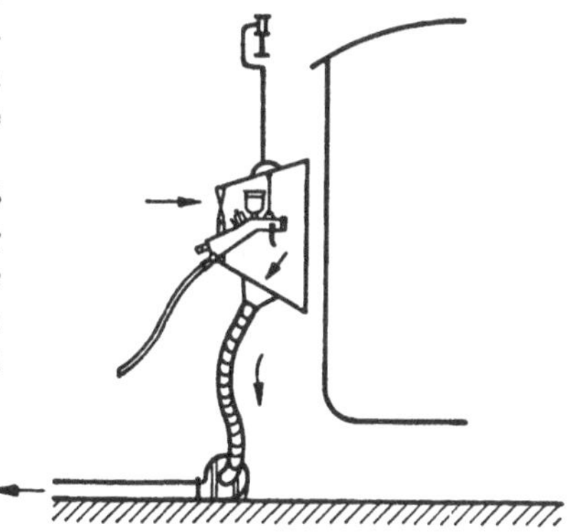

Abb. 186. Bewegliche Absaugeeinrichtung beim Spritzen großer Flächen.

Schließlich sei noch erwähnt, daß man seit einiger Zeit auch das Farbspritzen mit üblicher Spritzpistole durch ein elektrostatisches Verfahren ersetzt hat.

Die Lack- oder Farbflüssigkeit wird z. B. mit einer Pumpe einer rotierenden, an Hochspannung liegenden teller- oder pilzartigen Scheibe über eine äußere Leitung zugeführt, durch die Fliehkraft gleichmäßig über die Scheibenfläche verteilt und vom Farbenrand als feinster Nebelschleier elektrostatisch in Richtung auf die geerdeten Werkstücke abgesprüht.

Da die Farbteilchen restlos auf das Lackiergut ausgerichtet sind und dort niedergeschlagen werden, erübrigt sich die sonst übliche Farbnebelabsaugung und Abscheidung. Es genügt eine Entlüftung zur Entfernung etwa freiwerdender Lösungsmittel.

Diese elektrostatische Methode kommt hauptsächlich für Reihenfabrikation oder größere Betriebe in Betracht (Abb. 187).

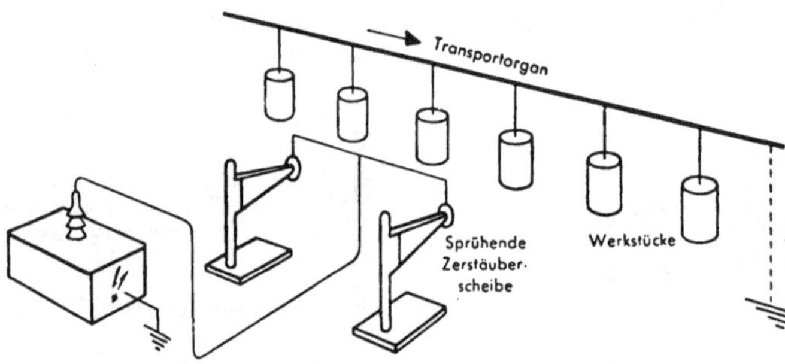

Abb. 187. Elektrolackierung. (Lurgi, Frankfurt/Main.)

7. Großgaragen

Die Abgase, die in großen Garagen für Droschken und Autobusse beim Anfahren, Abstellen, Reparieren und Ausprobieren der Automobilmotoren entstehen, sind infolge ihres Kohlensäure- und Oxydgehalts lebensgefährlich und müssen beseitigt werden. Auch Benzingase sind vorhanden.

Man kann hierzu eine Raumentlüftung und in seltneren Fällen eine direkte Absaugung vorsehen, wenn es sich um einen Motorenprüfstand handelt.

Für Raumentlüftung ist ein 15facher Luftwechsel anzustreben. Saugöffnungen sind unten und oben wegen der verschiedenen Wichten der Gase einzurichten. Im Falle von geheizten Sammelgaragen kann die Luftmenge jedoch besser nach der entstehenden CO-Konzentration bestimmt werden, um die Frischluftmenge und damit die Heizkosten so niedrig als zulässig zu halten. Die CO-Konzentration soll $0{,}25\,^0/_{00}$ CO auf einen Raumteil Luft nicht überschreiten, wenn sich im Raum dauernd Garagenwärter aufhalten. Dabei ist für den laufenden Motor mit 20 bis 40 l/min CO-Entwickelung zu rechnen. Das ergibt etwa 3 m^3/s Luft je laufenden Motor.

Der Lüfter, mit einem Flügelrad aus nicht funkendem Material, Aluminium oder Bronze, muß außerhalb der Garage Aufstellung finden.

8. Schmelzöfen

Die Abscheidung von Gichtgasen von *Hochöfen* und der Abgase von *Cupolöfen* ist bereits S. 169 erwähnt. In beiden Fällen ist die Erfassung einfach, da sie ebenso wie bei den Flammöfen durch feste Verbindung mit den Abzugseinrichtungen hergestellt wird. Anders ist es mit den Drehöfen, die mit Kohle oder Öl gefeuert werden, und den elektrischen Widerstands- und Lichtbogen-Schmelzöfen, die heute vorzugsweise in der Industrie Verwendung finden.

Die *Drehöfen* haben entsprechend ihrer Eigenart keine feste Verbindung mit dem Abzugsrohr oder Kanal. Es ist ein Zwischenraum von etwa 30 bis 50 mm vorhanden. Obwohl die dem Abzugsrohr ausströmenden Abgase sehr heiß sind, treten hier leicht, besonders an dem Umfang der Öffnung, Gase aus in den Raum, der meist offenstehende Fenster und Türen hat und infolge der durch die Öfen erzeugten Hitze einen gewissen Unterdruck gegenüber der Außenluft aufweist. Der natürliche Auftrieb im anschließenden Abzugsrohr genügt daher meist nicht und eine Unterstützung durch einen Sauglüfter ist nötig. Da bei den Kupfer und Zink verarbeitenden Öfen dieser Art die Wiedergewinnung der in den Rauchgasen enthaltenen Zinkoxyde, wie schon an anderer Stelle erwähnt ist, gewünscht wird, ist in jedem Fall ein Sauglüfter erforderlich.

Die Abscheidung der Zinkoxyde findet dann in Zyklonen und nachgeschalteten Schlauchfiltern statt.

Bei elektrischen Schmelzöfen muß beachtet werden, daß sie zwecks Auffüllen der Formen gekippt werden müssen. Die Erfassung der Gase wird daher meist in einer Drehhaube, vgl. Abbildung 188, seltner in hängenden Schwenkhauben vorgenommen. Das setzt allerdings voraus, daß die beim Kippen bzw. Einfüllen entstehenden Gase nicht erfaßt werden. Ist das auch erforderlich, dann müssen beiderseits gelagerte Hauben mit nach vorne verlängertem Saugteil aufgestellt werden, die um eine horizontale Achse schwenken.

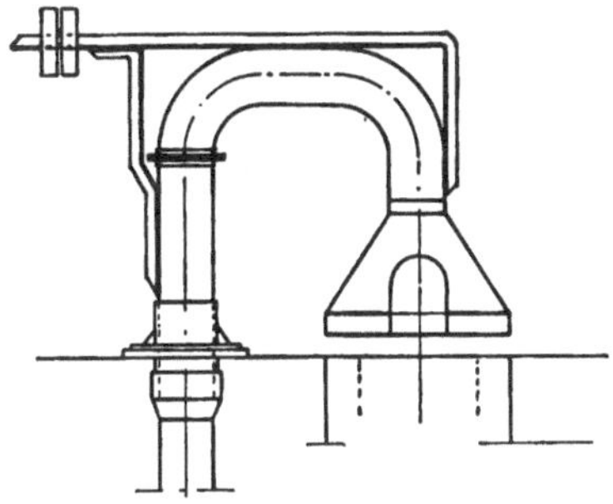

Abb. 188. Drehhaube für Schmelzöfen.

Abb. 189. Rauchabsaugung von Gesteinsstaubtrockenanlagen. (Kastrup KG. vorm. Paul Pollrich, Düsseldorf.)

Bei *Lichtbogen-Schmelzöfen* werden meist kleinere Einzelhauben über der Tülle, der Schlackenreinigungstür und auch über den Elektroden vorgesehen. Die erstere wird meist als Schwinghaube ausgebildet, während die beiden letzten beim Kippen des Ofens entweder ausklinken oder mit beweglichen Schläuchen verbunden sind.

Die Abscheidung der Abgase von den elektrischen Öfen wird entweder auch in Zyklonen mit dahintergeschalteten Schlauchfiltern oder in Zyklonen mit Naßfiltern dahinter ausgeführt. Eine Vereinigung von Zyklon- mit Naßfilter, derart, daß ein Teil trocken zur Wiederbenutzung und der Rest naß zur Verminderung der Rauchbelästigung niedergeschlagen wird, zeigt Abbildung 181.

Wenn Gußtiegel Verwendung finden, so werden sie am besten zusammen unter einer gemeinsamen Decke unter Flur aufgestellt und mit einzelnen Deckeln versehen. Die Absaugung kann dann durch ein gemeinsames Absaugerohr erfolgen, das an die Decke anschließt.

9. Kanalentgasung

In den Kanälen und Bauwerken der Kanalisation unter Flur bilden sich infolge des modernen Autoverkehrs und auch durch sonstige Abwässer häufig feuergefährliche und giftige Gase. Wenn auch die leichteren nach oben durch vorhandene Luftlöcher entweichen, setzen sich die schweren an den tieferen Stellen fest und bilden eine ständige Gefahr für Leute, die die Kanäle zu begehen haben.

Hierfür ist der Kanalentgaser entwickelt, der aus einem Lüfter mit Flügelrad aus funkenfreiem Material, dem beweglichen Verbindungsschlauch und dem als Schwimmer ausgebildeten Endteil besteht (Abb. 190 u. 191).

Abb. 190.
Kanalentgaser im Betriebe.
(Panse, Wetzlar.)

Abb. 191.
Kanalentgaser auf Fahrzeug.
(Panse, Wetzlar.)

Wird die Saugvorrichtung in den senkrechten Schacht der Kanalisation oder in einen Sammelbrunnen eingeführt, so saugt der Lüfter insbesondere die schweren Gase, die sich dicht über der Oberfläche des Wasserspiegels in den Kanälen ansammeln, ab und drückt sie durch den kurzen Schlot ins Freie.

Die Saugleistung des Geräts genügt, um durch Absaugen an einer Stelle innerhalb kürzester Zeit die schweren Gase von vier nebeneinanderliegenden Wasserhaltungen zu entfernen.

Kanalentgasungssysteme, die nach dem Drucksystem arbeiten, müssen mit Vorsicht benutzt werden, damit die schädlichen Gase nicht in die Hausanschlüsse gelangen. Es darf mithin der vom Lüfter zu überwindende Druck bis zur nächsten Schachtöffnung nicht größer sein als derjenige durch den Hausanschluß ins Freie.

10. Rauchabsaugung von Schotter-Trockenanlagen

Die modernen fahrbaren Trocken- und Mischanlagen für Herstellung von Teer- und Bitumenschotter für Straßenbau mit 12 bis 60 t Stundenleistung, die mit Ölfeuerung arbeiten, erfordern zur Behebung der Rauch- und Staubbelästigung besonderer Maßnahmen bei dem sehr hohen Staubgehalt der Abgase von 20 g und mehr pro 1 cbm.

In Abbildung 189 ist eine solche fahrbare Einrichtung gezeigt. Das Rauchstaubgemisch wird in sechs kleinen Hochleistungszyklonen von der Mischtrommel abgesaugt und der gesammelte Staub in einer gemeinsamen Förderleitung mittels Schneckenförderer zum motorisch angetriebenen Schleusenrad gedrückt. Wie ersichtlich, ist die gesamte Entstaubungsanlage in gedrängter Form auf dem gleichen Wagen wie die Mischtrommel gut untergebracht.

XIII. Pneumatische Förderanlagen

A. Wirkungsweise

Die pneumatische Förderung von Leichtgut, das ist von solchen Gütern, die leichter als Wasser sind, beruht auf dem Prinzip der Benutzung der Luft als Träger des zu fördernden Materials. Die pneumatische Förderung ähnelt in dieser Beziehung den S. 161 beschriebenen Entstaubungsanlagen. Sie unterscheidet sich jedoch wesentlich von ihnen durch ihr weit größeres Mischungsverhältnis zwischen Material und Luft. Bei den Entstaubungsanlagen liegt das Mischungsverhältnis, d. i. das Verhältnis des zu fördernden Materialvolumens zum Luftvolumen, überhaupt nicht fest, da je nach Benutzung der Maschinen und nach Art des Arbeitsvorganges der Staubanfall verschieden groß und schwer meßbar ist.

Bei den Förderanlagen dagegen wird in der Regel eine bestimmte Menge Material aufgegeben, so daß der Bemessung der Mischluft die maximal zu fördernde Materialmenge zugrunde gelegt werden kann. Die Abscheidung erfolgt in Zyklonen.

B. Ausführungsformen

Man unterscheidet zwei in ihrer Art verschiedene Ausführungsformen von pneumatischen Förderanlagen, soweit sie durch einen Lüfter betrieben werden: die direkte und die indirekte Förderung.

1. Direkte Förderung

Bei der direkten Förderung wird das gesamte Material einem auf der Saugseite des Lüfters angebrachten Trichter zugeführt und durch den Lüfter hindurch in die anschließende Druckleitung nach der gewünschten Stelle befördert (Abb. 192).

2. Indirekte Förderung

Bei der indirekten Förderung passiert das Material den Lüfter überhaupt nicht. Der Lüfter fördert lediglich Luft und drückt diese durch eine sogenannte Einschüttdüse (auch Schleuse genannt), in welcher die Luftgeschwindigkeit ein Maximum erreicht (Abb. 193).

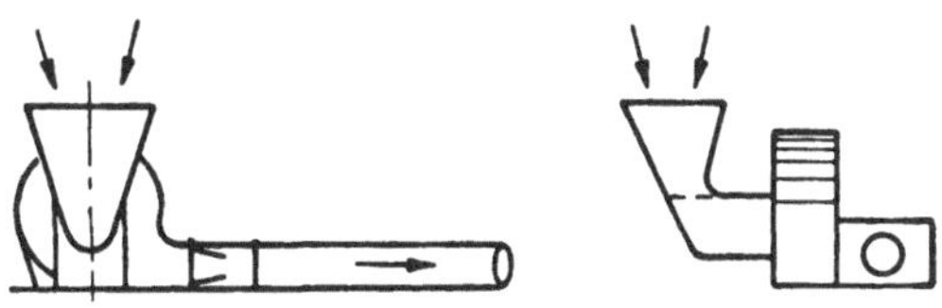

Abb. 192. Schema der direkten Förderung.

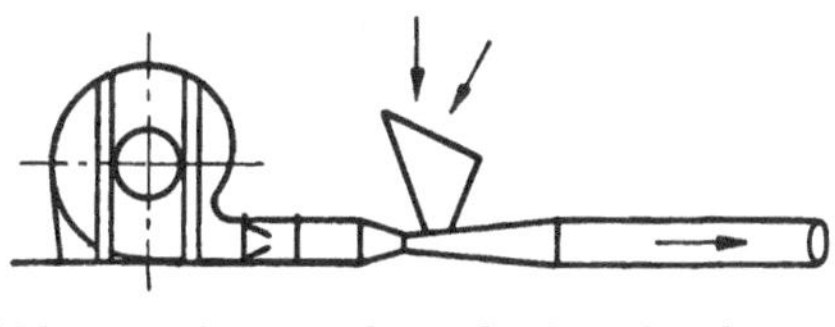

Abb. 193. Schema der indirekten Förderung.

Durch Injektorwirkung wird das in den erweiterten Teil der Düse aufgegebene Material mitgerissen und nun mit der Luft durch die Druckleitung zu dem gewünschten Punkte gefördert. Die indirekte

Förderung benötigt gegenüber der direkten im allgemeinen eine größere Antriebsenergie. Sie ist jedoch unentbehrlich für alle diejenigen Fälle, in denen ein Passieren des Gutes durch den Lüfter nicht angängig ist.

Wenn nämlich das Material bei der direkten Förderung durch den Lüfter hindurchgeht, kann durch die gleichsam schlagende Wirkung der Lüfterschaufeln eine Beschädigung des Fördermaterials eintreten, die oftmals nicht erwünscht ist. Dann kann nur eine indirekte Anlage in Frage kommen, bei welcher das Material lediglich die Rohrleitung durchläuft.

3. Allgemeine Ausführung

Durch diese Verschiedenheit der Förderart ist auch die Ausführungsform der Lüfter selbst bedingt. Bei direkter Förderung muß ebenso wie bei den Entstaubungsanlagen der Lüfter selbst besonders kräftig ausgeführt werden. Er wird im allgemeinen nur *eine* Saugöffnung besitzen; das Flügelrad darf keine scharf gebogenen Schaufeln und auch möglichst keine Zwischenschaufeln und keine äußere Geife aufweisen, damit keine Verstopfungen eintreten. Das Gehäuse ist zweckmäßig mit einer Wandstärke von nicht unter 3 mm herzustellen. An der Schnecke des Gehäuses ist eine Reinigungsklappe für etwa zurückbleibendes Material vorzusehen. Bei indirekter Förderung braucht eine besondere Rücksicht auf die Bauart des Lüfters nicht genommen zu werden, da der Lüfter lediglich Luft fördert. Er kann mithin auch zweiseitig saugend ausgebildet werden.

Der Förderweg, der bei der pneumatischen Förderung eingehalten werden kann, ist beliebig, d. h. er kann horizontal, schräg nach oben, senkrecht nach oben und auch schräg nach unten gewählt werden. Der Weg senkrecht nach unten ist im allgemeinen zu vermeiden, um ein plötzliches Fallen des Materials und dadurch leicht eintretende Verstopfungen auszuschließen.

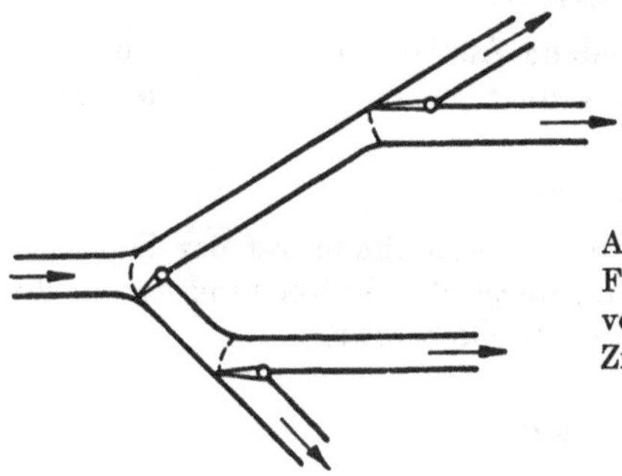

Abb. 194. Direkte Förderung mit verschiedenen Zielpunkten.

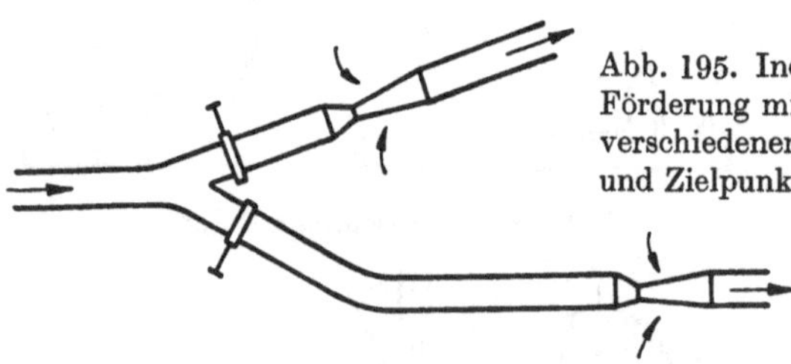

Abb. 195. Indirekte Förderung mit verschiedenen Aufgabe- und Zielpunkten.

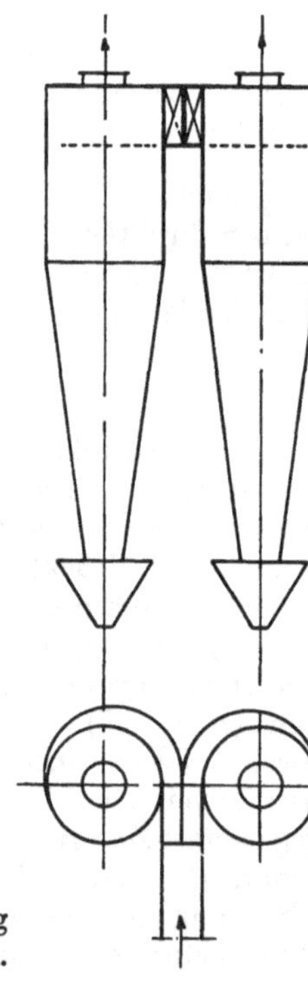

Abb. 196. Schema der Parallelschaltung von zwei Fliehkraftabscheidern.

Über die Verzweigung des Förderweges geben die Abbildung 194 u. 195 Aufschluß. Eine Parallelschaltung zweier Fänger als Endpunkt (Abb. 196) ist auch möglich.

C. Berechnungsart

Für die Ermittlung der Leistungsdaten des Förderlüfters muß die in einem bestimmten Zeitraum zu fördernde Menge des Fördergutes und sein Schüttgewicht gegeben sein. Unter Schüttgewicht versteht man das Gewicht des Fördergutes, das sich bei loser Schüttung des Materials in einen Behälter von 1 m³ Fassungsvermögen ergibt. Das Material darf also weder gestampft noch gepreßt sein.

Es ist nun nicht möglich, irgendwelche feststehenden Werte für das Schüttgewicht der verschiedenen Materialien aufzustellen, da der Begriff lose Schüttung weiten Spielraum läßt. Hinzu kommt bei hygroskopischen Schüttgütern die Änderung des Gewichts durch Feuchtigkeitszunahme. Es empfiehlt sich daher, erst auf Grund einer Probe des jeweiligen Förderguts das Schüttgewicht zu ermitteln.

1. Mischungsverhältnis

Das Mischungsverhältnis wird besser auf das Volumen bezogen. Es wird in der Regel bei schwerem Material eine größere Menge Förderluft eingesetzt werden müssen als bei leichtem und bei sperrigem mehr als bei kleinkörnigem Fördergut.

Ist μ_v das Mischungsverhältnis,

V_m das stündliche Fördergut-Volumen in m³/h,

V_L das stündliche Volumen der Förderluft in m³/h,

$$\text{dann ist } \mu_v = \frac{V_m}{V_L} = \frac{1}{250} \div \frac{1}{1500}$$

Man könnte wohl theoretisch in vielen Fällen noch größere Werte zulassen für μ_v, d. h. mit einer kleineren Menge Förderluft auskommen. Da aber einmal die Rohrleitungswiderstände mit wachsendem μ_v steigen, und zwar linear, dann aber die Gefahr der Verstopfung auch zunimmt, dürfte es sich allgemein empfehlen, die kleineren Werte einzusetzen, also in der Regel nicht über $^1/_{500}$ zu wählen und bei schwerem oder sperrigen Gut auf $^1/_{1500}$ herunterzugehen.

$$\text{Aus } \mu_v = \frac{V_m}{V_L} \text{ ergibt sich dann die Luftmenge } V_L = \frac{V_m}{\mu_v} \text{ in m}^3/\text{h}.$$

2. Förderleitung

Der Rohrleitungswiderstand in der Förderleitung ist grundsätzlich in gleicher Weise, wie S. 11 behandelt, nach der Reibungstafel und den Einzelwiderständen zu bestimmen. Jedoch muß zu den Werten der Reibungstafel ein Zuschlag von 30 bis 50 % je nach dem Mischungsverhältnis aufgeschlagen werden.

Eine Vergrößerung des Durchmessers der Förderleitung in seinem hinteren Teil aus Expansionsgründen ist bei ventilatorbetriebenen Anlagen dieser Art nicht erforderlich. Anlagen mit Kompressoren werden in diesem Buche nicht behandelt.

3. Direkte Förderung

Der Rohrdurchmesser ist nunmehr aus der Luftmenge und einer Rohrgeschwindigkeit w_2 zu berechnen, die aus der Tabelle 13 für das entsprechende Fördergut zu entnehmen ist. Dies geschieht nach der Gleichung:

$$V_L = F \cdot w_2$$

$$F = \frac{\pi d^2}{4} = \frac{V_L}{w_2}.$$

Handelt es sich um lange Förderwege und ist mit Undichtigkeiten dabei zu rechnen, so müssen die Werte w_2 allerdings je nach dem Undichtigkeitsgrad um 10 bis 20% reichlicher gewählt werden, da sonst durch die sich verringernde Luftmenge die Schwebegeschwindigkeit unterschritten werden kann und das Material sich festsetzt.

Um dies zu vermeiden, wird es schon aus betriebstechnischen Gründen empfehlenswert sein, die Förderleitung, wenn sie oberirdisch verlegt wird, mindestens in ihren Längsnähten zu schweißen oder zu verlöten und an den Stößen durch eingelegte Hanf- oder Leinenstreifen gut abzudichten. Bei Verlegung unter der Erde kann statt dessen ein Einstampfen in Beton erfolgen.

In beiden Fällen muß auf besondere Dichtigkeit der stets vorzusehenden Reinigungsklappen geachtet werden.

4. Indirekte Förderung

Bei indirekten Förderanlagen wird das Gut hinter dem Lüfter in eine Düse eingebracht und durch die Geschwindigkeit des durch die Düse tretenden Luftstroms mitfortbewegt.

Die ideale Form einer solchen Düse entspricht der Abbildung 197. Sie besteht aus einer Verengung und einer Erweiterung. An der engsten Stelle wird diejenige Geschwindigkeit erzeugt, die für die Fortbewegung notwendig ist. Alsdann vermindert sich die Geschwindigkeit in der diffusorartigen Erweiterung bis auf die Fördergeschwindigkeit am größten Querschnitt der Erweiterung, an welche sich die Druckleitung anschließt.

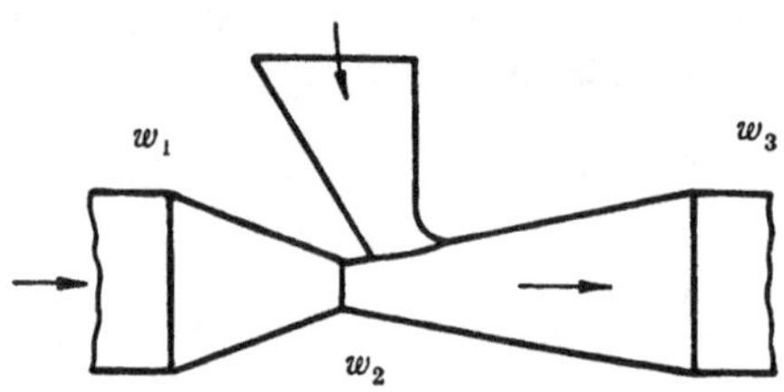

Abb. 197.
Einschüttdüse für indirekte Förderung.

Am Anfang, in der Mitte und am Ende der Förderdüse seien die Geschwindigkeiten w_1, w_2 und w_3. Dann muß sein

1. $w_1 < w_2 > w_3$.
2. Der verfügbare Gesamtdruck bei w_3 muß groß genug sein, um den gesamten Rohrreibungswiderstand und etwaige Einzelwiderstände, mithin p_{st} der nachfolgenden Druckleitung unter Berücksichtigung der Materialförderung und p_d, die zur Aufrechterhaltung der Fördergeschwindigkeit nötige Geschwindigkeit, aufbringen zu können.

Die Geschwindigkeit w_3 muß mindestens der durch die Schwebegeschwindigkeit des Materials bedingten Fördergeschwindigkeit entsprechen. Der Rohrdurchmesser an dieser Stelle, d. i. der Rohrdurchmesser der Druckleitung, ist entsprechend der Stückgröße des zu fördernden Gutes bzw. dem Mischungsverhältnis anzunehmen. Er liegt bei den hauptsächlich vorkommenden Fördergütern zwischen 150 und 600 mm. Aus den so gewählten Werten ergibt sich aus der Länge der Druckleitung und der Einzelwiderstände der Widerstandswert p_{st} und die Druckhöhe p_{d3}.

Die Geschwindigkeit w_1 entspricht der Ausblasgeschwindigkeit des Lüfters, der im allgemeinen dicht an der Düse anzuordnen ist.

Das vom Lüfter zu fördernde Luftvolumen ist mithin

$$V_L = F_3 \cdot w_3 = \frac{V_m}{\mu v}.$$

Für die Ermittlung des Düsenquerschnitts an der engsten Stelle und der dort einzuhaltenden Geschwindigkeit w_2 diene folgendes:

Würde die Luft bei w_2 ins Freie gelangen, dann würde die gesamte zur Erzeugung der Düsengeschwindigkeit vom Lüfter aufgebrachte Druckenergie verloren sein.

Dadurch, daß die Rohrleitung mittels des Diffusors unmittelbar an die Förderdüse angeschlossen ist, wird dieser Druck wieder nutzbar gemacht und kann auf diese Weise zur Überwindung der Reibungsverluste und Einzelwiderstände in der anschließenden Leitung verwendet werden.

Nach S. 14 wird jedoch durch einen Diffusor, in dem Geschwindigkeit in Druck umgesetzt wird, der Druck nicht restlos wiedergewonnen. Es muß vielmehr ein gewisser Düsenverlust in Abzug gebracht werden. Dieser wird hier um so größer sein, als durch das Einschütten des Fördergutes in den erweiterten Teil der Düse die gradlinige Strömung beeinflußt wird und zusätzliche Wirbelverluste eintreten.

Daraus ergibt sich, da der statische Druck in der Düse gleich 0 sein soll:

Düsendruck = Diffusorverlust + Gesamtdruck

mithin $p_{d_2} = (p_{d_2} - p_{d_3}) \cdot \varepsilon + (p_{st} + p_{d_3})$

Beiwert $\varepsilon = 0{,}5$ (angenommen) (vgl. S. 16)

$$p_{d_2} = p_{d_3} + 2 p_{st}.$$

Da p_{d_3} und p_{st} aus den gegebenen Werten ermittelt werden kann, ergibt sich p_{d_2} als der vom Lüfter aufzubringende gesamte Druck.

Aus $p_{d_2} = \frac{w_2^2}{2g} \cdot \gamma$ ist dann die Düsengeschwindigkeit und mit V_L der Düsenquerschnitt leicht zu errechnen.

Der Beiwert ε richtet sich nach der Düsenkonstruktion und muß für jede Düse durch Versuche festgelegt werden.

Die Düsengeschwindigkeit liegt in der Regel zwischen 25 und 50 m/s.

D. Anwendungsgebiete

1. Förderanlagen für Holzspäne und Sägemehl

Bei Förderanlagen in der Holzindustrie für abfallendes Gut von den Bearbeitungsmaschinen wird fast ausschließlich die direkte Förderung angewendet. In vielen Fällen wird die Förderung in unmittelbarem Anschluß an die Absaugeanlage eingerichtet. Die Späne, welche durch die Absaugeanlage in einem Fänger gesammelt

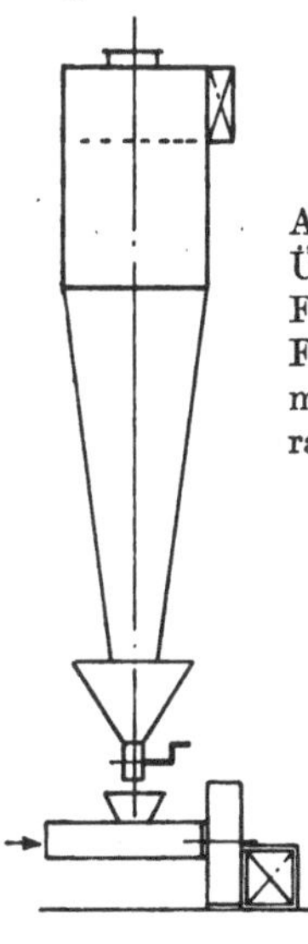

Abb. 198. Übergang von Fänger zu Förderlüfter mit Schleusenrad.

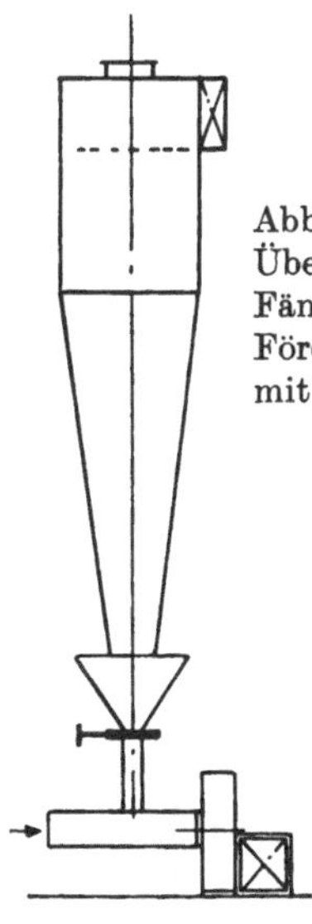

Abb. 199. Übergang von Fänger zu Förderlüfter mit Schieber.

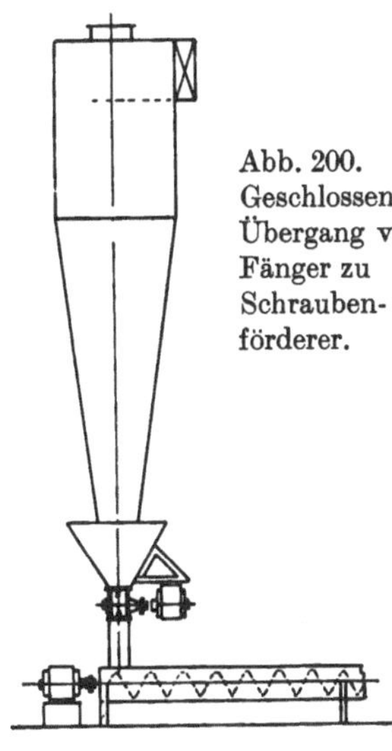

Abb. 200. Geschlossener Übergang von Fänger zu Schraubenförderer.

werden, fallen von diesem dem Saugrohr des Lüfters, der zur Förderung dient, zu.

Da die Luft bei Fliehkraftabscheidern ausschließlich aus dem oberen Luftrohr abziehen soll, darf keine direkte Verbindung zwischen dem konischen Teil des Zyklons und der Saugöffnung des Förderlüfters errichtet werden, da sonst die Luftbewegung innerhalb des Zyklons gestört würde. Die beste Lösung ist die Zwischenschaltung eines Schleusenrades am unteren Ende des Bunkers. Das Fördergut fällt dann frei dem Saugstutzen des Förderlüfters zu, der seine eigene Förderluft aus dem Freien entnimmt (Abb. 198). Wenn der Zyklon nur gelegentlich entleert wird, also bei kleineren Anlagen, kann die Verbindung fest hergestellt werden und der Schieber ist nur zu öffnen, wenn die Weiterförderung allein erfolgen soll. In beiden Fällen ist das Saugrohr hinten offenzuhalten (Abb. 199). Bei Verwendung eines Schraubenförderers (Abb. 200) kann das Material durch das Schleusenrad geschlossen dem Förderer zufallen.

Am Ende der Förderleitung kann das geförderte Material entweder unmittelbar in einen Stapelraum ausgestoßen werden, in dem sich ein Luftaustritt befindet. Besser ist es, auch an dieser Stelle, ähnlich wic bei der Absaugeanlage, einen Fliehkraftabscheider vorzusehen. Das von diesem nach unten entweichende Spänematerial kann unmittelbar der Vorfeuerung eines Kessels zugeführt werden.

Bei anderen Anlagen muß das Spänematerial dem Förderlüfter von Hand oder durch eine mechanische Einrichtung zugeleitet werden. Bei der Förderung vom Wagen müssen die Holzspäne entweder in den Saugtrichter geschaufelt oder ihm durch entsprechende tiefere Anordnung zugeschoben werden (Abb. 201).

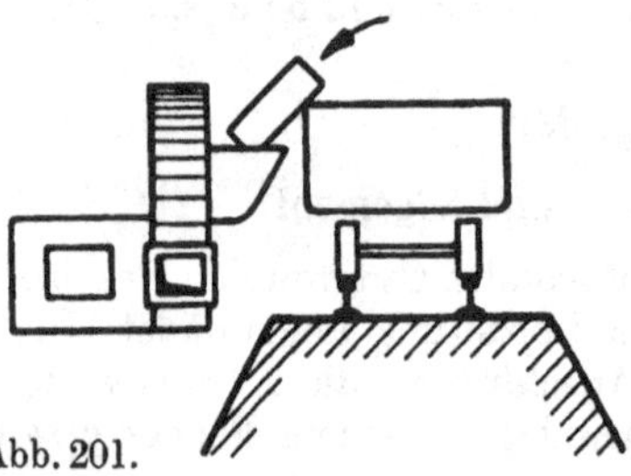

Abb. 201.
Aufgabe von Wagen zum Förderlüfter.

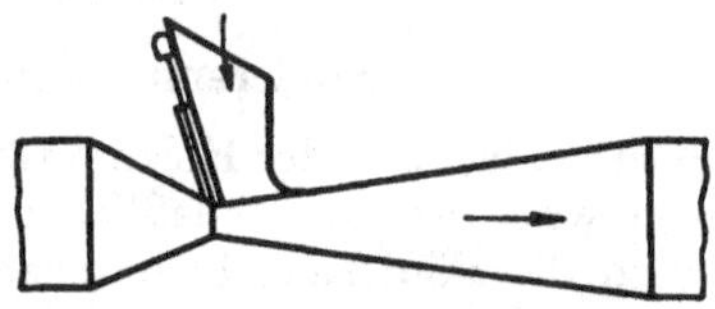

Abb. 202. Düse mit Regulierschieber.

Ein Ansaugen der Späne mittels eines an die Saugseite des Förderlüfters anschließenden Saugmundstückes, ähnlich wie es bei dem heutzutage viel gebrauchten Staubsauger der Fall ist, läßt sich nur für kleine Fördermengen bei Lüfterbetrieb durchführen. Die Abmessungen des Mundstückes würden bei größeren Fördermengen so unhandlich werden, daß eine bequeme Bedienung und damit die Wirtschaftlichkeit in Frage gestellt wird.

Als Mischungsverhältnis für Späne-Förderanlagen kann etwa 1 : 1000, auf das Volumen bezogen, angenommen werden. Bei Sägemehl kann bei gleichmäßiger Beschickung das Mischungsverhältnis bis etwa 1 : 500 vergrößert werden.

Die Rohrleitungsdurchmesser für Späne- und Sägemehl-Förderanlagen schwanken zwischen 300 und 400 mm je nach der Fördermenge.

2. Baumwolle und Kapok

Baumwolle und Kapok wird in der Regel nach dem indirekten System, also mit Förderdüse gefördert. Das Material wird meist von Hand aufgegeben und in einem Sammelraum oder Behälter aufgefangen. Bei direkter Förderung würde das Material für die Weiterverarbeitung leicht unbrauchbar werden. Außerdem wäre ein Verfangen in den Schaufeln und damit eine Verstopfung des Lüfters kaum vermeidbar. Trotzdem arbeiten diejenigen Anlagen, die bei der Baumwollfabrikation hintereinander geschaltet sind, auf kurze Düsenstrecken häufig nach dem direkten System, wobei die Flügel der Lüfter besonders ausgebildet sind, um eine Beschädigung zu vermeiden.

Bei der indirekten Förderung, also auf lange Förderstrecken, ist für eine besonders gute Ausbildung der Förderdüse, insbesondere für eine richtige Lage des Einwurftrichters und möglichst große Düsengeschwindigkeit zu sorgen, da das Material verhältnismäßig leicht und faserförmig ist, so daß bei dem geringsten Versagen der Düse das Gut an der Einwurfstelle herausgeschleudert wird und in weitem Umkreis den Aufgabeplatz bedeckt.

Man kann, falls die Fördergeschwindigkeit an der Düse die gewünschte Wirkung nicht aufweist (Abb. 202), ein bewegliches Abschlußorgan vorsehen, durch welches sowohl die Düsengeschwindigkeit als auch die Wirkung des Einwurftrichters verbessert werden kann.

Die Saugöffnung oder auch bei zweiseitiger Ausführung beide Saugöffnungen des Lüfters sind von der Einwurfstelle entweder durch eine Zwischenwand oder durch ein 2 bis 3 m langes Zwischenstück zwischen Lüfter und Düse zu schützen, um einem direkten Ansaugen von Fördergut besonders bei Windanfall vorzubeugen.

Bei Förderung von Kapok, so wie er aus der Frucht kommt, sind scharfe Kanten und Umlenkungen zu vermeiden. Vor dem Ende der Leitung bzw. vor dem Abscheideraum ist zweckmäßig ein auf einer Prallwirkung beruhender Abscheider vorzusehen, um die mit dem Gut geförderten Fruchtkörner noch vor der Sammlung zur Abscheidung zu bringen. Der Abscheider muß jedoch so konstruiert sein, daß ein Zerplatzen der Körner nicht eintritt, da sonst, falls zerplatzte Teile des Fruchtkorns mit den Kapokdaunen in den Sammelraum gelangen, der Wert des Fördergutes herabgemindert wird.

3. Zuckerrohr

Zuckerrohr kann nach dem direkten System gefördert werden. Der Förderlüfter muß jedoch selbst sehr stabil gebaut sein, da die mitgeförderten holzartigen Teile ein leicht gebautes Flügelrad sehr bald unbrauchbar machen. Man wählt am besten ein Flügelrad mit Stahlgußnabe und geraden, kräftigen Stahlblechschaufeln. Auch die Wandstärke des Gehäuses darf nicht unter 5 mm betragen.

4. Lumpen und Altpapier

Die Förderung von Lumpen und Altpapier kann ohne weiteres direkt erfolgen, wenn das Material, wie es bei der Pappenfabrikation meist der Fall ist, bereits den Reißwolf passiert hat.

Der Förderlüfter wird mit seinem Saugrohr zweckmäßig so tief aufgestellt, daß das zerrissene Material dem Lüfter zufällt (Abb. 203). Alsdann kann das Material je nach Art der aufgegebenen Sorte gleich in die einzelnen Sortierkammern gefördert werden. Die Figur zeigt eine Anlage, bei welcher der Reißwolf und der Förderlüfter in einem Vorbereitungsraum hintereinander aufgestellt sind. Die Förderleitung geht schräg über den Hof zum III. Stock des Fabrikgebäudes. Hier sind drei

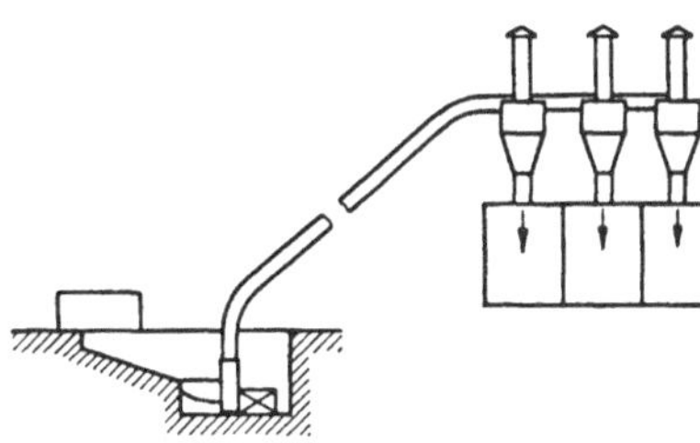

Abb. 203. Förderung von Lumpen in die Sortierkammern.

Sortierkammern, über welchen sich je ein Fliehkraftabscheider befindet. Durch Umschalten der in der Förderleitung vorhandenen und vor jedem Fänger angeordneten Klappen kann die Förderung auf eine der drei Kammern eingestellt werden.

Bei diesen Anlagen, die direkt im Anschluß an den Reißwolf arbeiten, muß die Schluckfähigkeit, d. i. die Fördermenge des Förderlüfters, natürlich mit der Leistungsfähigkeit des Reißwolfes vollkommen abgestimmt sein, da sonst der ganze Betrieb durch störende Unterbrechungen unwirtschaftlich arbeitet. Die genaue Bestimmung der bei gleichmäßiger Beschickung des Reißwolfes im Saugrohr des Lüfters anfallenden Fördergutmenge ist daher nötig, um hiernach die Größe des Förderlüfters festzulegen. Die Rohrquerschnitte derartiger Anlagen schwanken zwischen 250 und 350 mm. Erwähnt sei noch, daß bei der Papierfabrikation auch Altmaterial in Form von abgeschnittenen Streifen an der Längsseite des Papiers anfällt. Diese Randstreifen können in einem besonderen von der Firma Castrup, Düsseldorf, hergestellten Zerreißventilator gleich nach dem Einsaugen zerkleinert und dann zu der gewünschten Stelle außerhalb der Papierfabrik gefördert werden. Es ist also eine Vereinigung von Zerreiß- und Förderventilator herbeigeführt, die auch für ähnliche andere Zwecke nützlich ist.

5. Futtermittel

Die Förderung von *Strohgarben* kann nur nach dem indirekten System erfolgen, wobei der Rohrdurchmesser mindestens 500 bis 600 mm betragen muß. Eine solche Fördereinrichtung ist in Abbildung 204 dargestellt. Die mit der geräumigen Einschüttvorrichtung versehene Düse besitzt eine automatisch wirkende Rückschlagklappe, die bei eintretender Verstopfung sich schließt und damit die Förderung unterbricht.

Die Förderleistung beträgt zwischen 600 und 2000 Garben je Stunde. Als Antriebsmotor dient ein 10-PS Elektromotor, der durch Keilriemen mit dem Radialventilator verbunden ist.

Natürlich können mit dieser Maschine auch alle anderen Futtermittel gefördert werden, so daß sie als Allesförderer bezeichnet werden kann.

Abb. 204. Allesförderer.
(Wilhelma-Werk, Melle-Hannover.)

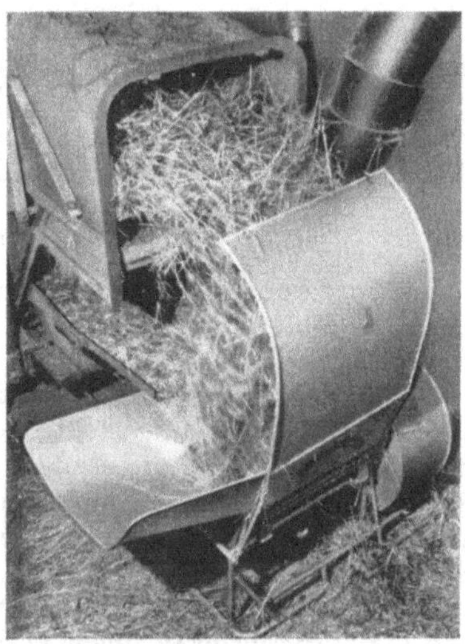

Abb. 205. Strohschneid- und Heugebläseautomat.
(Wilhelma-Werk, Melle-Hannover.)

Häufig ist mit der Fördermaschine auch gleichzeitig eine Schneidemaschine verbunden, so daß die vom Lohndrescher abfallenden *Stroh- und Heumassen* verarbeitet und sofort dem Ventilator zur Weiterbeförderung zugeführt werden können. In diesem Falle kann das geschnittene Stroh und Heu direkt gefördert werden (Abb. 205).

Eine ähnliche direkte Förderung mit einem zweiseitig saugenden Radialventilator als *Streu- und Grünhäckseler* zeigt Abbildung 206.

Abb. 206. Streu- und Grün-Häcksler. (Wilhelma-Werk, Melle-Hannover.)

6. Rohrpostanlagen

Jede Rohrpostanlage besteht aus dem Ventilator oder Kapselgebläse, dem Fahrrohr, dem Empfänger mit Ausschleußbogen und dem offenen oder geschlossenen Trichtersender. Das Kapselgebläse, das heute vorzugsweise für diese Anlagen verwendet wird, ist ein Kreiskolbengebläse, in dem sich zwei 8förmige Flügel, deren Wellen durch zwei Zahnräder miteinander gekuppelt sind, in entgegengesetzter Richtung drehen. Die Flügel drücken die angesaugte Luft senkrecht zur Achsenebene fort. Als Ventilatoren, die nur für kleinere Anlagen in Frage kommen, werden Hochdruck-Radiallüfter verwendet. Der Antrieb erfolgt in beiden Fällen elektrisch, beim Kapselgebläse über Keilriemenantrieb.

Rohrpost-Kleinanlagen, die mit Ventilatoren arbeiten, bestehen aus zwei Sende- und Empfangsstellen, die durch Fahrrohre miteinander verbunden sind. Bei Anlagen mit Handvermittelung führt man mehrere Einzellinien in einer Zentrale zusammen, wo die Büchsen von Hand auf die Leitungen der Empfänger verteilt werden. Bei starkem Verkehr können hierdurch Wartezeiten entstehen, die bei einer automatischen Anlage fortfallen.

Für größere Anlagen sieht man daher heute fast ausschließlich selbsttätig wirkende Rohrpost-Weichenanlagen vor, die auf drei verschiedene Arten arbeiten können:

1. Mit Lichtsignalen für höchstens 15 Rohrpoststellen,
2. mit selbsttätiger Abfahrtsregelung für mittlere Anlagen,
3. mit Steuerung durch die Büchse für hohe Verkehrsleistungen.

Abb. 207. Rohrpostbüchsen mit einstellbaren Zielkennzeichen, System Zwietusch. (Siemens & Halske, Berlin-Siemensstadt.)

Bei Anordnung von Lichtsignalen liegen alle Sender und Empfänger in einem geschlossenen Fahrrohrring. Die Zielstelle wird durch Tastendruck an der Sendestelle gewählt. Solange sich eine Büchse im Fahrrohr befindet, leuchten an den Rohrpoststellen Besetztlampen auf. Erst wenn die Büchse an der Weiche der Zielstelle ausgeschleußt ist, erlöschen die Lampen und geben die Anlage für weitere Benutzung frei.

Bei selbsttätiger Abfahrtsregelung ist die Anlage in Abschnitte unterteilt, um mehrere Strecken gleichzeitig befahren zu können. Wartezeiten entfallen und die Verkehrsleistung ist beträchtlich erhöht. Auch hier wird die Zielstelle durch Tastendruck gewählt, der Absender kann jedoch die Büchse jederzeit aufgeben. Sollte der betreffende Rohrabschnitt besetzt sein, so wird die Büchse automatisch festgehalten und selbsttätig abgelassen, wenn sie „freie Fahrt" bekommt.

Bei Büchsensteuerung erhalten die Büchsen isolierte, mit Zahlen versehene Metallringe (Abbildung 207), die gegeneinander verdrehbar sind. Sie gestatten das Einstellen von mehreren Hundert Kombinationen, mithin ebensoviel Rohrpoststellen. Wird eine Büchse in den Sender eingeführt, so läuft sie sofort zu einer Vermittlungsstelle, wo die Zieleinstellung der Büchse elektromagnetisch abgetastet, der Fahrweg bis zum Empfänger eingestellt und die Büchse zur Zielstelle weiterbefördert wird. Alle diese Vorgänge erfolgen vollautomatisch. Die Anordnung einer solchen vollautomatisch arbeitenden Anlage zeigt Abbildung 208.

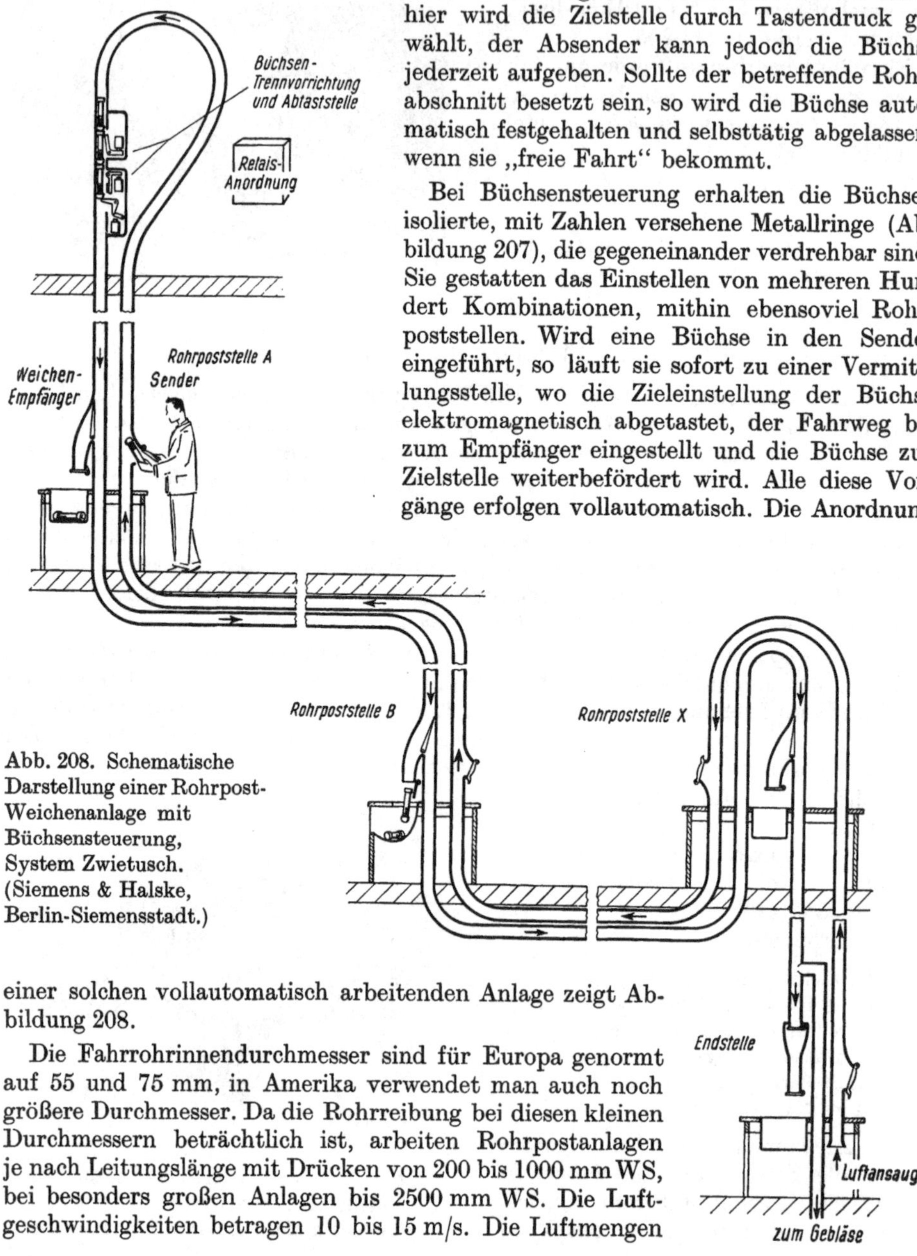

Abb. 208. Schematische Darstellung einer Rohrpost-Weichenanlage mit Büchsensteuerung, System Zwietusch. (Siemens & Halske, Berlin-Siemensstadt.)

Die Fahrrohrinnendurchmesser sind für Europa genormt auf 55 und 75 mm, in Amerika verwendet man auch noch größere Durchmesser. Da die Rohrreibung bei diesen kleinen Durchmessern beträchtlich ist, arbeiten Rohrpostanlagen je nach Leitungslänge mit Drücken von 200 bis 1000 mm WS, bei besonders großen Anlagen bis 2500 mm WS. Die Luftgeschwindigkeiten betragen 10 bis 15 m/s. Die Luftmengen schwanken je nach Art und Größe der Anlage (Undichtigkeitsverluste) zwischen 0,1 und 1,2 m³/s. Die Anordnung eines Kapselgebläses zeigt Abbildung 209. Die Aggregate ruhen in der Regel auf Schwingungsdämpfern, und die Luftleitungen sind durch elastische Kupplungen mit den Gebläsen bzw. Ventilatoren verbunden.

An der Stelle des Lufteintritts ist ein Luftfilter vorgeschaltet.

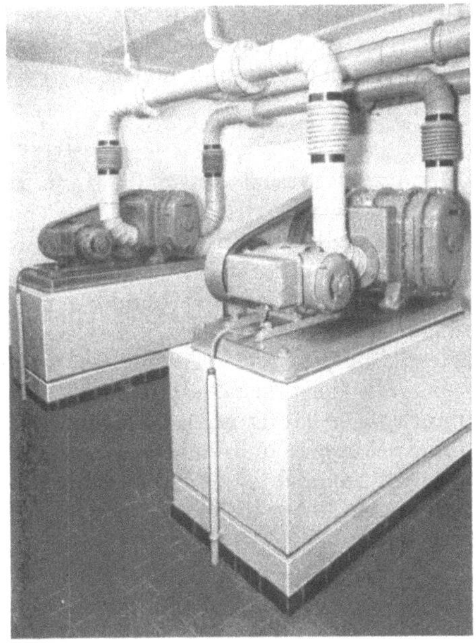

Abb. 209. Kapselgebläse für Rohrpostanlagen. (Siemens & Halske, Berlin-Siemensstadt.)

XIV. Lüfter-Ausführungsarten

A. Radialventilatoren

1. Dreh- und Blasrichtung

Radialventilatoren besitzen, wie bereits in Abschn. I dargelegt, in der Mitte der Gehäuseschnecke die Saugöffnung und am Umfang die Ausblasöffnung.

Zwecks bequemen Einbaus in die Rohrsysteme kann die Ausblasrichtung entweder unten oder oben horizontal, oder senkrecht nach unten oder nach oben gewählt werden. Dazwischen werden noch mittlere Richtungen, meist unter Schräglage von 45°, als normal ausgeführt. Hinzu kommt als Variation die Wahl der linken oder rechten Drehrichtung, d. h. ob der Ausblas rechts oder links, von der Antriebsmaschine aus gesehen, gewünscht wird.

2. Einseitig saugend

Bei Radialventilatoren kann ferner das Flügelrad und Gehäuse so ausgebildet werden, daß die Ansaugung entweder von einer Seite oder von beiden Seiten gleichzeitig erfolgt. Man wird die einseitige Ansaugung, also mit einflutigem Flügelrad, in der Regel dann wählen, wenn Rohranschluß auf der Saugseite gewünscht wird (Abb. 1).

3. Zweiseitig saugend

Die zweiseitig saugende Ausführung, also mit zweiflutigem Flügelrade, kann immer dann ohne weiteres vorgenommen werden, wenn ein Rohranschluß auf der Saugseite nicht vorliegt. Sie wird in den Fällen gewählt werden, wenn entweder die Größe des Födervolumens, die günstigere Drehzahl oder der bessere Wirkungsgrad ausschlaggebend ist (Abb. 2).

Ist einer dieser Gründe maßgebend und ein Sauganschluß erforderlich, dann müssen an jeder Seite Saugkästen vorgesehen werden, wobei die Flügelradwelle die Kästen durchdringt und in je einem Lager an der Außenseite der Saugkästen gelagert ist.

B. Axialventilatoren

Axialventilatoren saugen die Luft axial an und drücken sie axial in derselben Richtung weiter.

Die normale Ausführung der Axiallüfter, wie sie meist für Raumlüftung verwendet werden, besteht darin, daß der Antriebsmotor durch mehrere mit dem zylindrischen Gehäuse verbundene Tragarme gehalten wird und das Flügelrad auf seinem Wellenstumpf trägt. Das Gehäuse besitzt einen äußeren Ringflansch, der zur Befestigung des ganzen Aggregates an der Einbaustelle dient (Abb. 3 u. 7c).

Bei Hochleistungsaxiallüftern mit Leiträdern und Diffusor ist die Anordnung ähnlich, aber häufig ist das Flügelrad durch eine mehrfach gelagerte Welle mit dem Motor gekuppelt und das Gehäuse mit Fuß versehen. Alle Axialventilatoren können auch mit senkrechter Axe zum Einbau gelangen. Wenn der Einbau eines Motors mit senkrechter Achse nicht angängig ist, wird besondere Welle mit Kegelradübersetzung vorgesehen.

XV. Lüfter-Antriebe

A. Bemessung der Antriebsmaschine

1. Leistung

Für die Wahl der Antriebsmaschine eines Lüfters ist zunächst der Leistungsbedarf des Lüfters, wie er sich aus Druck und Volumen des Betriebspunktes ergibt, maßgebend.

Bei direktem Antrieb wäre an sich nichts hinzuzufügen, wenn der Betriebspunkt feststeht und sonstige Überlastungsmöglichkeiten nicht vorliegen.

Hinsichtlich des Betriebspunktes kann gesagt werden, daß dieser in der Regel auf Grund theoretischer Berechnungen ermittelt wird und häufig hinsichtlich des Druckes ein Sicherheitszuschlag hinzugefügt wird, um auf jeden Fall die gewünschte Luftmenge zu erzielen.

Bei allen Hochleistungs-Axialventilatoren, sowohl denen des Überdruck- als auch des Gleichdrucksystems, bleibt die Leistungsbedarfskurve im P-V-Diagramm bei zunehmendem Volumen annähernd konstant und sinkt ein wenig bei größerem Volumen. Der Antriebsmotor ist also in diesem Falle nicht der Überlastungsgefahr ausgesetzt, sollte sich die Lage des Betriebspunktes durch Verschiedenheit des tatsächlichen und errechneten Druckes verändern.

Anders ist es bei Radialventilatoren. Hier steigt der Leistungsbedarf mit zunehmender Luftmenge bei den Typen mit vorwärtsgerichteten und radial endenden Schaufeln ziemlich beträchtlich. Die Gefahr der Überlastung des Motors liegt also vor, und eine Leistungsreserve von etwa 20 % ist empfehlenswert.

Nur bei den Typen mit rückwärtsgekrümmten Schaufeln und denen mit verwundenen Schaufeln tritt eine Überlastung des Motors nicht ein, da die Leistungsbedarfskurve in der Nähe des günstigsten Betriebspunktes sich in ihrer Entfernung von der Abszisse nur wenig ändert (Abb. 7a).

Ein anderer Fall der Überlastung der Antriebsmaschine ist gegeben, wenn die Wichte der zu fördernden Luft sich gegenüber derjenigen der Berechnung erhöht.

Wie S. 1 dargelegt, erhöht sich der Leistungsbedarf eines Lüfters proportional mit der Wichte des geförderten Gases. Wird z. B. eine Saugzuganlage, die für 250° C bemessen ist, aus irgendeinem Grunde mit kälteren Gasen von 180° C betrieben, so ist der Leistungsbedarf des Lüfters um 16 % größer, so daß der Antriebsmotor, wenn er für die höhere Temperatur bemessen war, überlastet ist. Hier ist also schon aus diesem Grunde eine reichlichere Bemessung der Antriebsmaschine erforderlich.

Wenn schließlich statt des direkten Antriebs Mehrlagerausführung oder Riemen- oder Getriebeantrieb gewählt wird, sind für die in Frage kommenden Reibungsverluste entsprechende Zuschläge bei der Bemessung der Antriebsmaschine zu machen.

2. Axialdruck

Für die Bemessung der Lager der Antriebsmaschine bei fliegender Anordnung bzw., falls diese durch eine Kupplung mit dem Lüfter verbunden ist, für die Zwischenlager muß noch der vom Lüfter hervorgerufene Axialdruck in Rechnung gezogen werden.

Durch den vom Lüfter erzeugten Gesamtdruck (S. 13) entsteht bei einseitig saugender Ausführung des Lüfters in der Richtung vom Flügelrad zur Einsaugöffnung (Abb. 210 u. 211) ein Axialdruck, der von dem in der Maschine eingebauten

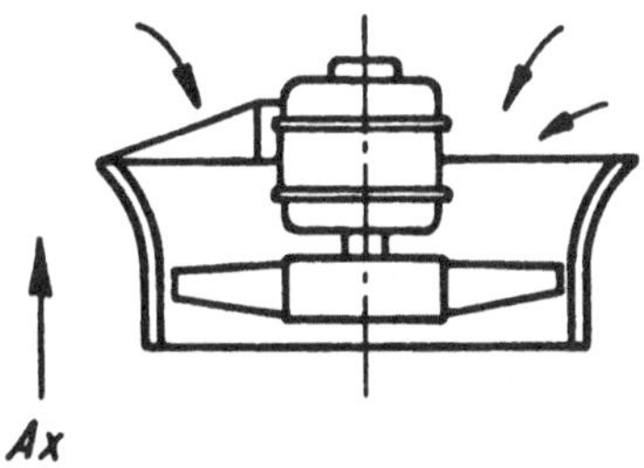

Abb. 210. Richtung des Axialdruckes bei einem Axial-Ventilator.

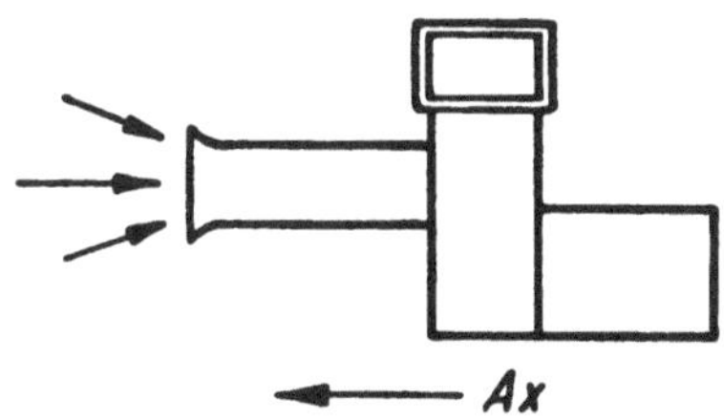

Abb. 211. Richtung des Axialdruckes bei einem Radialventilator.

Lager oder dem erwähnten Zwischenlager aufgenommen werden muß. Seine Größenbestimmung ergibt sich aus dem tatsächlichen Gesamtdruck p_{ges} in mm WS und der Ansaugefläche, auf welcher der Axialdruck zur Wirkung kommt. Diese Fläche ist gleich der Saugöffnung des Lüfters, mithin

$$p_{ax} = \frac{\pi d^2}{4} \cdot p_{ges} \text{ in kg}$$

wenn d der Durchmesser der Saugöffnung in m ist.

Dieser Axialdruck kann bei Gleitlagern entweder durch einen Bund in der Mitte oder am Ende des Lagers aufgenommen werden, oder es muß eine andere besondere Vorkehrung getroffen werden. Sind Kugellager vorhanden, so können diese in der Regel die Drücke, wie sie bei Niederdrucklüftern auftreten, aufnehmen. Bei besonders hohen Drücken müssen auch hier gegebenenfalls durch Wahl von hochschultrigen Kugellagern besondere Vorkehrungen getroffen werden.

Bei zweiseitig saugender Ausführung des Lüfters heben sich die Axialdrücke gegeneinander auf. Immerhin sind, besonders bei zweiseitig saugenden Hochdrucklüftern, die im Dauerbetrieb arbeiten, besondere Maßnahmen zu treffen, da infolge der nicht immer ganz gleichen Belastung der beiden Saugseiten eine Hin- und Herbewegung in Richtung der Welle eintritt, durch welche die Lager einem erhöhten Druck ausgesetzt werden.

Um bei elektromotorischem Antrieb diese Axialbewegung auf ein Mindestmaß zu beschränken, muß der Motor mit geringstem axialem Wellenspiel ausgeführt werden.

Bei zweiseitig saugenden Lüftern, bei welchen in der Regel die beiderseitigen Lager sehr dicht in der Saugöffnung stehen, ist häufig die Saugwirkung so groß, daß das Öl aus dem Lager abgesaugt wird. Dies kann dadurch verhindert werden, daß man an der Welle zwischen Lüfter und Lagern eine rotierende Scheibe vorsieht, deren Durchmesser größer als der gesamte Lagerdurchmesser ist. Bei Kugellagern fällt diese Gefahr fort, da sie mit Fett geschmiert werden, das nicht von der Saugwirkung erfaßt wird.

3. Radialdruck

Der Radialdruck bei Lüftern ist derjenige Druck auf die Welle oder das Wellenende, welcher durch das Gewicht des Flügelrades in radialer Richtung ausgeübt wird. Man hat hierauf besonders bei unmittelbarem Antrieb zu achten. Bei Flügelrädern großen Durchmessers, und damit großen Gewichtes, reicht häufig die normale Abmessung des Wellenstumpfes der Antriebsmaschine nicht aus. Statt einer Verstärkung dieses Wellenstumpfes sieht man dann zweckmäßig lieber eine Drei- oder Vierlager-Ausführung vor (S. 211).

4. Drehmoment

Bei Beginn der Drehbewegung von Lüftern wächst das Drehmoment von 0 beginnend mit der zweiten Potenz der Drehzahl.

$$\frac{M_d}{M_{d_1}} = \frac{n^2}{n_1^2}.$$

Im Ruhezustand ist eine Belastung durch Druck- oder Saugwirkung nicht vorhanden. Um das Lüfterrad in den Zustand der Bewegung zu bringen, ist daher nur die Beschleunigung der Masse des Flügelrades aufzubringen. Um diese auf einem möglichst geringen Wert zu erhalten, ist es nötig, außer der Sorge für eine gute Lagerung, das Flügelrad statisch gut auszuwuchten. Zu diesem Zweck sind in vorgesehenen Tariernuten oder an anderen geeigneten Stellen der Nabe oder der Schaufeln Ausgleichsstücke anzubringen, durch welche ein Gleichgewicht in jeder Lage hergestellt und ein leichter Anlauf erzielt wird.

Das Flügelrad eines Lüfters soll aber nicht nur leicht anlaufen, es soll auch in der Bewegung einen erschütterungsfreien Gang besitzen. Aus diesem Grunde muß es auch in der Bewegung und nach Möglichkeit mit der Drehzahl, für welche es im Betriebe verwendet wird, ausbalanziert werden. Man nennt dies die dynamische Tarierung. Sie geschieht auf einer besonderen Auswuchtmaschine.

B. Direkte Antriebsarten

Beim direkten Antrieb eines Radialventilators unterscheidet man die *fliegende* von der *gelagerten* Anordnung.

Bei der *fliegenden* Anordnung ist das Flügelrad des Lüfters auf dem Wellenstumpf des Antriebsmotors aufgekeilt und meist durch Scheibe oder Schraube gesichert. Diese Bauart bietet den kleinsten Platzbedarf und ist im allgemeinen bis zu einer Gehäusebreite von 1000 mm durchführbar.

Die Lager der Antriebsmaschine haben dem Axial- und Radialdruck des Lüfters standzuhalten.

Die fliegende Anordnung kann nicht vorgenommen werden bei der Förderung heißer Gase, da sonst der Antriebsmotor zu stark durch Strahlung vom Gehäuse erhitzt würde.

Kommt die fliegende Anordnung nicht in Betracht, so kann bei direktem Antrieb am besten die Vierlageranordnung vorgesehen werden, d. h. zwei Lager in der Antriebsmaschine und zwei Lager für die besondere Welle des Flügelrades, die mit der Antriebsmaschine durch elastische Kupplung verbunden ist. Die Montage ist einfach, denn alle etwaigen Ungleichheiten in der Ausrichtung der beiden Wellen oder sonstige von außen her auftretende Strörungen werden durch die Kupplung ausgeglichen.

Die Gesamtanordnung kann mit gemeinsamen Unterbaukasten für Lüfter und Antriebsmaschine oder für besonderen Aufbau des Antriebs auf gemauertem Sockel ausgeführt werden.

Bei *zweiseitig saugendem* Lüfter liegen die Lager zu beiden Seiten des Gehäuses oder mit nach beiden Seiten verlängerter Welle zu beiden Seiten der Saugkästen (Abb. 2).

Bei heißen Gasen muß mindestens das dem Lüfter nächstgelegene Lager Wasserkühlung erhalten.

Die *Dreilagerausführung*, die nur mit fester Kupplung vorgenommen werden kann, erfordert sorgfältigste Montage. Bei ihr ist außer den beiden Lagern der Antriebsmaschine nur ein Lager für die Flügelradwelle vorgesehen. Es müssen also drei Punkte genau ausgerichtet werden.

Diese Anordnung kommt daher nur zur Verwendung, wenn größter Platzmangel besteht und die fliegende Anordnung nicht mehr möglich ist.

Bei *Axialventilatoren* wird hauptsächlich direkter Antrieb genommen, mit Flügelrad auf Motorwellenstumpf. Bei größeren Aggregaten wird bisweilen besondere Welle und elastische Kupplung vorgesehen, vorzugsweise beim Einbau von Krümmern und wenn der Motor nicht im Luftstrom stehen soll. Bei senkrechter Anordnung wird gelegentlich Kegelradantrieb gewählt.

C. Riemenantrieb

Bei Riemenantrieb wählt man für *Radialventilatoren* in der Regel Zweilagerausführung mit der Riemenscheibe zwischen den Lagern oder fliegend an einer Seite.

Bei zweiseitig saugendem Lüfter wird bei kleineren Ausführungen die Riemenscheibe fliegend, bei größeren vor einem dritten Außenlager angeordnet.

Für *Axialventilatoren* wird Riemenantrieb nur in Ausnahmefällen verwendet.

D. Antriebsmaschinen

1. Elektromotoren

a) Gleichstrom

Wenn bei elektrischem Antrieb Gleichstrom zur Verfügung steht, eignet sich der Gleichstrom-Nebenschlußmotor ganz besonders für direkten Lüfterantrieb.

Da er durch Feldschwächung verlustlos aufwärts geregelt werden kann, ist er besonders da gut verwendbar, wo eine wechselnde Leistung vom Lüfter verlangt wird und er normal mit geringer und maximal mit hoher Drehzahl laufen muß. Eine Leistungsreserve in den Motor zu legen ist daher nicht erforderlich. Die maximale Drehzahl wird der maximalen Leistung angepaßt. Es ist jedoch zu beachten, daß die Type des Motors durch die höchste Lüfterleistung und die niedrigste Drehzahl, bei der er mit vollem Felde laufen soll, bestimmt ist. Um nicht zu große Modelle zu erhalten, legt man die normale Leistung des Lüfters in die des Motors mit vollem Felde. Die Spitzenlast wird dann mit Feldschwächung erreicht, während die nicht so häufig vorkommende Verringerung der Leistung im Hauptstrom erzielt wird.

Beispiel: Ein Lüfter benötigt normal bei 720 U/min 10 kW. Der Regelbereich soll etwa 40% betragen. Man wählt dann z. B. eine Aufwärtsregelung durch Feldschwächung von 15%, also von 720 auf 830 U/min, für einen maximalen Leistungsbedarf (mit der 3. Potenz steigend) von 15,2 kW. Ferner sieht man eine Abwärtsregelung im Hauptstrom von 720 auf 600 U/min vor. Die Nebenschlußmotor-Type wird dann durch die Leistung von 15,2 kW bei 720 U/min bestimmt. Dieser Motor ist regelbar um 15% aufwärts, also auf 830 U/min und im Hauptstrom abwärts um 17%, d. h. mit einem gesamten Regelbereich von etwa 40%.

Bemerkt sei noch, daß die Änderung der Drehrichtung beim Gleichstrommotor durch Anker- oder Feldumpolung erfolgen kann. Dies ist nötig, wenn das Flügelrad die falsche Drehrichtung aufweist.

b) Drehstrom und mechanische Regelmethoden

Für Drehstrom sind in der Hauptsache drei verschiedene Motorarten verfügbar: der Kurzschlußmotor, der asynchrone Schleifringmotor und der regelbare Kommutatormotor.

Der *Kurzschlußmotor* ist unbedingt der zuverlässigste der obigen Motoren, außerdem der billigste und er ist für rauhe Betriebe jeder Art geeignet. Er ist aber nicht regelbar, abgesehen von einer nicht zuverlässigen Spannungsregelung auf kleinem Bereich. Polumschaltung, die auch noch möglich ist, reicht wegen ihrer Grobregelung in den allermeisten Fällen nicht aus.

Die obigen Vorzüge haben es mit sich gebracht, daß der Kurzschlußmotor trotzdem in vielen Fällen, in denen Regelung erforderlich ist, eingesetzt wird, und zwar in Verbindung mit Regelmethoden, die sich auf die Beaufschlagung oder die Wirkungsweise des Flügelrades des Lüfters beziehen, bei gleichbleibender Drehzahl, oder auf die Kupplung mit veränderlicher Drehzahl.

Abb. 212. Eintrittsleitapparat für Radialventilatoren als Leistungsregler. (Schüchtermann & Kremer Baum, Dortmund.)

Abb. 213. Regelung von Radialventilatoren durch Verstellboden Dr. Eck. (Paul Pollrich & Co., M.-Gladbach.)

Für *Radialventilatoren* werden hierfür *Eintrittsleitapparate* oder Leistungsregler mit verstellbaren Schaufeln benutzt, wie in Abbildung 212 gezeigt. Die radialen Leitschaufeln können mittels Handrad und Gewindespindel betätigt werden. Auf diese Weise wird eine gleichmäßige Beaufschlagung der Laufradschaufeln bei der Drosselung erreicht, die den sonst hohen Drosselverlust verringert.

Eine andere Art der Regelung der Radialventilatoren ist der *Verstellboden von Dr. Eck*. Er besteht aus einer durch die Schaufeln senkrecht zur Achse gehenden Scheibe, die sich mit dem Flügelrad dreht, aber in Richtung der Achse verschoben werden kann. Hierdurch wird ein Teil des Laufrades unwirksam, und die Luftmenge vermindert sich bei gleichzeitiger Verkleinerung des Leistungsbedarfs. Regelung kann während des Betriebes erfolgen (Abb. 213). Allerdings bestehen gewisse Einbauschwierigkeiten für den Verstellboden.

Eine Regelung der Drehzahl bei gleichbleibender Motordrehzahl wird auch erreicht durch die *Voith-Sinclair-Kupplung*, die als hydraulische Schlupfkupplung wirkt. Es ist eine Verbindung von Kreiselpumpenrad und Turbinenlaufrad. Das letztere ist mit dem Flügelrad des Ventilators gekuppelt.

Bei *Axialventilatoren* werden *Drallregler* und *verstellbare Schaufeln* zur Leistungsänderung bei gleichbleibender Drehzahl verwendet (Abb. 214 u. 215).

Der *asynchrone Schleifringmotor* läßt sich durch Widerstandsvorschaltung im Läuferkreis abwärts regeln. Es findet somit eine Vernichtung von Energie entsprechend der erwähnten Hauptstromregelung der Gleichstrommotoren statt. Hier wird jedoch der gesamte Regelbereich von dem Energieverlust erfaßt. Immerhin ist diese Regelung noch derjenigen durch Drosselung mit Schieberverstellung vorzuziehen. Stellt man vergleichsweise den Wirkungsgrad im Verhältnis zur Veränderung der Luft-

Abb. 214. Drallregler zur Leistungsregelung von Gleichdruck-Axial-Ventilatoren. (Kühnle, Kopp & Kausch, Frankenthal.)

Abb. 215. Verstellschaufeln von Überdruck-Axial-Ventilatoren. (Siemens-Schuckertwerke, Erlangen.)

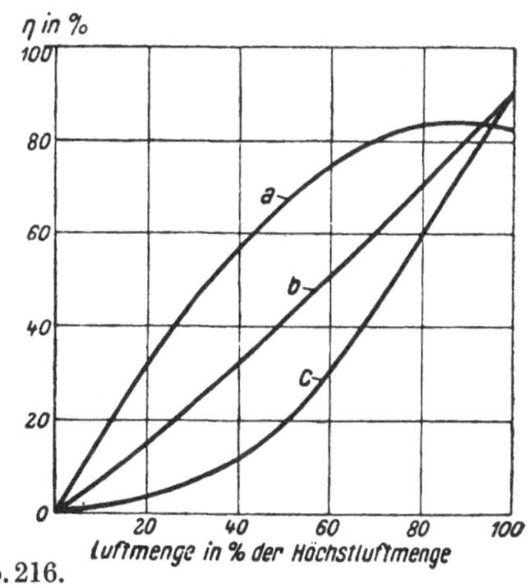

Abb. 216. Wirkungsgrade bei verschiedenen Regelarten.

menge nebeneinander dar, wie es sich ergibt bei Verwendung einer Drosselklappe (c), eines as. Drehstrommotors (b) und bei verlustloser Regelung (Nebenschlußmotor bzw. Kommutatormotor) (a), so sieht man daraus, daß die reine Drosselung dem ungünstigsten Fall entspricht (Abb. 216).

Von den mechanischen Regelmethoden würden die Kurven für den Drallregler, den Verstellboden und die verstellbaren Schaufeln etwa zwischen den Kurven *a* und *b* in Abbildung 216 liegen und für die verstellbaren Eintrittsleitapparate und die Voith-Sinclair-Kupplung zwischen *b* und *c* näher der Kurve *b*.

Der verlustlos regelbare Drehstrommotor ist der *Kommutator-Reihen- oder Nebenschlußmotor*. Er wird durch keine der vorstehend angegebenen Regelmethoden, wie aus Abbildung 216 hervorgeht, in seinem Wirkungsgrad erreicht. Er ist allerdings kostspielig und empfindlicher als der Kurzschlußmotor. Für rauhe Betriebe wird daher bei Axialventilatoren häufig der Verbindung von Kurzschlußmotor mit Drallregler oder Verstellschaufeln der Vorzug gegeben.

2. Dampfmaschinen und Dampfturbinen

Die *Dampfmaschine* findet gelegentlich noch im Bergwerksbetrieb zum Antrieb der Hauptgrubenlüfter Verwendung. Die Unabhängigkeit von der Stromlieferung und die Einfachheit der Leistungsregelung durch Dampfdrosselung sind ihre Vorzüge. Im Bergbau kommen die billigen Erzeugungskosten hinzu. Dies führt auch dazu, daß bisweilen der Hauptgrubenlüfter neben dem elektrischen Antrieb auf der anderen Seite des Lüftergehäuses Dampfmaschinenantrieb als Reserve erhält (Abb. 30a).

Dampfturbinenantrieb kommt im Schiffsbau vor zur Versorgung der Kessel mit Unterwind und Saugzug, da häufig Dampf eher zur Verfügung steht als elektrischer Strom.

Dampfturbinen finden auch bisweilen Verwendung bei Luftheizgeräten zum Antrieb der Lüfter, wenn die verwendeten Wärmeaustauscher mit Dampf gespeist werden, und eine elektrische Zuleitung für den Lüfter erübrigt sich.

3. Luftturbine

Luftturbinen kommen als Antrieb für Lüfter ausschließlich im Bergbau in Frage. Sie werden durch Preßluft angetrieben und bieten in Schlagwettergruben den Vorteil, daß Funkenbildung nicht eintreten kann und damit die Gefahr von Explosionen und Bränden von dieser Seite her vermieden wird (Abb. 34).

XVI. Rohrleitungen

A. Material

1. Schwarzblech

Für Rohrleitungen und Blechkanäle wird in der Ventilatortechnik für Lüftungsanlagen Schwarzblech von 0,6 bis 1,5 mm verwendet, für industrielle Anlagen sind größere Wandstärken von 1,5 bis 3 mm und darüber üblich. Ein äußerer korrosionsbeständiger Anstrich ist erforderlich. Die Rohre werden von den einschlägigen Fabriken in Durchmesserabständen von 25 mm in der Regel hergestellt und in

Längen von 3 bis 5 m. Viereckige Blechkanäle, die sich teurer stellen, werden gemäß Bestellung angefertigt.

Tab. 17. Gefalzte Rohre

Rohr-Durchmesser D in mm	Blechstärke in mm	Gewicht in kg etwa	Rohr-Durchmesser D in mm	Blechstärke in mm	Gewicht in kg etwa
60	0,62	1,00	525	1,125	14,0
80	,,	1,4	550	,,	14,6
100	,,	1,8	575	,,	15,0
120	,,	2,0	600	,,	16,0
140	,,	2,4	625	,,	17,5
160	0,75	3,2	650	1,25	21,50
180	,,	3,6	675	,,	22,3
200	,,	4,0	700	,,	22,7
225	,,	4,6	725	,,	23,5
250	,,	5,0	750	,,	24,6
275	,,	5,6	775	,,	25,2
300	1,00	8,0	800	1,375	25,8
325	,,	8,8	825	,,	27,3
350	,,	9,3	850	,,	28,00
375	,,	10,2	875	,,	28,60
400	,,	10,8	900	1,5	35,10
425	,,	11,5	925	,,	36,50
450	1,125	12,2	950	,,	37,40
475	,,	12,7	975	,,	38,0
500	,,	13,3	1000	,,	39,0

Tab. 18. Krümmer mit kleinem Radius

Durchmesser D in mm	Innerer Radius R in mm	Blechstärke in mm	Gewicht in kg etwa	Durchmesser D in mm	Innerer Radius R in mm	Blechstärke in mm	Gewicht in kg etwa
200	225	0,75	2,7	625	375	1,25	24,8
225	225	,,	3,25	650	375	,,	27,3
250	250	0,875	3,6	675	375	,,	30,8
275	250	,,	4,5	700	425	,,	33,7
300	275	1,000	6,3	725	425	,,	36,2
375	275	,,	7,0	750	425	,,	38,7
350	300	,,	7,9	775	425	,,	41,5
375	300	,,	9,0	800	450	1,375	45,3
400	300	,,	10,1	825	450	,,	48,1
425	325	,,	11,3	850	450	,,	51,0
450	325	,,	12,7	875	500	,,	55,2
475	325	,,	14,5	900	500	1,5	60,6
500	350	1,125	16,5	925	500	,,	64,2
525	350	,,	18,3	950	550	,,	69,1
550	350	,,	20,2	975	550	,,	73,7
575	350	,,	22,0	1000	550	,,	77,0
600	375	,,	24,0				

Tab. 19. Krümmer mit großem Radius

Durchmesser D in mm	Innerer Radius R in mm	Blechstärke in mm	Gewicht in kg etwa	Durchmesser D in mm	Innerer Radius R in mm	Blechstärke in mm	Gewicht in kg etwa
200	400	0,75	4,7	625	875	1,25	41
225	450	„	5,6	650	875	„	43,5
250	500	„	6,8	675	875	„	46,3
275	550	„	8,1	700	900	„	53,0
300	600	1,00	11,8	725	900	„	55,1
325	650	„	12,9	750	900	„	58,0
350	700	„	14,2	775	900	„	61,0
375	700	„	15,5	800	950	1,375	67,8
400	750	„	18,1	825	950	„	71,0
425	750	„	19,3	850	950	„	74,2
450	750	„	21,5	875	950	„	77,9
475	750	„	23,4	900	1025	1,5	89,3
500	850	1,125	28,3	925	1025	„	93,5
525	850	„	30,7	950	1025	„	98,5
550	850	„	33,0	975	1025	„	104,0
575	850	„	34,5	1000	1150	„	113,7
600	850	1,25	38,7				

2. Verbleites Blech

Für besondere Fälle, in denen säurehaltige Gase (vor allem Schwefelsäure) oder heiße Gase gefördert werden, bieten verbleite Rohrleitungen einen gewissen Schutz. Sie werden entweder aus verbleitem Blech, das direkt von der Hütte bezogen werden kann, oder aus Schwarzblech hergestellt, das nach Fertigstellung der Rohre im Vollbade verbleit wird. Das letztere hat den Vorteil, das die aufgetragene Bleischicht meist stärker ist und daß alle Teile, auch Schrauben und Nietverbindungen, den Bleiüberzug erhalten. Für wirksamen Schutz gegen Schwefelsäure ist eine mindestens 3 mm starke Bleischicht nach vorheriger Verzinnung empfohlen, oder auch Emaillierung.

3. Verzinktes Blech

Für andere Fälle, in denen Verrostung durch Berührung mit der Atmosphäre oder bei der Förderung von feuchten Gasen vermieden werden soll, kommen verzinkte Bleche in Betracht. Man unterscheidet im Vollbade verzinkte (feuerverzinkt) und galvanisch oder elektrolytisch verzinkte Bleche. Beide sind gleichwertig, und meistens werden auch die fertig hergestellten Rohre der Verzinkung ausgesetzt. Für Lötung soll das feuerverzinkte Blech besser sein.

4. Tonrohre

Wenn besonders aggressive Säuregase zur Förderung gelangen, können auch Ton- oder Steinzeugrohre verlegt werden, die eine fast unbegrenzte Lebensdauer haben. Sie werden in gängigen Durchmessern, allerdings in größeren Abstufungen, lagermäßig hergestellt. Meist wird dann auch der zugehörige Lüfter in Steinzeug ausgeführt. Abbildung 217 u. 218 zeigen Ventilatoren in säurebeständigem Steinzeug. Beim Axialventilator ist auch der antreibende Elektromotor vollkommen in Steinzeug gekapselt.

Da die Rohre und besonders Krümmer- und Abzweigstücke sperriger sind, erfordert die Verlegung mehr Platz als mit Blechrohren.

Abb. 217.
Radialventilator in Steinzeug.
(Deutsche Ton- und Steinzeugwerke, Kassel-Bettenhausen.)

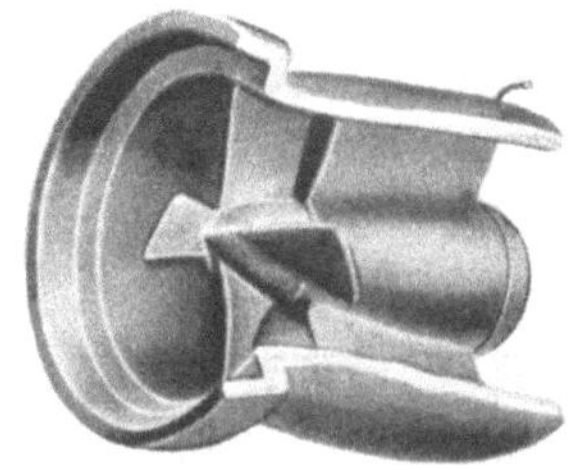

Abb. 218.
Axialventilator in Steinzeug.
(Deutsche Ton- u. Steinzeugwerke, Kassel-Bettenhausen.)

B. Ausführung der Rohre

1. Nähte

Die Zusammenfügung der Blechrohre in der Längsrichtung, d. h. die Herstellung der Nähte kann durch Falzen, Nieten oder Schweißen erfolgen. Die einfachste und billigste Form ist das Falzen. Dies geschieht auf besonders dafür eingerichteten Falzmaschinen, auf denen die Rohre serienmäßig hergestellt werden. Sie werden vielfach in der Ventilatortechnik verwendet. Wenn sie auch bei Förderung staubhaltiger Luft nicht vollkommen dicht halten, so sind sie doch bei reinen Lüftungsanlagen anderen Ausführungsarten ebenbürtig.

Die kostspieligere Art des Nietens der Nähte wird heute nur in seltneren Fällen noch vorgenommen und hat der Schweißnaht den Platz überlassen. Das stumpfe Zusammenschweißen der Nähte gewährt eine absolut dichte Zusammenfügung und eine glatte innere Oberfläche, wie sie bei allen Ventilationsanlagen, besonders aber bei den Staubabsauge- und Förderanlagen gewünscht wird.

2. Stöße

Die einfachste Stoßverbindung ist die Bördelung, wie sie in Abbildung 219 dargestellt ist. Das eine Rohrende erhält einen Bord, das andere einen winkelförmigen Ansatz. Die Rohre werden aneinandergehalten und der vorspringende Schenkel umgeschlagen. Falls Abdichtung notwendig ist, kann vor dem Umschlagen eine Hanfschnur zwischengelegt werden.

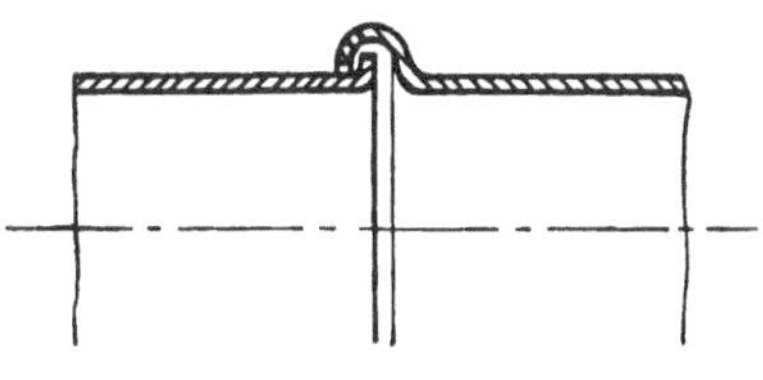

Abb. 219. Gebördelter Stoß.

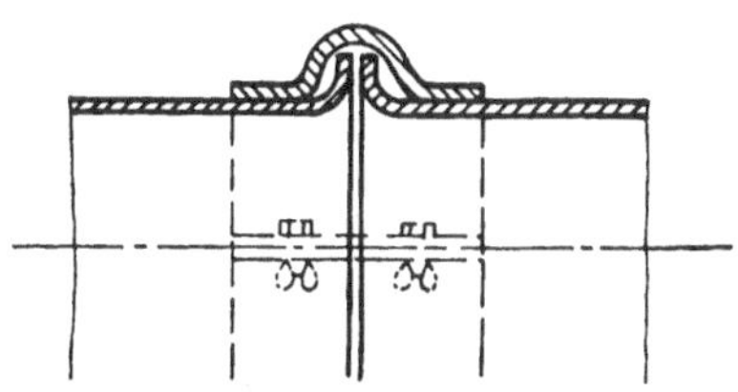

Abb. 220. Stoß mit Sickenspannschelle.

Eine etwas solidere Verbindung ist diejenige mit der Sickenspannschelle (Abb. 220). Hier werden die beiden gebördelten Rohrenden durch eine in der Mitte mit einer Sicke versehene Spannschelle zusammengehalten. Die Schelle selbst wird durch Schrauben mit Flügelmuttern angezogen. Bei dieser Verbindung ist es nachträglich immer möglich, durch geringe Lockerung der Spannschelle eine Verdrehung des einen Rohres vorzunehmen, wie es z. B. häufig bei Krümmern oder Abzweigen erforderlich ist.

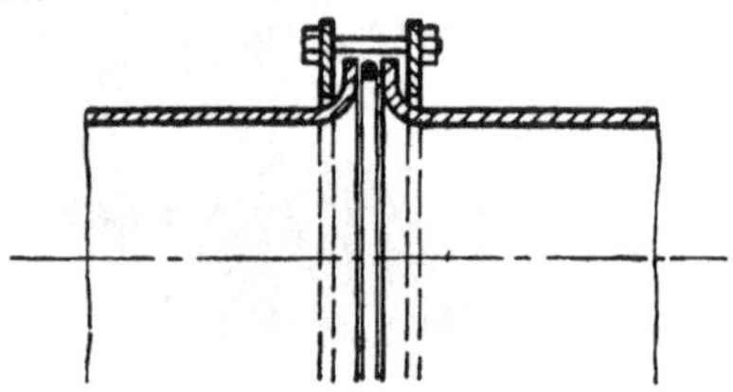

Abb. 221.
Lose Flacheisen-Stoßverbindung.

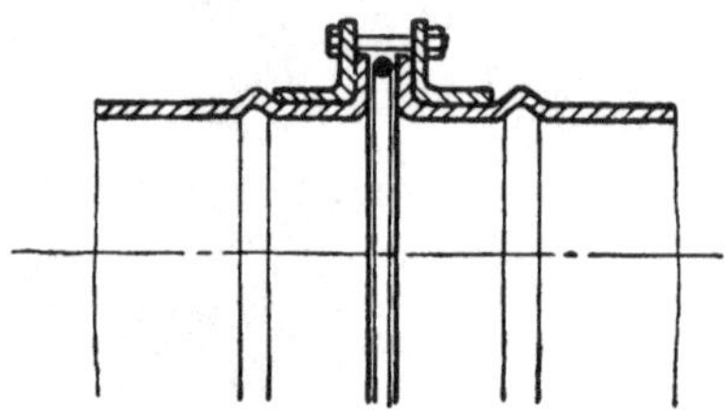

Abb. 222.
Winkelflansch-Stoßverbindung.

Zwei besonders feste Verbindungen werden in Abbildung 221 u. 222 gezeigt. Die eine ist die häufig zur Verwendung gelangende lose Flacheisen-Verbindung. Auch hier sind beide Rohrenden gebördelt und je ein Flacheisenring hinter die Bördelung geschoben. Beide Ringe werden durch Schraube und Mutter angezogen.

Die Winkelflansch-Verbindung kommt besonders für rauhe Betriebe oder auch für Aufhängung im Freien in Frage. Hier liegen die horizontalen Flanschschenkel fest zwischen der Bördelung und einer noch besonders vorgesehenen Sicke. Im übrigen ist die Verbindung ähnlich der Flacheisenflansch-Verbindung. Eine nachträgliche Drehung eines Rohrendes ist jedoch bei dieser Verbindung ausgeschlossen.

Wenn die Rohrleitung geschweißt ausgeführt wird, werden meist auch an den Stößen entweder Flacheisenringe oder Winkelflanschringe angeschweißt, die durch Schrauben verbunden werden. Die Abdichtung erfolgt dann entweder durch Asbestringe oder Asbest- oder Hanfschnüre. Die letzteren werden wellenartig um die Schrauben herumgelegt. Bei größeren Rohrdurchmessern muß man hierfür eine kleinere Lochteilung wählen, um die Schnur vom Rohrquerschnitt fernzuhalten.

3. Krümmer und Abzweige

Krümmer werden in kleineren Durchmessern bis etwa 250 mm auf besonderen Maschinen teilweise auch in Aluminium gepreßt, bei größeren sieht man gefalzte oder geschweißte vor. Das gleiche gilt für Abzweige- und Hosenstücke, die auch gefalzt oder geschweißt werden. Eine gute und schlanke Herstellung von Abzweigstücken (Abb. 223) und Hosenstücken ist für die Verringerung der Widerstände unerläßlich.

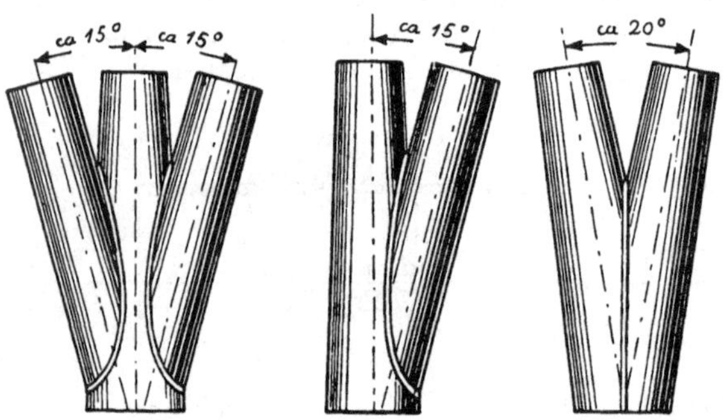

Abb. 223. Blechformstücke.
(Hch. Bertrams, Berlin-Tempelhof.)

4. Absperrorgane

In der Ventilatortechnik sind zwei verschiedene Arten von Absperrorganen gebräuchlich: der Schieber und die Drosselklappe. Die Drosselklappe ist für Lüftungsanlagen und all diejenigen Fälle, in denen staubfreie Luft gefördert wird, wegen ihrer Einfachheit dem Schieber vorzuziehen. Sie besteht in einer durch die Mitte des Rohres führenden Welle, an welcher eine Kreisscheibe, oder bei Kanälen eine viereckige Platte befestigt ist. Eine Ausführungsart ist in Abbildung 224 dargestellt. In anderen Fällen, insbesondere solchen, in denen staubhaltige Luft gefördert wird, ist der Schieber als Drossel- bzw. Abschlußorgan zu empfehlen.

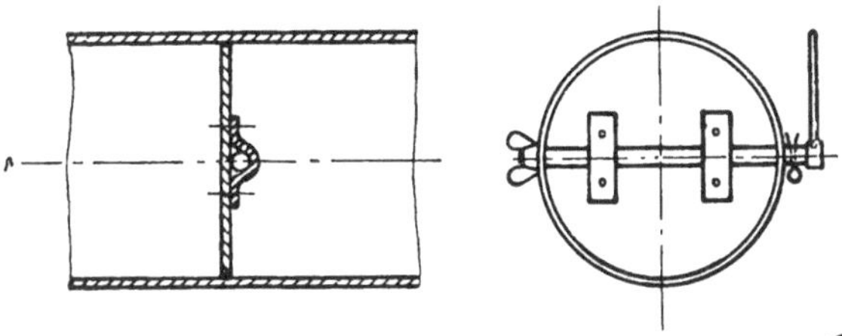

Abb. 224. Drosselklappe für Blechrohre.

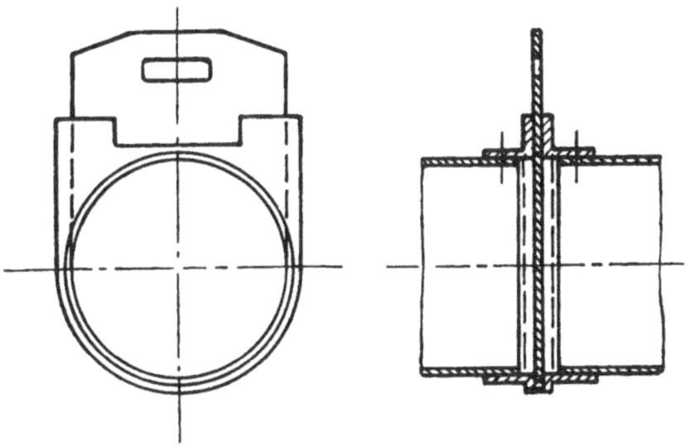

Abb. 225. Offener Schieber für Blechrohre.

Er wird in offener, oder wenn es auf besondere Dichtheit ankommt, in geschlossener Ausführung hergestellt (Abb. 225 und 226). Für kleinere Durchmesser werden gußeiserne oder Aluminiumschieber lagermäßig ausgeführt, für größere kommt geschweißte Konstruktion in Frage.

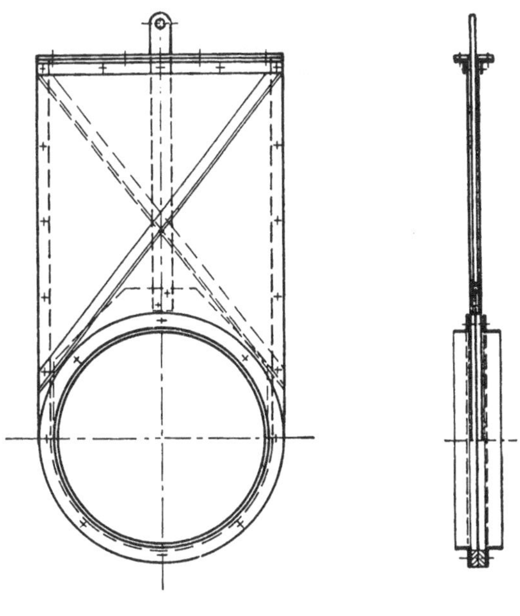

Abb. 226.
Geschlossener Schieber für Blechrohre.

C. Aufhängung

Für die Aufhängung der Rohrleitung werden zweiteilige Aufhängungsschellen angefertigt, wie sie in Abbildung 227 gezeigt sind. Zur Verbindung mit dem jeweiligen Festpunkt dienen Flach- oder Winkeleisen, durch welche die Verbindungsschrauben geführt werden.

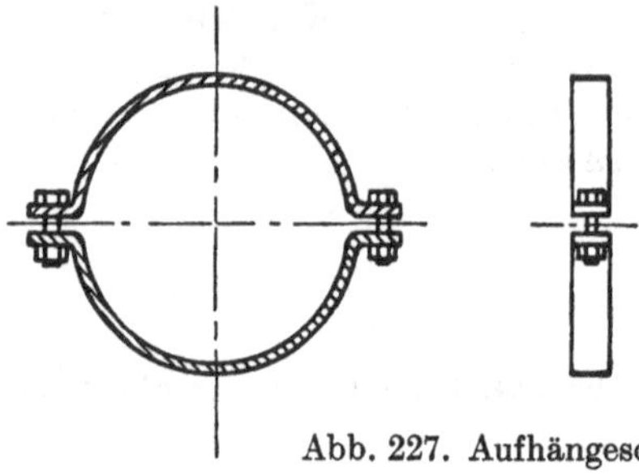

Abb. 227. Aufhängeschellen.

Bei Anordnung der Rohre auf Konsolen wird zweckmäßig ein hölzernes Segmentstück untergeschoben, auf dem das Rohr ruht. Bei Verlegung der Rohrleitung freitragend über größere Zwischenräume kann die Aufhängung durch ein geschwungenes Drahtseil erfolgen, das an den beiden Endpunkten befestigt und mit der Rohrleitung durch eine Reihe senkrechter Rundstäbe verbunden ist.

D. Öffnungen

Für Luft-Ein- und -Austrittsöffnungen können bei runden und rechteckigen Rohrleitungen in einfachster Weise Blechstreifen ausgeschnitten werden, die dann entsprechend der gewünschten Öffnungsweite umgebogen werden. Diese Ausführung ist billig, wirkt aber nicht sehr schön. Man zieht heutzutage besonders bei geschweißten Rohrleitungen vor, einen rechteckigen Winkelrahmen um die Öffnung anzuschweißen und hieran die in großer Zahl fertig erhältlichen Lüftungsgitter anzuschrauben. Ein solches Gitter ist in Abbildung 228 dargestellt. Diese Sonderkonstruktion vermeidet Jalousieklappen und ermöglicht doch durch einfaches Verschieben der inneren der beiden Profilstabreihen eine Veränderung der Strahlausfallrichtung nach allen vier Richtungen.

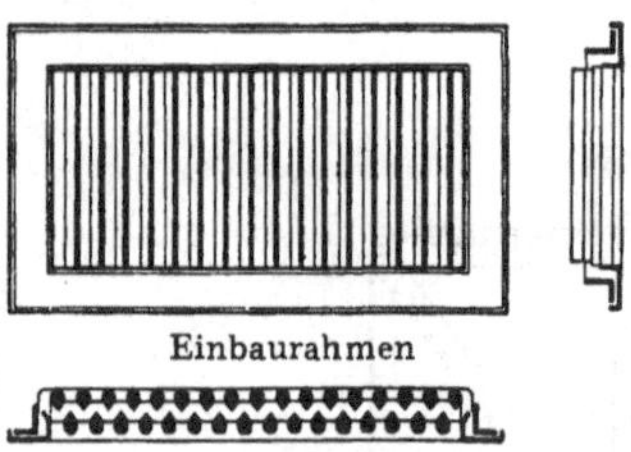

Abb. 228. Doppelstab-Lüftungsgitter. (Paul Pollrich & Co., M.-Gladbach.)

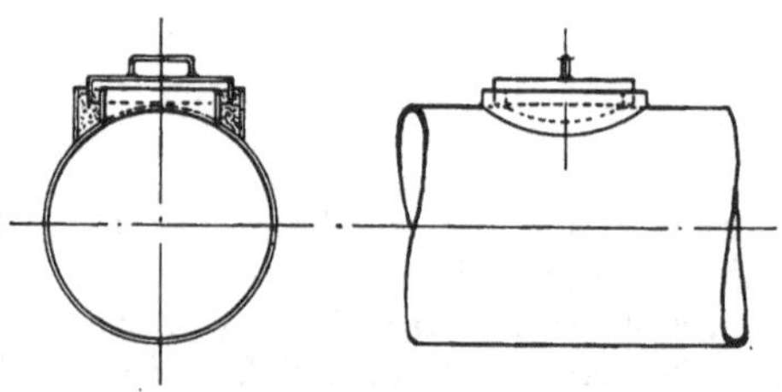

Abb. 229. Reinigungsöffnungen für heiße Gase.

Reinigungsöffnungen werden in der Regel durch zwei angeschweißte Blechstreifen über und unter der Öffnung mit dazwischenliegendem Schieber hergestellt. Man kann an den Blechstreifen noch Schrauben vorsehen, besonders um bei völligem Verschluß Dichtheit zu erzielen.

Eine besondere Art von Reinigungsöffnungen für sehr heiße Gase haben sich in der Form bewährt, die in Abbildung 229 gezeigt ist. Ein doppelter Blechrahmen wird um die Öffnung geschweißt und der gebildete Zwischenraum mit Sand gefüllt. Der mit Handgriff versehene Deckel paßt in den Zwischenraum. Hierdurch wird eine dichte und jeder Zeit leicht zu öffnende Reinigungsklappe geschaffen.

Alle Reinigungsklappen sollen oben an der Rohrleitung vorgesehen werden. Ist das nicht möglich, dann an der Seite, aber nicht unten.

XVII. Geräuschfragen

A. Ursache

1. Luft- und Bodenschall

Die Geräuschfrage spielt bei Ventilatoranlagen besonders in den Fällen eine ausschlaggebende Rolle, bei denen es sich um Gebäude oder Räume handelt, in denen es normalerweise ruhig ist oder wenigstens keine anderen störenden Geräusche auftreten. Dies trifft daher zu für alle Lufterneuerungsanlagen in Theatern, Konzertsälen, Filmspielhäusern, Kirchen, Schulen und schließlich auch in Büros und Restaurants, wenngleich die beiden letzteren schon einen höheren Geräuschpegel aufweisen.

Dieser Geräuschpegel liegt bei den erwähnten Räumen zwischen 20 und 50 Phon, wobei 20 Phon etwa dem Geräusch des Uhrtickens und 50 Phon dem des gewöhnlichen Sprechens entspricht.

Der Schall ist eine Wellenbewegung, hervorgerufen durch Beschleunigung unausgeglichener Massen und durch Verdichtungen und Verdünnungen von Luft oder Gasen. Man unterscheidet Luft- und Bodenschall, auch Körperschall genannt.

Der Luftschall wird von der Geräuschquelle erregt, durch die Schwingungen der Luft fortgepflanzt. Er kann also z. B. bei einer Lüftungsanlage am Lufteintritt eines Kanals von außen übernommen und durch die Luft im Kanal fortgepflanzt werden.

Beim Bodenschall dagegen kann das Fundament oder der Erdboden die Schallwellen von einer äußeren Geräuschquelle auf das Mauerwerk, die Decke oder die Wände übertragen, welche dann ihrerseits die Schwingungen an die angrenzenden Luftschichten weitergeben.

In beiden Fällen können das Lüfteraggregat oder die Luftkanäle die Geräuschquelle selbst sein oder die durch eine äußere Geräuschquelle verursachten Schwingungen fortpflanzen.

Es bleibt zu prüfen, inwieweit durch geeignete Maßnahmen in beiden Fällen eine Besserung erzielt werden kann.

2. Lüfter

Im Radialventilator entsteht das Geräusch durch die erzwungene plötzliche Umlenkung der Luft um 90° nach Eintritt der Luft in die Saugöffnung und danach in den Schaufelkranz. Hinzu kommt die durch die Zentrifugalkraft erfolgende Drucksteigerung. Beim Axialventilator entsteht das Geräusch durch die infolge Schrägstellung der Schaufeln erfolgende Ablenkung der Strömung von der geradlinigen in die drehende Bewegung. Die Lager der Wellen können diese Geräuschbildung erhöhen.

Abb. 230. Geräuscharmer Axial-Ventilator mit Kreisbogenprofil. (Siemens-Schuckertwerke, Erlangen.)

Einen neuartigen besonders geräuscharmen Axiallüfter der Überdrucktype bei gleichzeitig hohem Wirkungsgrad zur Lüftung ruhiger

Räume zeigt Abbildung 230. Die Schaufeln des Laufrades haben Kreisbogenprofile von verschiedenen Radien und werden für kleinere Raddurchmesser in Kunststoff hergestellt. Ein weiterer Vorteil dieser Bauweise ist, daß Laufräder hergestellt werden können, die bei Reversierbetrieb fast die gleiche Luftleistung erreichen wie bei normaler Drehrichtung.

3. Motor

Im Antriebselektromotor wird die Schallbildung auf Geräusche zurückgeführt, die durch die periodische Ummagnetisierung des Eisens entstehen und sich durch die Nuten der Wicklung fortpflanzen. Auch kann eine Tonbildung in dem Luftring zwischen Läufer und Ständer entstehen, und schließlich kann auch hier die Lagerung zur Geräuschbildung beitragen.

4. Unterbau

Das ganze Aggregat kann durch zu schwache Ausbildung des gemeinsamen Unterbaus oder durch die Art der Aufstellung auf einem schwingenden Punkte Erschütterungen erzeugen, die sich als Bodenschall fortpflanzen und schließlich als hörbare Geräusche im Raum auftreten.

B. Vermeidung

1. Umfangsgeschwindigkeit

Erfahrungsgemäß wächst die Geräuschbildung, d. i. die Lautstärke eines Lüfters mit der Umfangsgeschwindigkeit des Flügelrades, und zwar nicht linear, sondern nach Prof. Lübke[1]) mit der 2,5 bis 3,5ten Potenz.

Die Umfangsgeschwindigkeit ist mit $u = \frac{\pi d \cdot n}{60}$ von dem Durchmesser und der Drehzahl abhängig. Da ferner die Umfangsgeschwindigkeit in bestimmtem direkten Verhältnis zu dem erzeugten Druck steht, so wächst die Geräuschbildung auch mit dem Druck. Daher hat der Lüfter für kleine statische Drücke in der Regel einen ruhigeren Lauf als der für große. Im allgemeinen kann man sagen, daß bis etwa 25 mm Gesamtdruck und einer Umfangsgeschwindigkeit bis etwa 25 m/s ein praktisch ruhiger Lauf bei Radialventilatoren ohne weiteres erzielt werden kann. Dies will jedoch nicht sagen, daß der Lauf geräuschlos ist.

Bei gleichartigen Lüftertypen liegt ferner im allgemeinen der Lüfter mit großem Flügelrad und kleiner Drehzahl in der Geräuschfrage günstiger als derjenige mit kleinem Flügelrad und großer Drehzahl, bei gleicher Umfangsgeschwindigkeit.

Die Frequenz des Schalles, d. h. die Zahl der Schwingungen je sec ist $f = n \cdot a$ in Hz. wenn n = Umdrehungen des Lüfterrades je sec. und a die Zahl der Schaufeln ist. Hierbei ist zu bemerken, daß nach Fletscher und Munson das menschliche Ohr besonders eingestellt ist für Frequenzen zwischen 1000 und 3000 Hz.

2. Lüfterausführung

Zwischen zwei verschiedenen Lüftertypen, welche die gleiche Luftleistung abgeben, wird derjenige im allgemeinen ruhiger laufen, welcher die kleinere Drehzahl bei gleichem Flügelraddurchmesser benötigt, da hierdurch die Umfangsgeschwindigkeit kleiner wird. Bei allen Ventilatoren spielt außerdem die gute ärodynamische Durchbildung des Eintrittsstutzens an der Saugöffnung eine Rolle.

Axiallüfter verursachen bei gleichen Drücken in der Regel größere Geräusche als Radiallüfter, da sie höhere Umfangsgeschwindigkeit benötigen.

Die Ausbildung des Flügelrades hinsichtlich der Schaufelzahl gibt bei beiden Lüfterarten die Möglichkeit einer Verringerung des Geräusches. Viele kurze Schau-

[1]) Ges. Ing. 60 (1939) H. 38 S. 577/81.

feln ergeben geringeres Geräusch als wenige und lange bei gleicher Umfangsgeschwindigkeit, daher z. B. der ruhigere Lauf der Trommelläufer.

Bei Fliehkraftlüftern spielt außerdem die Ausbildung der sogenannten Zunge, d. h. der Stelle des kleinsten Radius der Gehäuseschnecke eine gewisse Rolle. Das freie Spiel darf an dieser Stelle nicht zu klein und die Zunge selbst nicht zu scharf, d. h. mit nicht zu geringer Abrundung ausgebildet sein.

Bei Axiallüftern, die meist unmittelbar mit dem Antriebsmotor zusammengebaut sind, dürfen die Tragkonstruktionen, wie Haltestreben und Konsolen, nicht zu dicht am Lüfterrad liegen. Dann scheint es hinsichtlich des Geräusches gleichgültig zu sein, ob die erwänte Konstruktion auf der Druck- oder Saugseite liegt.

In besonderen Fällen kann man auch bei größeren Umfangsgeschwindigkeiten das Lüftergeräusch dadurch herabmindern, daß man das Gehäuse, das gewissermaßen als Resonnanzboden wirkt, aus Beton oder Steinzeug herstellt.

Selbstverständlich ist, daß der schmiedeeiserne oder gußeiserne Fundamentkasten, auf dem der Antriebsmonotor oder die Lagerung ruht, in sich stabil gebaut ist und fest mit dem Boden verbunden ist. Auch soll seine Verbindung mit dem Lüftergehäuse fest sein, auch wenn dieses nach dem Boden hin gesondert abgestützt ist. Über elastische Anordnung siehe nächstes Kapitel.

Auf das gute statische und dynamische Austarieren des Flügelrades muß bei Radial- und Axiallüftern in gleicher Weise besonderer Wert gelegt werden, wie schon in Abschn. XV behandelt.

Wenn die Ursache der Geräuschbildung, wie es zuweilen die Untersuchung ergibt, im elektrischen Antriebsmotor liegt, so kann diese durch Wahl eines größeren Modells, dessen Leistungsausnutzung nicht so weitgehend ist, oftmals gemindert oder sogar beseitigt werden.

Weitere Wege zur Geräuschminderung an elektrischen Maschinen sind in der Abhandlung von Lübke und Plattner[1]) gezeigt.

3. Dämpfung des Lüfteraggregates

Ist das ganze Lüfteraggregat auf einer hohlen oder verhältnismäßig schwachen Decke oder einem nicht sehr stabilen Gerüst aufgestellt, so daß man befürchten kann, daß ein Mitschwingen größerer Massen mit der durch die Drehbewegung des Lüfterrades erzeugten Eigenschwingung (Resonanz) eintreten kann, muß eine künstliche Dämpfung vorgenommen werden. Diese erzielt man praktisch dadurch, daß man z. B. das ganze Aggregat zunächst auf eine klangstumpfe Holzplatte stellt, die je nach der Belastung eine Stärke von etwa 30 bis 50 mm besitzen kann. Wenn man außerdem diese Platte durch Einbau von Korkplatten, Schwingungsdämpfern, Gummiplatten oder sonstigen bodenschalldämpfenden Baustoffplatten isoliert, dann wird es in den meisten Fällen möglich sein, eine Erschütterungs- oder Geräuschübertragung zu vermeiden. Auf diese Weise werden die vom Lüfter erzeugten Eigenschwingungen nicht nur nicht verstärkt, sondern auch nicht weiter fortgepflanzt.

Eine Ausführung von Schwingungsdämpfern ist in dem Federphonolator (Abb. 231) gezeigt. Es ist wesentlich, daß diese Dämpfer symmetrisch zum Gesamtschwerpunkt der Anlage angeordnet werden.

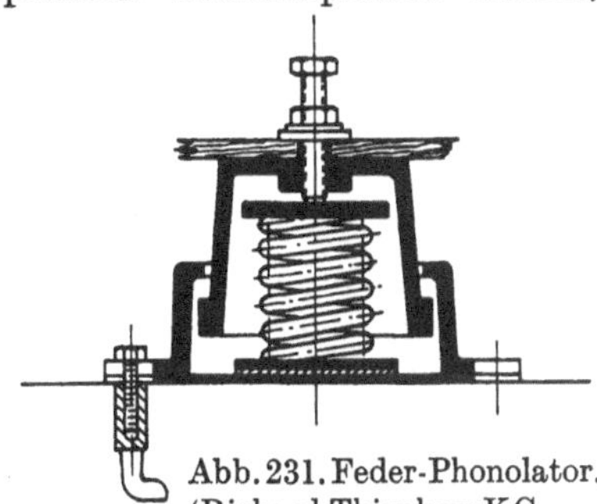

Abb. 231. Feder-Phonolator. (Richard Thienhaus K.G., Schwetzingen.)

[1]) Lübke u. Plattner, Siemens-Z. 15 (1935) S. 157/164.

4. Luftkanäle

Arbeitet der Lüfter mit anschließender Saug- oder Druckleitung oder mit beiden, so ist in allen Fällen, in denen Geräuschübertragung vermieden werden soll, eine starre Verbindung mit dem Lüfter zu vermeiden. Man sieht statt dessen Stoff-, Leinwand-, Asbest- oder Ledermanschetten vor, die mit Schellen mit den Rohrenden bzw. den Flanschen am Lüfter verbunden werden.

Der Lufteintritt soll nicht durch ein stumpf abgeschnittenes Rohr- oder Kanalende erfolgen. Vielmehr soll das Rohr trompetenartig an dieser Stelle ausgebildet sein, so daß Eintrittswirbel und Druckschwankungen vermieden werden. Ist die Übernahme von starken äußeren Geräuschen zu befürchten, so müssen besondere Vorkehrungen getroffen werden, die in der Luft vorhandenen Schallwellen zu dämpfen und auch ihre Einwirkung auf die Kanalwände zu unterbinden, damit diese nicht zu Schwingungen angeregt werden können.

Hierfür können schallschluckende Verkleidungen der Kanalwände verwendet werden, die aus Filz- und Holzfaserstoffen oder aus Gummi oder besonderen Kunstharzbaustoffen bestehen können. Da hierbei jedoch, besonders wenn es sich um große Kanalquerschnitte handelt, nur die nahe der Wandung bewegten Stromfäden beeinflußt werden, ist eine Ausführung nach Abbildung 232 zu bevorzugen. Hier wird auf einige Meter eine Kanalerweiterung eingelegt, die durch eine Reihe von Zwischenwänden im Abstande von 5 bis 15 cm den Gesamtluftstrom in Teilströme aufteilt. Diese Zwischenwände bestehen aus schallabsorbierenden Platten, z. B. Filz in Drahtgewebe gebettet, und die Luft wird nun gezwungen, unter Verminderung ihrer Geschwindigkeit an diesen schallschluckenden Oberflächen entlangzustreichen und auf diese Weise ihre Schallenergie abzugeben.

Abb. 232. Schallwellendämpfung durch Kanalerweiterung mit schallschluckenden Zwischenwänden.

Daß die Luftgeschwindigkeit in den Kanälen von Anlagen, die kein störendes Geräusch verursachen sollen, besonders wenn es sich um Blechkanäle handelt, klein sein muß, und zwar wenn irgend möglich nicht größer als etwa 4 m/s ist, schon S. 22 erörtert worden.

Oft auch ergeben sich Geräusche an den Luftaustrittsstellen der Kanäle. Öffnungen oder Schlitze mit Zungen können, wenn überhaupt, nur bei kleinsten Austrittsgeschwindigkeiten Verwendung finden. Man zieht es in Fällen, wo es auf Geräuschlosigkeit ankommt, vor, Austrittsgitter mit großem freien Querschnitt vorzusehen und den Übergang von der Öffnung im Kanal zum Gitterquerschnitt allmählich verlaufen zu lassen. Auch kann man den Austrittsquerschnitt mit schlaff gespannten Tuch- oder Wollstoffen bekleiden, wodurch gegebenenfalls infolge Interferenz, d. i. durch Kombination von vorhandenen durch aufgezwungene Schwingungen, eine Geräuschminderung erzielt wird.

LITERATURVERZEICHNIS

Rietschel, Heiz- und Lüftungstechnik 1952. / H. Groeber, Wärmeübertragung. Springer. / Dr. Eck, Ventilatoren. Springer 1957. / Silberberg, Luftbehandlung. Springer. / Hirsch, Trockentechnik. Springer 1952. / Dr. Meldau, Handbuch der Staubtechnik. VDI-Verlag. / E. L. Joselin, Ventilation. Arnold & Co., London. / Recknagel-Springer, Heizung u. Lüftung, Oldenburg 1955. / Nuber, Wärmetechn. Berechnung, Oldenburg 1951. / Siemens, Formelbuch. / Hefte des Gesundheitsingenieur, The Heating & Ventilating Engineer, and The Journal of the Institution of Heating & Ventilating Eng. / VDI-Richtlinien 2301 & 2302. / DIN 1940 u. 4701.

VERZEICHNIS DER TABELLEN

SACHVERZEICHNIS

ANZEIGEN

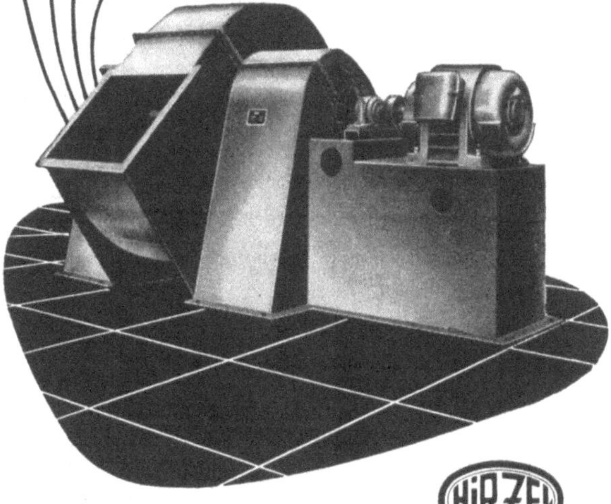

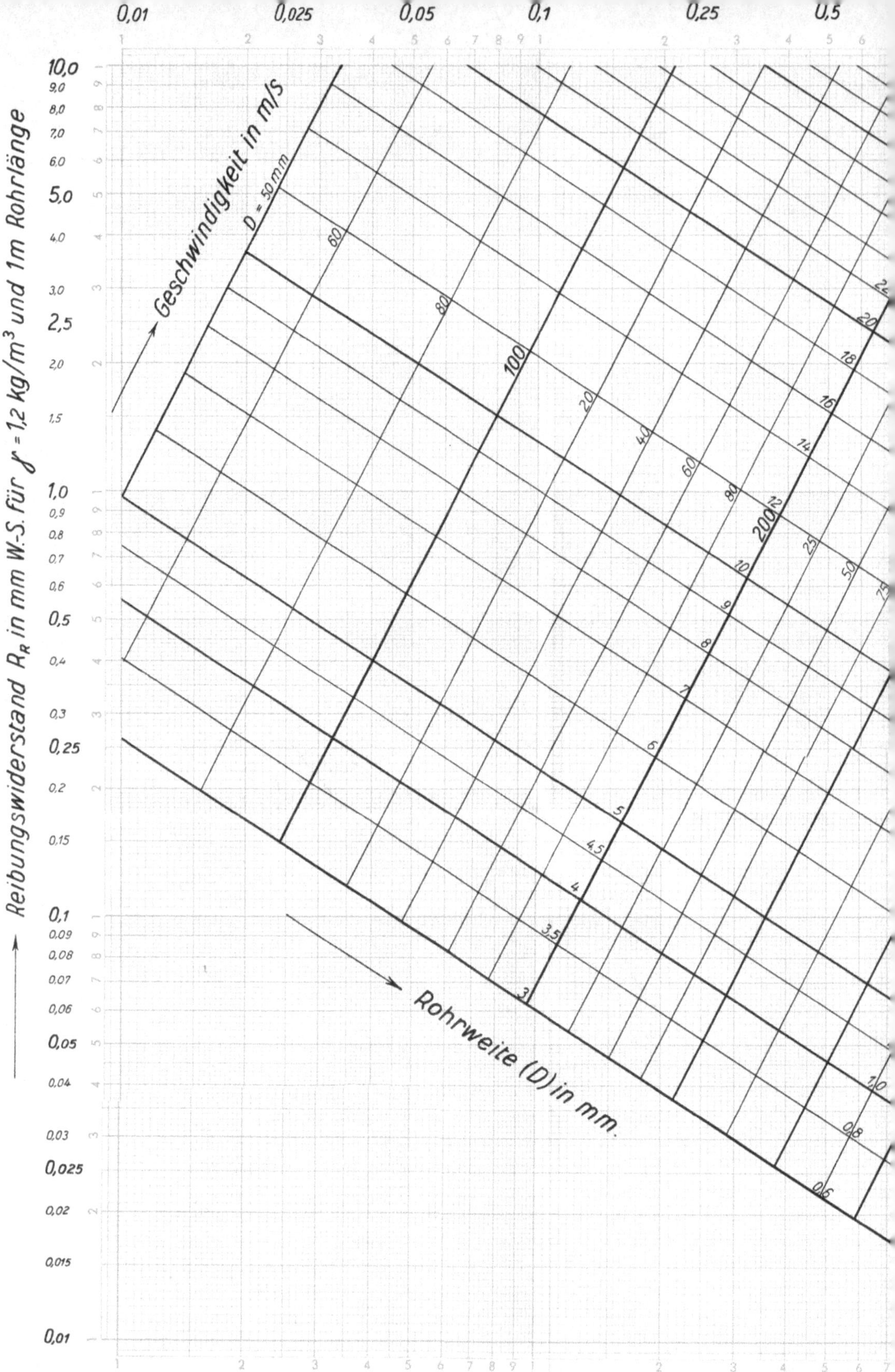

* Die der Tafel zu Grunde liegenden Werte sind der Zahlentafel von Rietschel Brabbee entnommen.

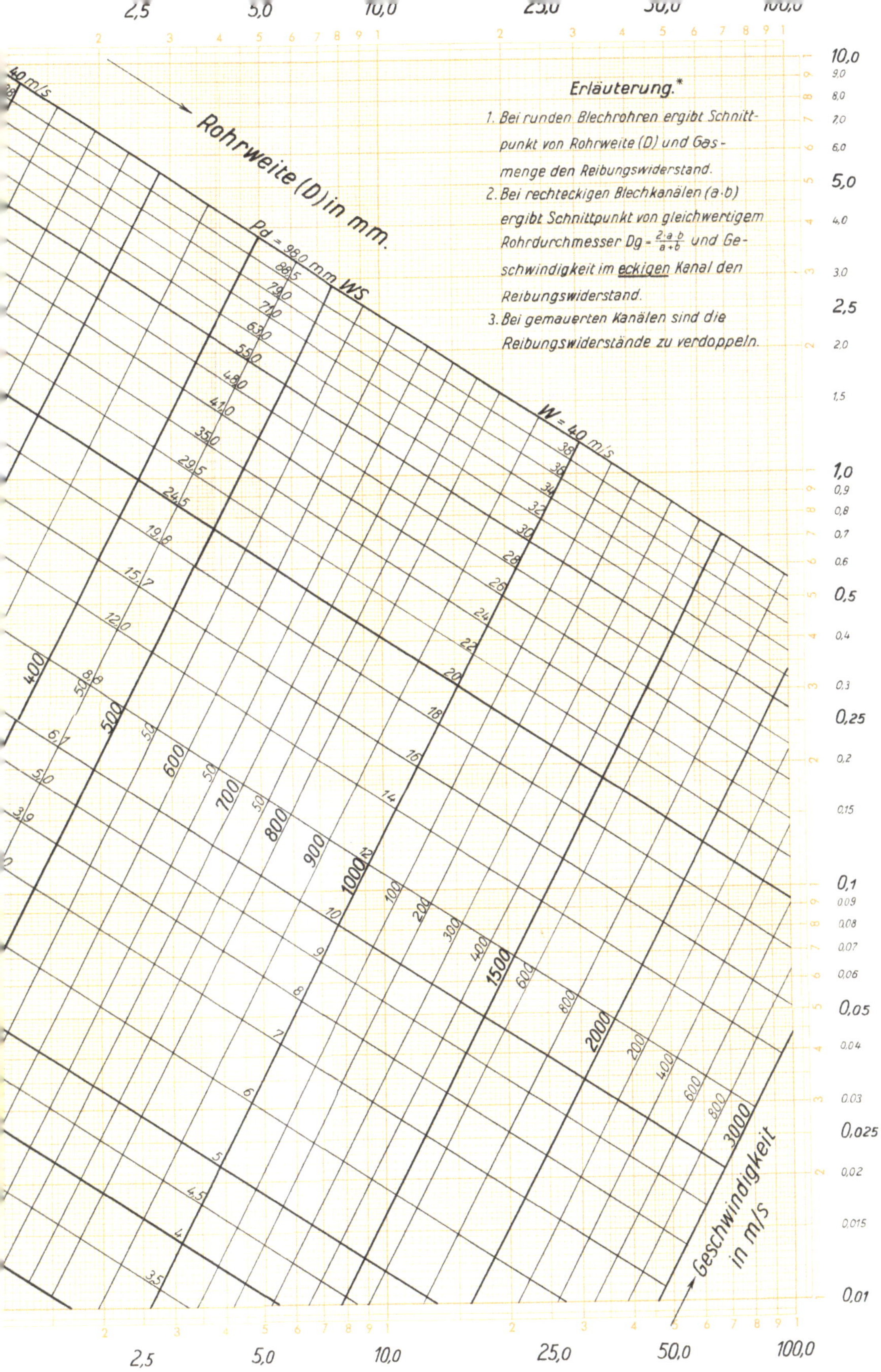

…derte Gasmenge in m^3/s.

Verlag von Walter de Gruyter & Co, Berlin

MIX
Papier | Fördert gute Waldnutzung
FSC® C083411

Zeitfracht Medien GmbH
Ferdinand-Jühlke-Straße 7
99095 Erfurt, Deutschland
produktsicherheit@kolibri360.de